席泽宗文集

第六卷

自传与杂著

席泽宗 著
陈久金 主编

科学出版社
北京

内 容 简 介

席泽宗院士是我国著名的科学史家，在新星和超新星、夏商周断代、科学思想史等研究领域做出了杰出贡献，是中国科学院自然科学史研究所的创始人之一、我国天文学史学科的引路人。本文集辑为六卷，所选内容基本涵盖了席院士学术研究的各个领域，依次为《科学史综论》《新星和超新星》《科学思想、天文考古与断代工程》《中外科学交流》《科学与大众》《自传与杂著》，所选内容基本涵盖了席院士学术研究的各个领域，展现了一位科学史家的学术生涯和思想历程，为学界和年轻人理解科学的本质和历史提供了一种途径。

本书可供对科学史、天文学、科普等感兴趣的读者阅读参考。

图书在版编目（CIP）数据

席泽宗文集. 第六卷，自传与杂著 / 席泽宗著；陈久金主编. —北京：科学出版社，2021.10

ISBN 978-7-03-068558-2

Ⅰ. ①席… Ⅱ. ①席… ②陈… Ⅲ. ①自然科学史-中国-文集 Ⅳ. ①N092

中国版本图书馆 CIP 数据核字（2021）第 062677 号

责任编辑：侯俊琳 邹 聪 程 凤 / 责任校对：韩 杨

责任印制：李 彤 / 封面设计：有道文化

科学出版社 出版

北京东黄城根北街 16 号

邮政编码：100717

http://www.sciencep.com

北京建宏印刷有限公司 印刷

科学出版社发行 各地新华书店经销

*

2021 年 10 月第 一 版 开本：720×1000 1/16

2022 年 3 月第二次印刷 印张：29

字数：473 000

定价：216.00 元

（如有印装质量问题，我社负责调换）

编 委 会

主　　编　陈久金

副 主 编　张柏春　江晓原

编　　委　（按姓氏笔画排序）

王广超　王玉民　王传超　王泽文

王肃端　邓文宽　孙小淳　苏　辉

杜昇云　李　亮　李宗伟　陈　朴

钮卫星　侯俊琳　徐凤先　高　峰

郭金海　席　红

学术秘书　郭金海

出版说明

席泽宗院士是我国著名的科学史家，在新星和超新星、夏商周断代、科学思想史等研究领域做出了杰出贡献，是中国科学院自然科学史研究所的创始人之一、我国天文学史学科的引路人。本文集辑为六卷，依次为《科学史综论》《新星和超新星》《科学思想、天文考古与断代工程》《中外科学交流》《科学与大众》《自传与杂著》，所选内容基本涵盖了席院士学术研究的各个领域，展现了一位科学史家的学术生涯和思想历程，为学界和年轻人理解科学的本质和历史提供了一种途径。

文集篇目编排由各卷主编确定，原作中可能存在一些用词与提法因特定时代背景与现行语言使用规范不完全一致，出版时尽量保持作品原貌，以充分尊重历史。为便于阅读，所选文章如为繁体字版本，均统一转换为简体字。人名、地名、文献名、机构名和学术名词等，除明显编校错误外，均保持原貌。对参考文献进行了基本的技术性处理。因文章写作年份跨度较大，引文版本有时略有出入，以原文为准。

科学出版社

2021年6月

总　序

席泽宗院士，是世界著名的科学史家、天文学史家。新中国成立以后，他和李俨、钱宝琮等人，共同开创了科学技术史这个学科，创立了中国自然科学史研究室（后来发展为中国科学院自然科学史研究所）这个实体，培养了大批优秀人才，而且自己也取得了巨大的科研成果，著作宏富，在科技史界树立了崇高的风范。他的一生，为国家和人民创造出巨大的精神财富，为人们永久怀念。

为了将这些成果汇总起来，供后人学习和研究，从中汲取更多的营养，在2008年底席院士去世后，中国科学院自然科学史研究所成立专门的整理班子对席院士的遗物进行整理。在席院士生前，已于2002年出版了席泽宗院士自选集——《古新星新表与科学史探索》。他这本书中的论著，是按发表时间先后编排的，这种方式，比较易于编排，但是，读者阅读、使用和理解起来可能较为费劲。

在科学出版社的积极支持和推动下，我们计划出版《席泽宗文集》。我们邀集席院士生前部分好友、同行和学生组成了编委会，改以按分科分卷出版。试排后共得《科学史综论》《新星和超新星》《科学思想、天文考古与断代工程》《中外科学交流》《科学与大众》《自传与杂著》计六卷。又选择各分科的优秀专家，负责编撰校勘和撰写导读。大家虽然很忙，但也各自精心地完成了既定任务，由此也可告慰席院士的在天之灵了。

关于席院士的为人、治学精神和取得的成就，宋健院士在为前述《古新星新表与科学史探索》撰写的序里作了如下评论：

> 席泽宗素以谦虚谨慎、治学严谨、平等宽容著称于科学界。在科学研究中，他鼓励百家争鸣和宽容对待不同意见，满腔热情帮助和提掖青年人，把为后人开拓新路，修阶造梯视为己任，乐观后来者居上，促成科学事业日益繁荣之势。
>
> 半个多世纪里，席泽宗为科学事业献出了自己的全部时间、力量、智慧和心血，在天文史学领域取得了丰硕成就。他的著述，学贯中西，融通古今，提高和普及并重，科学性和可读性均好。这本文集的出版，为科学界和青年人了解科学史和天文史增添了重要文献，读者还能从中看到一位有卓越贡献的科学家的终身追求和攀登足迹。

这是很中肯的评价。席院士在为人、敬业和成就三个方面，都堪为人师表。

席院士的科研成就是多方面的。在其口述自传中，他将自己的成果简单地归结为：研究历史上的新星和超新星，考证甘德发现木卫，钻研王锡阐的天文工作，考订敦煌卷子和马王堆帛书，撰写科学思想史，晚年承担三个国家级的重大项目：夏商周断代工程、《清史·天文历法志》和《中华大典》自然科学类典籍的编撰出版，计 9 项。他对自己研究工作的梳理和分类大致是合理的。现在仅就他总结出的 9 个方面的工作，结合我个人的学术经历，作一简单的概括和陈述。

我比席院士小 12 岁，他 1951 年大学毕业，1954 年到中国科学院中国自然科学史研究委员会从事天文史专职研究。我 1964 年分配到此工作，相距十年，正是在这十年中，席院士完成了他人生事业中最耀眼的成就，于 1955 年发表的《古新星新表》和 1965 年的补充修订表。从此，席泽宗的名字，差不多总是与古新星表联系在一起。

两份星表发表以后，被迅速译成俄文和英文，各国有关杂志争相转载，成为20世纪下半叶研究宇宙射电源、脉冲星、中子星、γ射线源和X射线源的重要参考文献而被频繁引用。美国《天空与望远镜》载文评论说，对西方科学家而言，发表在《天文学报》上的所有论文中，最著名的两篇可能就是席泽宗在1955年和1965年关于中国超新星记录的文章。很多天文学家和物理学家，都利用席泽宗编制的古新星表记录，寻找射线源与星云的对应关系，研究恒星演化的过程和机制。其中尤其以1054年超新星记录研究与蟹状星云的对应关系最为突出，中国历史记录为恒星通过超新星爆发最终走向死亡找到了实证。蟹状星云——1054年超新星爆发的遗迹成为人们的热门话题。

对新星和超新星的基本观念，很多人并不陌生。新星爆发时增亮幅度在9～15个星等。但可能有很大一部分人对这两种天文现象之间存在着巨大差异并不在意甚至并不了解，以为二者只是爆发大小程度上的差别。实际上，超新星的爆发象征着恒星演化中的最后阶段，是恒星生命的最后归宿。大爆发过程中，其光变幅度超过17个星等，将恒星物质全部或大部分抛散，仅在其核心留下坍缩为中子星或黑洞的物质。中子星的余热散发以后，其光度便逐渐变暗直至死亡。而新星虽然也到了恒星演化的老年阶段，但内部仍然进行着各种剧烈的反应，温度极不稳定，光度在不定地变化，故称激变变星，是周期变星中的一种。古人们已经观测到许多新星的再次爆发，再发新星已经成为恒星分类中一个新的门类。

席院士取得的巨大成果也积极推动了我所的科研工作。薄树人与王健民、刘金沂合作，撰写了1054年和1006年超新星爆发的研究成果，分别发表在《中国天文学史文集》(科学出版社，1978年)和《科技史文集》第1辑(上海科学技术出版社，1978年)。我当时作为刚从事科研的青年，虽然没有撰文，但在认真拜读的同时，也在寻找与这些经典论文存在的差距和弥补的途径。

经过多人的分析和研究，天关客星的记录在位置、爆发的时间、爆发后的残留物星云和脉冲星等方面都与用现代天文学的演化结论符合得很好，的确是天体演化研究理论中的标本和样板，但进一步细加推敲后却发现了矛盾。天关星的位置很清楚，是金牛座的星。文献记载的超新星在其“东南可数寸”。蟹状星云的位置也很明确，在金牛座ζ星(即天关星)西北1.1度。若将“数寸”看作1度，那么是距离相当，方向相反。这真是一个极大的遗憾，怎么会是这样的呢？这事怎么解释呢？为此争议，我和席院士还参加了北京天文台为1054年超新星爆发的方向问题专门召开的座谈会。会上只能是众说纷纭，没有结论。不过，薄树人先生为此又作了一项补充研究，他用《宋会要》载“客星不犯毕”作为反证，证明“东南可数寸”的记载是错误的。这也许是最好的结论。

到此为止，我们对席院士超新星研究成果的介绍还没有完。在庄威凤主编的《中国古代天象记录的研究与应用》这本书中，他以天象记录应用研究的权威身份，为该书撰写了“古代新星和超新星记录与现代天文学”一章，肯定了古代新星和超新星记录对现代天文研究的巨大价值，也对新星和超新星三表合成的总表作出了述评。

1999年底，按中国科学院自然科学史研究所新规定，无特殊情况，男同志到60岁退休。我就要退休了，为此，北京古观象台还专门召开了“陈久金从事科学史工作三十五周年座谈会”。席院士在会上曾十分谦虚地说：“我的研究工作不如陈久金。”但事实并非如此。席院士比我年长，我从没有研究能力到懂得和掌握一些研究能力都是一直在席院士的帮助和指导下实现的。由于整天在一室、一处相处，我随时随地都在向席院士学习研究方法。席院士也确实有一套熟练的研究方法，他有一句名言，“处处留心即学问”。从旁观察，席院士关于甘德发现木卫的论文，就是在旁人不经意中完成的。席院士有重大影响的论文很多，他将甘德发现木卫排在前面，并不意味着成就的大小，而是其主要发生在较早的“文化大革命”时期。事实上，席院士中晚期撰写的研究论文都很重要，没有质量高低之分。

“要做工作，就要把它做好！”这是他研究工作中的另一句名言。席院士的研究正是在这一思想的指导下完成的，故他的论文著作，处处严谨，没有虚夸之处。

在《席泽宗口述自传》中，专门有一节介绍其研究王锡阐的工作，给人的初步印象是对王锡阐的研究是席院士的主要成果之一。我个人的理解与此不同。诚然，这篇论文写得很好，王锡阐的工作在清初学术界又占有很高的地位，论文纠正了朱文鑫关于王锡阐提出过金星凌日的错误结论，很有学术价值。但这也只是席院士众多的重要科学史论文之一。他在这里专门介绍此文，主要是说明从此文起他开始了自由选择科研课题的工作，因为以往的超新星表和承担《中国天文学史》的撰稿工作，都是领导指派的。

邓文宽先生曾指出，席泽宗先生科学史研究的重要特色之一，是非常重视并积极参与出土天文文物和文献的整理与研究。他深知新材料对学术研究的价值和意义。他目光敏锐，视野开阔，始终站在学术研究的前沿，从而不断有新的创获。

邓文宽先生这一评价完全正确。席院士从《李约瑟中国科学技术史（第三卷）：数学、天学和地学》中获悉《敦煌卷子》中有 13 幅星图，并有《二十八宿位次经》、《甘石巫三家星经》和描述星官分布的《玄象诗》，他便立即加以研究，并发表《敦煌星图》和《敦煌卷子中的星经和玄象诗》。经过他的分析研究，得出中国天文学家创造麦卡托投影法比欧洲早了 600 多年的结论。瞿昙悉达编《开元占经》时，是以石氏为主把三家星经拆开排列的，观测数据只取了石氏一家的。未拆散的三家星经在哪里？就在敦煌卷子上。他的研究，对人们了解三家星经的形成过程是有意义的。

对马王堆汉墓出土的帛书《五星占》的整理和研究，是席院士作出的重大贡献之一。1973 年，在长沙马王堆 3 号汉墓出土了一份长达 8000 字的帛书，由于所述都是天文星占方面的事情，席院士成为理所当然的整理人选。由于这份帛书写在 2000 多年前的西汉早期，文字的书写方式与现代有很大不同，需要逐字加以辨认。更由于其残缺严重，很多地方缺漏文字往往多达三四十字，不加整理是无法了解其内容的。席院士正是利用了自己深厚的积累和功底，出色地完成了这一任务。由他整理的文献公布以后，我曾对其认真地作过阅读和研究，并在此基础上发表自己的论文，证实他所作的整理和修补是令人信服的。

马王堆帛书《五星占》的出土，有着重大的科学价值。在《五星占》出土以前，最早的系统论述中国天文学的文献只有《淮南子·天文训》和《史记·天官书》。经席院士的整理和研究，证实这份《五星占》撰于公元前 170 年，比前二书都早，其所载金星八年五见和土星 30 年的恒星周期，又比前二书精密。故经席院士整理后的这份《五星占》已经成为比《淮南子·天文训》《史记·天官书》还要珍贵的天文文献。

席院士的另一个重大成果是他对中国科学思想的研究。早在 1963 年，他就发表了《朱熹的天体演化思想》。较为著名的还有《“气”的思想对中国早期天文学的影响》《中国科学思想史的线索》。1975 年与郑文光先生合作，出版了《中国历史上的宇宙理论》这部在社会上有较大影响的论著。2001 年，他主编出版了《中国科学技术史·科学思想卷》，该书受到学术界的好评，并于2007年获得第三届郭沫若中国历史学奖二等奖。

最后介绍一下席院士晚年承担的三个国家级重大项目。席院士是夏商周断代工程的首席科学家之一，工程的结果将中国的历史纪年向前推进了800余年。席院士在其口述自传中说，现在学术界对这个工程的结论争论很大。有人说，这个工程的结论是唯一的，这并不是事实。我们只是把关于夏商周年代的研究向前推进了一步，完成的只是阶段性成果，还不能说得出了最后的结论。我支持席院士的这一说法。

席院士还主持了《清史·天文历法志》的撰修工作。不幸的是他没能看到此志的完成就去世了。庆幸的是，以后王荣彬教授挑起了这副重担，并高质量地完成了这一任务。

席院士承担的第三个国家项目是担任《中华大典》编委会副主任，负责自然科学各典的编撰和出版工作。支持这项工作的国家拨款已通过新闻出版总署下拨到四川和重庆出版局，也就是说，由出版部门控制了研究经费分配权。许多分典的负责人被变更，自此以后，席院士也就不再想过问大典的事了。这是自然科学许多分卷进展缓慢的原因之一。这是席院士唯一没有做完的工作。

陈久金

2013年1月31日

目录 CONTENTS

下篇 杂 著

上篇

席泽宗口述自传

席泽宗/口述　郭金海/访问、整理

序　　言

已见勋名垂宇宙，更留遗爱在人间

转眼之间，恩师席泽宗院士离开我们已经两年了。

古人云："谦谦君子，温润如玉。"席先生正是这样的人。随着时间流逝，我现在每次回忆起席先生，越来越感到亲切，所谓"遗爱在人间"，其此之谓乎！

一、师生之谊，终身受用的教诲

我 1982 年春进入中国科学院自然科学史研究所（简称科学史所）读研究生，导师是席泽宗先生。我那时浑浑噩噩，也不知道席先生其实是中国科学史界的泰斗——事实上，我那时对学术界的分层结构、运作机制等都一无所知，只知道要去念书、做学问。

我还在南京大学天文系念本科时，系主任听说我要考席先生的研究生，立刻大大鼓励了一番。他告诉我，席先生开始招收研究生，这已经是第四年了，但前三年都没有招到学生，因为席先生对学生要求特别高。系主任的话，逗引得我跃跃欲试，结果居然考上了，成为席先生的开门弟子。席先生对招收学生确实达到极端的宁缺毋滥——在我之后，他又过了18年才正式招收到第二个学生！所以我是他唯一的硕士生，以及他仅有的两个“正式招收、独立指导”的博士生之一。

席先生为人宽容厚道，对我也是极度宽容。可能他看我尚属好学之人，有一定的学习自觉性，所以对我采取完全放手的策略，几乎不管我，也不给我布置任务。

我念硕士研究生期间，到了要确定学位论文题目时，席先生问我，对于论文题目有什么自己的想法，我那时茫茫然，毫无想法，就率尔答道：没有。席先生就说，没有的话，我给你一个。于是就定下了题目“第谷天文工作在中国之传播及影响”，我也就一头钻进去开始做了。

我其实很早就开始关心怎样找到论文题目的问题。记得有一次我问一位前辈学者，我们怎样才能自己找到合适的题目写论文（不限于学位论文）？前辈笑曰：这是高级研究人员方能掌握的，你现在还没有必要关心此事。我听后不免爽然自失者久之。

我认识到，一个合适的论文题目，首先要具有学术上的意义（当然意义越重大、越广泛越好），同时又应该是我此刻的条件（学力、资料等）能够完成的。这两条说起来容易，做起来极难，因为抵达这一境界并无固定的、明确的道路，我当时觉得这几乎就是可遇不可求的。

后来我就从研究所的图书馆里，将席先生和另外几位前辈的学术档案——就是他们已发表的所有学术文章——统统借来，逐一研读，试图从中解决我的上述问题。研读这些学术档案对我产生了相当震撼的效果，我惊叹道，他们怎么能写出这么多论文啊。然而，那么多论文研读下来，当然对我此后的研究大有裨益，但仍未能找到选题的方法。

我做硕士论文时，先自己拟了一个详细提纲，去和导师讨论，席先生当场给了我一些修改意见，我就回去开始写。写成之后，交给席先生审阅，几天后他对我说，去打印论文吧。我一看他还给我的论文，上面只改正了一处笔误，就此过关了。

我的硕士论文是提前答辩的。答辩前夕，我遇到席先生，向他表示了我的担心——我从未经历过答辩的阵仗，想到明天要面对那么多前辈“大佬”，有点紧张。席先生安慰我说：你一点不用紧张，你想想看，这个题目你在里面摸爬滚打了一年多，他们中有谁能比你更熟悉这个题目？后来答辩果然非常顺利。

我硕士毕业之际，席先生问我是否打算考博士。我那时仍在浑浑噩噩之中，只是朴素地热爱学术，具体打算则完全没有，也不知道自己今后干什么好，所以就回答说，要是您觉得我搞科学史有潜力，那我就考，否则我就去干别的。席先生对我说，我很认真地告诉你，我觉得你是有潜力的。

我那时确实不知道自己有没有搞科学史的潜力——要一个人自己判断自己有无某种潜力，本来就是非常难的。我是这样想的：我既然不知道自己有无潜力，那当然就要考虑别人的判断；而在此事的判断上，导师的意见当然是最权威的。所以我就考了席先生的博士生，也顺利考上了。

中国科学院上海天文台那时的台长叶叔华院士，是席先生的大学同学，当时叶台长想要在上海天文台开展天文学史的研究，就向席先生要人，席先生就将我推荐给了叶台长。所以当我 1984 年去上海天文台报到时，我手里既有派遣前往中国科学院上海天文台工作的文件（那时还是国家统一分配工作的），又有科学史所的博士研究生录取通知书。根据叶台长和席先生的安排，我先在上海报到成为上海天文台的职工，然后再到北京报到成为科学史所的博士研究生，这也是他们照顾我的好意——这样我就可以以在职方式攻读博士学位了。

离开老师身边，到上海工作，对我来说当然应该是一个很大的转折，因为这意味着今后（最迟也就是到博士毕业之后）我就要独自“闯荡江湖”了。但在当时，更让我兴奋的却是另一件事情。

1985～1986 年，也就是我读博士研究生的第二年，我忽然发现，自己竟然一下子会寻找论文题目了！这实际上应该看作前些年积累的结果，但是突破确实是跳跃的。

刚学会寻找论文题目，特别兴奋，到处找题目做论文（和刚学会开车的人特别喜欢开车类似）。我写论文的事情，席先生也完全不管，通常我写完了投稿，也不告诉席先生，文章事先大都没有请席先生过目。有时他在杂志上看到了我的论文，会很高兴地给我打电话，说我又看到你的什么什么文章了，“我觉得挺好的”，鼓励几句。他这样做，后来我觉得受益特别大。

这时我才体会到席先生当年给我的论文题目的价值。一个好的论文题目，其实就是给了你一块田地，你可以在其中耕耘好些年，产出远远不止一篇论文。

到 1988 年我准备博士论文答辩时，我已经在《天文学报》《自然科学史研究》《自然辩证法通讯》等期刊上发表了 10 篇有点像样的学术论文。结果席先生说：你只需将这 10 篇论文的详细提要组合起来，再附上这 10 篇文章，就可以答辩了。所以我的博士论文《明清之际西方天文学在中国的传播及其影响》正文只有约四万字——篇幅还比不上今天的有些硕士论文。

博士论文的答辩也很顺利。我成为中国第一个天文学史专业的博士，《中国科学报》（当时名称是《科学报》）头版还做了报道。

1991 年，科学史所举行“席泽宗院士从事学术活动40周年纪念研讨会”，我去参加会议，并为席先生带去了一项最为别出心裁的祝贺礼物——他的徒孙，我的研究生钮卫星。在当时的中国科学史界，还没有任何一位学者能够在生前看到自己的徒孙。如今已经有 18 年过去，钮卫星也已经成为博导——席先生门下已经有了第四代学生，这也是中国科学史界前所未有的。

席先生对于放我离开他身边，曾说过“放走江晓原是大错”之类的话，但他又怀着极大的喜悦看到我在上海交通大学创建了中国第一个科学史系。1999 年 3 月，席先生亲自来上海参加了上海交通大学科学史系的成立大会，并担任科学史系的学术委员会主任。

2007 年，席先生 80 大寿，国际天文学联合会小天体命名委员会把一颗中国科学院国家天文台发现的编号为 85472 的小行星命名为“席泽宗星”，以表彰他在天文学史研究上的重大贡献。在那个仪式上，老师精神矍铄，还做了非常有趣的演讲。这年年底，他又亲自来到上海交通大学科学史系，为他的一众三代、四代弟子讲学，给全系师生以巨大鼓舞。2008 年 10 月 24 日，在国家天文台宣布成立中国古天文联合研究中心的仪式上，我最后一次见到席先生，他仍然精神很好。谁也没有想到，老师竟会那么快离开我们……

虽然我远在上海，但我是北京训练出来的，北京是我学术上的精神故乡，而导师席先生那些平淡中见深刻的言传身教，则是我终身都受用不尽的财富。

二、席先生的处世育人之道

作为学生，我从 1982 年进入科学史所念研究生，就跟随着席先生，所以和席先生之间有很多的个人交往。我想在这里陈述一个事实：从我成为席先生的学生，开始和老师相处，一直到老师离我们而去，27 年来，老师在我面前从来没有说过任何人的坏话——包括那些在我面前诽谤我老师的人！对有些诽谤者，因为我实在听不下去，也曾当面驳斥过他们。但是，即使对这样的人，老师也从来没有说过他们的任何坏话。老师口不言人之过。他对一个人表示不满最厉害的措辞，也只是说“某某人不成话”，这已经是他指责别人的最严厉的措辞了。我觉得这种深厚修养和宽广心怀，不是一般人能做到的。

关于席先生的治学，我觉得有两点相当重要。

第一是严谨。他的那些论文，都曾经是我学习的范本，都是非常严谨的。后来我的硕士论文、博士论文，答辩前交给老师过目，连掉了一个标点符号，他都会注出来。

第二是灵活。也许有的人会说，严谨和灵活不会有矛盾吗？其实它们一点也不矛盾。所谓灵活，是说他思想上灵活；所谓严谨，是说在操作层面上严谨。席先生治学，不是那种死做学问的类型，而是以一种大智若愚、游刃有余的方式做学问。他晚年尤其如此，比如他关于甘德对木卫观测记录的考证，这篇文章非常精妙，但是同时，它是带着某种趣味性的，甚至能看到作者的某种童心。当然，那同样是一篇非常严谨的论文。

关于席先生的育人，给我的印象特别深刻，我觉得这是我要长久学习的地方。

席先生注重因材施教，他对不同的学生用的方法是不一样的，让大家都感到如沐春风，都感到在他那里得到了很好的教育，但是每个人又都不一样。

说到席先生的为师之道，确有常人不能及之处，这里仅述我读博士期间遇到的一件小事，以见一斑。

有一次我写了一篇与某著名学者商榷的文章，因为自己觉得不太有把握，就将此文先呈送给席先生审阅，听取他的意见。席先生建议我不要发表这篇文章，并指出我文章中的一处错误。但是我认为我此处没错，回去就专为此事又写了一篇长文，详细论述，并又呈送给席先生。我的意思，本来只是为自己前一篇文章中的那处论点提供更多的证据。不料过了几天，席先生对我说，你那篇文章（第二篇），我已经推荐到《天文学报》去了。结果这成了我在《天文学报》发表的第一篇文章。

以后我每次想起此事，对席先生的敬意就油然而生。席先生非但容忍学生和自己争论，而且一看到学生所言有片善可取，就大力提携鼓励，这种雅量，这种襟怀，真是值得我辈后学终身学习。我后来自己带研究生，也一直努力照着席先生的方法去做。

在我的感觉中，席先生属于智者类型，处世清静无为，顺其自然，只在最必要处进行干预。例如，在我“不务正业”时（比如涉足性学史研究领域），席先生也提醒过我仍应以天文学史专业为主，然而他更愿意让学生在学术上自由发展，所以对年轻人的各种探索和尝试，通常总是宽容鼓励，乐观其成。

但是席先生并不是什么也不指点我，他在关键的地方指点。他在给我上课，给我指导的时候，知道我的缺陷在什么地方，我需要补的东西在哪。而且他从来不是绷着架子给后学指导，他的指授总是在春风拂煦的过程中进行的。

虽然我们现在这个时代，不说“程门立雪”这种话了，但是我记得多年前老师家还在礼士胡同旧宅里的时候，我经常到他家里上课，每次都是他单独一个人和我面对面上课，很多细节，回忆起来都很温暖。有一次我去得太早了，老师还在睡午觉，我就在门外台阶上坐着看书，后来老师醒了，他在屋子里看见了我，就敲着玻璃窗说，“你来啦”……此情此景，回想起来就像是昨天的事情。

三、《古新星新表》的历史意义

20 世纪 40 年代初期，金牛座蟹状星云被证认出是 1054 年超新星爆发的遗迹。1949 年又发现蟹状星云是一个很强的射电源，不久发现著名的 1572 年超新星和 1604 年超新星遗迹也是射电源。于是天文学家产生了设想：超新星爆发可能会形成射电源。由于超新星爆发是极为罕见的天象，因此要检验上述设想，必须借助于古代长期积累的观测资料。证认古代新星和超新星爆发纪录的工作，曾有一些外国学者尝试过，如伦德马克等，但他们的结果无论在准确性还是完备性方面都显得不足。

从 1954 年起，席先生连续发表了几篇研究中国古代新星及超新星爆发纪录与射电源之间关系的论文。接着在 1955 年发表《古新星新表》，充分利用中国古代在天象观测资料方面完备、持续和准确的巨大优越性，考订了从殷代到 1700 年间的 90 次新星和超新星爆发纪录，成为这方面空前完备的权威资料。《古新星新表》发表后很快引起美国、苏联两国的重视，两国都先在报纸杂志上做了报道，随后在专业杂志上全文译载。俄译本和英译本的出现使得这一成果被各国研究者广泛引用。在国内，中国科学院竺可桢副院长将《古新星新表》和《中国地震资料年表》并列为中华人民共和国成立以来我国科学史研究的两项重要成果。

随着射电天文学的迅速发展，《古新星新表》日益显示出其重大意义。于是席先生和薄树人合作，于 1965 年发表了《中、朝、日三国古代的新星纪录及其在射电天文学中的意义》。此文在《古新星新表》的基础上做了进一步修订，又补充了朝鲜和日本的有关史料，制成一份更为完善的古代新星和超新星爆发编年记录表。同时确立了七项鉴别新星爆发记录的根据和两项区分新星和超新星记录的标准，并讨论了超新星的爆发频率。这篇论文在国际上产生了更大的影响。第二年（1966 年）美国《科学》（*Science*）第 154 卷第 3749 期译载了全文，同年美国国家航空航天局（NASA）又出版了单行本。半个世纪以来，世界各国科学家在讨论超新星、射电源、脉冲星、中子星、γ 射线源、X 射线源等天文学研究对象时，经常引用以上两文。

20 世纪 60 年代以来，天文学乃至高能天体物理方面的一系列新发现，都和超新星爆发及其遗迹有关。例如，1967 年发现了脉冲星，不久被证认出正是恒星演化理论所预言的中子星。许多天文学家认为中子星是超新星爆发的遗迹。而有一部分恒星在演化为白矮星之前，也会经历新星爆发阶段。即使是黑洞，也有学者认为可以和历史上的超新星爆发记录联系起来。此外，超新星爆发还会形成 X 射线源、宇宙线源等。这正是席先生对新星和超新星爆发记录的证认和整理工作在世界上长期受到重视的原因。剑桥英文版《中国天文学和天体物理学》（*Chinese Astronomy and Astrophysics*）杂志主编、爱尔兰丹辛克天文台的江涛，在 1977 年 10 月的美国《天空与望远镜》杂志上撰文说："对西方科学家而言，发表在《天文学报》上的所有论文中，最著名的两篇可能就是席泽宗在 1955 年和 1965 年关于中国超新星纪录的文章。"美国著名天文学家斯特鲁维（O. Struve）等在《二十世纪天文学》一书中，只提到一项中国天文学家的工作，即席泽宗的《古新星新表》。

对于利用历史资料来解决天文学课题，席先生长期保持着注意力。1981 年他去日本讲学时曾指出："历史上的东方文明绝不是只能陈列于博物馆之中，它在现代科学的发展中正在起着并且继续起着重要的作用。"这段话是令人深思的。

四、作为科学史家的席先生

席先生早年有一件轶事：当时他因为戏将小行星谷神星（Ceres）译成“席李氏”而受到批评——竟将一颗星译成自己母亲的名字，岂非狂妄？谁能想到，50年后，一颗小行星被命名为席泽宗院士本人的名字！

2007年8月17日，在北京一个隆重的仪式上，一颗永久编号为85472号的小行星，被命名为“席泽宗星”，以表彰席泽宗院士在科学史方面的卓越贡献。对于席先生来说，这项荣誉确属实至名归。

数十年来，除了《古新星新表》这个“成名作”，席先生在天文学史的领域内辛勤探索和研究，在许多方面都有建树。

宇宙理论的发展是席先生注意的一个重要方面。他1964年发表《宇宙论的现状》，这是国内第一篇评价西方当代宇宙学的文章，毛泽东曾注意到此文，并在文章结尾部分的论述下画了道道。席先生与郑文光合作的《中国历史上的宇宙理论》一书是国内这方面唯一的专著，已被译成意大利文在罗马出版。从20世纪60年代起，席先生就中国历史的浑天、盖天、宣夜等学说发表过一系列论文。

敦煌卷子S3326是世界上现存最古老而且星数最多的星图。李约瑟1959年刊布了该图的四分之一，开始引起世人注意。1966年席先生对该图作了详细考订，证认出全图共有1359颗星，用类似麦卡托（Mercator）投影法画出。《敦煌卷子中的星经和玄象诗》一文则是席先生对现存敦煌卷子中天文史料的总结性研究成果。他将敦煌卷子S3326、P2512、P3589和《通占大象历星经》《晋书·天文志》《开元占经》《天文要录》《天地祥瑞志》等史料系统地加以考察，理清了其来龙去脉及相互间的关系。长沙马王堆汉墓帛书出土后，席先生对帛书中的《五星占》做了考释和研究。不久又发表了对帛书中彗星图的研究。这两项工作至今仍是研究马王堆帛书中天文学史料的必读文献。

席先生又曾发表全面研究中国天文学史的论文多篇，在对中国古代天文学的长期研究中提出了独到而深刻的见解。例如他明确指出：中国古代天文学的最大特点就是它的致用性。特别值得注意的是，他深刻指出：“中国古代天文学的兴衰是与封建王朝同步的，因而它不可能转变为近代天文学。”

席先生并未把自己的眼光囿于中国国内，而是注意到世界天文学史的广阔背景。例如，他发表过《朝鲜朴燕岩〈热河日记〉中的天文学思想》这样的专题论文。再如，为了配合宇宙火箭对邻近天体的探测，他发表过《月面学》《关于金星的几个问题》等几篇现代天文学史的文章。又如，《中国大百科全书·天文卷》中埃及古代天文学、美索不达米亚天文学、希腊古代天文学、阿拉伯天文学、欧洲中世纪天文学等大条目均为席泽宗一人的手笔。

席先生治学严谨，实事求是，1956 年他发表《僧一行观测恒星位置的工作》，就是一个典型的例子。从清代梅文鼎开始，许多学者认为一行在唐代已经发现了恒星的自行，现代著名学者如竺可桢、陈遵妫等也曾采纳此说，认为比西方领先一千年。但席先生在研究中发现，上述说法是不可能成立的，于是纠正了前人的误说。1963 年发表的《试论王锡阐的天文工作》，更充分地体现了他的治学态度。此文深入研究了清初著名天文学家王锡阐的天文工作，发表后在国际科技史界引起重视。在此文中，席先生也纠正了一个相沿甚久的误说。王锡阐曾被认为是世界上第一个预先推算了金星凌日的人，席先生用无可辩驳的证据否定了这一说法。也许有的人会认为，一行发现恒星自行，王锡阐预告金星凌日，都是可以使中国人引为自豪的结论，况且又有现代著名学者赞成，应该“为尊者讳”“为贤者讳”，避而不谈才好。但这显然是和实事求是的科学态度不相容的。

席先生常对他的学生说，“处处留心即学问。如欲办成一事，要经常把各种其他事与此联系。所以也要关心旁的事，这样可获得启发”。又说，“有的人看书很多，但掉在书海里出不来，不能融会贯通。这样虽然刻苦，却未必能获得成功”。这都是他长期总结出来的治学之道，不仅体会深刻，而且是针对科学史上这个学科的特殊性的。他对木卫的研究，最生动地体现了他的治学之道。

1981 年，席先生以一篇 2000 多字的简短论文《伽利略前二千年甘德对木卫的发现》再次轰动了天文学界。早在 1957 年，他就注意到《开元占经》中所引一条战国时期关于木星的史料，他怀疑当时的星占学家甘德可能已经发现了木卫。这条史料许多人都知道，但伽利略用望远镜发现木卫这一事实，使那种认为木卫只能用望远镜才看得到的说法深入人心，成为传统观念，所以人们对这种史料大都轻易放过了。席先生却把这件事放在心上。多年之后，他在弗拉马利翁（C. Flammarion）的著作中发现了木卫可用肉眼看见的主张，后来又在德国地理学家洪堡（Alexander von Humboldt）的记述中发现有肉眼看见木卫的实例，这使他联想起甘德的记载，于是着手研究。经过周密的考证和推算，他证明：上述甘德的记载是公元前 364 年夏天的天象，甘德确实发现了木卫。

同时，他又将这一结论交付实测检验——北京天文馆天象厅所做模拟观测、科学史所组织青少年在河北兴隆所做实地观测、北京天文台在望远镜上加光阑模拟人眼所做观测一致表明：在良好条件下木卫可用肉眼看到，而且甘德的记载非常逼真。这些观测有力地证实了席先生的结论。席先生的这项工作在国际上引起很大的反响和兴趣，国内外报刊做了大量报道，英、美等国都翻译了全文。以毕生精力研究中国天文学史的日本京都大学名誉教授薮内清为此发表了《"实验天文学史"的尝试》一文，认为这是实验天文学史的开端。

席先生在学术上一贯主张百家争鸣和宽容精神，他自己也身体力行，他的忠厚宽容素为科学史界同行所称道。他认为：老年人应该正视思想差距，承认后来居上，以发现人才、培养人才为己任；而青年人则应该尊重老年人，不断充实提高自己，并加强自己的修养。

席先生至 80 高龄时，依然壮心不已，坚持工作，除作为夏商周断代工程的首席科学家之一主持了其中的天文课题以外，他勤于笔耕，著述甚丰，写了不少综合性的论文，如《中国传统文化里的科学方法》、《中国科学的传统与未来》和《论康熙科学政策的失误》等，均引人入胜。英国李约瑟研究所所长何丙郁曾称赞席先生"在科学史上的学问广博，不仅限于得以成名的天文学史"。

科学史这门学问，无论在国内还是国外，都是相当冷门的学问，但席先生就做这冷门的学问，一样将它做到成绩卓著，乃至名垂宇宙，对于当今的青年学者来说，这或许是一个非常重要的教益。

1993 年，我曾在《中国科技史料》14 卷第 1 期上发表了《著名天文学家席泽宗》一文，后来又被收入《中国现代科学家传记》（科学出版社，1994），可以算是席先生"学术传记"之早期版本。那时觉得老师方富于年，后面的学术生涯还长着呢。此后席先生确实又度过了成果丰硕、为学术辛勤工作的 15 年。

现在由郭金海访问、整理的《席泽宗口述自传》即将付梓，作为弟子，弥感欣慰。此书不仅可见席先生一生行状，也是中国当代的科学史事业从起步到繁荣的一份实录，具有多方面的珍贵史料价值。

2009 年在中国科学院举行的席泽宗院士追思会上，叶叔华院士说：我们现在能做的最可告慰席先生的事，就是把我们现在的工作做好。此言初听颇觉平淡，细味之实有深意。我们可以告慰席先生的是，他的二代、三代、四代……弟子，一直都会努力，把他倡导的学问和事业做好。

弟子 江晓原

2010 年 11 月 18 日

于上海交通大学科学史系

引　言

一

2006年，中国科学院正式启动知识创新工程重要方向项目“中国科学院院史研究与编撰”，计划出版一套院史丛书，其中包括《中国科学院院属单位简史》。这部《中国科学院院属单位简史》是全院各单位分头撰写的各自简史的合集，由该项目组负责组织、编辑。当年作为该项目组成员，我开始参加相关工作。不久，我对科学史所的前身——中国自然科学史研究室的历史产生了兴趣。于是，就开始收集相关档案和文献资料，但我发现仅靠这些史料无法深入了解一些史事的细节，有必要走访一些亲历者和知情者。经过郭书春先生的联系和介绍，我于2007年4月有幸访问了在20世纪50年代中期，曾亲自参与筹建该室的席泽宗院士。

2008年春节过后，科学史所领导指派我撰写所简史，计划日后纳入《中国科学院院属单位简史》。我欣然接受了这项任务。着手撰写所简史后，才发现这项工作不好做，一个主要原因是档案和原始文献明显不足；研究所经历的许多大事都未行诸文字。所幸所内一批“文化大革命”前就到所工作或学习的老人还健在，可以通过走访他们，收集口述资料。于是，我选了好几位；首选就是席先生。当得知我访问的意图后，他欣然同意，并说为撰写所史出点力，义不容辞。

通过几次访谈，我认识到席先生不仅取得过重要的学术成就，而且阅历丰富，亲历和见证了中国科学史事业发展的许多大事，非常值得访谈。因此，萌生了为他做一本口述自传的想法。席先生对此表示同意，并说他支持做口述史，他曾为樊洪业先生主编的“20 世纪中国科学口述史”丛书写过一篇总序。这样，自 2008 年 4 月 9 日起，我每周到他家访谈一次，每次一至两小时不等；两人无论谁有事，就暂停一次。至 10 月 3 日做完，共访谈 14 次。在访谈中，席先生曾希望我尽早整理出来。但没料到，他因小脑出血于 2008 年 12 月 27 日遽然病逝了。为了告慰席先生的在天之灵，我下定决心尽快把书稿整理出来，终于 2010 年 9 月完成了这本《席泽宗口述自传》。

二

席泽宗院士是一位享有国际声誉的杰出天文学史家，在天文学史研究领域诸多方面，都取得了值得称道的重要成就。其中最为突出的，包括对中国历史上新星和超新星的研究，考证战国晚期天文学家甘德用肉眼发现木卫，对出土文物敦煌星图、马王堆汉墓帛书《五星占》和彗星图的研究等。1955 年他的《古新星新表》在《天文学报》发表不久，就受到国际天文学界和天体物理学界的重视，并被译成俄文和英文，被各国研究者广泛引用。10 年后，他和薄树人合作发表的《中、朝、日三国古代的新星纪录及其在射电天文学中的意义》，在国际上产生了更大的影响。迄今，这两文已被世界各国科学家引用千次以上。1977 年国际天文学界的著名期刊《天空和望远镜》（*Sky and Telescope*）曾载文评论说：“对西方科学家而言，发表在《天文学报》上的所有论文中，最著名的两篇可能就是席泽宗在 1955 年和 1965 年关于中国超新星记录的文章。”他关于甘德用肉眼发现木卫的研究成果，在学术界也引起轰动，并得到日本学术院院士、著名科学史家薮内清的高度评价。为了表彰他在天文学史上的重大贡献，2007 年国际天文学联合会小天体命名委员会将 85472 号小行星命名为“席泽宗星”。

另外，席先生在中国科学思想史方面颇有建树，发表过《中国科学思想史的线索》、《気の思想の中国古代天文学への影响》和《孔子思想与科技》等有分量的文章。2001 年他主持编写的《中国科学技术史·科学思想卷》出版后，受到国内科学史界、历史学界的好评，并于 2007 年荣获第三届郭沫若中国历史学奖二等奖。此书根据大量中国古代文献，梳理了中国古代每个时期的主导科学思想，推进了中国科学思想史的研究工作。

席先生从事学术研究的同时，还积极参与中国科学史事业的组织和领导工作。20 世纪 50 年代，曾协助竺可桢、叶企孙等老一辈科学家，谋划中国科学史事业的蓝图，筹建中国自然科学史研究室。1975 年该室扩建为科学史所后，他当过室主任和所长，长期处于研究所的中心位置。1994 年后，主持中国科学技术史学会 10 年。此外，他在晚年还参与组织、领导三个重大的国家级项目——夏商周断代工程、清史纂修工程和《中华大典》编纂出版工程。可以说，他亲历了中国科学史事业发展的重要过程，其学术活动与中国的科学史事业密切相关。

席先生的一生遍尝了人世间的酸甜苦辣，跌宕起伏，很带有传奇色彩。他在童年时代，由于日寇的侵略，经历了危险而又艰辛的逃难生活。1941 年又被迫离乡背井，在外地流亡。幸运的是，他到当时的大后方陕南洋县，一举考入了国立七中。后又于 1944 年夏，考入位于西北重镇兰州的西北师范学院附中。高中毕业后，由于没有经济资助，他一度囊空如洗，流落南京街头靠乞讨度日。不过，历经千辛万苦后，最终考取了梦寐以求的中山大学天文系。随后在没有经济接济的情况下，主要靠勤工俭学和撰写科普作品挣的稿费，完成了大学学业。

大学毕业后，由于竺可桢的知遇和张钰哲、戴文赛等人的支持，他成为一名职业的科学史研究者。但正当他大展怀抱之时，却又经历多次的政治运动，白白失去了许多钻研业务的大好时光。“文化大革命”期间，还因为受到猛烈的冲击，失去活下去的勇气，以自杀来与残酷、无情的政治抗争。幸亏及时被人发现，送医院抢救，才与死神擦肩而过。“文化大革命”过后，随着严冬的离去，科学的春天的到来，他的科学史事业蒸蒸日上，进入黄金时期。经过多年不懈的努力和艰辛奋斗，终成一代天文学史名家。

本书是席先生逝世前几个月对自己成长历程、学术和社会活动，以及研究工作的系统回忆。同时，也述及他与戴文赛、竺可桢、叶企孙、王振铎、曾肯成等一批著名科学家的交谊，李俨、钱宝琮、严敦杰等科学史大家的治学风格与学术之外的一些鲜为人知的故事，以及与他相识、相遇的张钰哲、赵却民、谭其骧、刘仙洲、钱临照、侯外庐、邹仪新、杨振宁……通过本书可以了解席先生具有传奇色彩的人生轨迹和学术生涯，也可以了解中国科学史事业开疆拓土的曲折历程。

自传共分 8 章，前 7 章依循时间顺序，展开叙述；第 8 章专述席先生一生最满意的研究工作。为了有助于读者更好地理解正文内容，我在各章开篇前都撰写了简短的提要，并以楷体字与席先生自述的内容区别。也为了加强本书的史料价值，我在整理访谈内容的过程中，查阅了相关档案和文献，走访了席先生的一些同事，对部分内容做了注释。其中，比较简短的注释，随正文注出，括以圆括号。同时，把从档案中收集到的 1956 年和 1980 年席先生参与制订的两个科技史规划，附于相关章节之后。本书附录收录了席先生前后历经 15 年撰成的《席泽宗自叙年谱（1927～2007 年）》。自叙年谱的时段基本涵盖席先生的一生（仅未记述 2008 年逝世当年之事），对了解席先生的经历颇具价值，可作为自传正文内容的补充。

三

虽然席先生逝世两年多了，但他的音容笑貌，仿佛还在耳边和眼前。在我的印象里，他做事非常认真。2007 年 4 月我第一次到他家访谈前，还担心他对我这个小人物会不会只是敷衍门面，应付一下。结果我的担心是完全多余的。对于我提出的每个问题，他绝不搪塞，而是尽其所知，详细相告。这次访谈后，他还特地给我打电话，告知《竺可桢日记》中有一条重要史料，可以引用。2008 年为撰写所史之事，我再次到他家登门造访时，他的认真劲依然如故。后来尽管视力严重衰退，他还借助放大镜通读了所史初稿，并提出了中肯的修改意见。同时，他鼓励我："要做事，就要把它做好。"这令我十分感动。

席先生对自己的口述自传要求很高，希望尽可能原原本本而又完整地重现发生过的事，不想高谈阔论，更不想脱离实际为自己树碑立传。在我之前，曾有人建议让他的学生做他的口述自传，而席先生执意不肯。这主要是因为他担心自己的学生做，可能会顾及师生关系，不能做出比较客观、接近历史真实的口述史。为了能使我做好他的口述自传，他在每次访谈前都认真准备要谈的内容，并把有用的材料事先找出来，供我整理访谈时参考。我也不敢疏忽，在每次访谈前，都花较长的时间熟悉相关背景材料，并认真准备问题，以便访谈时能多多收集史料，与他有所互动。

席先生的记忆力甚好。不论是童年的往事，中学、大学的求学经历，还是参加工作后的种种事情，他都记忆犹新。不仅如此，他还能十分平实地把许多事情的来龙去脉讲得一清二楚。这无疑使他的回忆非常可信。此外席先生思维敏捷，逻辑性强。每当我提出问题后，他都能在较短的时间内有条不紊地作答；当我随着他的作答，追问新出现的线索时，他也能在稍加思索后很快告诉答案。这为我们访谈的顺利进行奠定了重要基础。遗憾的是，席先生走得突然，生前未能见到本书。如果他现在在世的话，肯定还能补充不少有价值的内容。

需要说明，席先生自传能够最终完成，离不开多位先生的大力支持和慷慨帮助。在访谈席先生的过程中，我曾拜读江晓原先生撰写的有关席先生的文章。这对我初步了解席先生的生平事迹很有帮助。江先生还亲自为本书撰写序言，并与张柏春、王扬宗、王玉民等先生在百忙之中抽出时间审阅了书稿，并对编订工作提出宝贵的意见。席先生的哲嗣席云平和女儿席红，也对书稿提出修订建议。席红和王玉民还提供了席先生的多张照片，供我挑选作为插图。同时，张藜、袁向东两位先生的不断鼓励，使我有更强的信心完成本书。黄炜、周平、郭书春、周嘉华、陈久金、丁石孙、艾素珍、钱永红、邓文宽等先生，也给我提供了帮助。

自传曾于2011年5月纳入樊洪业先生主编的“20世纪中国科学口述史”丛书，由湖南教育出版社出版。现在科学出版社将本书纳入陈久金先生主编的“席泽宗文集”。从本书初版到再版，李小娜和邹聪老师做了细致的编辑工作。

我愿借此机会谨向上面提到的各位先生和出版社，还有很多帮助过我的同事、朋友，致以最诚挚的谢意！

郭金海

2010年9月于北京初稿

2012年4月于北京修订

2018年8月于北京定稿

第一章 家世与童年

席泽宗出生于山西省垣曲县，是家里唯一没有夭折的孩子。他父母的家庭都比较复杂。出生后的10年，他的生活比较安逸、平静。10岁左右，通过在私塾的学习，已经认识许多汉字。每天晚饭过后，他就帮着父亲对账。他一边念，父亲一边拿着红笔在账上画圈。父亲虽然文化水平不高，但非常支持他读书。这是因为他父亲总觉得自己家里虽然有钱，但没有权，常常受到人家的欺负，希望他好好读书，将来能得个一官半职，顶门立户。

一、我的家世和家庭

我于1927年6月9日（农历五月初十日）出生在山西省垣曲县城的一个富裕人家。垣曲县，位于山西省南端，东连王屋山，南界黄河，西踞中条山，北倚太行山，是一个历史悠久的古城。由于地理位置的优势，垣曲县被历代兵家视为要地，自秦以来垣曲境内发生的千人以上的战事有100多次。1959年，县城迁至刘张村，原处改名为古城村，现已淹没在黄河小浪底水库之下。在我的童年时代，垣曲县城很小，总共只有1000多户人家，几千人口。

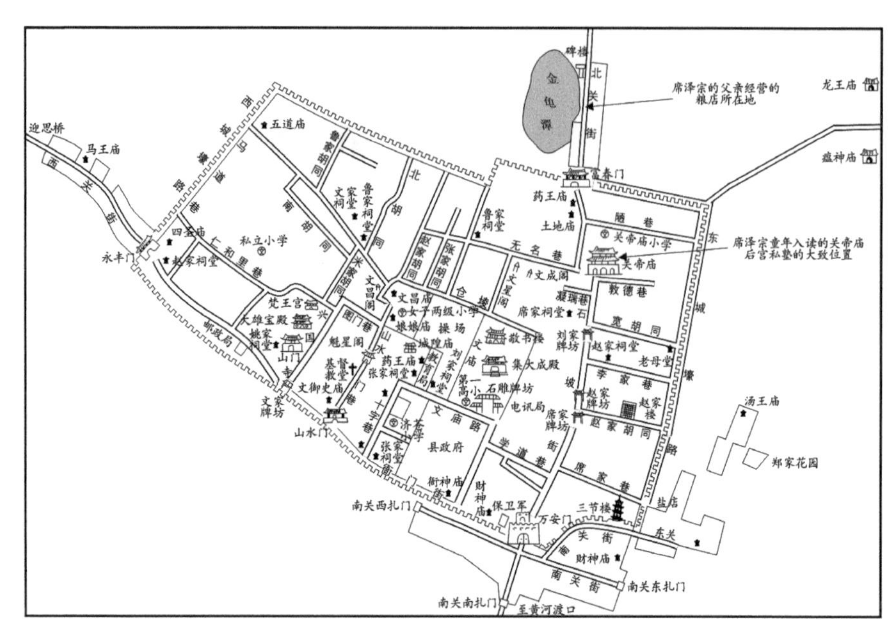

1936年垣曲县城图。席泽宗童年时曾在关帝庙后宫私塾读书。他父亲经营的粮店在北关附近（绘自古城村志编纂委员会编《古城村志》，北京：中华书局，1999年）

我的先祖原居河南洛阳，明朝末年迁至垣曲县。我的祖父共有兄弟三人，他排行第二。在三兄弟中，祖父这一支的人丁不旺。他有两个孩子，一个是我父亲，一个是我伯父。父亲叫席文濬（字壬寅，1889～1941年），以经营粮店和出租土地为生。伯父去世很早，我从未见过，有一儿一女。儿子生下不久便夭折了；女儿寿命也不长，30岁出头就病逝了。我伯父的女儿生有一女，现在山西老家居住，已经70多岁，是老家目前健在的跟我血缘关系比较近的亲属。

我是家里第十个孩子，也是最后一个孩子。在我之前，我母亲所生的九个孩子都夭折了。据说，有的仅活了几个月、几年，还有的生下来就死了。父亲和伯父的下一辈实际成年的只有我和我的堂姐。除我生母外，父亲还娶有两房姨太太，其中一个为人蛮横，另一个只比我大几岁。后者在父亲去世后不久就改嫁了。

大祖父和三祖父两家的人丁都很兴旺，这与我祖父家的情况截然不同。大祖父虽然只有一个儿子，没有女儿，但他的儿子生有八个子女。其中有三个男孩，依次叫席数宗、席荣宗和席耀宗。我的名字也带“宗”，是跟他们的名字连着的。席荣宗和席耀宗成年后，均离开家乡到解放区参加了革命。席荣宗擅长医术，在解放区做军医。抗日战争时期，由于生活太艰苦，他重返老家，新中国成立后又出来工作。他的妻子与中共中央政治局原常委、中央委员会原副主席汪东兴的爱人是姊妹关系。席耀宗参加过抗日战争，在一次与日本兵的激战中不幸牺牲[①]。席数宗有个女儿，抗日战争后出来闯荡。尽管原本目不识丁，但她出来后通过勤奋自学竟成为一名优秀的医生，并在新中国成立后任职于外交部医务室。

三祖父家与我同辈的后代也有八人，五男三女。五个男孩中，有四个参加过革命。老大早年就加入共产党，是垣曲县地下党的建立者之一。他参加革命后，有一次被国民党抓获，并要被枪决。得知这个不幸的消息后，三祖父家为他准备好了棺材。不过，他命不当绝。就在他被捕后不久，抗日战争全面爆发了，国内政治形势随之骤变，国民党和共产党开始联合抗日，因此他被释放出来。新中国成立后，他做过太原市委统战部部长、工业局局长。老二在抗战时期被日本人活埋了，死得很惨。老三参加过八路军，后来由于承受不了军队生活之苦，又回老家做地主了。老四比我大四岁，叫席东珍，也参加了革命，当年是胡耀邦的部下。新中国成立初期，随邓小平、胡耀邦到四川；后来到北京公安部队；转业后在北京市农林局工作，后来在农林局做到工会主席。老五与我同岁，还在老家。

大祖父和三祖父的家庭都比较复杂，既是地主、富农家庭，又是革命军人家庭。令人啼笑皆非的是，1946 年我老家土改的时候，大祖父家一边作为地主挨斗，一边又作为军烈属受到表彰。

有人说共产党都出在贫下中农家庭里，实际不是那么一回事。在垣曲县，许多地主家庭的子女都加入了共产党。宣传共产党思想的也大都是地主家庭的子女。这是一个教育的问题。在我的印象里，垣曲县的大部分地主都把子女送到外面读书；由于在外面受到良好的教育和进步思想的熏陶，他们中的许多人便走上了革命的道路。

我的母亲叫李牡丹（1889～1965），她的家庭更复杂一些。外祖父的女儿较多，有三个，但没有儿子。后来，他过继了一个儿子，就是我大舅。大舅被过继到外祖父家后娶了舅妈。舅妈对我外祖父的三个女儿都不好。因此，我母亲她们和舅妈家的关系不对头，但她们姊妹间的关系都很好。我母亲这

---

① 据《古城村志》，席耀宗生于 1921 年，1945 年在河北邯郸马头镇牺牲，生前曾任太行 13 团连指导员。

一辈的家庭系统之所以更复杂，是因为我大姨家和三姨家的成员中既有共产党员，又有国民党员。大姨去世较早，育有一双子女。女儿叫文新春，在抗日战争时期嫁给八路军总部的一个科长。尽管是小脚，但她经过在太行山区几年的锻炼，竟能一天跑 100 多里打游击。新中国成立后，她在北京的中央政法委员会托儿所工作。她的丈夫是一个资格较老的共产党员，新中国成立后，做过中华全国总工会青岛疗养院院长。大姨的儿子被这位姨姐夫从老家带出来，抗日战争时期投身革命，在解放战争时期参加过淮海战役。

我的三姨父叫姚骊祥（字珠浦，1893～1967），是国民党军官，毕业于保定军官学校，和傅作义是结拜兄弟，并在他的部下当过团长、旅长，参加过江西“围剿”战役。红军长征到陕北后，他又任河西十三县防守总司令，阻击红军入晋。1937 年，抗日战争全面爆发，太原陷落之后，由于傅作义与阎锡山分裂，他即离开山西到西安任军委会西安办公厅高级参谋，直至 1943 年该厅结束。据我大姨的女婿，就是那位八路军总部的科长说，他曾想做三姨父的工作，让他投靠共产党。

三姨父共有八九个子女，其中有好几个都参加了共产党。他的大女儿在卢沟桥事变前就加入了共产党。此后，她从北平回到山西，与一个从事军工工作的国民党员结了婚。他们家很有意思，一个共产党员和一个国民党员生活在一起。三姨父的二女儿 14 岁就到解放区参加革命了，后来在晋东南的中国人民抗日军事政治大学（简称“抗大”）一分校上学[1]，并跟这个学校的一个干部结了婚。后来他们夫妻两人都在解放区工作。新中国成立后，我的这位二姨姐夫[2]出任第一机械工业部第六局局长，主管汽车工业，受到共产党的重用。可是“文化大革命”一开始，他就被揪了出来，受到严厉的批斗，后来自杀了。当时批斗他的一个理由是，他是长期潜伏在共产党内部的特务，因为像他这样一个岳父是国民党大官的人不可能革命。

三姨父的长子叫姚京奎，早年在中央大学化学系读书；1947 年国民党到台湾时，到台湾制铝厂做工程师，新中国成立后一直没回过大陆。三姨父的二儿子是地下党，新中国成立后在贵州任地质勘探大队队长，在“文化大革命”后到美国定居。

我个人的家庭比较简单。我的妻子叫施榴云，原为北京市第四医院化验

① 抗大一分校于 1939 年 2 月在晋东南的故县成立。

② 即席泽宗三姨父的二女婿。

员。我俩是经她的姐姐施彩云介绍，于 1955 年 11 月 23 日相识的。那时我和施彩云都在科学出版社工作，并在一个团小组活动。1956 年 4 月 28 日，我和榴云结了婚。1957 年，我们有了一个男孩，名叫席云平。凑巧的是，云平出生那年，科学史所的前身——中国自然科学史研究室成立。1958 年我们又有了一个女孩，名叫席红。

1956 年 4 月 28 日席泽宗与施榴云结婚照

榴云很会过日子，对孩子体贴入微并孝敬老人，为我和家里人付出了很多心血。在三年困难时期，为了全家人吃饱、穿暖，她平日节衣缩食，勤俭持家，精打细算。1964 年和 1965 年我去安徽“四清”期间，她精心照料我年迈多病的老母亲，直至老人故去。“文化大革命”开始后，我被打成“三反分子”，有些亲朋好友避而远之，她不仅不疏远我，而且敢与红卫兵小将据理争辩。1970 年，我被下放到河南“五七干校”后，她一个人带着孩子们在北京苦撑。榴云也比较有眼光，在“文化大革命”后期，不仅鼓励我恢复业务，还鼓励子女考大学。1993 年和 1997 年我两次因心脏病住院，她都全力以赴，不分昼夜地进行护理。更值得一提的是，1997 年我冠脉三支都堵塞了 95%以上，危在旦夕。由于她在北京阜外心血管医院副院长吴清玉大夫面前“申包胥哭秦廷”式地请求尽快手术，吴大夫才下定决心为我做搭桥手术。没有这次手术，我可能就活不到今天了。而且为了照顾我，她把自己的脾切除手术推迟了一年。由于患癌症，榴云于 2005 年 9 月 16 日去世。9 月 24 日，我在安葬榴云的仪式上读了一篇短文《哭爱妻施榴云》，表达了我的感伤和对她的怀念之情。文中有如下一首诗：

风雨同舟五十年，
并肩携手两心知。
岁月悠悠总有尽，
此爱绵绵无尽期。

我在子女身上没有花费多少工夫，不过，他们都学有所成。云平于 1978 年考入北京建筑工程学院，这所学校在国内大学中非常一般。不过，他学习努力，成绩不错，还当了班长。1982 年毕业后，被分配到北京建筑设计院工作。这个设计院是新中国的一所老牌研究院，能到那里工作，算是分配比较好的。而云平并不满意，上班第二天就提出要报考冶金部冶金建筑研究总院的研究生。知道这件事后，我就跟他说：这样做不太好。不过，设计院领导对他表示理解，同意他报考。结果，他一考就考上了。后来于 1987 年通过冶金建筑研究总院又到美国留学，在西北大学获得博士学位；现已成为美国科罗拉多大学土木建筑系终身教授，并在美国土木工程学会有一定的影响。席红 1979 年被清华大学分校电力工程系录取，现在在北京城建设计研究总院工作。我的子女都学有所成，应该与家庭环境有关系。我喜欢整天在家里读书、写文章。这对他们有潜移默化的影响：每天放学后，他们都回到家里学习、看书，很少外出。

二、风平浪静的十年

我祖父分家的时候，家里很穷。大祖父家和三祖父家比祖父家富裕，但好不了太多。到我父亲这辈，我们家族的家境改观很多，甚至可以说是发生了天翻地覆的变化：不仅大祖父家和三祖父家与我同辈的后代都过上了殷实富足的生活，而且我父亲一帆风顺地成为全县家资名列前茅的地主。我小的时候，垣曲县曾有人说我父亲因为买了一所埋有珍宝的房子而发了大财。但我母亲说这纯属谣言，父亲是凭着辛勤经营粮店白手起家的。

父亲经营的粮店，叫“同和长”，是由四家人合开的。我们家大约占一半的股；有一家姓弟（或姓狄），一家姓赵，他们各占四分之一的股；还有一家姓薛，是粮店的掌柜，负责管理粮店。由于我父亲是粮店最大的股东，当年人们都管他叫“席东家”。这个粮店在垣曲县城外的北关，是全县规模最大的粮店之一。光装粮食的房间就有十几间，还有一个很大的凉棚，并有雇工一二十人。父亲之所以开办粮店，主要是因为他看到垣曲县出产粮食，有向县外销售的市场。父亲经营粮店赚钱后，在乡间购买了大片的土地出租给佃农，赚取租金。我小的时候，父亲拿出过一笔钱为县里做了修桥、铺路等公益事业。在抗日战争时期，父亲大力支援，为八路军和宋哲元的二十九军捐助了不少粮食。

我母亲没读过书，是一位忠厚淳朴的家庭妇女，只管在家做饭。家里家外的事务，主要由父亲一个人料理。父亲大概只读过高小，文化程度不高，但非常支持我读书。原因是他总觉得自己家里虽然有钱，但没有权，常常受到人家的欺负，希望我好好读书，并向三姨父学习，以便将来能得个一官半职，顶门立户。受这种思想的影响，我那时读书的目的，就是保卫自己的家产。

1934 年，我 7 岁的时候，父亲送我到垣曲县城内关帝庙后宫私塾读书。教师是我表兄王择义。他是我奶奶的娘家一个侄女的儿子，比我大十几岁，文化素养较高。新中国成立前夕，他在兰州甘宁青新四省货物税局做秘书。新中国成立后，任中国科学院古脊椎动物与古人类研究所太原工作站站长，是考古方面的知名专家。由于他未在国外留过学，许多人都叫他土专家。这家私塾的教师仅表兄一人，学生共十来个，都在一间教室上课，分在不同的年级。记得我上学的第一天，由于顽皮，又不知道学校的规矩，就胡闹一通，搅得其他学生不能安心学习。表兄并没有严厉地训斥我，而是温和地对我说：“不能胡闹，这是学校，不是家里。”

垣曲县城古巷

在这家私塾，我学国文和算术两门课程，算术课学习圆周率、乘法表等内容。班上有一个岁数最大的学生叫杨焕文，后来是国民党的忠实党员。新中国成立后，他到台湾做过李登辉的秘书，是我初中就读的国立七中校友会的负责人。1990 年，我去台湾访问时，杨焕文为了接待我，还特地组织了一批校友聚会欢迎。那时我们已经四五十年未见面了，见面后大家像一家人一样叙谈往事，谈笑风生，两岸同学还是一家亲。

1936年年初，我表兄离开了垣曲县，由于找不到合适的教师，这家私塾就关门了。因此，我于同年春节后转学到另一家私塾。它在县城内西街，是由财主姚敢臣开办的。我在这家私塾也学国文和算术两门课，教师叫安文良。国文课的内容就是古文，记得其中包括《左传》和有关郑成功的课文。后来我古文比较好，应该归功于这个时候打下的基础。算术课学加减乘除四则运算，至今在我脑海里还有老师让我们念“九九表”的印象。学生用的教科书，都是商务印书馆出版的。我觉得这个私塾要比关帝庙后宫的那家私塾正规一些。

在我十岁左右，通过在私塾的学习，已经认识许多汉字。每天晚饭过后，就帮着父亲对账：我一边念，他一边拿着红笔在账上画圈。父亲每天要记两种账：一种是流水账，记每天的事、收入和借出的钱数；一种是“疙瘩账”，即现在所说的分类账，主要记哪些人每天借出多少钱，还了多少钱。在我的印象里，父亲的字写得很好，账记得很清楚。从他所记的两种账，可以一目了然地看出家里每天的往来钱款。

总的来说，在我出生后的十年里，父亲的事业蒸蒸日上，家中生活十分宽裕，衣食无忧。虽然生活中偶有波折，但总的来说是风平浪静的。由于家里有钱，自己又是独生子，我幼时娇生惯养，加之先天不足，长期体弱多病。同时，由于经常不与外面的孩子们一起玩耍，养成了孤僻的性格。尽管如此，我觉得那时的生活大都还是比较惬意的。不过，1941年，父亲突然去世，家里一下子塌了天。

当时我们家的环境很复杂，许多人都到我家来讹诈。其中甚至包括一些亲戚、朋友，他们都口口声声说已经向我的父亲归还了欠债。因此，许多亲戚都替我捏着一把汗，担心我这个年仅14岁的孩子是否被人家欺骗，能否挑起家务的重担？由于我帮助父亲对账已有4年的光景，比较熟悉他经营粮店和出租土地的情况。当有人到我们家来讹诈时，我就拿出父亲亲笔记的两种账，当面给他们翻看。这有效地揭穿了他们的谎言。那些来讹诈的人，大都自知丢丑，看后便灰溜溜地走了。父亲生前或许并没有料到，这两种账日后为家里免去了不少经济损失。

父亲去世后，我就把家里的一大摊子事情接管下来，并找了两个人协助我管理家业。曹雪芹在《红楼梦》中讲王熙凤十几岁就能做管家。据我的亲身体会，现实生活中一些十几岁的人确实能把家管好。不过，我管理家务的时间只有短短几个月。1941 年 5 月日本派空降部队占领垣曲以后，我就逃离家乡到大后方读书了。读书期间，整天考虑如何上课、学习，就不再管家里的事了，也很少和家里人联系了。

三、在垣曲县立第一小学

1938 年冬天，我离开姚敢臣开办的私塾，入垣曲县立第一小学读初小。这是我们县教学质量屈指可数的小学，设备也不算差。我本来可以在这所小学好好学习一番，未料次年春天日军飞机连续猛烈地轰炸垣曲，许多邻居都被炸死。目睹这一惨状后，父亲为保住我这棵独苗，赶忙让我辍学。1939 年 6 月端午节后，日军再次袭击垣曲，我们全家逃至县城的东北山中。1940 年 2 月，我重返垣曲县立第一小学读高小。这时学校为躲避日军轰炸，已由垣曲县城迁至位于农村的谢村车家祠堂。

在垣曲县立第一小学读高小期间，校长先是王国桢（席泽宗的亲戚，于 1943 年去世），其后为倪倞。1940 年我入学时，学校只有一班学生，共二三十人；所学的课程包括国文、数学、常识、音乐、美术和体育等。我们的任课教师，均在外地受过现代教育，有的是太原国民师范学校的毕业生。按当地的话说，他们都不是“土包子”。国文教师叫裴玉华，是裴丽生的哥哥[①]。裴老师教课不错，语文修养也比较高。当年我们用的国文教科书是商务印书馆出版的，其中包括“关公刮骨疗毒”的课文。数学教师叫姚超生，后来在河南洛阳教中学。音乐、美术教师叫席凤舞。校长倪倞教过常识课。当时班上最活跃的学生叫姚贯中，新中国成立后在陕西汉中市团委工作。

我读高小的第一年，与班上同学集体加入了三青团。它是抗日战争时期国民党成立的进步青年组织。20 世纪 60 年代，我因加入过三青团，在“文化大革命”中受到组织的审查[②]。提起加入三青团之事，还有如下一段插曲。

1939 年 12 月，蒋介石和阎锡山在山西发动“晋西事变”（也称“十二月政变”），打击和摧毁了牺盟会等进步组织。就在这时，国民党先后在垣曲成

---

① 裴丽生（1904～2000 年），山西垣曲人，与席泽宗是同乡。1929～1933 年就读于清华大学经济系，1933 年加入共产党。中华人民共和国成立后曾任山西省省长。1956 年出任中国科学院副秘书长、院党组副书记，1960 年 3 月升任副院长。“文化大革命”后，被任命为中国科学技术协会副主席兼党组书记，为 1980 年成立中国科学技术史学会出力甚多。

② 审查的结论是“一般历史问题”。

立了县党部和三青团运城分团部。1940年六七月间，校长王国桢让我们全班同学都填表参加三青团。9月18日，全县举行纪念“九一八”国耻大会，当时县机关已由县城迁至谢村，这次大会实际只有其所驻的谢村的一个村子的人参加。会后，一位三青团的人把我们全班学生叫到县党部进行宣誓。宣誓仪式是我们跟他读一篇文章，大概是蒋介石的《三民主义青年团成立二周年纪念告全国青年书》。宣读后，他发给每人一个团证，团证上印有蒋介石的照片。我的团证号码是晋运字00774。从宣誓之日起，到1941年5月8日日军占领垣曲以前，我似乎被三青团遗忘了，没有任何人找过我，也没有参加任何活动。

日军占领垣曲后，我从家里跑出来逃难。由于时间仓促，忙中出错，不小心把三青团团证弄丢了。1941年8月到陕西洋县国立七中二分校读初中后，有一天教公民课的李功伯老师让大家填表参加三青团，我说已经参加过了，就没有填。1945年春，我在兰州西北师范学院附中读高中时，学校要求参加三青团。当时负责三青团工作的是我的班主任陈鸿秋老师。我对他说：“我过去参加过，但是什么证明也没有。”他说：“那不能算啦，你要参加就得另办手续。”由于我本心对加入三青团不以为意，就没有办手续。

1945年，抗日战争胜利后，国民政府放宽了新闻检查，许多进步刊物到了兰州。我一有空就到书店里去看。另外，我的初中同学傅忠惇（又名傅志坚）从四川给我寄来一些共产党的刊物，如《群众周刊》和《新华日报》剪报。我的思想从此发生了一些变化。但不到一年后，由于李公朴、闻一多在昆明被刺杀，国民党特务到处抓人，我就害怕起来了。而且有三件事使我心惊胆寒。第一件是有一天晚上睡觉，我还没有睡着，听到同学何萃[①]和赵崇寿议论。何萃说：“现在共产党到处活动得很厉害，我们这里不知道有没有？”赵崇寿说：“席泽宗是不是？”第二件是有一天下午我没有告诉同学到朋友李易[②]家里，晚上没有回校，同学们非常着急，以为我被抓走了。第三件是有一天我的同乡同学邛士元劝我：“进步可不是好玩的，你被逮去以后，他往死里打，打得你不得不承认你是共产党人。你承认了，他就可以定罪。”

在这种情况下，我想还是找个“护身符”保险点，于是在1946年秋天直接给三青团中央团部写了一封信。在信中，我说：“我于民国二十九年九月十

① 中华人民共和国成立后，何萃在中国科学技术大学工作，1957年被划为右派。

② 中华人民共和国成立后，李易在人民文学出版社工作，1957年被划为右派，后来在北大荒劳动。

八日曾在山西垣曲参加三青团，团证号码是晋运字 00774。团证于民国三十年五月中条山沦陷时遗失。现在我是国立西北师范学院附中学生，请予补发团证。”几个月后，三青团中央团部真的给我寄来了一个团证，上面还盖有一个图章——“全国总考核优秀”。

1947 年到中山大学读书后，我看到政治形势已经起了变化，那里的“左”派力量很大。因此，我就把过去参加三青团的事隐瞒了起来。1949 年 7 月 23 日，国民党军警和特务到中山大学大逮捕时，我想“护身符”会起些作用，就拿出放在箱子中的团证给他们看，但没有料到他们连看都不看，并说“我们不要这东西”。从此以后，我想这个东西对付特务没有用，将来共产党来了我还说不清楚，于是就把它烧掉了。

第二章　抗日烽火中的劫难

1937 年，抗日战争全面爆发后，位于晋南豫北交界处，便于向华北进击的中条山地区成为华北抗战的根据地，日本侵略军的“盲肠炎”。1938～1941 年，我国军队与日军在垣曲进行了 14 次大会战，飞机、大炮的声音整日隆隆。这四年间，垣曲人民整个卷入抗战高潮之中。由于时局和环境的影响，席泽宗的学习时间少得可怜，经常逃难，每天过着提心吊胆的生活，并在穿越日军封锁线时险些丧命。

但后来回想起来，他认为在那个时期还是有收获的：从此他开始关心国家大事，并把个人命运与国家命运联系在一起；这场战争，尤其被日本兵抓民夫的经历，迫使他毅然离开家乡，到外地流亡、求学；否则，他可能长期在垣曲县过地主的生活了。经过在逃难中跑来跑去和困苦的生活，他体弱多病的身体，竟逐渐变得强健了，很少再害病。

一、战火中的逃难生活

1937 年 7 月 7 日，卢沟桥事变发生，举国震惊。此后，日军大举进攻北平、天津，平津两地很快失陷。随后日本挑起淞沪战役，并调集重兵向南展开攻势，企图以速战速决的方式在三个月内灭亡中国。山西省是华北地区的战略要隘，为日军的必争之地。而中条山地区是日本想要直接侵占的重要战略目标之一。我的家乡垣曲县就在中条山北部。在卢沟桥事变发生后不久，抗战的烽火便蔓延到垣曲县。

日军第一次侵占垣曲县，始于 1938 年 2 月 28 日（正月二十九日）。此前，国民党宋哲元的第二十九军在日军的追击下已经由前方陆续撤退到垣曲县城。当时县城内到处都是国民党的军队，城门口也布满了岗哨。这支军队退守垣曲县城期间，从我父亲的粮店借走了大量的粮食。军队借粮时只是开了白条，后来实际并未给钱。这些白条就搁在粮店的柜台上，有一大堆。

宋哲元的军队在垣曲县城驻扎的时间很短，只有一周左右。在撤离的前一天，即 2 月 27 日，一些士兵对县城的老百姓说，济源县和垣曲县间的一个重要关口已经失守，日军就要来了，他们即将撤退。次日一大早，一位好心的邻居急匆匆地跑到我们家，告诉父亲：国民党军队都走光了，县城已经空了，日本人可能马上就来，我们必须离开。听到这个不好的消息，早有心理准备的父亲，赶紧让母亲带上能够随身携带的贵重物品，拉着我们逃出县城的北门，向西北方向逃难。

我们之所以向西北方向逃难，是因为知道日军是从东北方向打过来的。垣曲并不是日军的最后一站，日军的目的是经过垣曲到同蒲路与西边的部队会合。我们逃离县城的当天，日军果然来了，就驻扎在北关，晚上放火烧毁了父亲的粮店。次日早晨，我们还可以清楚地看到粮店方向的浓烟。据说，日军在粮店发现了宋哲元的部队借粮的白条和中共党员安仁的家信。安仁就是与我父亲合伙开办粮店的姓弟的那家的儿子，比我大五六岁。在外边参加八路军时，因为担心不安全，他就把原来的姓去掉了。安仁跟家里的通信，一般都寄到粮店。新中国成立后，他做了西北纺织工业局局长。

日军只在北关驻扎了一个晚上，第二天便进驻了垣曲县城。这次到垣曲的日军不多，占据的地方较少，只包括一座县城、一个交通线和几个重要的村庄；占据的时间大约有一个月。日军到垣曲以前，我国军队都撤退到大山里面，那里离县城有 100 多里。我们全家在陈村北坡的马家庄避难。马家庄是一块真空地带，既没有日军，也没有中国军队。父亲知道自己经营多年的粮店被日军放火烧毁后，痛心疾首，执意要回北关看看。因为这个粮店是他一辈子积累的财产。不过，母亲认为回去太危险，极力反对。我也劝他不要回去。这样，我们全家就在马家庄住下了。在那里，我们的生活起初很安静，每天就是到野地里拣拣野菜，然后回家做饭。

然而，时间不长，我们就发现马家庄并不安全。这个地方小、人口少，一些土匪经常抢劫到这里避难的人家的财产。于是，我们就从马家庄搬到一个大一点的村子。这个村子的人口相对较多，土匪一般不敢来抢。父亲的粮店里另一个姓赵的东家，就是这个村子的人。我们就住在他的家里。

大约一个月后，有一天我和父亲吃过早饭出去散步，在路上听人说驻扎在垣曲县城的日军已经撤离了。将信将疑的父亲，由于返家心切，就带我沿着向南的一条唯一的马路，一直向垣曲县城的方向走。没走多远，我们就看到一个正从南向北赶路的八路军战士。父亲赶忙上前向他打听垣曲县城里日军的情况。这个战士说日军已经走了，他正要去同善镇向那里的八路军报告消息。

听后，父亲知道日军十有八九已离开县城，就带着我兴冲冲地继续向南赶路。到下午，我们走到离县城五里的一个村庄。村里的老百姓也告诉我们日军已经离开，县城已经空了。这样，父亲就更放心了。我们在这个村子吃了顿饭，然后继续向县城的方向走。到县城门口时，已经看到那里有国民党军队站岗了。

垣曲县北城门遗址（据《古城村志》）

垣曲县南城墙遗址（据《古城村志》）

我们进城后，就一溜风地跑回家里。到家时，发现大门上贴着一张布告，大致说这里将有军队进驻，将作为特务团团部。后来我们才弄清楚，要进驻的部队是阎锡山的特务团。它名义上是特务团，但实际上只起警卫作用。回家以后，我们发现家里的房屋及家具等物品并未遭到毁坏，只是家里的煤油灯还亮着，床上的被子还没有叠。这说明日本兵头天晚上还住在我们家里，他们接到命令后就匆忙地离开这里了。我和父亲回到城里后，为我们家办事的一个人也回来了，而当晚阎锡山的特务团并没有来，我们就住在家里了，并未返回避难的村子。

后来我们知道阎锡山的部队进驻垣曲县城后，在当晚又撤出去了。可能是因为这座县城是一个洼地，它四面的地势都高，并不保险，容易被包围。不过，阎锡山的部队撤走后，河南七十一军的八十八师当晚就进驻了垣曲县城，并马上任命一个团长做县长来管理县城，还贴出布告安民。这样，垣曲县城算是被收复了。但八十八师进驻后，并不允许八路军和其他中国军队进驻县城；由此，其他中国军队都在县城附近驻军。八路军就驻扎在垣曲县城北面；原来进入县城又撤走的阎锡山的部队驻扎在西关里面。那时垣曲县城及其附近的驻军有几十万之众，人数远多于城里的老百姓。

八十八师进驻垣曲县城后，派了三个士兵到我们家。他们就住在院子里，说是给我们看门，并未给我们增添多少麻烦。我们负责管饭，还时常与他们在一起吃饭。这样我们又过了一段安定的日子。不过，有一天晚上县城的街上突然响起了一阵枪声。我们都很害怕，以为日军打进来了；住在我们家的士兵并不知道发生了什么事，也害怕得要命。好在打了一会儿，枪声就停了。第二天早上，这三个士兵就到他们部队去问是怎么回事。原来是他们的八十八师跟八十三师打起来了。

为什么国民党军队之间还打仗呢？听这些士兵讲，头一天下午，要往前开拔的八十三师跟老百姓要民夫。已控制垣曲县城的八十八师坚持不给，说老百姓现在很困难，不能再做民夫。八十三师的长官不听，就命令士兵在街上抓人。八十八师的长官很恼火，就下令开枪射击这些士兵。八十三师马上予以还击。由于八十三师第二天将向前方开拔，无心恋战，于是打一会儿就认输了。因而，他们也不要民夫了。还居住在我们家的士兵说，他们八十八师实际与卫立煌部下的八十三师早就有矛盾。矛盾的根源主要在于八十八师之前攻打共产党在安徽的一个据点时接连失败，而八十三师一举攻破了这个据点。八十八师的长官对此很不高兴，从而与八十三师结了仇。

八十三师向前开拔后，宋哲元的部队又回来了，想要进驻垣曲县城，说这是他们以前丢掉的地方。后来经过协商，八十八师被调走参加黄河南面的战役；宋哲元的部队由于从北平卢沟桥到平汉路一直打下来，已精疲力竭，也没有留在垣曲，而是被调到四川去休整了。垣曲的政权最终落到山西省政府，由阎锡山委派的官员管理；军队指挥权归了第二战区副司令长官兼前敌总指挥卫立煌。

1938 年，日军一共侵占垣曲三次。以上讲的是第一次。第二次是在夏天，从 6 月 28 日至 7 月 26 日。这次日军又是从东面的河南来的。那时垣曲县城南北两面都安全，其中南面是黄河，在我们看来就是大后方；北面都是山区。这次日军来之前，我们全家逃到了麻姑山后梨树沟避难。

我的感觉是，这次我国军队的士气比上次的要好：第一次都节节败退，狼狈不堪，情绪低落；而这次都没有退缩，都往前开拔，精神抖擞。日军第一次侵占垣曲的时候，县政府一下子就垮了；第二次的时候，县政府没有跨，还在继续运作，并且大家的信心很足。据说，这次日本侵占垣曲前，我国军队在离县城三十里的地方与日军一共激战了半个多月。日军被打得很惨。但后来由于我国军队做的工事都是面向东的，而日军冷不防从西面扑过来就失守了。

在梨树沟避难期间，我们几乎每天都能听到隆隆的炮声、机关枪声和惊天动地的喊杀声。我起初对此还战战兢兢，后来便习以为常，每天照做自己的事了。日军撤走以后，我们全家返回垣曲县城。1938 年 8 月中旬，八路军总司令朱德偕徐海东来到垣曲，在莘庄与卫立煌会晤，并与当地老百姓举行露天联欢会，将抗战情绪推至高潮。9 月 13 日至 10 月 11 日，日军第三次侵占垣曲。在此之前，我们全家已逃至西南山柴火圪垯避难，在日军撤走后又返回垣曲县城。

1938 年，全家就这样折腾了三次。1939 年春，日军没有直接派军队侵占垣曲，而是用飞机来连续轰炸，大约每星期轰炸一次。这也是一次全国范围的大轰炸。在日军轰炸期间，我们全家逃至县城北关我父亲的粮店后的一个窑洞里避难。那时我正在垣曲县立第一小学读初小。这所小学下面有一个 U 字形的防空洞。日军第一次轰炸时，这所小学还没有搬走，学生都躲到防空洞里。这次轰炸后，县政府就把学校搬到农村。日军第二次轰炸时，县城的许多老百姓认为这所小学原址下的防空洞很保险：如果日军炸毁一个洞口，还可以从另一个洞口出去，并且它的上面有很高的房子。于是，他们就躲到防空洞里避难。未料日本人发现了这个防空洞，向里面投了燃烧弹，结果洞里的人全被熏死了！

二、冒险穿越日军封锁线

1939 年春天的轰炸过后，日军于同年 6 月 21 日端午节后再次出兵侵占垣曲。这次侵占的时间很短，四天后日军即被我国军队击退。日军打来之前，我们全家跑到县城东北山中。这次以后直到 1941 年 5 月，垣曲县城都比较安定。尽管我们仍能经常听到百里之外中日两军交战的炮声，有时还能看见在天空中盘旋的日军战机，但由于对此已经习以为常，便该做什么就做什么。后来学校也复课了，我重返垣曲县立第一小学读书。

1939 年日军侵占垣曲以后，我们的情绪也没有问题，相信抗日战争最终会胜利。因为从沦陷的经历看，我们的境况一次比一次好。我讲过日军第一次侵占垣曲时，县政府一下子就跨了。后来几次日军打来时，县政府非但没有跨，并能良好地运转。而且县政府能够准确地通知老百姓向哪个地方撤离最安全。令我印象深刻的是，每次撤离之前，县政府都先转移监狱里的犯人。

但是 1941 年 5 月，国民党中央军与日军在中条山会战（又称中原会战）中一败如水，几乎全军覆没，国民政府视这次战败为“抗战史中最大之耻辱”。

在这场战役中，日军于 5 月 8 日以空降部队占领垣曲。县政府完全被打垮了，与老百姓失去了联络，我们的情绪由此一落千丈。这场战役之前，由于阎锡山于 1939 年 12 月发动“十二月政变”与嗣后“皖南事变”发生，中国的政局发生了很大的变化。这其实已为中条山会战中国民党中央军战败埋下伏笔。那时我还是一个十三四岁的孩子，并不知道这种变化。后来回想起来，1940 年前后垣曲县城门口所贴的标语实际对此已有反映。1939 年所贴的标语是“国共两党亲密合作”之类。1940 年所贴的标语就变了，上联是“坚持团结，坚持进步，坚持抗战到底”，下联是“反对分裂，反对倒退，反对妥协投降”。这应该是共产党的口号。1940 年后又改为“一个政党，一个领袖，一个主义”了。显然，这是国民党的口号。“一个政党”就是国民党，“一个领袖”就是蒋介石，“一个主义”就是“三民主义”。

在 1938 年和 1939 年，共产党人在垣曲是公开活动的。但 1940 年后，这样的活动就悄无声息了。1940 年之前，垣曲有三股军事势力：一股是阎锡山的军队，一股是卫立煌指挥的中央军，一股是朱德领导的八路军。阎锡山是第二战区司令；卫立煌是副司令；朱德既是八路军的指挥官，还是第二战区的副司令。这三股势力之间的合作关系，尤其在联合抗日方面，是比较好的。他们一起开会时，就挂孙中山、蒋介石、阎锡山、朱德四个人的照片。阎锡山用的人有许多是共产党，其中有的还在他手下任要职，如薄一波当时是山西省第三行政区政治主任。但“十二月政变”“皖南事变”以后，国共两党关系出现严重的裂痕。这样，包括垣曲在内的晋西北的共产党人都退到晋东南。1940 年以后，垣曲县的八路军办事处和牺盟会均被国民党解散。随后，县城挂出了国民党县党部的牌子。

垣曲沦陷与当时的国际形势有关。1941 年，苏联怕被德国攻打，于 4 月 13 日跟日本签订了《苏日中立条约》。稍后，我们国内的一些报纸就报道说，这将对我们不利。果然不出所料，日本很快调集大批防守东北的关东军来攻打垣曲县。不过，德国后来还是跟苏联打起来了。

前几次日军侵占垣曲时，我们由于事先已得到消息，在日军来以前就撤离了。而对于 1941 年 5 月 8 日这次日军突袭，我们事先没有一点准备。这次是日军从拂晓开始进攻，到下午即占领垣曲。速度之快，是前几次从未有过的。当时父亲已经去世，我和母亲都住在父亲粮店后的那个我们在 1939 年春住过的窑洞里。它与另外三个窑洞并排且相通。其中一个窑洞由县商会的人住，一个由我们家的一个姓石的佃户住，还一个由大家用作磨坊。

县商会大概在 1939 年前后从县城搬到这个窑洞。由于县里的商业不发达，税收也很少，县商会的规模并不大，总共只有三四个人，它的负责人姓鲁。在县商会的人中，有一个叫姚舜级（虞廷），年龄比我大很多。他经常读书、读报，知识面很广，知道的事情很多。我和姚舜级在窑洞中相处了一年多，关系很好。那时每天一有空闲，我们就在一起聊天。他把我当成他的弟子。从他那里，我知道 1934 年 1 月垣曲县的一些在北平上学的年轻人在北平创办了一份叫《垣民之友》的进步刊物。创办该刊的主要人物包括裴丽生。后来阎锡山派人抓捕这个刊物的发起人、撰稿人，甚至这个刊物的代销者、读者也受到牵连。姚舜级曾因代销或阅读这个刊物受到牵连。

垣民之友

創刊辭

歷來社會上反抗舊制度創造新事物的担子，都落在青年人們的雙肩上。年老的人們永遠是在發展自己青年時期所攫取到的思想與成就的範圍以內做工夫。目下四五十歲的垣邑長者，在他們年輕的時候，接着他們的時代環境，從私塾跳到新式學校，也曾單刀匹馬，千里跋涉，於舉目無親的境況中，茹辛含苦，創造了他們現在的榮譽。同樣那些三十餘歲的壯年人們，迎合着民國維新的潮流，也曾經首先剃了辮子，換了頭，激起本縣出外

要目

創刊辭
追趕新時代創造新垣曲　魯夫
新舊道德論　新鐵
中國文學趨勢與作品　頤萍
目前國際危機　撼岳
農村破產分析　波石
科學小常識　乘濤

垣民之友　三

《垣民之友》①（1934 年 1 月 10 日创刊）创刊号第 1 页

5 月 8 日，日军开始突袭时，我们在窑洞里已经听到远处有“嗒嗒”的机关枪声，但并未在意，这是因为以前经常听到这样的声音。后来发现不对劲了，日军的飞机接连不断地飞来，并在垣曲县上空一直盘旋。由于怕遭到飞机轰炸，我跟母亲、县商会的人和姓石的佃户的家人都躲在这一排窑洞的

① 《垣民之友》由清华大学经济系裴丽生，中国大学王心清、李仰�、姚藩南，北平工业大学弟安仁、姚书奎，女子文理学院张晋媛，朝阳大学普攀龙，中法大学李继升等垣曲籍学生在北平创办。它宣传民主和科学、抗日救亡、妇女解放等内容，主要面向青年知识分子。1935 年，山西省政府派宪警到北平逮捕了弟安仁、普攀龙、姚书奎等创刊者；裴丽生等因隐蔽起来，幸免于难。另外，还抓捕了一批撰稿人。后经晋北榷运局局长安恭己等人多方周旋，被捕人员全部获释。

拐弯处。这儿的土比较厚，是这排窑洞最安全的地方。到下午，外面的枪炮声越来越大，我们感觉情况不妙，心想日军应该已经打过来了。如果日军打到窑洞口，我们就不能逃跑了。这该怎么办？

姓石的佃户的妻子胆子比较大，她自告奋勇要到外面去看看情况，结果发现外面还有国民党的军队。这次日军是从西面来的。我们跑出窑洞后，先往南，再向东，然后上到窑洞上面，打算朝东南方向跑。以前逃难时，我从未朝这个方向跑过。当跑到窑洞上面时，我们发现县城门楼上已经有日本兵了。由于这时正是要收麦子但还没有收的时候，考虑到麦地的麦子可以作为掩护，我们就分头钻进麦地里避难。但县城门楼上的日本兵已经发现了我们。于是，他们不停地朝着麦地射击。子弹像雨点一样纷纷落在我的身旁。与此同时，麦地上空有几十架日军飞机在低空盘旋。我们在麦地里都能看清飞机上的日本兵。幸运的是，这些日本兵似乎只是威胁我们，并未向麦地轰炸、扫射。

我们钻进麦地不久，和我携手逃跑的姚舜级突然大叫了一声："我的腰部挂彩了！"我以为有日本兵追上来用刺刀扎了他一下，实际是中了一枪。当时我也顾不上许多了，拉着他就拼命向东跑。跑出麦地一里多地后，地势就低了，城楼上的日本兵就打不到我们了。姚舜级就忍着伤痛，坚持跟我跑到一个村子里。在此前后，窑洞里的其他人也陆续跑到这里。停下来后，我发现我的衣服上染满了鲜血，东西都丢光了。后来弄清，这些血不是我流的，而是从姚舜级的腰部流出的，于是，我们赶紧找了块布把他的腰缠起来。但遗憾的是，由于伤势过重，又缺医少药，两天后他就死了。新中国成立后，姚舜级被追认为烈士。

在随后的十多天，我们就住在这个村子里，它距离县城有一二十里，其周围是一大片空地。起初这里还没有日军来，后来由于我国军队已经丧失了抵抗力，日军便开始到处乱冲，于是这里开始有日军来了。不过，日军在垣曲的驻军很少，只在几个村庄有据点，而且基本上是白天出来活动。当日本兵出来时，村里一般就会有人传信通知大家跑。那时正是麦收期间，大家得到消息后就临时躲到麦地里藏起来。只要不正面碰到日本兵，就没有事；如果正面碰到了，你就不能跑，否则他们就会开枪。就这样，我们和日军进行了一段"拉锯战"：他们来了，我们就跑；他们走了，我们就回到村子里。

然而，1941 年 5 月 30 日端午节这天出事了。那天中午，我正和六七个老乡在住的地方吃饭，一个荷枪实弹的日本兵忽然出现在门口，这时想跑已经来不及了。这个日本兵命令我们到院子里站成一圈，都把手伸出来。看到我的手后，他操着半生不熟的中国话，用枪指着我大喊：“中国兵，中国兵。”这是因为他知道农民的手一般都被磨粗了，会有茧子，这与当兵的拿枪的人的手不一样；而在被抓的人中，就我一个人是学生，手上没有茧子。被抓的老乡连忙向他解释，说我不是中国兵；但这个日本兵根本就不听，把我们一起都押到院子外面。那时日本兵都抓男的去做民夫，一般不抓妇女。我母亲躲在屋子里吓坏了，不敢出来。

日本兵押着我们走的时候，我走在最后一个。在半路上，我发现日本兵总走在靠前的位置，并不怎么回头看。由于那时正是麦收的时候，麦地里到处堆着麦垛，于是我找准一个机会，迅速溜到麦垛后钻到里面藏了起来。当时日本兵也没有察觉，押着其他人继续往前赶路。这样我就逃脱了。跑回住处后，我母亲说，如果日本兵找回来，那就麻烦了；你不能在家待了，必须离开垣曲。

对于我来说，这次被抓民夫是改变我命运的关键。如果没有这件事发生，我就可能长期在垣曲县过我的地主生活了。我小学毕业后对未来并没有什么打算，就是想在家当地主，靠着出租父亲遗留下的大量田产生活。那时有许多人对我都很羡慕，说你家里的财产足够你吃一辈子了。而且我没有亲兄弟姐妹，是父亲遗产的当然继承人。加之从小帮他记账，我对他管理的事情比较熟悉，也有能力把这份家业管理好、经营好。可是这件事情发生后，我别无选择，只好背井离乡，舍弃家业到外面闯荡了①。

经过与母亲商量，我决定到西安投奔三姨父姚珠浦，当时他是国民党军委会西安办公厅高级参谋。我三姨父的大儿媳，即我的表嫂孟淑文正住在离我们住的村子不远的一个村子里，两村只隔一条河。5 月 30 日这天，日军也到她住的那个村子里搜查，她知道后就躲藏在家里的夹壁墙里。一个日本兵搜查时用刺刀捅了她藏身的夹壁墙。由于没有捅开，她才幸免于难。但她非常后怕，也决定离开垣曲。在我所住的村子有一个姓林的药店老板，是河南洛阳人。他考虑到不能再做生意了，打算过黄河回河南。同时，还有一个叫赵西科的人，想和我们一起离开。

---

① 1941 年席泽宗离家后，他的母亲领养了本家的一个女孩做女儿。家里的田产，由一位姓谭的佣人替他管理，直至 1946 年土地改革。

我们四个人联系好后，决定在 5 月 31 日晚上趁日军睡觉的时候，从我表嫂住的村子出发，通过日军的封锁线，再一直向东跑，然后渡过黄河。出发的那天晚上，夜幕漆黑，伸手不见五指。我们起初比较顺利，但跑到李家庄附近的一个山坡下时，听到山坡上人声嘈杂，许多人在讲日语。原来是一些日本兵在修筑工事。我们隐藏在山坡下面，怕被日军听到，都不敢讲话。我们四个人中，我和表嫂分别是孩子和妇女，药店的林老板和赵西科都是成年男子。在这种情况下，林老板说要摸上去看看情况，但很长时间都没有回来。后来赵西科怕林老板有危险，也摸到上面去了，结果也没有回来。

我和表嫂非常害怕，都沿着原路跑回各自的村子。后来林老板回来了，告诉我赵西科被日军抓住了。由于他扎了一条猪皮皮带，日本兵认为他是中国兵，就把他枪毙了。听到这话，我很伤心，也一直后怕。第二天早晨，我和林老板去找我表嫂，商量该怎么办。由于日军已在我们昨晚所走的路线上修筑了工事，我们只能改变路线了。后来我们决定从表嫂所在村子出发，翻过两个山坡，往南跑，直达黄河边；同时考虑到日军在垣曲的兵力较少，正面相遇的概率并不高，就决定在白天走。这样也易于赶路。商量好之后，我们就出发了。没有想到，我们一路非常顺利，连一个日本兵都未碰到。

我们一直跑到黄河边上一个叫老婆窑的村子。原来我们家的一个佃户的女儿就嫁到这里。我带着表嫂和林老板找到了她家。她非常热情，告诉我们河南的国民党军队已派人到她们村里工作，负责难民渡黄河事宜。过河手续是比较严格的，首先是让村里的人证明你不是汉奸，再到国民党军队所派的人那里登记，而后才可以过河。随后她为我们做了证明，我们顺利办完了过河手续。

但我们到黄河边后，发现河里已经没有渡船了，偶尔还有日军的飞机在上空盘旋。据说，很多渡船都被日军的飞机炸烂了。而且黄河里面漂浮着许多死尸，其中不少是从上游漂到下游的。当时人们只是靠抱着一根很粗的大木头，由两个水性很好的水手，一个在前面拉着，一个在后面推着过河。抱着大木头的人，一般是一边各四五个，这样可以保持平衡。过河之前，人们都把脱下的衣服和携带的东西放到牛皮袋里，然后把牛皮袋捆在大木头上一同带过河去。

不会游泳的我，看到死尸漂浮、浊浪汹涌的黄河，非常紧张。但为了逃命，便鼓足勇气，脱了衣服，跳进黄河。我表嫂和林老板也有些紧张，他们像我一样双手紧紧地抱住那根大木头。大约一个小时，我们渡过了黄河。过河之后，林老板便回洛阳老家了，我们后来再没有联系过。我跟表嫂先到了河南的一个山沟里，找到已经到达那里的三姨父的姨太太和她的小女儿。半个月后，我们一同沿陇海路西行，安全到达了西安。

第三章　中学时期的历练与收获

1941 年 5 月，日本侵略军以优势兵力占领垣曲。席泽宗被迫离开母亲和家乡，到大后方流亡。他到了陕南汉中地区古城洋县，一举考取国立第七中学（简称国立七中）[①]，在那里学习三年（1941 年 8 月至 1944 年 8 月），完成了初中学业。随后考入国立西北师范学院附属中学。这所中学是北平师范学院附中的后身，坐落于西北重镇兰州，有浓厚的读书氛围、自由民主的作风和亲密的师生关系。在西北师范学院附属中学的三年（1944 年 9 月至 1947 年 5 月），席泽宗学到很多东西，并对天文学产生浓厚的兴趣。这是他人生的一个重要的成长阶段。

一、投考国立七中

南渡黄河以后，我和表嫂、三姨父的姨太太及其女儿先到一个亲戚家住

① 国立第七中学的前身，是 1938 年 3 月在陕西西安成立的国立山西中学。1939 年 6 月，国立山西中学迁至陕南洋县，定县城内五云宫为校本部，分设初中部于洋县智果寺、良马寺两处。1939 年 5 月 17 日，国立山西中学奉命改称“国立第七中学”。

下。和我三姨父一样，这位亲戚也是保定军官学校毕业的，做过卫立煌的参谋长，还组织过游击队。我们住下后，他给我们非常清楚地分析了国际形势，并预言马上会有世界大战发生。这使我对抗战胜利又有了信心，一下子萌生了想要参军打鬼子、为光复家乡而战斗的念头。但这位亲戚和表嫂均不同意，说我才 14 岁，与其参军，还不如继续求学，准备将来为国家建设出力。这不论对个人还是国家来说，都是比较好的。他们劝我要把眼光放得长远一些。最后，我听从他们的劝告，准备到西安后投考一所中学。

我们在这位亲戚家住了几天，感觉这儿很安全，也没有意外发生。不过，当我们离开这个山沟时，遇到一点麻烦。按照当时的观点和习惯，结队外出一般都由男子带队，路票上也要写他的名字。与我们一起逃出来的林老板是男子，但已经走了；剩下的人中，只有我是男子，但还是一个孩子。后来大家还是决定让我带队。我们先到渑池，再乘火车到西安。由于怕遭到日军飞机和大炮的轰炸，火车一般不敢在白天行驶，只是在晚上行驶，一天也走不了几十公里。而且在宝鸡附近有一段铁路是靠近黄河边的，就在现在的三门峡一带，非常危险。所以，我们一路上都提心吊胆，生怕遇到危险。这样的经历使我更加憎恨日本人。我心里曾想："中国人在自己的土地上竟然没办法走路。真是亡国之民，不如丧家之狗。"火车通过潼关以后，才算安全。6 月 22 日，我们在火车上的时候，德军进攻苏联，苏德战争爆发。那位亲戚的预言得到了应验。

西安是中国有限几个未沦陷的大城市之一。我们抵达西安后，就感觉那里的气氛与外界完全不一样，并且相当繁荣。我在三姨父家住了半个月。最初，三姨父的姨太太订了一份报纸让我阅读，说上面有各种知识，有助于提高文化水平。我到西安后打算考学，但对西安有什么学校和如何报考都两眼一抹黑。不过，非常凑巧的是，有一天一个叫杨绍文的到我三姨父家借钱，说要投考在陕南的国立七中。他是我在垣曲城内关帝庙后宫私塾读书时的同学杨焕文的弟弟。当时三姨父鼓励我念书，认为年轻人应该单独出去闯一闯，并说他去保定军官学校读书时也是 14 岁。杨绍文来借钱后，三姨父认为这正是一个很好的机会。于是，他就让杨绍文带我去陕南报考国立七中。后来有一个叫徐思礼的人知道后，主动要求与我们一起去报考。

1941 年 7 月中旬，我们从西安出发，先乘火车由西安到宝鸡。由于经济拮据，杨绍文和徐思礼到宝鸡后提出要徒步走完剩下的路程。我离开西安时，三姨父给了我足够的路费，完全有条件乘车，但杨绍文和徐思礼提出这个要求后，我还是爽快地答应了。随后我们花了一周时间，步行约 255 公里，翻越秦岭到了陕南洋县国立七中校本部。

国立七中校本部大门（大门楹联为：养天地正气，法古今完人；顶天立地，继往开来。据国立七中校友会校史编委会编《国立第七中学校史（1938～1949）》，香港：天马出版有限公司，2005 年）

国立七中是抗日战争期间国民政府教育部为救济和教育流亡学生所设立的国立中学中较好的一所。它有三个据点：一个是坐落在洋县县城的只有高中的校本部；后两个据点只有初中，一个是在洋县智果寺的一分校，一个是在洋县良马寺的二分校。国立七中设立之初，招收学生比较随便，并不考试。我们去时已经要求考试，并且比较严格。找到校本部后，我们一行三人先找到正在那儿读高中的杨绍文的哥哥杨焕文。杨焕文很热情，安排我们在他的宿舍里搭伙和复习功课。

8 月中上旬，我们参加了入学考试。然后，就在校本部等着学校出榜。出榜是在一天晚上。那天校园里的人很多。出榜的人出来后，许多考生就把他围住了。一个姓刘的考生就问有没有他，出榜的人可能没有听清他的话，说有一个姓席的。我一听，很高兴，心想这可能是我。贴出榜后，果然“金榜题名”，但杨绍文和徐思礼均未被录取。后来他们到一家报馆当了印刷工；不久之后辞去报馆职务，到四川绵阳考取了国立六中。

在我的一生中，有许多机缘巧合之事。遇见到三姨父家借钱的杨绍文，就是其中一件。要不是遇见他，我在西安还不知道下一步该如何走，也不可能到国立七中上学。可以说，他对我的成长产生过重要影响。

杨绍文到国立六中不久，参加了青年军，到缅甸打仗去了；此后去了东北，被共产党俘虏，又成为解放军；后来参加过解放战争；之后又参加了抗美援朝战争；从朝鲜回来后一直在太原工学院（今太原理工大学）勤勤恳恳做党的工作。他的哥哥杨焕文在新中国成立前夕去了台湾，一度担任过李登辉的秘书。我在前面已经提到这件事。20 世纪 90 年代，有一次我和他们兄弟相见，开了个玩笑，说“你们哥俩国共合作了”！他们听后，都哈哈大笑。

二、初中的学习和生活

我到国立七中读书后，被分配到二分校读初中，被编入第 19 班，班主任为刘义叟，校长是常知非。二分校地处农村，周围全是农民。校址所在地良马寺原是一座寺院，抗日战争全面爆发后，国民政府教育部将它接收过来作为校舍，寺里的和尚都被赶到附近的农田里种地去了。二分校一共只有 5 个班：一年级两个班、二年级一个班、三年级两个班。

国立七中二分校大门（据《国立第七中学校史（1938～1949）》）

二分校开设的课程，是教育部统一规定的中学课程，包括三大门、四中门和一些小门。所谓的三大门，即国文、数学、英语；四中门，即历史、地理、物理、化学；小门，即体育、音乐、绘画、劳作等。我在三大门上花的时间最多，因为它们都是最基础的课程；在中门上，花的时间要少一些。每天早上，我花一个小时读英文；在白天，所做的功课基本都是英文和国文；晚上主要做数学题，有时也做少量的物理题、化学题。我学习成绩最好的科目是数学，中门课程的成绩也还可以，但小门课程的成绩都不行，只达到及格的程度。那时我们所用的各门课程的课本都是从学校借的，读完后还要还给学校，留给下一届学生继续使用。

二分校的设备很差，但师资不错：几乎所有任课教师，都达到大学文化水平。不仅如此，各门课都有一位专门的老师讲授。我印象最深的，是对我的成长产生过较大影响的地理教师王江（字子长）。当年，他还在西北大学地理系读书，是一边上大学，一边给我们上课。每次上课，他都很潇洒，从来不拿讲稿，只拿一根粉笔，单凭脑子所记的知识给大家讲课；而且讲到下课铃响时，正好告一段落。据我所知，在新中国成立前，教育界是盛行教师讲课不拿课本、讲义的风气的。

给我们上第一节课时，王老师说："今天我们头一次见面，应该给大家带点礼物。咱们中国人说'秀才人情纸半张'，今天我给大家带些纸来，出题目考试。"其中一个题目，是绘制一张简单的中国地图，并标注中日主要会战地。记得他对地理学有三个定义：含垢、盛物、科学垃圾箱。也就是说，地理学可以包罗万象。这个比喻很生动。

我们的地理课本，开头一部分是"自然地理"，实际就是天文知识。1941年9月21日，全食带经过洋县。王老师事先做了充分的宣传，当日组织我们观看，还给我们讲了日食形成的原理和观看的方法①。通过他的讲课和这次观看日全食，我初步学到一些天文知识，并对天文学产生了一些兴趣。可惜他只教了我们一年，1942年便离开了二分校。

在二分校的教师中，我跟数学教师郑忠义关系很好。他也是山西人，新中国成立后在太原。我在初中三年中，共学过三门数学课：一年级的算术，二年级的代数，三年级的几何。郑老师的课讲得很生动、很好，颇受学生欢迎。讲算术时，他经常用巧妙的代数方法解算术题，并从刘薰宇撰写的一本讲趣味数学的书里选取素材讲课。中国古代数学史里的"韩信点兵""鸡兔同笼"等内容，也都在他的讲课范围之内。另外，他讲课时现场发挥很多，从

---

① 席泽宗在《日食观测简史》中提到：中央研究院天文研究所对于这次日全食事先做了预报。然后有两个观测队，分赴东南（福建崇安）、西北（甘肃临洮）进行观测。东南队由中山大学天文台、中央研究院物理研究所、中国天文学会等六机构、团体组成，领队人为中山大学教授邹仪新女士。西北队由中央研究院天文研究所、中国天文学会、金陵大学理学院、中央大学物理系组成，领队人为中国天文学会前会长高鲁先生。由于下雨，东南队无法工作。西北队工作顺利，在临洮所摄之电影，曾于1946年联合国教科文组织举行会议时运赴巴黎放映，作为中国战时对科学的贡献。参见席泽宗：《日食观测简史》，收入席泽宗：《古新星新表与科学史探索——席泽宗院士自选集》。西安：陕西师范大学出版社，2002年，第2页。

不照本宣科，这让学生对他的课很感兴趣。我的数学成绩好，应该有郑老师的一份功劳。

国立七中二分校良马寺大门内通道（据《国立第七中学校史（1938～1949）》）

今日良马寺大殿（据《国立第七中学校史（1938～1949）》）

在二分校，师生关系非常融洽。学校的教师几乎都是从各沦陷区逃出来的，全住在校园里；每人都有一间屋子。因此，学生与教师接触的时间很多；放假时，由于没处去，我们也经常在一起。由于处于抗日战争时期，大家都在共赴国难，老师对学生也倍加关心。

另外，在课余时间，二分校的活动不多。这与学校地处农村有关。1941年8月27日，学校举行过一次纪念孔子诞辰的活动，这是以前我在小学时没有经历过的事情。活动的具体形式是开一个长约一个小时的会。会场挂了一幅孔子像，有一位教师专门讲孔子。这实际就是一堂宣扬儒家文化的德育课。

在洋县县城的校本部的活动多一些，有时我们分校的学生也参加，其中包括赛球、表演话剧等。

值得一提的是，国立七中不仅管学生的教育，还管学生的吃、住。虽然生活清贫，住破庙，睡通铺，穿草鞋，吃大锅饭，点煤油灯，但我们在情绪上是乐观的，可以不用为经济担忧，只要一门心思读书就行了。记得在伙食方面，大家都可以吃饱，标准是八个学生一同吃一盆菜和一桶饭。而且教育部向中学生和大学生发放贷金，不少学生通过申请都可以领到贷金。我在中学和大学读书期间都申请到了贷金。中学生的金额大概是每月七八元钱。尽管贷金的金额不多，但对穷困学生的日常生活费用提供了基本的保障。教育部发放贷金时规定学生日后偿还，实际并不指望学生偿还，因为当时物价涨得很厉害，偿还的实际金额是无法计算的。这样，贷金实际成为学生的助学金。

抗日战争全面爆发后，国民政府教育部在大后方的流亡区设立了30余所国立中学，国立七中只是其中一所。这些国立中学学生的教育、吃和住都由国家包下来，现在看来，这是国民政府在中等教育方面所做的一件大事，可以说是一项战略措施。抗日战争时期，我国大部分国土沦陷，这么多学生流离失所，流落街头，如果国家不集中这些学生，不对他们施行正常的中学教育，现在中国的知识界恐怕是另外的一个样子了！

三、两次失败的经历

由于我是抱着满腔的抗战热情到后方的，所以刚入国立七中二分校时非常活跃。一年级下学期，我和同班同学高鸿立等利用课余时间创办了一个手写的壁报《云泽周报》。该报的名字取自诗句“云山靠复培英才，泽胥绕前润古寺”。参加办报的同学共计二十余人，我为社长。《云泽周报》与每个班的壁报不同，是跨班级的，全校性的，不登载文章，而是以登载学校的新闻为主，其中包括校长讲话、学校的活动等。另外，该报也摘录报纸上的一些国内、国际消息，但很少。

这个壁报是怎么办起来的呢？1942年5月17日，国立七中举行校庆活动，分校的师生都到洋县校本部参加。校本部有一个壁报——《五云周报》，以校本部校址所在地“五云宫”这座寺庙而得名。当时全校师生对《五云周报》都叫好，社会上也叫好，汉中的报纸也介绍过该报。因此，校本部计划在二分校办一个《五云周报》的分刊。在校庆期间，校本部找到二分校的李功伯老师，让他办理此事。

高鸿立的写作能力很好。李功伯回到二分校后，就请他出来办《五云周报》的分刊。我和高鸿立关系很好，他就找我商量此事。他说与其办分刊，还不如我们自己办一个刊物。不管他校本部不校本部，先出了再说。后来我们于1942年5月底出了《云泽周报》的试刊号，6月初出了创刊号。但创刊号因报道毕业班一位同学丢失东西失实，而被抗议，我们还为此事道了歉。由于此事的发生，班上有的同学还风言风语。如董子众就说："办个壁报写写文章可以，弄成这种新闻纸，将来惹是生非的事情多着呢。"由此，我们办《云泽周报》的积极性和热情被打消。

创刊号出来后，学校紧接着就进行考试、放暑假。在暑假期间，我到西安三姨父家探亲。这年夏天，国立七中正好派人到西安招生。出于对学校的爱护和热忱，我和国立七中的几个校友一道在招生办事处不舍昼夜地义务劳动了几天，赢得了去西安招生的二分校校长常知非的青睐。暑假结束，我回到学校后，常知非说他可以帮助我解决一些困难；同时，他积极支持我和高鸿立继续办《云泽周报》，并由学校支付一切费用。这重新唤起了我们办该报的积极性和热情。

由于既要采访消息，又要写，而我和高鸿立两人力量有限，且写字都不行，我们就招兵买马，结果先后有二十余人报名参加。此后《云泽周报》每逢周一出一期，每期都有一张报纸的篇幅。学校每周一第一堂课为"总理纪念周"，我们就在这堂课之前把《云泽周报》在校园的黑板上贴出来。这样，这份壁报就继续办起来了。

可惜好景不长，半年之后，《云泽周报》就办不下去了。当时学校有两个很大的球队：一个名叫"浩光"，一个名叫"神鹰"。在这两队中，"神鹰"队参加办《云泽周报》的学生相对要多，因而，《云泽周报》登出的"神鹰"队的消息要比"浩光"队的多。于是对我和高鸿立早有意见的"浩光"队的董子众、赵师强、张源等人就纠集人要打我，且他们煽动参加办《云泽周报》的学生，说："《云泽周报》完全是高鸿立和席泽宗二人的私事，你们完全是被别人利用，为个人服务。"另外，有的同学说我们在《云泽周报》上登校长的讲话，是"拍马屁"。这些事闹得我们很不愉快，不久这份壁报就停办了。

《云泽周报》停办后，董子众一派的刘丕武在二分校办伙食贪污了不少钱，并且只有十几岁的刘丕武还办宴席为自己祝寿。我的同班同学傅忠惇看不惯，于是暑假期间在汉中给常知非写信控告了刘丕武。在贪污证据确凿的情况下，刘丕武被二分校开除，从此傅忠惇成为董子众一派的眼中钉。由于利害关系，我和傅忠惇自然而然地接近了。

1943年10月，我们组织了一个具有读书会性质的“文体协进会”，参加者共20余人，其中主要是我的同班同学。由于在选举中落选，我没有在“文体协进会”担任职务，但事实上，我是该会的五个骨干力量之一。另外四个人是傅忠惇（会长）、于鞏基（学术干事）、靖天增和刘锡纯。

“文体协进会”的活动，主要是联络同学之间的感情，相互帮助，温习功课，开展体育活动。每周有一个晚上活动。不料不到四个月，就出现了大问题：傅忠惇、靖天增与于鞏基、刘锡纯分成了两派，互相斗。1944年春，于鞏基和刘锡纯向学校揭发说“文体协进会”里有几个人是共产党，其中包括傅忠惇和靖天增。而且，他们说傅、靖两人参加的七人秘密小组——“精诚励进团”，是共产党的外围组织。那时说有共产党，是一件相当严重并让人很害怕的事。一时间二分校风声鹤唳，草木皆兵，全校戒严。陕南警备司令祝绍周还亲自来校训话，说：“共产党搞迷信，利用会道门面，想做皇帝。你们学生跟着走，是毫无前途的。”在这种情况下，会员纷纷退会，此后，“文体协进会”的活动便停止了。

由于我和傅忠惇、靖天增是好朋友，这件事也弄得我终日惶惶。一个月后，事情开始平息下来。我就问傅忠惇：“这究竟是怎么回事？”傅忠惇自己也搞不清楚，说他们确实参加了一个名叫“精诚励进团”的组织，它跟西北大学有关系。但单从名字看，这并不是共产党的组织。因为“精诚”“励进”都是国民党经常使用的词语。后来因为追查此事，傅忠惇和靖天增等人就退出了“精诚励进团”，而且国立七中总校长杨德荣亲自保证，该团不是共产党的组织。这样，这件事就不了了之了。

经过这两次失败，我变得心灰意冷，不愿意再参加任何活动，同时也开始讨厌国立七中的环境，坚定了初中毕业后另考学校的决心。于是，我于1944年夏初中毕业后报考了西北师范学院附中。

我离开国立七中二分校后，傅忠惇和靖天增也相继离开。靖天增去了河南。傅忠惇考取了国立六中。在我的同学里面，傅忠惇接触进步思想最早。我在西北师范学院附中读书期间，他给我寄了许多进步书籍和报刊，其中包括共产党在重庆办的《新华日报》《群众周刊》。1948年北平还没解放时，他就到了东北的解放区，随后就读于东北农学院。新中国成立以后，我到哈尔滨外国语专科学校（今黑龙江大学）学习期间，跟他见过面。后来他到河北保定农业科学院工作，有一次到综考会出差，还在北京的孚王府住过[①]。可惜的是，“文化大革命”爆发后，他因受迫害而自杀。

初中毕业后，于鞏基考取了国立七中的高中。1945年，他有一次到兰州办事，我招待了他，并邀请他观看一部抗日题材的电影。那是8月10日晚上，我们正在影院观看这部电影时，忽然广播日本天皇宣布无条件投降的消息。一下子，整个电影院就沸腾了，兰州全城鞭炮齐鸣，人们兴奋不已。我们在兰州分手后，就再也没见过面。新中国成立后，我听说他到广州市公安局工作，曾参加南下工作团。跟于鞏基关系很好的刘锡纯，高中毕业后考取国民党的军医大学，后来在台湾做军医；退役后到美国洛杉矶行医，做外科医生。他喜好京剧，曾回国参加庆祝徽班进京100周年的活动。

四、西北师范学院附中：科学家的摇篮

1944年夏，我到成都参加了西北师范学院附中的入学考试。由于考分较高，被顺利录取。后来我才知道当年该校在成都录取的校外的考生只有两人。由于担心考不上西北师范学院附中，我也报考了国立七中的高中，结果也被录取了。我被录取后，由于国立七中的学生大都是山西人，我的一些朋友就劝我：“你不要走。山西人还是留在国立七中比较好。”不过，许多老师建议我到西北师范学院附中，说国立七中的教师虽然不错，但都是从一些“杂牌”大学毕业的；西北师范学院附中的老师基本都是北平师范学院毕业的，均受过正规的师范教育训练，教学水平要比国立七中高得多。这样，我又想到在国立七中从初中二年级开始的宗派斗争实在可怕，还是决定离开。

西北师范学院附中与北平师范学院附中有着密切的历史渊源。北平师范学院附中原分为两部：一为男附中，在和平门外南新华街，今为北京师范大学附中；一为女附中，在西单二龙路，今为北京师范大学实验中学。1937年抗日战争全面爆发后，北平师范学院教育系教授兼女附中主任（即校长）方

① 中国自然科学史研究室就在孚王府内。

永蒸会同男、女两附中的 18 位优秀教师，即后来所尊称的“十八罗汉”，随北平师范学院内迁西安，成立西安临时大学高中部。1938 年春，西安临时大学迁至汉中，改名为西北联合大学，其高中部改称西北联合大学附中。同年 8 月，西北联合大学教育学院改为师范学院，并于次年改称西北师范学院。随之西北联合大学附中改为西北师范学院附中。1941 年起，附中随西北师范学院陆续迁往兰州。至 1945 年迁校完毕，方永蒸一直担任校长。

顺便讲一个小插曲：抗日战争胜利后，迁往大后方的大学在 1946 年前后陆续复员，但西北师范学院未迁回北平，这可能与北京大学和西北师范学院间的矛盾有关。当时北大派的主要人物、教育部部长朱家骅不愿意让西北师范学院回北平复员。为了此事，西北师范学院的师生，包括我在内，曾在兰州游行、请愿，并准备全校人员徒步由兰州到重庆请愿。后来由于张治中的制止、调停，这才作罢。

我在西北师范学院附中共学习了三年，前两年在五泉山下；后一年在十里店上，即西北师范大学附中今日的校园所在。1944 年秋入学后，我被编入 1947 班，班主任为陈鸿秋，班上共有四五十名学生[①]。这里的学生来自四面八方，有吉林的、福建的、山东的、山西的、新疆的等。学校的条件较为艰苦，没有自来水，也没有电灯，晚间每四个人围坐在一盏煤油灯下做功课。

学校分为师范部和中学部。中学部分为初中和高中，均为三年制。学校还办了一个中间没有升级考试的六年一贯制的实验班。但这个实验班办得不成功，没有显著的成效，新中国成立后便被取消了。在授课教师中，除方永蒸从北平师范学院附中带去的“十八罗汉”外，还有一批流亡到西北的教师。当时西北师范学院校长李蒸对附中非常重视，认为它是师范大学的实验基地，师范大学办附中就等于医学院办医院。而且在西北师范学院，附中校长方永蒸是学院领导班子成员之一。

在兰州学习期间，西北师范学院附中给我留下了美好的印象。这里读书的氛围非常浓厚。大家除了做好功课，竞读各种课外书籍，把追求知识当作一种享受，而不是负担。在晚间，老师还经常组织和引导学生做读书报告。学生像小专家一样，各讲一套，有人谈收音机如何安装，有人介绍煤焦油工业，有人谈法布尔（Jean-Henri Fabre，1823～1915）的《昆虫记》等。这种传统在北平师范学院附中就有，是“十八罗汉”带到兰州的。当时我对此很

① 最后毕业的学生有 20 余人。

羡慕，于是也寻找了一些课外书来读。起初读得很杂，现在所忆有马寅初的《经济学》、汪奠基的《逻辑学》、霭理斯（Havelock Ellis，1859～1939）的《性心理学》（潘光旦译）和丹皮尔（William Cecil Dampier，1867～1952）的《科学与科学思想发展史》（任鸿隽、李珩、吴学周译）等。其中《性心理学》是很厚的一大本，这本书是一位老师借给我的，这位老师认为读这本书并不是不正常的事。这本书的一大特点是，潘光旦对书的正文做了很多注解，把与中国有关的事情都加了进去，其中包括中国小说里的故事。后来我支持我的学生江晓原搞性学史，与我在高中读过老师借给我的这本书有关。

最让我感兴趣的一本书，是张钰哲的《宇宙丛谈》。这本书是 32 开本，也不厚，竟决定了我一生的道路。在它的影响下，我找了更多的天文学书籍来读，其中包括陈遵妫的《天文学概论》《星体图说》和他编译的《宇宙壮观》，戴文赛的《天象漫谈》和《星空巡礼》等，并夜观天象，打算高中毕业后学习天文学。

除了读书氛围浓厚，学校教师的业务水平也很高。北平师范学院在北平时就已经形成一种好的传统：把学校的优秀毕业生经过试教选拔，留在附中当教师。这样，附中的优秀教师非常多。有些大学生毕业后宁可拿低工资，也愿意在附中任教。这是因为能在附中教书是一种荣誉。到兰州后，方永蒸作为西北师范学院领导班子成员和教育系教授，对全校学生的教育实习有很大的发言权，他同样要求严格选拔教师，这就为附中的教师来源提供了保证。

事实证明，西北师范学院附中的教师队伍是经得起考验的。我在附中读书时的教师，大部分后来都成为全国各地师范大学的教授，如孟广龄和曹述敬在北京师范大学，刘锦江在河北师范大学。同时，也有到其他高等院校的，如高怀玉到中央戏剧学院，李方华到大连理工大学。其中曹述敬教我们国文，是著名语言学家黎锦熙的高足，研究过钱玄同，著有《钱玄同年谱》。他讲课时能旁征博引，滔滔不绝。我对他的学识非常钦佩。在附中教过我的教师还有李卓民（数学）、陈鸿秋（国文）、张柏林（物理）、王玉书（化学）、刘仲夫（地理）、刘德生（历史）、申伯楷（军训）、秦澍民（公民）等。

不仅如此，学校积极鼓励学生考大学。每年暑假后，学校总要发布一次考学“战绩”名单，表彰考上清华大学、北京大学、中央大学等知名大学的学生。至于考上西北大学、兰州大学等一般院校的学生，学校并不予以表彰，认为这是很平常的事。受学校的影响，一些学生对上一般大学也不屑一顾。

我的一位同班同学在一年级时，就考上了兰州大学医学院，但他并未把这当一回事，最终没有去报到。

据我所知，西北师范学院附中的高考成绩在国立中学中是首屈一指的。远在 1941 年，就因连续四年（1938～1941 年）全国高考夺魁而被教育部嘉奖。教育部部长陈立夫亲书牌匾“启迪有方”以赠。凡是与西北师范学院附中有关系的人，都对这个牌匾有兴趣，对其中的“方”字尤甚，这个字一语双关：除字面意思外还指人，即直接指当时的校长方永蒸。学校以获赠此牌匾为荣，更加劝学生多念书了。如果学生没有钱到外地去考名牌大学，教师就想办法给学生弄钱。附中的教师大都没有成家，他们借给学生钱，实际并不指望学生还。在这样的良好气氛中，许多学生都成了“大学迷”。我一心想念大学的思想，就是在这种气氛中养成的。

平时在课堂上，许多教师还明确要求我们努力读书，希望我们将来成为科学家。王玉书老师常对我们说：“学问可以分为三大类，人情、事理、物性是也。人情、事理属于社会科学，研究起来容易惹是非，大家应该少谈；物性即自然科学，它既不牵涉人事，又可创造物质财富，所以该多研究。”校长方永蒸的女婿、公民课教师秦澍民，也多次鼓励我们将来要做科学家。受这些思想的影响，我渐渐有了将来要当一个“清高”的科学家的思想。除我之外，我们班上许多同学也都有成名、成家的思想，各个都努力学习。

与此同时，学校也能对学生因势利导，循循善诱。这可以从我们班发生的一件事管窥一斑。1945 年，抗日战争胜利后的一个晚上，我们全班男同学睡在一间大房子里，躺在床上聊天，主题是“幻想 15 年以后”。大家你一言，我一语，都想为国争光，成名成家。忽然间，哗啦啦，床塌了，原本上下两层通铺，上层的人“坐了飞机”，下层的人“挨了炸弹”。但大家都不惊慌，上层的一位同学立即作了一首打油诗：“头枕斯大林，脚蹬杜鲁门，恍兮惚兮空中游，一伙小子吹大牛。”现在看来，我们这些人似乎狂妄至极。后来我们语文老师听到这件事，不但不批评我们，反而给我们讲了孟子的一段话：“天将降大任于斯人也，必先苦其心志，劳其筋骨，饿其体肤，空乏其身，行拂乱其所为，所以动心忍性，曾益其所不能。”[《孟子·告子（下）》] 这正是因势利导，循循善诱。

考试也不用老师监考。我在西北师范学院附中读书期间，大家对考试作弊都深恶痛绝，认为这是不诚实的表现。我入学后第一次考试，就碰上一位新来的同学作弊而被另一位老同学干预。从此就形成一种风气，人人自觉遵守考试纪律，这样就形成了一种公平、公正的机制，在考试面前人人平等，尤其入学考试，更是铁面无私。当时西北的最高军政长官朱绍良的儿子要来附中念书，先是找从北京来的元老、十八罗汉之一的马永春老师说情，遭到拒绝；又通过甘肃省教育厅写公函推荐，再遭拒绝；最后通过远在重庆的教育部推荐，学校才勉强把他收下来。不过，这个学生后来表现还好，学习也不错，还帮助学校做了一些事。

对于各种矛盾，学校也处理得很好。我们班在一学期之内，连续赶走三位老师。这要在一般的学校简直不得了，非处分几个学生不可。我们这里则平平静静，三方面和和气气：学生通过班长把意见转给学校；学校转给老师并和他商量另行安排工作，他也欣然同意。有人说：校领导好像润滑剂，可以消除摩擦；也有人说是一副甘草剂，可以起调节百味的作用。甘草是一种最不起眼的中药，但李时珍在《本草纲目》中把它列为第二位，仅次于人参。最妙的一件事是：某日一个学生到总务处偷了学校的钱，本该开除，但是附中没这样办。相反，学校开大会，校长做检讨，沉痛地说："学校今天发生了一件不应该发生的事，有学生到总务处偷了钱，这完全是由于我们教育没有办好，我应负责，并向大家做检讨。"接着，班主任上台，痛哭流涕，说："这件事应该由我负责，与校长无关。"这时，那位犯错误的同学便按捺不住，自己站出来如实交代，诚恳认错了。最后校方宣布，这位同学知错能改，免予处分，并且号召大家不要轻视他，后来这位同学也表现不错。

另外，学校组织的活动比较丰富。印象较深的是学校每周都安排"总理纪念周"活动，经常请校内一些教师做报告。1944 年秋我进入附中后，学校最初两三次"总理纪念周"的活动就由秦澍民老师做报告，讲国际、国内形势及政界名人轶事。他对李大钊和陈独秀非常推崇，主动提出要借给我们看《新青年》。学校也组织过一些演讲比赛、辩论会。1946 年年底，学校组织了一次题为"战与和"的辩论会。正反双方辩论国共两党是否应该进行内战。主持人是校长张柏林，参加辩论的一方是师范部，另一方是中学部，中学部由我们高三年级负责，我和班上李易、王瑞麟等五位同学代表中学部作为主战派参加辩论。

辩论的方式是，每人发言不超过三分钟，双方交替发言，按次序进行，每人发言一次。记得李易说：人身上有了疮得开刀，开刀当然有痛苦，但不开刀就不能好。今天国内情况也是一样，不打不解决问题。我的发言是：打会不会引起国际干涉？我说，不会。第一有中苏友好条约做保证；第二苏联在战后经济还没有恢复，不敢冒着危险打第三次世界大战；第三苏联不干涉别国内政，1938 年出兵波兰是为防止德国侵略。辩论的结果是，我方获胜。学校给我们发了几张礼券，以示奖励。通过这种活动，我们的思维能力和辩论口才都得到一定的提高。

1947 年，席泽宗在西北师范学院附中毕业时，全班同学在兰州黄河边大水车旁合影（前坐者左四为席泽宗）

我在西北师范学院附中读书期间，班上也没有出现人事矛盾。大家都在老师的循循善诱之下，竞读各种课外书，按照自己的爱好参加课外活动，考试自觉遵守纪律，寻找自己的发展方向，愉快地度过了人生道路上很重要的一段。结果我们班大部分同学的学习成绩都很优秀，1947 年毕业考大学，考上清华大学的就有 9 位，占全班人数的 1/3。这 9 位同学中，有两位在物理系，与周光召同班；有两位在电机系，与朱镕基同班；有一位在化学系；有一位在建筑系，是梁思成的高足，后来一直留在清华；有一位在生物系，后来是南开大学的教授；有一位在中文系，师从游国恩，后来在人民文学出版社工作，是新中国古典文学领域的“八大名编”之一；有一位在经济系，后来是美国威斯康星大学教授兼台湾“中华经济研究院”院长。

现在回忆起来，我觉得到兰州读西北师范学院附中高中对我以后能上大学、做科研起了很大的作用。这在很大程度上得益于学校雄厚的师资力量与方永蒸校长和“十八罗汉”把北平师范学院附中的优良校风带到了大后方，在西北撒下了永不熄灭的火种。此外，还得益于兰州是西北重镇，有着浓厚的学术氛围。由化学家袁翰青主持的甘肃科学教育馆即设在这里，学术活动较多。凡有学术名人到兰州，袁翰青都要邀请做公开演讲。我刚到兰州时，中国化学会正在科学教育馆开会，曾昭抡、张洪沅等著名化学家都做了公开演讲。科学教育馆中还设有图书馆，我经常到那里阅读丰富的图书。通过参加科学教育馆的活动和阅读馆中的图书，我的眼界大为开阔。因此，在兰州，我不仅在学校受到良好的教育，在校外也受益匪浅。

第四章　革故鼎新的大学时代

高中毕业以后，席泽宗考大学心切，不顾家族中威望颇高的三姨父的极力反对，历尽千辛万苦，从兰州远赴南京、上海做考大学的“背水之战”，最终如愿以偿，考入中山大学天文系。在中山大学，他受到专业的天文学训练。这为他日后从事天文学史研究奠定了良好的基础。由于没有经济接济，他利用课余时间勤工俭学和写作科普作品。这使他顺利完成学业，并增强了毅力，提高了对科普工作的兴趣。另外，在进步学生的不断影响下，以及经历“七二三”大逮捕之后，他的思想发生了很大的转变。从此不再走自由主义的中间路线，开始准备全心全意地为新中国的文化建设出力。

一、“八千里路云和月”：从兰州到广州

1947 年 5 月底，我从西北师范学院附中毕业。毕业之前，我早已决定报考大学。由于对天文学产生了浓厚的兴趣，就打算投考天文系。当年全国大学中设有天文系的只有设在广州的中山大学，而兰州和广州之间，路途遥遥，相距几千

公里，依我当时的经济情况，要想去广州是万难办到的。自从 1941 年 5 月背井离乡到后方以后，我一方面依靠学校公费维持生活，一方面依靠三姨父寄点钱做零花儿。三姨父本来可能有个想法：他拿钱供我念书，我家将来可以还他，可 1946 年春我家经过土改没有多少土地了。他大概觉得没有希望了，加之他的经济条件已不如以前，也就不给我寄钱了。从此我没有了接济，好在曹述敬老师雪中送炭，主动给了我一些资助，才使我渡过难关。但 1947 年春，曹老师离开兰州去了北平，我的经济又相当拮据了。

1947 年春高中毕业前夕，我想若不报考中山大学天文系，报考北京大学、清华大学、交通大学等名校也可以。由于这些大学在南京、上海等地设有考点，我打算先到这两地考学。随后我抱着试试看的想法，给三姨父写了一封信，说明我要到南京、上海考学的意图，并请他提供一些资助。结果他回信把我痛骂一顿，说："你应该随遇而安，不应该和别人相比。依我看还是去找王择义，叫他给你在兰州税务局找点工作好了。"同时他寄给我 10 万元钱[①]，让我毕业后零用。

我表兄王择义当时是兰州甘宁青新四省货物税局秘书。1946 年夏天我去找过他，想让他给我找个临时工作，好利用暑假赚点生活费，但被他断然拒绝了。由于我已经伤心，不想再去找他。后来我的一些老师和同学，建议我到西安与我三姨父面谈。他们说虽然你三姨父在信上对你考大学之事是反对的，但如果你向他当面恳求，他可能会同意。这时我想起三姨父对我到兰州上高中起初也是反对的，但我到西安跟他当面讲了之后，他就同意了。因此，我决定先到西安说服三姨父。

1947 年 6 月 9 日，我离开兰州，奔赴西安。出发之前，我向班主任陈鸿秋借了十几万元钱。为了节省路费，我请附中的国文教师艾弘毅通过一位画家的介绍，搭乘了一辆免费的商车，在路上辗转五天后，才到达西安。进了三姨父的家门，我看到他正在与一些亲戚打牌。其中一位亲戚认识我，知道我已高中毕业，见我来后就跟三姨父说："泽宗毕业了，可以让他考大学。"而三姨父答道："考什么大学，让他找点工作。"我听到这话，就觉得形势不妙。到了吃晚饭的时候，三姨父又当着许多人把我大训一顿。他说："人不能上天，学天文毫无用处。你不如到税务局里找个练习税务员干干。"我在三姨父家住了一周，与他大吵大闹了好几次，辩论了三四个晚上。每次辩论都是我

① 当年 10 万元钱相当于 1964 年的大约 10 元钱。

一个人孤军奋战。别人都是对三姨父逢迎拍马，随声附和，其中包括我的大舅李祥麟。只有一个人是同情我的，那就是我的一个叫席彩芳的表嫂，但她在家里的地位较低，不敢站出来替我说话。我后来听说，由于患有严重的肺病，她在我离开西安几天后就去世了。

我和三姨父的最后一次辩论发生在一个下午。当时他是山西旅陕同乡会主席，那天下午请几位流亡中学的校长到家中吃午饭。在吃饭时，他建议这些校长要鼓励学生参军，帮助国家解决兵源问题，而且说这还可以减轻国家负担，给学生出路。我听后有些不满，就对三姨父说："同学们逃出来是为了念书，你送人家当兵不应该；再者说，当兵打内战，更不合适。"这一下使三姨父大为恼火。客人走后，他把我圈起来，哭着说："别人的孩子我可以救济。你是我的外甥，我就不能救济！情况不同，我劝别人当兵，我不劝你当兵，你是孤子。你是我的外甥。你就是我的儿子，我也要对你说，你要念大学，必然是家破人亡，我不能看着我姐姐饿死！你的唯一出路是回兰州去，找王择义，在税务局找点工作，遇有机会也可捞一点。"我觉得跟他实在说不通了，就只好说："好！好！好！我回兰州去。不过在回兰州以前，我想先回家看看。"三姨父说那也可以，但是不要拿行李了。然后，他拿给我五万元钱。这些钱只够我回家的路费。至于返回西安的路费，他要我自己想办法解决。

我一生有两次非常落魄的经历：一次是1941年逃离家乡，当时是身无分文，赤手空拳；另一次就是这次。离开家乡六年后好不容易积累的一点行李，即一些衣物、一个箱子，一个铺盖卷，又全部撂在西安了。事后我打算托人把这些行李从西安带回来，但未能如愿。

1947年6月21日早晨，我乘车离开西安，至河南渑池下车，步行一日，北渡黄河，回到家乡。这时我家住的县城北关，正是国共两党内战的拉锯之地。我到北关后，有些人告诉我："共产党斗地主，是要斩草除根的。假若你被捉住，非杀不可。"因此，我在家只待了半天，就跑到城南黄河边上保安团团部所在的寨内村我姑母家去住。在姑母家刚吃了晚饭，还没来得及报户口，查户口的军队就来了。他们不问青红皂白，一下子把我押解到团部。到团部后，由团长亲自审问，一直折腾到半夜。后来找来我姑母全家为我作证，才把我从团部放出来。

第二天，我姑母对我说："你这样一个口音已经变了的人，走来走去不合适。你在这等一等，我到城里你家去想想办法，弄点钱，你再走。"随后她赶回县城我家，让我母亲临时借了34万元钱带回寨内村，这样一来又引起了保安团对我的怀疑。这是因为我姑母嫁给我姑父前结过婚，她原来的娘家在谭家沟，而谭家沟是老解放区。一位保安团的副官对我姑母说："我看在你这房东的面上，你赶快让他走，放在别人身上就得枪毙。"于是，我急急忙忙拿着钱离开了寨内村，渡过了黄河。

对于我来说，拿到这34万元钱，是一个转折点。这次离开西安时，我对是否还返回西安犹豫不决。拿到这些钱后，我就下定决心不返回西安了。如果没有拿到这些钱，我可能就不得不返回西安就范了！渡过黄河以后，我先到洛阳，找到落脚处之后就给三姨父写了一封信。我在信中说："当您收到这封信的时候，我已经到了南京。我是一个不听话的孩子。好马不吃回头草，我再不回去了。"在洛阳，我找到了李明恒。他是西北师范学院附中六年一贯制实验班的学生，也刚从附中毕业。我们经过商量，决定结伴去南京考学。

1947年7月3日，我和李明恒到了南京。在南京，我先去找三姨父的儿子姚京奎，想依靠他解决吃饭和住宿问题。但事不凑巧，我来以前，他已被调往台湾制铝厂去做工程师了。在这种情况下，我又去找了三姨父的侄子姚书奎，他当时任南京联勤总部第五汽车材料库库长。姚书奎见到我后说："凡是咱们县里来念书的，一律应该招待；你是亲戚，更是责无旁贷，而且衣食住行全要负责。只不过我就要出差去重庆了，不知道何时才能回来。"我听他这么一说，知道他不能帮忙，心里有些失望。

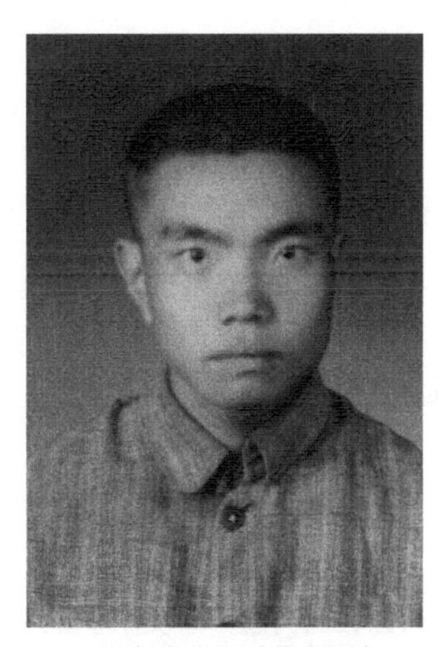

1947年在南京时的席泽宗

后来，姚书奎把我送到已由国立七中到政治大学读书的杨焕文的宿舍。政治大学是一所比较特殊的大学，相当于国民党的党校。我印象深刻的是，这所大学的门口还有士兵站岗。见到杨焕文后，我跟他半开玩笑地说："我考中学的时候，是你管的接待；考大学的时候又找到了你。"杨焕文非常热情，安排我住在他的宿舍。他的宿舍比较宽敞，只住两三个人，条件比他住在国立七中时的宿舍好多了。住下之后，我就在政治大学的教室里温习功课。当时正是南京的酷暑季节，天气炎热，蚊子很多。每天我不仅热得满头大汗，而且时常被蚊子叮咬。

7 月下旬，我在南京参加了北京大学、清华大学、南开大学、中央大学和武汉大学的联合招生考试。参加考试的所有考生的试卷都相同，填报志愿时可以从这五所大学中选择。当年考试科目包括数学、物理、化学、英语、国文等。遗憾的是，这次我没有考取。几乎在我得知落榜的消息的同时，我所带的钱都花光了。而且杨焕文已从政治大学毕业，不能再帮助我了。一时间，我连吃饭都成了问题。

为了维持在南京的生活，我打算让家里给些接济。但这时刘邓大军已渡过黄河，直向大别山挺进，完全截断了到河南和垣曲的路线。由于家里无法接济，我就去找几个在南京工作的同乡帮助。但这个时候，全国经济萧条，物价一日数涨，这些同乡都不宽裕，很难帮助我。出于无奈，我只好在南京的街上行乞二十余日，靠叩头、作揖得来的几个钱维持生活。在此期间，我一度打算去找民盟，参加革命。但一到兰家庄附近，就觉得很害怕，好像有特务一直在盯梢，就又打消了这个念头。

有一次乞讨时，我听说中山大学委托交通大学在上海招生，觉得这是报考中山大学的一次好机会。于是，我克服困难从南京到了上海，在交通大学参加了考试。参加考试之前，我也有意报考复旦大学新闻系，因为我初中办过壁报《云泽周报》，对新闻专业很感兴趣。而且新闻专业比天文专业热门多了。但复旦大学的入学考试与中山大学的在同一天，我最终还是放弃了报考复旦大学新闻系。10 月中旬，中山大学在上海《大公报》榜示，我被天文系录取，总算如愿以偿。

由于中山大学远在广州，而我身无分文，我起初对如何去广州感到发愁。后来我转念一想：前几天我是名落孙山，无脸见人；现在我是“金榜题名”，只差钱的问题，可以有理由去找一些社会上层人士帮忙。首先，我想到的是西北师范学院原院长李蒸。当时他是国民党中央委员，正在南京国民政府机关做事。我请一位正在政治大学读书的附中同学帮我打听到了李蒸的住址，根据这个地址我找到李蒸家，并顺利地见到了他。他对我说他自己没有办法，但可以为我写一封介绍信到中央团部找一位姓张的处长试试。他说完就将信写在他送给我的名片后面。信的大意是说：今有西北师范学院附中学生席泽宗欲前往广州上学，因路费无着，希予协助解决。然后我找到中央团部，见到张处长。他问明情况后，命人拿给我 60 万元。事后我对李蒸十分感激，觉得他爱护青年，提拔后进。所以到中山大学后，我给他写了一封感谢信。

几乎同时，我通过同乡李仰韩，请国民政府主计处秘书长、同乡王琎给一些资助。起初王琎有些不愿意，我就对他说如果你不给我钱，那就给我找工作；反正我没有办法，得求你。最后，他也资助我 60 万元，并送给我一张名片，介绍我到上海招商局坐船。后来我从南京到上海找到上海招商局，并见了局长。招商局局长一看我拿着国民政府主计处秘书长的名片，不敢怠慢，说当天下午就有一艘轮船去广州，要我赶快去搬行李。我非常高兴，赶紧跑回住处收拾行李，然后急忙赶奔码头。

上船之后，我碰到也要去中山大学的王抡才、黄觉、苏昭民、覃铨、陈守坚等同学。我们本来互不相识，但由于目的都是一个，就结合在一起了。这几个同学都不错，到了广州帮了我很大的忙。尤其王抡才把被子、衣服都送给我了。这些帮助使我在中山大学度过了最困难的第一年。

去广州前，我在南京参观了中央研究院天文研究所的紫金山天文台。这次参观实际也顺便想请天文研究所为我提供些经济资助。但这个研究所是个清水衙门，经费并不充裕。而且研究所当时冷落得很，所长张钰哲去了美国，只有代理所长陈遵妫与李杭（后改名李元）、龚树模、陈彪等少数几位研究人员。了解到这些情况后，我就没有提出请求资助之事。到紫金山天文台参观的头天下午，我到陈遵妫先生家拜访了他。他要我次日早晨到紫金山天文台大门口等候班车接我上天文台。次日，经陈先生介绍，我认识了李杭。李杭对我很热情，还送给我一些书籍。

二、在中山大学：学习、勤工俭学和科普写作

我从上海搭乘上海招商局“培德轮”，经香港于 1947 年 10 月 23 日抵达广州石牌入学。进入中山大学后不久，由于我所带的钱花光了，境况非常窘迫。后来经过一段时间的奔走，我申请到了学校的公费，生活才算逐渐安定下来。由此，我开始安心学习。中山大学成立于 1924 年，是为纪念孙中山先生设立的。它的前身是由广东高等师范学校、广东公立法科大学和广东省立农业专门学校合并改组而成的广东大学。1926 年 10 月广东大学改称中山大学，一年后又改为第一中山大学，1928 年 3 月恢复中山大学原名。我入学这一年，中山大

学天文系共录取 10 人，但来报到的只有 3 人。后来这 3 人中有 1 人转入化学系，在天文系坚持到底的只有我和郭权世。

我入学之前，中山大学曾有一个数学天文学系，是 1926 年在原广东大学数学系的基础上设立的，系中学习数学专业和天文专业的学生都在一起上课。由于天文专业毕业生的出路要比数学专业的困难，学数学专业的学生对外写信就说是数天系的，学天文专业的学生就说是天算系的。我入学时，中山大学已经独立成立了数学系和天文系，后两者均在理学院内。我入学的当年，天文系一共只有 18 名学生。我所在的一年级有 3 名，二年级有 2 名，三年级有 9 名，四年级有 4 名。理学院其他学系，如数学系、物理系、化学系、地质学系等的学生相对要多一些。另外，工学院土木工程学系、化学工程学系等的学生也较多。这与这些系的毕业生出路比较宽有关。

20 世纪 40 年代，中山大学在国立高校中是比较知名的，全校教师阵容较为强大。文学院有著名语言学家王力、哲学家和历史学家朱谦之，农学院有著名农学家邓植仪、丁颖等。天文系的教师基本都在法国留过学，受过严格的专业训练，但人数很少。天文系主任是赵却民。他自己很少做研究，把主要精力都用在了培养学生方面。系里有位女教授，叫邹仪新。她既能干又认真，讲课还很有鼓动性；但总是搞不好人际关系，经常与系中一些教师发生矛盾。中山大学最著名的天文学教授是张云。他早年在法国里昂大学获博士学位，1927～1949 年在中山大学任校天文台台长、理学院院长、天文系主任、校长等职，是中央研究院第一、第二届聘任评议员。我在中山大学读书期间，张云当过校长。由于他偶尔才到天文系来，我跟他接触不多，只听过他的几次报告，同他有过一次谈话。在中山大学早期，有一位搞天体力学的教授，叫赵进义，也是比较有名的①。新中国成立后，他在北京理工大学做教授，做过北京科学技术协会的副主席。

中山大学全景

① 在原中山大学数学天文学系，还有两位知名教授，一位是曾任系主任的何衍璇，另一位为袁武烈。

1948年，席泽宗在中山大学学习时留影

中山大学天文系教师的特点是留作业不多，但所留题目的难度都很大。例如，微分方程课每周的作业只有两三道题，但要把它们做出来却不容易。当时英美派的教师一般留作业很多，但所留题目都比较容易。我在大学一年级只上过一门天文学课程——普通天文学；到二年级才开始上专业课，包括赵却民的球面天文、蚀论，邹仪新的天体观测，容寿鉴的实用天文、航海天文，叶述武的天体力学、田渠的天体物理等。除专业课外，还有叶述武的高等分析、陈作钧的微分方程、胡金昌的高等代数、夏敬农的近世物理、吴敬寰和王治樑的电磁学、贾国永的光学、吕逸乡的气象学、苗文绥的微积分、苏锐坚的物理、卢洪永的化学等。其中微积分、物理、化学课程，是和理学院其他系的学生一起学的。现在国内的大学天文系一般都不开设高等分析这样的课程了，而我读大学时中山大学是开设的。另外，我学过一些文史类的课程，如方淑珍的英文、李友华的社会发展史、罗克汀的辩证唯物论，朱光、陈唯实和欧阳山等合开的新民主主义论等。

中山大学学生的读书风气，比我读高中时的西北师范学院附中要差一些。但学校的整体学习氛围还是比较浓厚的。天文系成立后也培养出一批知名科学家。我在天文系时的同学后来有好几位成为著名科学家。例如，比我高一年级的叶叔华，后来在中国科学院上海天文台工作，1980年当选为中国科学院学部委员，1985年当选为英国皇家学会外籍会员，1981～1993年任上海天文台台长，1988～1994年任国际天文学会副主席，1995年被全国妇联评选为

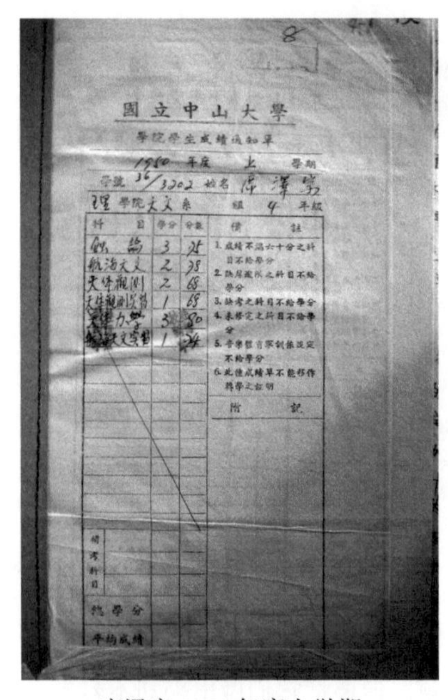

國立中山大學

1950 年度 上 學期

學號 36/3202 姓名 席澤宗

理 學院 天文 系 組 4 年級

科目	學分	分數
[illegible]	3	[illegible]
航海天文	2	78
天体觀測	2	68
天体觀測實習	1	68
[illegible]力學	3	80
[illegible]天文實習	1	[illegible]

備註

1. 成績不滿六十分之科目不給學分
2. 缺席逾限之科目不給學分
3. 缺考之科目不給學分
4. 未修完之科目不給學分
5. [illegible]不給學分
6. 此種成績單不能移作轉學之證明

附記

總學分

平均成績

席泽宗 1950 年度上学期
成绩单（部分）

中国“十大女杰”。还有一位叫李方华，后来改行研究物理，在中国科学院物理研究所工作，1993 年当选中国科学院学部委员，1998 年当选第三世界科学院院士，2003 年在巴黎获“欧莱雅-联合国教科文组织世界杰出女科学家成就奖”。

我刚到中山大学时，人地两生，语言不通，就像到了外国；一见到说普通话的人，就倍感亲切。我在南京时，有一位好心的广州人让我到广州后去找他的同学谭叔明。当时谭叔明正在中山大学电机系读书。为了使我顺利找到谭叔明，这位好心人还教我学了几句广东话，其中包括如何讲“中山大学电机系”“谭叔明”等。到中山大学后，我找到了谭叔明。谭叔明得知我是山西人后，就说他的系主任吴敬寰是山东人。当时在广州，山西人和山东人就算作同乡了。听他这么一说，我喜出望外，随后就去找吴敬寰。吴先生热情地接待了我，并说：“就在我的房背后，还有你的一位更近的同乡——历史系主任、山西人阎宗临。”

然后吴先生就领我拜见了阎宗临。阎先生很重乡里情感。我跟他第一次见面，他就以家长的身份自居。他说：“这里可能没有其他的山西人了。在这里我就是你的家长，有事要和我商量。你这样一个山西人，远道跑到这里念书，必然要引起‘左的’‘右的’怀疑。学生运动可不能参加，一旦出了事，我们可以想法营救，但你自己受罪。”我心里明白，阎先生所说的“左的”“右的”，就是指左派、右派。讲完这番话后，他问我有什么困难。我跟他说，我出来带的钱全花光了；现在我的经济非常拮据，没有办法维持生活。阎先生听后，二话没说就给我拿了一些钱，并语重心长地说：“你先拿着这些钱，将来可以学学广州话，学会后可以通过到中学兼课，维持生活。”

由于阎先生对我关心备至，我对他非常信赖和敬重，后来我有什么话都愿意跟他谈。相识一段时间后，他对我也很欣赏，觉得我是他的三个同乡中最有培养前途的一个。另外两个同乡，一个是农学院的张天佐，另一个是研究生侯国宏。在大学期间，我跟阎先生谈话很多，但几乎都是闲聊，并不谈业务上的事。因而，我对他的学问并不了解。他跟我谈话时，也没有显露出学问来。参加工作多年后，我才知道他的学问不错，专长于世界史，尤其对希腊罗马时代的历史有独到的见解。

1948 年 1 月，为了让我挣些生活费，阎先生介绍我给哲学系主任朱谦之抄写一部题为“文化社会学”的书稿。朱谦之和阎先生的关系很好，均在文学院执教。在此之前，为了解决经济问题，我已经开始给报社撰写科普文章，并经邹仪新推荐于 1948 年元旦在广州《越华报》发表了第一篇天文通俗文章——《预告今年日月食》。朱先生是一位专心治学的学者，见到我的这篇文章后，他觉得我能撰写文章，就没有必要帮他抄写书稿了。在他看来，一个年轻人撰写文章要比抄写书稿强，因为后者只是一个体力活，没有什么创造性，对治学也没有大的帮助。这样，我只抄写了这部书稿的一小部分就停止了。

后来，我主要靠勤工俭学和撰写科普文章挣的稿费，支持学业和补贴生活费。1948 年 7 月，我加入中山大学基督教学生公社进行勤工俭学。这个学生公社是基督教会在大学中设立的学生福利机构，由学生中的基督教徒为骨干组成，由美籍华人吴鸿亚负责。它的宗旨是救济穷困学生，为学生谋福利；其活动主要包括组织夏令营读书会、音乐会、发放豆浆等救济品等。

加入这个学生公社，需要经过考试。考试实际就是要报名加入的学生写一篇题为“你为什么要加入学生公社”的文章。据我所知，这个学生公社与广州地下学联有联系，由两者共同商定加入学生公社的学生名单。一般而言，被同意加入的学生都是穷苦而又比较积极的。在这个学生公社勤工俭学的工作有两种：一种是在中山大学开办的农民补习班上教文化课，另一种是在中山大学的豆浆站做兼职的管理工作。

由于我不大会讲广州话，为当地农民教书有困难，就没有到补习班教课，而是选择到豆浆站工作。豆浆站每天都向学生发放豆浆。每位学生每月向豆浆站交一点钱，领一张票，去领豆浆时让工人在票上画一下就行了。我的工作是管理磨豆浆的工人，督促他们工作，只要他们不罢工就行。起初我在每天早晨上课之前，即吃早餐的一两个小时内都到豆浆站。后来我干脆搬到豆浆站的一间小房里住。磨豆浆的工人就住隔壁的房间里。我们的房间之间只隔一块木板。豆浆站有一个很大的厅，由于发放豆浆是在早晨，白天这个大厅都是空的。于是，白天我就在大厅里做功课、洗衣服。

我在这个学生公社勤工俭学近两年，每月领取12元港币，这是我大学时代的主要经济来源。当时领取港币很划算，因为不管过多长时间它都不会贬值，而法币贬值得非常厉害。有时早晨拿到的10块法币，到下午它只值5块了。在大学期间，我之所以喜欢在香港的报纸上发表文章也是与这点有关。

1950年春天，我离开了这个学生公社。这完全导因于我在中山大学理学院的一次发言。这年3月23日理学院举办了一个题为“谁是历史的主人”的座谈会。在座谈会上，我对宗教进行了尖锐的批评，讲了一些偏激的话。我说：“上帝将会随科学的发展而越来越无用，将来总有一天会连厕所里的大粪都不如，因为大粪还可以肥田。上帝又能干什么呢？”我的发言引起一些基督教徒，尤其是学生公社负责人吴鸿亚的不满。在这次座谈会后，学生公社便解除了我的职务。因此，我的主要经济来源就断了。好在中山大学不收伙食费，也没有学费和住宿费，我依靠撰写科普文章挣的稿费也最终完成了学业。

除了因为支持学业和补贴生活费，我当时热衷于撰写科普文章，也因为在初中办过壁报《云泽周报》，本来就对科普工作怀有浓厚的兴趣。算起来，我在中山大学期间一共撰写了20多篇科普文章，其中包括《日食观测简史》《“五·九”日食观测记》《新近开始观天的世界最大望远镜》《彗星阐释》《年与历》《星光探源》《关于夏令时》《再论夏令时》《牛郎织女的新认识》《到月球去——科学的梦话》《研究宇宙的工具》《夏夜星空》《中秋赏月》等。另外，我还撰写了一些非天文学题材的作品，如《女性中心说》《原子舞台上的角色》《学习——我们当前的急务》等。这些文章大都发表于广州的《越华报》《建国日报》《大光报》《联合报》与香港的《华侨日报》《工商日报》《文汇报》《大公报》。2002年陕西师范大学出版社出版的我的自选集《古新星新表与科学史探索》，仅收入7篇我大学时代的科普文章，其实大部分未被收入的文章也是有趣的。由于我经常发表文章，而当时发表文章的学生很少，大学二年级后我在学校已经小有名气①。

---

① 2009年9月10日，中国科学院举行了“缅怀先哲业绩，激励薪火传人——席泽宗院士追思会”。叶叔华在会上回忆说，大学期间有两个人给她留下了深刻的印象。一个是数学系的陆启铿，一个就是与她同在天文系的席泽宗。这主要因为陆启铿患有腿疾，在学校拄着拐，还时常摔跤；而席泽宗穿着最朴素，在学生中发表文章最多，天文系的学生都注意他。

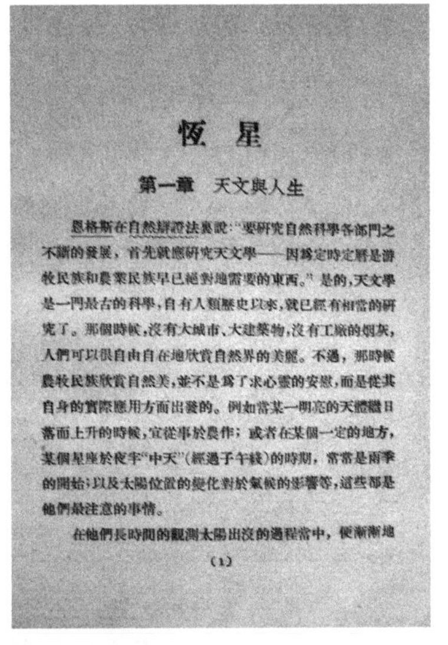

恆星

第一章　天文與人生

恩格斯在自然辯證法裏說："要研究自然科學各部門之不斷的發展，首先就應研究天文學——因爲定時定曆是游牧民族和農業民族早已絕對地需要的東西。"是的，天文學是一門最古的科學，自有人類歷史以來，就已經有相當的研究了。那個時候，沒有大城市、大建築物，沒有工廠的烟灰，人們可以很自由自在地欣賞自然界的美麗。不過，那時候農牧民族欣賞自然美，並不是爲了求心靈的安慰，而是從其自身的實際應用方面出發的。例如當某一明亮的天體繼日落而上升的時候，宜從事於農作；或者在某個一定的地方，某個星座於夜半"中天"（經過子午綫）的時期，常常是雨季的開始；以及太陽位置的變化對於氣候的影響等，這些都是他們最注意的事情。

在他們長時間的觀測太陽出沒的過程當中，便漸漸地

（1）

席泽宗所著《恒星》一书的封面和第 1 页

值得一提的是，在中山大学期间，我做的一项重要的科普工作，是为中央文化部科学普及局撰写《恒星》这本小册子。1950 年，科学普及局在报纸上登了一则广告性质的启事，说计划在商务印书馆出版一套科普书籍，请有意者与其联系。商务印书馆是中国最老的出版社，在中国学术界、文化界享有崇高的声誉。由于我对科普工作兴趣浓厚，又知道商务印书馆的名气，看到这则启事后，就跃跃欲试。于是，我就跟科学普及局联系并撰写了写作提纲。没过多久，科学普及局就同意了。后来我知道审查写作提纲的专家是燕京大学教授戴文赛。当时袁翰青任科学普及局局长兼商务印书馆总编辑，可能也看过我的写作提纲。

1950 年夏天，我开始动笔撰写《恒星》一书，于同年 10 月即完成书稿。这本小册子约 5 万字，于 1952 年出版，行销 3000 余册。这是我的第一本科普著作。当年商务印书馆出版的这套书，还有一本是关于天文学的，即由戴文赛撰写的《太阳和太阳系》。

三、“逼上梁山”：脱离中间路线

进入中山大学之前，我在政治上走自由主义的中间路线。具体而言，我既不满意国民党又不拥护共产党，认为最好由各党派来联合执政，共理国是。

这一方面是因为我通过阅读《民主》、《文萃》、《周报》、《新华日报》和《群众周刊》等进步刊物，看到国民党的腐朽和专制；另一方面是因为我觉得1946年共产党在我的家乡垣曲进行的土改斗争……。

1947年在上海参加中山大学的入学考试期间，我就住在交通大学的校园里。在交通大学，我接触到贺公堂等进步同学。通过他们，我对共产党的看法开始有所转变。我到广州时，中山大学已成为华南学生运动的神经中枢。学校里广州地下学联领导的进步力量占据优势，学生中国民党的力量已经十分弱小。因此，广州的民众把中山大学叫作“半解放区”。我入学后亲眼看到校园的马路上写有“打到南京去，活捉蒋介石”的标语。在校园的墙壁上，时常贴着中共中央华南局在香港创办的《华商报》。

中山大学理学院的进步学生很多，有的就在天文系。这些进步学生的负责人主要有两位：一位是天文系的黄建树[①]，另一位是地理系的，他的名字，我现在已经不记得了。我刚到中山大学时，由于误会，学校的共产党地下组织还怀疑过我。在他们看来，作为一个北方人，我从遥远的兰州跑到南方念书是不合乎情理的。另外，我来广州时穿着一套从上海的地摊上买的军装，他们怀疑我是青年军。这些都是黄建树事后告诉我的。

我到中山大学半年后，学校共产党地下组织就排除了对我的怀疑，要我参加科学研究会。这个研究会（理学院、工学院、农学院学生可参加）和社会科学研究会（文学院、法学院、师范学院学生可参加）、南燕剧社，都是由学校的地下组织领导的公开合法活动的学生社团。由于对科学研究会的性质不了解，以及受同班同学郭权世的影响，我误以为它的活动只是唱歌、跳舞、看电影，不务正业。这样，我虽然填了报名表，但又决定不参加了。现在回想起来，挺可惜的！

1948年冬，解放战争在东北取得了完全的胜利，这使国民党在政治上更加混乱不堪。我喜欢阅读的香港《大公报》也开始支持共产党。这使我对共产党的看法又发生一些转变，知道国民党是一定要垮台的。不久，我和同学侯国宏争论金圆券问题时，对实行金圆券提出批评。因为这件事，我还受到中山大学训导处的警告。

1949年春季一开学，中山大学的教授即进行了一个多月的大罢教。刚复课不久，南京、上海就解放了。广州的局势随之紧张起来，学校在5月就放

---

① 中华人民共和国成立后，黄建树在紫金山天文台工作。

了假，广东同学纷纷回家。在此前后，广州地下学联把中山大学的许多学生组织了起来。6 月中旬起，我和一些进步同学在地下学联的领导和组织下，开始学习党的政策，准备迎接解放军南下，接管广州。我所在的学习小组的组长叫梁仁彩。在一个多月的时间里，我们学习了中国革命的性质（《新民主主义论》）、工商业政策、土地法大纲和共产党怎样对待知识分子等文件。几乎同时，中山大学已经开始做由共产党接管的准备。

在参加地下学联领导和组织的活动后，我对共产党的好感又有所提高。但这时有些朋友传出一些有关共产党的小道消息。例如，农学院的同乡杜澍说：听说田汉对别人说，他可后悔啦！田汉觉得可不该回北平，说以前政府不自由，现在更不自由。听到这些小道消息后，我又担心共产党来后自己不自由，一度萌生要去台湾的想法。于是，就找个机会把这个想法跟我的一个本家席竹虚（又名席尚廉，曾与裴丽生同学）讲了，并请他带我去台湾。这时他正在广州做阎锡山的助手。但他并未帮我，而是劝告我："你一个学生何必跟着殉葬，阎先生当行政院长也挽救不了败局。别看报上吹得凶，人家共产党不打，要打，随时可以拿下广州，跑也跑不了。不过你学天文没有用，应该改学土木，共产党来了要建设，大有用处。"后来席竹虚自己也没有去台湾，新中国成立后在兰州甘肃教育学院任教。

1949 年 5 月中山大学放假后，我还去见了一次阎锡山。当年四五月间南京、上海等地解放后，国民党政府迁到广州，阎锡山也到了广州，准备做行政院长。当时国民政府计划将中山大学迁到海南岛，可中山大学的师生大都不愿意去，这样就需要储备点粮食应变。而储备粮食谈何容易，起码手里得有一笔钱。在这样的情况下，阎宗临先生就介绍我和同乡张天佐、杜澍去见阎锡山，打算通过都是山西同乡的关系，请他提供一些资助。

其实，我从小对阎锡山就没有好的印象。那时认为他不服从中央指挥，是个土军阀，把山西的老百姓压榨得叫苦连天。再说这时我也不像在南京时那样囊空如洗，必须找人资助。不过，我最终还是决定去见他。一来，这是阎宗临先生的好意，碍难拒绝，而且他的主要用意还是为了我，因为我们三人中只有我是真正没有家里接济的；二来，我也是好奇心使然，想去看看这位土军阀到底长什么样；当然，我想多有点钱总还是好的。

我们是在广东省政府招待所见到阎锡山的，谈话约半小时，主要由杜澍跟他谈。见到我们后，阎锡山说：现在山西青年多被共产党强迫当兵。你们还能在这里念书，很好。杜澍答道：这里也不行了，学校已经放假，广东同学多已回家。我们没有办法，只好请你想点办法。阎锡山就说：我也没有办法。这次从太原出来什么也没有带，现在吃的、穿的，都是人家广东省政府招待的。接着杜澍问他哪里最安全？台湾怎么样？阎锡山说他不知道哪里最安全，但他知道国民政府不让学生去台湾。说到这里，他就叫一位殷处长把我们领走，然后殷处长给我们拿了几十万元钱。

有了这两次经历，我对去台湾并不抱什么希望了。而且经历“七二三”大逮捕之后，我的这个念头就彻底打消了。1949 年 7 月 22 日晚上，国民党调集了一个营的军警和 300 多名特务，突然把中山大学包围起来。在包围之前，广州国民党当局曾在报纸上登了一个广告，说谁要相信共产党就来登记，他们可以给你送到苏北解放区去。这个广告显然是骗人的，后来也没有人去登记。但这实际是一个信号，即暗示着在一定期限内你不来登记，他们就会采取措施。包围中山大学时，特务们都穿着黑色香云纱，胸前都挂着广州警备司令部的胸牌。此前国民党军警和特务已经把中山大学在校外办的一些夜校看起来。这些夜校名义上是给农民补习文化课，实际上是共产党的宣传点。快到半夜时，国民党军警把机关枪架在马路上，然后闯进了校园，按照所掌握的名单到学生宿舍挨房间搜查。当晚我就住在基督教学生公社的豆浆站，这个豆浆站跟合作社的食堂都在一个大房子里，这两个地方是搜查的重点。他们有情报说：中山大学合作社赚了很多钱，买了许多武器，要组织武装暴动。因此，他们连煤堆、柴火都翻了一番。

特务们进到豆浆站以后，把我从床上拉起来，就一本本地查看我的书籍、笔记。当时我有一本《新民主主义论》和一本《目前形势和我们的任务》。由于我有一定的警惕性，晚上睡觉前已经把它们藏在一个石窠底下了。因此，他们没有找到什么。只是他们发现一本林语堂的《新中国的诞生》。这个“新中国”实际是指国民党时代的“新中国”。但特务们不知道，认为这是进步书籍。我拿出三青团团证给他们看，他们也不看，并说：“我要你这干什么？”这样，他们把我和在豆浆站、合作社食堂住的工人共 13 个人都抓了起来。由于其中只有我是学生，更受他们注意，连小便都不能出去，尿都尿在食堂里。有个工人胆子较大，对他们说："我们是工人，你抓我们干什么？"有个特务就对他说："共产党来了，你们是主人，当然得抓你。"

特务们在食堂里把我们圈到天明，后来又把我们带到孙中山先生铜像前。这时同学们送来了一点饭，吴敬寰的爱人给我拿了点钱和一双鞋。我被抓后，一面是害怕，一面又觉得国民党的日子长不了了。我还想起南京解放前夕民盟小说家骆宾基[①]在狱中写的诗，因此又是乐观的。过了一两个小时，特务又用汽车把我们运载到教职员单身宿舍的门口。这时单身宿舍成了临时集中营，从各个宿舍抓来的近200人都聚集在这里，里外都有，我们这13个人在外边。后来我了解到，其中有的特务就是临时从广州雇的流氓，他们把我们从7月23日凌晨1点一直折腾到下午1点。这些家伙也没有吃饭，彼此埋怨。我们这13个人中间有个杀猪的，姓梁，是中山大学附近长洲村的人。一个路过的特务恰好认识他，就问："你怎么在这？"梁说："难道杀猪也犯法了吗？"那个特务与国民党军警商量后，决定把这些工人都放了，我就混在工人中乘机逃了出来。

这一次国民党军警和特务共带走198人[②]。实际其中真正的共产党员一个也没有。后来在学校的声援和社会舆论的压力下，国民党就把绝大部分学生都陆续放了回来，最终只扣留两名同学。一个是理学院进步学生的负责人、天文系学生洪斯溢[③]，一个是法学院的学生[④]。洪斯溢比我低一年级，思想非常进步，但不是进步学生中最主要的负责人，也不是中共地下党员。他进入中山大学天文系前，在一个工业专科学校读书，因闹学潮被学校开除。此后他借助同学关系，住进了我们的宿舍温习功课，准备投考中山大学天文系。通过与他的接触，我接受了一些进步思想。他对我在广州的情况也了解了许多。广州解放的前一天，洪斯溢和那位法学院学生的同乡们凑了一笔钱，送给了看

---

① 骆宾基（1917～1994年），本名张璞君，现当代著名作家，古文字学家。1938年加入中国共产党，1939年因故"自动脱党"。1945年1月被国民党军统特务逮捕，2月底获释。1947年3月被国民党特刑队逮捕。1949年初获释后，在《大公报》副刊发表杂文《虐杀者与战士》。席泽宗所说洛宾基在狱中写的诗，似指《虐杀者与战士》。

② 关于在"七二三"大逮捕中被带走的人数，另有两说：一为167人，另一为194人。分别见广东清运史研究委员会，共青团广东省委员会合编：《广东青年运动史》。广州：广东高等教育出版社，1994年，第371～372页；吴定宇主编，陈伟华、易汉文副主编：《中山大学校史（1924—2004）》。广州：中山大学出版社，2006年，第242页。

③ 洪斯溢在中华人民共和国成立后曾任北京天文台副台长。

④ 根据档案资料，法学院的这名学生叫赖春泉。

守他们的军警，把他们赎了出来。因而，最后这两名同学也平安返回学校。

我逃出来以后，觉得不能在学校待下去了，就跑到傅忠惇的哥哥傅忠恕家躲了几天。当被捕的学生陆续返校后，我才回到学校。经过这么一逮，我被“逼上梁山”，决定不再走自由主义的中间路线了，决心向共产党靠拢，跟着共产党走。在下定决心后，我一度有意奔赴东江解放区；但因为未参加地下学联，无组织关系，走投无路，只好闭门读书，静待解放。此后我在街上看见穿黑色香云纱的人就头大，再也不想去台湾了。

3 个月后，广州解放了。80 多天来一直怕被逮捕的提着的心一下子平静了。我欢天喜地，热情地欢迎来自北方的解放军。1949 年 11 月 16 日，我被广州军管会文教接管会聘为中山大学协助接管工作委员会委员，协助做学校财务处和天文系的接管工作。在学校财务处方面，我主要帮助清查账目、清点财产，做新旧交接的工作。接管工作委员会共有几十个人，均是中山大学的教师和学生。领导小组负责人在接管工作委员会第一次会议上说：“在座的都是我们的依靠力量。”听到这话，我的心里十分激动。1950 年元旦，我在中共中央华南局所办的《南方日报》上发表了一篇题为“准备迎接文化建设”的短文，表示自己的态度。我在文章中说：

1950 年席泽宗在和同学做经纬仪观测
（背向者为席泽宗）

毛主席在人民政协开幕时曾说：“我们已经面临着一个经济建设的高潮，紧跟着它，不可避免地将要出现一个文化建设的高潮。”这是多么令人兴奋的语调，关于经济政策和文化政策，在《共同纲领》的第四章和第五章中已有详细的说明，其中涉及科学建设方面的，第四十三条也写得很明确：“努力发展自然科学，以服务于工业、农业和国防建设，奖励科学的发现和发明，普及科学知识。”拿这条纲领来做根据，便可以产生出许多伟大的建设计划，我们不难想象出“新中国”美丽无比的远景；远景是美的，但不可以等待，必须靠我们科学工作者和技术工作者去实现，去完成，因此，在目前，我们必须加紧准备，加紧学习，然后才能担得起这个文化建设的任务。[①]

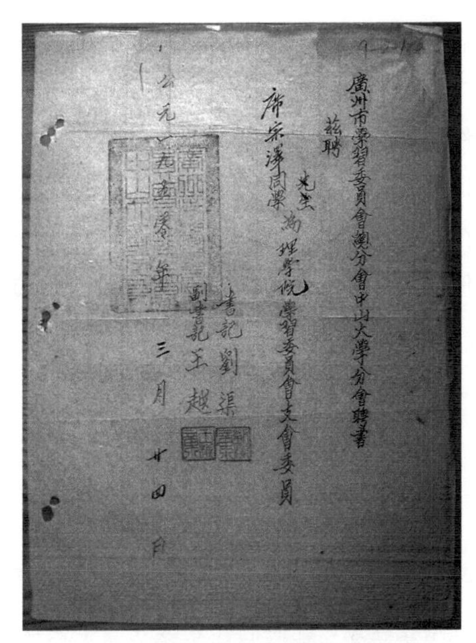
廣州市學習委員會總分會中山大學分會聘書
茲聘
席宗澤同學為理學院學習委員會支會委員
書記 劉渠
副書記 王越
公元一九五〇年三月廿四日

1950 年 3 月，席泽宗被聘为理学院学习委员会支委聘书

1950 年 2 月 4 日，我接受了为驻石牌解放军 50 余人做题为“天高地厚”的科普讲座的任务，并放映幻灯和招待他们参观中山大学的天文台[②]。这批解放军都是北方人。天文系安排我为他们讲演，主要是考虑到我与他们语言相通，为他们讲演比较有条件；同时我是天文系的进步学生。另外，我还积极为中山大学附近的居民和广州市中学生做过几次天文科普讲座。3 月，经洪斯溢介绍，我加入新民主主义青年团（共青团）[③]。随后参加青年团训练班，学习团的业务知识，并担任理学院团支部宣教委员。当时天文系的不少进步学生已离校，由此，我和洪斯溢一起成为天文系进步学生的核心人物。同月，广州市学习委员会总分会中山大学分会聘我为理学院学习委员会支会委员。

1950 年 10 月，轰轰烈烈的抗美援朝战争开始后，新中国发出了鼓励青年报名参军，到军事干部学校学习的号召。12 月 8 日，中山大学报名处成立

---

① 席泽宗：《准备迎接文化建设》。见《南方日报》（广州），1950 年 1 月 1 日增刊。

② 中山大学天文台建于 1929 年，最初由张云主持。见何衍璇：《本校天文台成立一周纪念感言》，《国立中山大学天文台两月刊》，1930 年，第 1 卷，第 3 期：第 85～86 页。

③ 1959 年 6 月 17 日，席泽宗因年龄关系主动申请退团，并于次日获得批准。他在退团申请书中说：“……九年多来在团的培养和教育下，使我长大成人，由一个不懂事的孩子，变得能辨别出什么是好，什么是坏。今天，由于年龄的关系，当我要离开组织的时候，就像一个要出嫁的闺女，对娘家有无限的恋恋不舍之情。平时也不觉得，现在却觉得团组织的可爱。然而，毕竟是要离开的。为了不使团失去它的年青，为了执行团章的规定，我现在郑重申请退团……衷心地感谢九年多来团对我的培养和教育。愿团的队伍日益壮大。自己愿继续努力，争取在不久的将来完成‘后备军’的任务，走进党的队伍，终生的无条件地为人民服务，以此作为向团的献礼。”在退团申请书中，席泽宗表达了想要入党的愿望。此前，他于 1952 年 3 月至 1954 年 2 月在哈尔滨外国语专科学校学习期间，曾正式向学校提出入党申请，但未获批准。后来由于种种原因，他也未能入党。

的第一天，我便报了名，但由于年岁偏大，又戴近视眼镜，未获批准。不久，中山大学停课，展开报名参军运动。我和洪斯溢积极动员身体很棒、家庭条件很好的天文系一年级学生欧超海参军。当年中山大学报名参军的学生仅被批准 10 人，天文系只有一年级学生欧超海一人参军。后来欧超海在空军学校担任强击机教官 30 余年，成绩卓著，复员后到肇庆做党委的宣传工作。事后他觉得参军这条路走得对，并对自己的事业非常满意。因此，他跟我的关系一直很好。

四、毕业分配的波折

我在中山大学的毕业分配过程是比较复杂的，可谓是几经波折。1950 年，中央文化部科学普及局同意我撰写《恒星》这本小册子后，局里的一位领导就跟我联系，说他们计划建立一个大众天文台①，希望我能马上到北京做天文科普工作。这对于我来说很有诱惑力。因为在解放后，北京是无数人都向往的地方；而且上中学时，我就怀有一个梦想——争取将来到北京工作。所以我得知这个消息后就动了心，打算放弃学业到北京工作。当时我正在读三年级，离毕业大约有一年的时间。

有了这个打算后，我就去征求阎宗临先生的意见。但他并不同意，并劝告我："你应该拿到大学文凭以后，再考虑工作问题，将来文凭还是重要的。现在你还有一年就大学毕业了，时间并不长。如果你去了北京，再回广州继续读书、拿文凭，恐怕就不可能了。你将来应该还有到北京工作的机会。"听了阎先生的一席话，我又打了退堂鼓，最终决定不去科学普及局工作了。

大学时代的席泽宗

1950 年下半年，抗美援朝战争开始了。随后中国开始接收外国人在中国办的科学文化机构。这时原中央研究院紫金山天文台已归中国科学院，中国科学院安排紫金山天文台接收法国人在上海创办的徐家汇天文台和

① 建大众天文台之事，后来无果而终。

佘山天文台。接收以后，紫金山天文台的工作场所和设备都有了大规模的扩增。但由于紫金山天文台工作人员很少，基本只是个空架子，它在接收后便需要吸纳大量的人员。在这种情况下，紫金山天文台开始在全国范围内广泛延揽天文方面的人才。

由于当时中山大学天文系是全国唯一培养天文专业大学生的机构，紫金山天文台便将它作为延揽人才的一个重要目标。恰好该台台长张钰哲与邹仪新教授比较熟悉。他就给邹仪新写信，说紫金山天文台人员奇缺，中山大学天文系的教师和学生都可以到天文台工作。邹仪新对我印象不错。我在大学一年级时上的普通天文学课，就是她教的。由于她讲课很有鼓动性，大部分学生都喜欢上她的课。她对培养学生也非常热心，愿意牺牲个人时间帮助学生。我的第一篇天文科普文章《预告今年日月食》，就是先请她过目，并由她推荐并寄给广州《越华报》报社的。这篇文章发表后，我一写完科普文章就请她修改，可惜她只教了我们一学期就去了英国。新中国成立后，她返回了广州。回来以后，她一度想到紫金山天文台工作，曾与张钰哲多次通信。紫金山天文台对她是欢迎的，并请她为该台从中山大学天文系物色合适的研究人员。

这样，邹仪新就给张钰哲写信，向他推荐我和郭权世。紫金山天文台对我们比较满意，决定吸纳我们到天文台工作。得知这个消息后，邹仪新很高兴。她说："我们中山大学天文系办了这么多年，但还没有人去紫金山天文台工作。这一下子就去了两个人，不是很好吗？"不久，随着抗美援朝战争的开始，全国展开了大规模的报名参军活动。作为一名团员，我向团支部表明了决心："只要祖国需要，我是可以牺牲一切的。"稍后国家发出鼓励大学生参军，到军事干部学校学习的号召。正如前面所述，1950 年 12 月 8 日中山大学报名处成立的第一天，我就报了名。邹仪新知道后很不高兴，对我责怪地说："我已经推荐你去紫金山天文台工作了，而你非要参军到军事干部学校。你这么做弄得我都不好办。"后来由于我未获批准，这件事就过去了。

然而，1951 年春又发生了波折。这年中山大学天文系计划留毕业生做助教，而我在这年恰好要毕业。系里的大部分教师和学生都主张留我，于是天文系的一位工作人员就征求我的意见。由于我也愿意留系工作，就欣然答应了。邹仪新知道后大为恼火，并把我训斥了一顿。她说："你这个学生的故事还真多。参军没去成，又要留系做助教。我已经答应紫金山天文台的张钰哲先生了。你说我该怎么向人家解释呀！”

天文系主任赵却民得知这件事后，就去找邹仪新为我说情。为使邹仪新不为难，赵却民说要亲自给张钰哲写一封信解释，就说天文系缺人，需要把席泽宗留在系里工作。后来张钰哲回信说：“你们中山大学天文系培养的人才，当然你们优先录用，我不争。”由此在中山大学毕业的那年春天，我留在天文系工作之事已板上钉钉；天文系决定让郭权世一人去紫金山天文台工作。1951年6月，中山大学把我的名字呈报给了教育部。我也做好了在广州长居久安的准备。

但在我即将毕业之际，事情又发生了变化。有一天，人事部突然下发了一个命令，规定本届大学毕业生一律要集中学习，参加国家的统一分配。高校一般要从往届毕业生中吸纳新教师；若学校特别需要，可以把极少数优秀应届毕业生留校工作。根据这个命令，中山大学只留下少数几名应届毕业生。而天文系作为中山大学的一个小系，根本没有分到留校的名额。因此，我留在天文系工作之事就流产了。当时郭权世跟我开玩笑地说：“你可以先分配到北京，再回到广州工作。”

这件事发生以后，我心里有些沮丧。后来从1951年7月起，参加了广东省高等学校毕业生学习班，主要学习统一分配的意义。8月，我按照人事部的要求，填写了工作志愿，然后等待国家的统一分配。当时我一共填报了三个志愿：第一个是南京的中国科学院紫金山天文台，第二个是青岛的海军部青岛观象台，第三个是北京的中央人民文化馆大众天文台或中国科学院编译局。

席泽宗在大学毕业前夕

1951年8月的一天下午，中山大学把全校所有应届毕业生都集中到大礼堂，宣布每位学生的分配结果。当时只宣布某位同学分配到哪个大地区，如分配到东北、华东、中央等，但不具体说明分配到哪个单位。我被分配到中央大队，实际就是到北京。郭权世被分配到华东大队，最终还是被分到紫金山天文台工作。随后，我随中央大队到了武汉。到武汉之后，中央大队再进行具体的分配，结果我被分配到人事部。

到北京以后，我和五六位被分配到人事部的应届毕业生都住在人事部的一个很小的招待所里。我心想今后肯定在人事部做人事工作了。不料一周以后，人事部派我到当时坐落在文津街的中国科学院院部报到。在中国科学院院部，黄宗甄接待了我，并问我是愿意留在院部还是下到研究所工作。我回答说：“留在院部好了！”事后张钰哲和院部共青团的负责人苏世生告诉我，中国科学院的领导实际有意让我去紫金山天文台工作，但出于尊重我本人的意见，就没有明说。

我也知道紫金山天文台迫切需要研究人员，到那会有用武之地。但我为何又不想去了呢？首先，我对北京是向往已久的，并且在南方一下住了四年，很愿意回来过过北方的生活；其次，因为参军、留系之事，邹仪新对我很有意见。当时她已到紫金山天文台工作。我怕多事，不愿意与她在同一单位工作；最后，我很想留在北京看看节日的盛大场面，见见敬爱的毛主席。

第五章　科学道路上的转折

席泽宗到中国科学院后，先在编译局工作，但一度情绪低落，并萌生了调换工作的念头。后因思想改造运动、“三反”运动接踵而至，作为这些政治运动中“战斗队”的成员，他暂时放下了这个念头。1952 年被选送到哈尔滨外国语专科学校学习俄文后，他体味到学习的快乐；但由于被扣上“资产阶级”的帽子，而经历了挫折。1954 年重返编译局后，受到副院长竺可桢的知遇，他开始涉足天文学史的研究，并取得意想不到的收获。尔后在科学道路的十字路口上，因为张钰哲、戴文赛等老前辈的支持，他选择继续研究天文学史，成为职业的科学史研究者。1956 年随着“向科学进军”的号角，中国科学院制订了《中国自然科学与技术史研究工作十二年远景规划草案》(简称《科技史研究工作十二年远景规划》)，召开了中国自然科学史第一次科学讨论会。对这两项事关中国科学史事业发展的工作，他都贡献了力量。

一、初到编译局的苦恼

1951 年 8 月下旬，我到中国科学院报到，当时它还是隶属于政务院的政府部门。黄宗甄征求我的意见后，把我安排到编译局，让我协助应幼梅办《科学通报》。编译局坐落在文津街 3 号。局长是地质学家杨钟健[①]，副局长是生物学家周太玄[②]、鸟类学家郑作新[③]。其中，杨钟健是非常著名的地质学家，曾于 1948 年当选为中央研究院院士。周太玄和郑作新也都是知识渊博、业务不错的科学家。据我所知，周太玄的哥哥是黄花岗七十二烈士之一[④]。

编译局设有院刊组，负责编辑《科学通报》、《中国科学》和《科学记录》（*Science Record*）三个刊物。中国科学院办《科学通报》与新中国成立后人民政府要求各机关创办机关报有关。《科学通报》于 1950 年创刊，具有政策性和科普性，偏重于报道和介绍[⑤]。《中国科学》和《科学记录》均为学术刊物，分别刊登中、英文文章。其中，《科学记录》原为中央研究院的刊物，是由中国科学院接办的。目前，中国科学院已经停办《科学记录》，将《中国科学》改为刊发中、英文两种文字的文章的刊物。当年中国科学院办《中国科学》和《科学记录》时，借鉴了西方办学术刊物的办法，将发表文章作为一种荣誉，不给稿费，但给《科学通报》的作者支付稿费。

我刚到编译局时，院里许多部门和研究机构都缺少工作人员，这个问题

---

① 杨钟健（1897～1979），早年获德国慕尼黑大学哲学博士学位。1929 年后在中央地质调查所工作，曾任新生代研究室副主任、北平分所所长。1947～1948 年任北京大学教授、西北大学校长。1948 年被选为中央研究院院士。1949 年后任中国科学院编译局局长、古脊椎动物研究室主任。1955 年被选聘为中国科学院学部委员。1957 年起任中国科学院古脊椎动物与古人类研究所所长。

② 周太玄（1895～1968），早年获法国国家理学博士学位。1930 年返国后，曾任四川大学教授兼生物系主任、理学院院长、校务委员会主任委员等。1953 年调任中国科学院编译局副局长，并兼任动物研究所研究员。1954 年科学出版社成立后，出任社长兼总编辑。

③ 郑作新（1906～1998），早年获美国密歇根大学科学博士学位。1930 年返国后，曾任福建协和大学生物系教授兼系主任，曾在南京国立编译馆自然科学组工作。1950 年任中国科学院动物标本整理委员会委员兼秘书、编译局副局长兼科学名词室编审、主任，1953 年任动物研究室（1956 年改为研究所）研究员。1980 年当选中国科学院学部委员。

④ 席泽宗对此记忆有误。周太玄的继室喻培厚之堂兄喻培伦为黄花岗七十二烈士之一。

⑤《科学通报》的主要内容，包括关于中央人民政府科学政策的解释、中国科学院所属和国内其他各研究机构及各学术团体的工作概况、生产技术部门的活动和改进、国际重要学术动态、国内外有关科学的发明和发现的消息，以及学术论著的评介等。参见郭沫若：《发刊词》。刊载于《科学通报》，1950 年，第 1 期：第 1～2 页。

在编译局比较突出。由于人手紧缺，《科学通报》、《中国科学》和《科学记录》都各只有一名工作人员负责编辑。《科学通报》每月出一期，编辑的工作量相当大。负责编辑《科学通报》的是应幼梅，他经常忙得焦头烂额。我到编译局协助他工作后，他的工作负担开始有所减轻。因此，他对我是欢迎的。

北京文津街3号中国科学院院部

当时新中国刚成立，我们这些大学刚毕业的年轻人对新社会和社会主义制度都格外喜欢，心中充满了憧憬。不过，我对编译局的工作并不满意。这主要是因为编辑《科学通报》对于我来说是所学非所用，我对编辑《科学通报》也没有什么兴趣，编译局的人事关系太复杂。虽然它是一个新成立的单位，但编译局持有老的习惯的人很多。这样，我到编译局工作不久就感到不愉快，且情绪很不好。在业务上遇到困难后，也不愿意细心钻研。另外，编译局领导对我的印象不佳，认为我在副业上花的时间太多，影响了主业。这是由于我到北京后加入了两个科学普及性质的团体——大众天文社和中华全国科学技术普及学会①，花了不少时间为它们做了较多的天文宣传工作；而编译局领导对这些情况并不了解。

出于这些原因，我到编译局工作两个月左右就一心想调换工作。但接踵而至的思想改造运动、“三反”运动等打乱了编译局的正常工作秩序，也使我暂时放下了个人的想法。在这些政治运动开始时，社会上有一个说法：1949年后毕业的大学生算“无产阶级”，1949年前毕业的大学生就是“资产阶级”。

① 席泽宗是由李杬和黄宗甄分别介绍加入大众天文社和中华全国科学技术普及学会。

由于政治条件好，是党的依靠对象，像我这样的大学毕业生在中国科学院就成为这些政治运动中“战斗队”的成员。

在编译局时的席泽宗

中国科学院的思想改造运动，由其所属各单位单独进行，采取了群众“过关”的形式。在这场运动中，在编译局工作的“战斗队”成员向局领导杨钟健和周太玄、郑作新等都提出批评意见并对他们进行批判。在批判会上，他们都做了检讨；我们这些“战斗队”成员让他们“过关”之后，他们才算了事。“三反”运动被称为“打虎战役”，在这场运动中，院里的一批知名科学家成为被批判的“大老虎”。由于这些政治运动，编译局的工作受到了影响，编译局领导与我们这些年轻人之间也产生了隔阂。

二、负笈哈尔滨，勤学俄文

在“三反”运动如火如荼地进行期间，人事部决定调派中央国家机关的一批干部到哈尔滨外国语专科学校（简称哈外专），学习“伟大的列宁、斯大林的语言”——俄语。这所学校是延安外国语专科学校的后身，是党中央一手建立起来的新学校。接到人事部的通知后，中国科学院即开始物色人选。由于到哈外专学习并不是带工资去的，学习期间只能从哈外专领取一些补贴，且学习时间长达两年，所以中国科学院的一些年纪大的、有家口的人都不愿意去。结果被选派去的人基本都是像我这样的刚大学毕业的小年轻。

我本心非常愿意到哈外专学习。这有两方面的原因：一是我已经不愿继续在编译局工作；二是若能被选派去哈外专学习，在当时是相当光荣的，这也意味着你起码在政治和经济两方面都没问题，是被组织认可的。所以院部通知我将派我去哈外专学习时，我便爽快地答应了。事后我了解到：这次中央国家机关共去了150人，中国科学院占18人，比例超过了10%。

1952年3月12日，我高兴地离开北京，赶赴哈外专学习。哈外专的校长是王季愚[①]，副校长是赵洵。这两位女校长是老革命。入学后，我被编入105班，所学的课程主要是俄文。学校为每个班专门安排了一位苏联人做俄文教师。我们班的教师叫瓦林金·伊万诺维奇·萨达夫西科夫。他不懂中文，上课时全用俄文讲授。我们班上有个中国助教，叫邢书刚。萨达夫西科夫都在上午上课；邢书刚在下午为我们辅导，他的工作主要是再为我们讲一讲上午所学的内容，有时也帮萨达夫西科夫把上午没能讲完的课讲完。

我在哈外专学习期间，新中国已经掀起了学习俄语的大潮。当时社会上有一种普遍的观点："学好俄文，是开启万有宝库的钥匙，是中苏文化交流的桥梁。"受这种观点的影响，我下定决心要学好俄文。于是，每周除正常上课之外，还挤出许多业余时间认真学习俄文。真是工夫不负有心人！经过两年的学习，我的俄文水平提高很快。在刚入学时，我只认识有限几个俄文字母；而到毕业时，我已经达到"五能"——能说、能读、能听、能写、能想的水平，可以胜任一般的俄文翻译工作了。

哈外专属于部队的学校，全校实行军事化管理，管理很严。同时，受到早期形成的革命传统的影响，学校的政治气氛很浓，在政治学习方面的要求也非常严格。除了学习俄文，我们每周都要上一天政治课，并写一篇思想汇报。政治课的主要内容是学习新民主主义革命史。这门课的教师是陈泉壁，他后来调离这所学校，做了新华社驻莫斯科记者。除上政治课和写思想汇报外，我们每天还要花一个小时读报。

到哈外专学习的学员，一般都高举马列主义旗帜，大都对政治学习很积极。我对政治学习也很积极，还担任了党的宣传员和班的政治课代表。不过，哈外专的领导和老师对中国科学院选派去的这批人是有看法的，认为我们非但不谦虚，还是"资产阶级"。这次人事部调派的150人大部分都上过大学。中国科学院选派的这18人不仅全都上过大学，而且专业基础比较好，相对其他学员的文化程度要高。由此，中国科学院选派的学员大都流露出了一些骄傲情绪。同时，我们都想把俄文当作日后从事专业工作的工具。我个人还觉得自己学好俄文后，再加上过去已有的科学水平，就更可以有办法受人尊敬。

---

① 王季愚（1908～1981），原名王尚清，女，四川安岳人。1929年毕业于四川省第一女子师范学校，后于北平大学求学，1932年毕业。1939年在上海加入中国共产党，后赴延安在鲁迅艺术学院编译室工作。1946年延安外国语专科学校迁至哈尔滨复校后，更名为东北民主联军总司令部附设外国语学校。她任副校长，校长为刘亚楼。1948年该校更名为哈尔滨外国语专科学校，1951年起她出任校长。

而这在当时是不行的，被认为是学习态度不端正的表现。

在 20 世纪 50 年代的中国，学习俄文就是一种政治目的。组织绝不允许学习者有任何“私心杂念”。由于被扣上了“资产阶级”的帽子，我在哈外专虽然向党组织表示过想加入共产党的意愿，但最终没成。后来自己竟产生了一种“党外布尔什维克”的思想，觉得自己做好了，党自然会来吸收我。其实，当时划分“资产阶级”的标准很模糊，并不是按经济标准来划分，而是按阶级出身来划分。

在哈外专学习期间，还有一件事，现在看来有些荒唐可笑。中国科学院选派的一位男学员与公安部选派的一位女学员谈了恋爱。当时他们都已大学毕业。现在看来这件事是比较正常的，而且哈外专也没有规定不准学员谈恋爱。但校领导认为这两个人谈恋爱不合适，原因是公安部的这位女学员是“无产阶级”，而中国科学院的这位男学员是“资产阶级”。于是，哈外专就有工作人员开始出来“棒打鸳鸯”，不让他们谈恋爱，后来他们不得不分手了。

在哈外专学习期间，我结识了数学研究所选派来学习的曾肯成，并与他成为要好的朋友。曾肯成与我同岁，也生于 1927 年，是湖南涟源人。在我的印象里，他是一个学习的天才，尤其具有学习外语的天赋。他学俄文时，只在课堂上听一遍，并不在课下复习。学校发的俄文课本都被他一页页地撕下用作手纸了。但每次考试，他都能取得非常优异的成绩。由于我们私交不错，曾肯成经常跟我讲一些推心置腹的话。在哈外专毕业前夕，他向我表示坚决不回数学研究所了，打算到编译局工作。这主要是因为他在思想改造运动中跟当时领导闹得太厉害，关系很僵。另外到编译局工作，他可以将在哈外专学的俄文派上用场。我虽然是从编译局出来的，但并不愿意回去。在曾肯成向我讲了他的打算后，由于我知道编译局人事关系太复杂，就劝他不要去。可他就是不听，还执意要去。结果他到编译局不久就后悔了，也抱怨那里人事关系太复杂。

到编译局工作后，曾肯成参加了一些重要的俄文翻译工作。在院部工作这段时间，结识了同在编译局工作的范岱年和许良英。1954 年 8 月，编译局改组为科学出版社后，范岱年、许良英好像都没有去。1955 年，毛泽东发动了“反胡风”运动。由于在杭州时曾介绍胡风的一个亲信方然入党，许良英在这场所谓的“肃清反革命”的运动中遭到停职审查。但许良英对于这个处分就是不服，院部送给他文件看，他也不看。曾肯成认为许良英有骨气，对他非常佩服。因此，院部有关方面对曾肯成也有了意见。

1956年，曾肯成被中国科学院派遣到苏联莫斯科大学留学。1957年，反右运动开始后，范岱年曾把《文汇报》寄给他看。曾肯成不仅自己阅读，还让同宿舍的同学阅读。没料此后不久，毛主席对《文汇报》做了批判，说报上宣传的是资产阶级观点。这样，曾肯成成为宣传《文汇报》资产阶级观点的"帮凶"。因此，1958年年初，他尚未完成学业便被从莫斯科召回，并被追加成右派[①]。此后，曾肯成在中国科学技术大学数学系执教。2004年，他因患癌症去世。

在哈外专学习期间，我曾于1953年夏由哈尔滨经北京、河南洛阳和渑池回垣曲探亲。回程途中，路过太原在阎宗临先生家住十多天，与山西大学校领导赵宗复、历史系助教乔志强等相识。

1954年2月，我们这批学员从哈外专毕业，大家陆续离开哈尔滨返回原工作单位。由于我本心不愿重返编译局，心里非常郁闷，就跟与我同批由中国科学院选派来哈尔滨学习的李竞谈起这事。李竞的工作单位是紫金山天文台，但愿意到编译局工作。于是，他就跟我讲："咱们两个交换，你去南京，我去北京。"事不凑巧，他这时得了肾盂积水，需要到天津老家去休养。同时由于紫金山天文台在南京，与北京相隔太远，天文台里也没人出来替他讲话。而且编译局领导明确表示不要病号，非要我回去不可。这样，我只好重返编译局。李竞在天津休养后又回到紫金山天文台工作。

在我们离开哈外专以后，学校补发了毕业文凭，但我没有回去拿。因为我从中山大学已经获得大学毕业文凭，并不看重哈外专的这个文凭。但对于那些没上过大学的学员来说，这个文凭还是很重要的。因为哈外专相当于专科大学，获得这个文凭起码表明你上过专科大学。到1958年，哈外专成为一所正规的综合性大学，即现在的黑龙江大学。据我所知，中国科学院选派学员从哈外专毕业后，专门从事俄文工作的很少，基本上都在大学所学专业的基础上干起了科研工作。有的在自己的专业研究领域钻研几十年后，还取得了重要成就。如曾肯成在代数学，尤其密码学研究领域有杰出贡献，是我国代数密码学的创始人之一。

---

① 曾肯成在清华大学数学系时的同学丁石孙回忆说："曾肯成被追加成右派，还因为他俄文非常好，经常在饭厅内用俄文与苏联学生辩论，由此被认为政治上有问题。"另外，"曾肯成极其聪明，在班上学习成绩最好。从清华大学毕业后，他到中国科学院工作，给华罗庚当助手。他的一个特点是主意很多，而华罗庚要求一切服从安排。这样，他很快就与华罗庚闹僵了"。

三、重返编译局，涉足天文学史

1954 年春节，我重返中国科学院编译局，被安排到翻译室工作，负责编辑《天文学译丛》。我做的主要工作是编校《地球起源学说四讲》和《苏联天体演化学第一次会议文集选译》。另外，我和院系调整后已由燕京大学转到北京大学工作的戴文赛，合译了苏联著名天体物理学家阿姆巴楚米扬（B. A. Амбарцумяна）等编著的《理论天体物理学》[1]。这本译著对我国天体物理专业研究生的培养起过一些作用。有些单位曾把它作为这个专业研究生的教材。

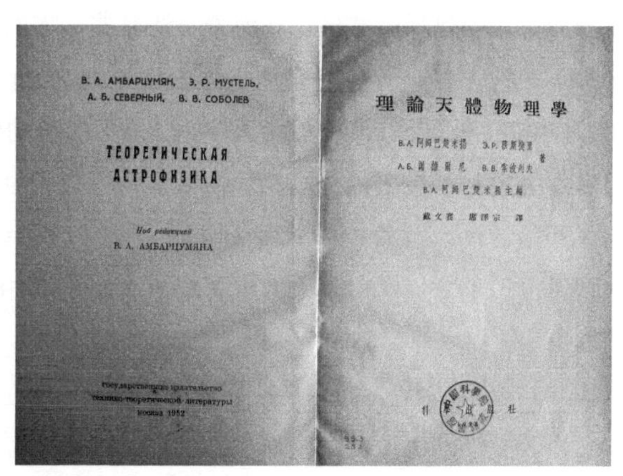

席泽宗与戴文赛合译的《理论天体物理学》封面（左）和扉页（右）

在编译局这个阶段，戴文赛[2]对我影响很大。他是我国老一辈天文学家中比较年轻的一位。在中学的时候，我就读过他撰写的《天象漫谈》和《星空巡礼》等科普性书籍。我离开广州之前，中山大学天文系主任赵却民写了一封亲笔信，让我把它带到北京后交给戴文赛，信的内容主要是请戴文赛对我多加关照。我到北京不久就去拜见了他。见到这封信后，戴文赛对我就说："你带它干什么？咱们不是早就认识了吗？"经他解释，我才恍然大悟。这是指 1950 年他作为审查专家为中央文化部科学普及局审查过《恒星》一书的提

---

① B.A.阿姆巴楚米扬主编，戴文赛、席泽宗译：《理论天体物理学》。北京：科学出版社，1956 年（1957 年 4 月第二次印刷）。

② 戴文赛（1911～1979），天体物理学家。1932 年毕业于福州协和大学数理系。1937 年赴英国剑桥大学，受业于著名天文学家 A. S. 爱丁顿教授。1940 年获博士学位。返国后，曾任职于中央研究院天文研究所。1946 年任燕京大学数学系教授。1952 年任北京大学数学力学系教授。1954 年调任南京大学天文系系主任。曾任中国天文学会第一、二、三届理事会副理事长。

纲。由于戴文赛既平易近人，又十分健谈，我与他很谈得来。第一次见面，我们就谈了整整一天，谈话的内容涉及业务、生活等多个方面。后来我经常去拜访他，并与他建立了很好的关系。经过他的介绍，我于 1954 年 3 月还加入了中国天文学会。

通过与戴文赛不断接触，我发现他不仅勤奋、刻苦，是个做学问的人，而且人品很好。不论对哪一门学科的学生，他都一视同仁并鼓励发展。另外，他组织领导能力强，能使组织具有一种不可撼动的凝聚力。1951 年 8 月我到北京时，这里还没有天文机构，天文学家只有他一个人，而他一个人实际就是一个中心。1951 年下半年，他举办了一个天文学讨论班，共有七八个人参加，其中包括叶式辉、杨海寿、沈良兆、陈彪等。当时他还是燕京大学数学系教授。由于燕京大学天文爱好者较少，而清华大学物理系天文爱好者较多，他就将讨论班设在清华大学。讨论班的活动形式是每周轮流由参加者报告一个题目；报告人报告后，由大家提问题、讨论。我到北京后，讨论班已经开始活动。当戴文赛约我参加时，我表示愿意参加。戴先生自始至终是这个讨论班的主持人。后来由于思想改造运动开始，这个讨论班没到学期末就结束了。

1954 年春，我从哈外专返回北京后，戴文赛在北京大学又举办了一个关于恒星天文学的讨论班，参加者除我外，还有杨海寿和易照华，仅 4 人。虽然人数有限，但大家都很认真。当时苏联有一本书，名为《恒星天文学教程》，在讨论班上，大家就学习、讨论这本书。每位参加者不仅阅读这本书的内容，还阅读书中所列的参考文献。如果遇到书中用到而自己没有学过的知识，如最小二乘法，大家还需要补习。我们在这个讨论班每周活动一次，也采用轮流报告的形式，前后共活动一个学期。这种活动形式与国外许多研究所讨论班相仿。戴先生曾劝我以后在做天文学史工作的同时，也进行这方面的研究，可惜我以后没有再做下去。

20 世纪 50 年代，许多大学教授尤其老先生只教教课，并不开办讨论班。像戴文赛这样执着地开办讨论班并热心此事的人并不多见，况且这是在他所教课程为微积分而非天文学方面课程的情况之下。我还记得在这个时期，苏联出版各门学科的文摘，其中天文学方面的叫《天文文摘》。每当《天文文摘》出版后，中国科学院图书馆的工作人员都要把它刊载的文章题目译成中文，并请戴文赛把关。戴文赛就经常从西郊骑自行车把意见亲自送到城里来。另外，他是北京天文学会最活跃的会员之一。每逢这个学会开会，组织人员做学术报告、参观等，他几乎都去参加。

重返编译局后，我打算在从事编辑工作之余，进行天体物理学的研究，这也与戴文赛的影响有关。我和他合作翻译《理论天体物理学》的目的之一，就是为进入天体物理学的研究领域做准备。正当我踌躇满志地将要开展一些研究工作时，一个偶然的机遇改变了我既定的科学道路，使我开始涉足此后50余年为之魂牵梦萦的天文学史研究。

众所周知，新中国成立不久，党中央就发出了向苏联学习的号召。中国科学院积极响应这个号召，于1953年2月派遣代表团到苏联访问，与苏联科学院、莫斯科大学等多个学术机构建立了联系。当时苏联天文学界对利用历史资料研究超新星爆发与射电源的关系很感兴趣。莫斯科大学史登堡天文学研究所教授什克洛夫斯基（Iosif Samuilovich Shklovsky，1916～1985）[①]，是一个世界级的天文学家和天体物理学家。他希望中国科学院帮助调查有关中国古代新星和超新星的资料，进行中国历史上新星记录的研究。1953年年底，他请苏联科学院天文学史委员会主席库里考夫斯基给中国科学院写信，提出这个希望。库里考夫斯基是苏联天文学界管党的工作的人，不如什克洛夫斯基有名，但也懂业务，在苏联天文学界有一定的学术地位。

同年11月，竺可桢收到库里考夫斯基的信后，打算帮助什克洛夫斯基调查相关历史资料。但他的事情太多，不能亲自做。另外，中国科学院还没有科学史的工作组织和研究机构，想从远在南京的紫金山天文台找人，也不容易。这时，竺可桢想起了我。我在中山大学念书的时候，历史系主任阎宗临先生就和我讲起过竺可桢："你知道竺可桢吗？他是中国近代气象学的开山祖师，有一篇关于二十八宿起源的文章可以说是世界第一，中外没有能超过的，你应该看一看。"那时因为我的兴趣是天体物理学，也没有把这篇文章找出来看，但对竺可桢已有耳闻。我到编译局工作后，由于竺可桢主管编译局，与他有些接触。记得在思想改造运动和"三反"运动中，他曾亲自参加过编译局的几次会议。1954年2月我从哈外专回到编译局后，竺可桢就给我写信，

① 什克洛夫斯基，1916年生于乌克兰的格卢霍夫。1938年获莫斯科大学物理数学博士学位。1944年出任莫斯科史登堡天文学研究所射电天文研究室主任兼莫斯科大学教授。1960年获列宁奖金。1966年当选苏联科学院通讯院士。1953年用相对论性电子的同步加速辐射来解释超新星遗迹的射电辐射性质，并利用中国古代天文观测资料，把若干射电源证认为是超新星遗迹。

约我于 3 月 1 日到他办公室谈话。

3 月 1 日这天上午，我如约而至。竺可桢与我的谈话很简短，基本是开门见山，直接进入正题。他说，苏联天体物理学家什克洛夫斯基请我们帮助调查有关中国古代新星和超新星的历史资料并做研究，我抽不出时间做这件事，希望你来做。由于这是院领导布置的工作，我不敢推托，就顺口应承下来了。嗣后，竺可桢告诉编译局局长周太玄不要再给我安排其他工作，要我每天就专做他布置的这项工作。这样，我在此后虽然还是编译局的人，但有一年多时间不再做编译局的工作。

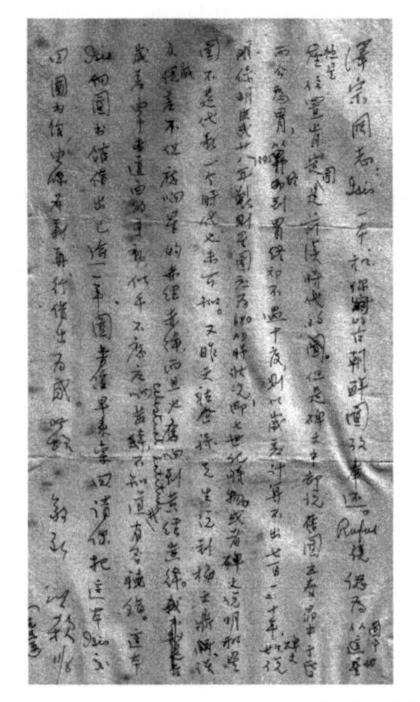

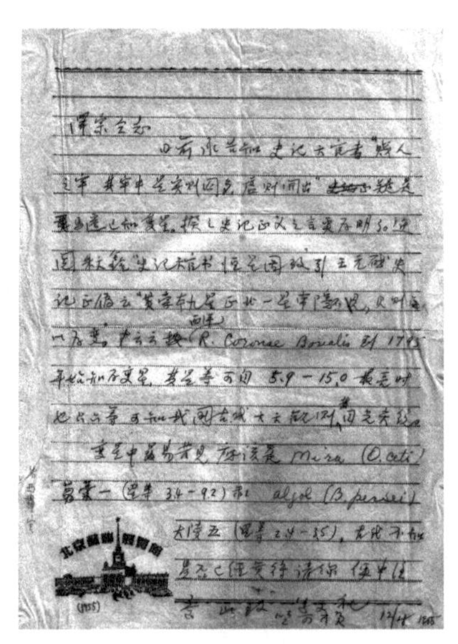

1955 年竺可桢致席泽宗讨论天文学史问题的信件
（左信写于 11 月 8 日，右信写于 12 月 28 日）

接受这项工作后，我很快就开始收集和整理资料。当时承担院领导布置的科研工作，不像现在大都需要经过立项、审批等复杂程序，也没有科研经费。在收集和整理资料过程中，我主要阅读了《二十四史》中的《天文志》，也阅读了一些相关的科学史书籍，这些图书都是从中国科学院图书馆借来的。当时图书馆在考古研究所附近，离编译局不远，每次我都骑自行车到那儿借书。除了不用在路上花费多少时间，到那儿借书也很方便，且没有数量限制，还可以把《二十四史》这样珍贵的古籍借出来看。每当遇到不能解决的问题时，我还可以向竺可桢请教，与他一起探讨。可以说，我做这项工作的条件确实很好。

当年我在收集和整理的资料的基础上，还做了一些相关的研究工作。1954年12月和1955年12月，我连续在《天文学报》发表两篇论文：《从中国历史文献的纪录来讨论超新星的爆发与射电源的关系》和《古新星新表》。1954年10月底，竺可桢随政府代表团到柏林参加德意志民主共和国建国5周年庆贺活动后，参加了苏联天体演化学第四次会议。与会者中有许多苏联天文学界的著名专家，其中包括阿姆巴楚米扬、什克洛夫斯基和库里考夫斯基。在会上，竺可桢介绍了我的阶段性工作[①]。由于我的工作可以为新星和超新星研究提供新的材料和佐证，这引起与会专家的极大兴趣。库里考夫斯基和什克洛夫斯基都认为，我的工作对银河系里射电源正确概念的发展具有很大的意义。

更令我高兴的是，《古新星新表》发表后，苏联和美国天文学界都予以重视，将它译为俄文和英文，并作为权威资料。此外，竺可桢对《古新星新表》评价很高，将它与《中国地震资料年表》并列为1949年后我国科学史研究的两项重要成果。竺可桢说："1955年，《天文学报》发表了《古新星新表》一文，文中包括18世纪以前的90个新星。这篇文章发表以后，极为世界上的天文学家所重视。"[②]对于这些反响和评价，我起初都没有预料到。

四、新的选择与新的工作

正当我一门心思做竺可桢布置的这项工作时，中国科学院于1954年8月成立了中国自然科学史研究委员会，并计划建立科学史研究机构。这个委员会由来自中国科学院和北京大学、清华大学、浙江大学、北京医学院、南京农学院、南京工学院、铁道部、文化部、水利部和高等教育出版社等单位的17位委员组成（名单见下表）。它的主任委员为竺可桢，副主任委员为叶企孙和侯外庐。叶企孙是北京大学教授，侯外庐是中国科学院历史研究所二所（今中国社会科学院历史研究所）副所长。这些委员基本都是科学史研究的爱好者，在业余时间研究科学史，并非专职的科学史研究者。当年中国科学院

---

① 关于竺可桢在这次会议上介绍席泽宗的工作的情况，可参见竺可桢：《参加苏联天体演化论第四次会议的报告》。刊载于《科学通报》，1955年，第1期：第89～92页。

② 竺可桢：《中国近五千年来气候变迁的初步研究》。收入竺可桢著，《竺可桢文集》编辑小组编：《竺可桢文集》。北京：科学出版社，1979年，第476页。

让谁当这个委员会的委员，既有学术考虑，也有政治考虑①。对《墨子》中光学颇有研究的钱临照没有当成委员，就可能与政治考虑有关。20 世纪 40 年代末，他在中央研究院短期代理总干事；新中国成立后，主张谁愿意去台湾就去，谁愿意留在大陆就留下。有些人抓住这点，认为他思想落后。

中国自然科学史研究委员会委员名单

研究领域	姓名	工作单位	合计人数
历史与考古	向达	中国科学院	2
	侯外庐	中国科学院	
数学史	钱宝琮	浙江大学	2
	李俨	铁道部	
物理学史	叶企孙	北京大学	2
	丁西林	文化部	
化学史	袁翰青	高等教育出版社	1
地学史	侯仁之	北京大学	1
天文学史	竺可桢	中国科学院	1
生物学史	陈桢	中国科学院	1
水利工程学史	张含英	水利部	1
建筑学史	梁思成	清华大学	2
	刘敦桢	南京工学院	
机械工程学史	刘仙洲	清华大学	1
医药史	李涛	北京医学院	1
农业史	刘庆云	南京农学院	1
发明与发现史	王振铎	文化部	1

实际早在 1951 年年初，对科学史有浓厚兴趣的竺可桢就打算先在中国科学院成立一个科学史方面的委员会，日后再成立科学史研究室。这年 1 月 13 日，他在日记中写道："……与仲揆谈李约瑟寄来《中国科学文化历史》目录一事，因此谈及中国科学史应有一委员会常以注意其事，已备将来能成一个研究室，而同时对于各种问题，如近来《人民日报》要稿问题［也］可以解决。"这里所说的《中国科学文化历史》，即后来李约瑟（Joseph Needham，

① 中国自然科学史研究委员会委员名单，经过几次讨论才决定。在讨论中，竺可桢说人选"若从严，则人数可以减少"；陶孟和表示"委员会以少为适宜"；其他人未提出异议。竺可桢所说的"从严"可能主要指学术标准方面。但这并不排除对人选有政治考虑。参见《中科院关于"建筑工作、哲学研究所筹备、地震工作、中国自然科学史研究"等四个委员会的成立及组织成员聘请的函件》，北京：中国科学院档案，54—2—73；《中科院第 1—22 次院务常务会议记录》，北京：中国科学院档案，54—2—6。

1900～1995）自 1954 起出版的《中国科学技术史》（*Science and Civilisation in China*）；仲揆即中国科学院副院长李四光。由这则日记可知，竺可桢当初想成立科学史方面的委员会和科学史研究室的一个主要目的，是应付人民日报社宣传爱国主义的约稿需求和给李约瑟的《中国科学技术史》书稿提意见。

而且，新中国成立后，尤其抗美援朝战争开始后，党和政府对爱国主义教育是大力提倡的。中国古代科技成就由于能够激发人民的爱国热情，受到党和政府的重视。1951 年，《人民日报》相继登载了许多宣扬中国古代科技成就的文章。其中包括竺可桢的《中国古代在天文学上的伟大贡献》[①]。这篇文章首先指出，中国古代天文学有两大特点：一是注重实用；二是历史悠久，连绵不断。接着分三个时期叙述了从殷周到明末的我国天文学成就。它对宣传爱国主义，起了很好的作用。

抗美援朝时期，上海《大公报》每天报头上有一个栏目为“中国的世界第一”。当然，它不止讲自然科学，其他方面也讲。竺可桢在上面发表了不少文章。我当时对这些文章都比较关注。同时，李约瑟作为一位外国人正在撰著规模宏大的《中国科学技术史》，这对竺可桢打算成立科学史研究委员会和科学史研究室影响很大。

除竺可桢之外，本身是历史学家的郭沫若院长也支持中国科学院开展中国科技史的工作。他说过这话：“我们的自然科学是有无限辉煌的远景的，但我们同时还要整理几千年来的我们中国科学活动的丰富的遗产。”除了郭沫若和竺可桢，一些老科学家对科学史也有兴趣，这促进了中国自然科学史研究委员会的最终成立。

1954 年该委员会成立前，中国科学院计划编纂两种丛书：一种是关于中国古代科学史的，一种是《中国近代科学论著丛刊》[②]。由于种种原因，前者的编纂工作并未展开；后者只刊出《气象学》一种，其编纂工作被卡住，主要是政治原因：当时人们对是否收入已加入外国籍和跟随国民党到台湾地区去的学者的论著分歧较大，一时无法统一意见。当然，现在不会因为这个原因在论著的取舍方

---

① 此文先于 1951 年 2 月 25 日和 26 日分两次发表于《人民日报》，后被《科学通报》《旅行杂志》全文转载。它还被译为俄文，发表于苏联《自然》杂志的 1953 年 10 月号。

② 编纂《中国近代科学论著丛刊》，是 1951 年 2 月政务院文教委员会交给中国科学院的任务，并特拨了专款。

面出现问题，但受意识形态的影响，在当时就会出现错综复杂的问题。而《气象学》之所以能出版与竺可桢有关：他本人是气象学家，在新中国成立前曾任中央研究院气象研究所所长。对于这本书该收什么，不该收什么，他都心里有数。而对编纂其他学科的论著，可能没有人出来工作。

据我所知，中国自然科学史研究委员会成立之前，竺可桢曾计划把中国科学院的整个科学史工作交由编译局承担。不过，这个计划未能落实。这主要是因为编译局编辑几本杂志还勉强可以，但承担全院整个的科学史工作是有难度的。另外竺可桢后来考虑到编译局人事关系复杂，让它承担这项工作恐怕也不好管理，干脆就作罢了。

中国自然科学史研究委员会是一个虚的机构，其成立两个月后开始在历史研究所第二所（简称“历史二所”）办公，并计划在该所成立一个自然科学史组。历史二所所长是陈垣，但他是挂名的，实际工作由副所长侯外庐主持。中国科学院考虑把自然科学史组放在历史二所，可能与侯外庐为该委员会副主任委员又是该所实际负责人有关。侯外庐本人对科学思想史、科学史还是有兴趣的。叶企孙曾说搞科学史必须有研究社会科学的人合作不可。

这个委员会在历史二所办公后，我面临着科学道路上的新的选择：是将来到这个自然科学史组继续研究天文学史，还是去做原本打算从事的天体物理研究或其他工作？由于一直举棋不定，我就去征询一些师友的意见。结果，我所认识的历史学者都一致反对我继续研究天文学史。这以中山大学历史系主任、不同意我在大学毕业前就到北京工作的阎宗临先生为代表。另有北京大学东语系的金克木和原来在编译局搞俄文翻译，后来到近代史研究所研究蒙古史的一位同事。

但是，我在哈外专的几位同学都一致赞成我继续研究天文学史，而且曾肯成认为，这是一件好事。同时，经过我征询意见，天文学界张钰哲、戴文赛等老前辈都表示支持，尤其张钰哲的一席话使我下定了决心。他说：“人生精力有限，而科学研究的领域无穷，学科重点也在不断变化，所以不能赶时髦。一个人只要选定一个专业努力去干，日后终会有成就。尽管天体物理重要，但天文学界不能人人都去研究它。中国作为一个大国，应该有人研究天文学的各个分支，并且都要做出成绩。”现在每当我回忆起这席话，心里仍然特别激动，因为它对我走上职业的科学史研究道路起到了决定性作用。

1954 年 12 月，我开始到历史二所兼职研究科学史。当时编译局已经改组为科学出版社，每星期我有三天在科学出版社工作，三天在历史二所工作。中国自然科学史研究委员会的办公室没有专人坐班办公，我在那儿也不做行政工作。竺可桢作为该委员会主任委员，制定工作的大政方针。委员会的具体工作，由副主任委员叶企孙负责。另一位副主任委员侯外庐管事很少。起初，历史二所为叶企孙配备了一位女秘书。这位女秘书是科学出版社社长周太玄的夫人喻培厚，那时有四五十岁。但她自己不愿意干，叶老对她也看不中，同时也不愿用女的（叶老因为终身没有结婚，一直不用女秘书），不久她就调到哲学研究所了。

在历史二所办公后，中国自然科学史研究委员会开过为数不多的几次会议。委员会具体做的一项工作是资助其委员、清华大学副校长刘仙洲教授撰著《中国机械工程发明史》。当时清华大学有位老先生替刘仙洲收集相关的史料，委员会负责这位老先生的工资，他每月都到我们这来领工资。现在看来，这件事情是不可思议的。但当时中国科学院对资助这项工作确实非常大方。

1955 年，自然科学史组在历史二所成立。它与该所是挂靠关系，并非隶属关系。当时历史二所有明清组、隋唐组、思想史组等。其中思想史组最厉害，由侯外庐负责，他把李学勤等很有研究能力的研究人员都放在这个组里。自然科学史组的办公室起初在东四头条一号的小平房里，地方小得可怜，整个组只有一间半房间。而且这一间半房间中间只由一个隔断隔开，隔音效果不好。冬天，房间里还没有暖气，是靠烧煤球的炉子取暖。科学史组办公室的门靠西，是在东厢房。与它紧挨着的是思想史组办公室，李学勤就在里面工作。我跟他的关系就是从这建立起来的。

我刚讲过叶企孙负责自然科学史组的具体工作，但他的工资关系在北京大学，不从历史二所拿工资。叶先生勤勤恳恳，风雨无阻，每星期要乘公共汽车从西郊到东城来办公两天。竺可桢一般每星期来半天处理日常工作，有时也与我们讨论问题。除这二老外，自然科学组刚成立时，还有两位分配来的大学历史系的毕业生，一位叫黄国安，另一位叫药萃华。我跟叶企孙在一个房间办公，黄国安、药萃华在另一个房间办公。由于办公桌是对着摆的，我跟叶企孙是面对面办公。竺可桢到科学史组来一般都到我们这个房间。后来历史二所为了搞历史地图，邀请复旦大学教授、历史地理专家谭其骧[①]到所里工作，于是把黄国安他们的房间改作了招待所。谭其骧来后就住在里面。黄国安他们就被分散到别的房间办公了。1955 年著名数学史家李俨由陇海铁路局调来工作后，是在头条一号前的一条小路边上的平房里办公，不和我们在一起。那里是高级研究人员上班的地方，条件好一些。

在自然科学史组，我开展了关于僧一行观测恒星位置的工作的研究。在 1956 年 7 月举行的中国自然科学史第一次科学讨论会上，我就这个研究做了题为“僧一行观测恒星位置的工作”的报告。关于这次讨论会的情况，我接下来会详述。我一边在科学史组工作，一边又在科学出版社工作的日子共约两年。1956 年 12 月，我就完全脱离了科学出版社，正式到历史二所科学史组工作了。

五、参与制订科技史规划

1956 年 1 月，党中央召开了知识分子问题会议，周恩来总理在会上做了意义深远的《关于知识分子问题的报告》，吹响了“向科学进军”的号角。这个报告用了将近四分之一的篇幅论述科学工作，提出了制订十二年（1956～1967 年）科学发展远景规划的任务。

在知识分子问题会议上，武衡在汇报中国科学院工作时说，经过慎重的考虑，中国科学院今后的任务和急需发展的学科可以归纳为 4 个方面：一是对当前世界上最新的、发展最快的学科必须迎头赶上；二是基本调查研究清楚中国的自然条件和资源情况；三是运用近代科学的成果，研究适合于中国社会主义建设需要的科学技术问题；四是总结祖国科学遗产，总结群众和生产革新者的先进经验，丰富世界科学宝库。根据第四条，科学技术史的研究工作就被纳入了十二年远景规划的议程之内。

2 月 28 日，竺可桢副院长在西苑大旅社主持召开有关专家会议，讨论如何制订十二年科技史研究工作远景规划问题。参加会议的大约有 10 人，其中包括竺可桢、袁翰青、刘仙洲等老前辈，以及正在北京的谭其骧等人。我从头到尾都参加

① 谭其骧（1911～1992），字季龙，生于辽宁沈阳。1930 年进燕京大学历史系读研究生。1932 年起在北平图书馆任馆员。1940 年到浙江大学任教，1955 年转至复旦大学任教。1955 年经吴晗推荐，到北京主持《中国历史地图集》的编绘。1957 年返回上海后兼任复旦大学历史系主任。

了这次会议。在会上，袁翰青等人一致主张，要把科学史在中国科学院建设成为一门学科，要设专门机构，要有专职人员来搞。也就是说，他们主张要有人凭搞科学史来吃饭。而且这次会议决定要由专人来制订一个科学技术史的十二年发展远景规划。在会上，大家委托叶企孙挂帅，出任起草规划工作的召集人，由谭其骧和我来协助叶企孙收集资料和做起草工作。

这次会后，我们开始起草规划草案的工作。做这项工作期间，我和谭其骧就住在西苑大旅社。这个旅社房间很多，条件也不错。叶企孙都是白天来与我们商讨起草规划事宜，晚上就回去了。这样，我们连续工作了几天，后经叶企孙最终修订，就把《科技史研究工作十二年远景规划》搞出来了。自然科学的十二年远景规划是在北京西郊宾馆（复兴门外往南）制订的，其完成时间要较《科技史研究工作十二年远景规划》完成时间稍晚。

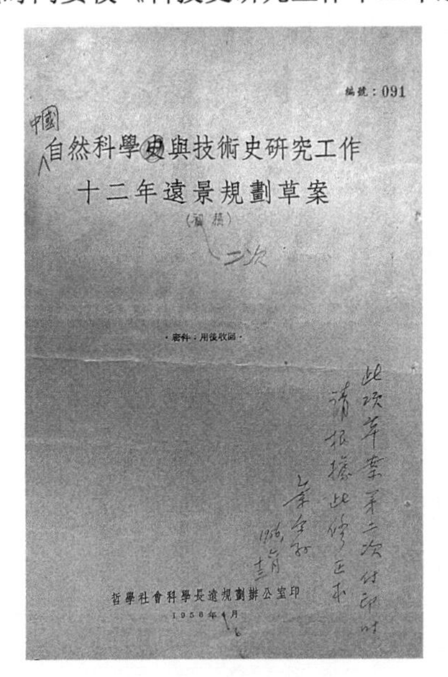

編號：091

自然科學史與技術史研究工作

十二年遠景規劃草案

（初稿）

·密件·用後收回·

哲學社會科學長遠規劃辦公室印

1956年 月

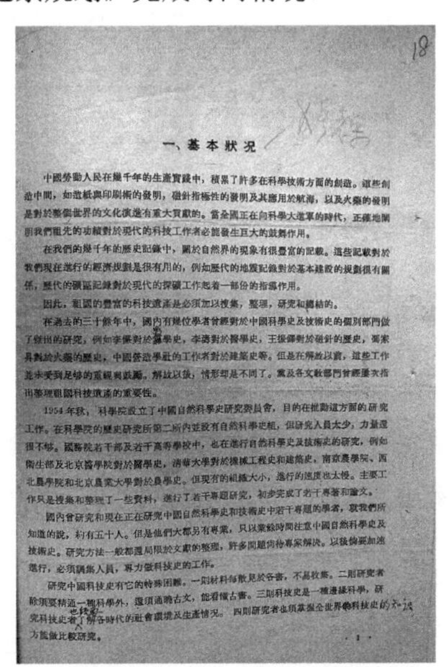

一、基本狀況

中國勞動人民在幾千年的生產實踐中，積累了許多在科學技術方面的創造。這些創造中間，如造紙與印刷術的發明，磁針指極性的發明及其應用於航海，以及火藥的發明是對於整個世界的文化演進有重大貢獻的。當全國正在向科學大進軍的時代，正確地闡明我們祖先的功績對於現代的科技工作者必能發生巨大的鼓舞作用。

在我們的幾千年的歷史記錄中，關於自然界的現象有很豐富的記載。這些記載對於我們現在進行的經濟規劃是很有用的，例如歷代的地震記錄對於基本建設的規劃很有關係，歷代的礦區記錄對於現代的探礦工作起着一部份的指導作用。

因此，祖國的豐富的科技遺產是必須加以搜集，整理，研究和總結的。

在過去的三十餘年中，國內有幾位學者曾經對於中國科學史及技術史的個別部門做了傑出的研究，例如李儼對於算學史，李濤對於醫學史，王振鐸對於磁針的歷史，馮家昇對於火藥的歷史，中國營造學社的工作者對於建築史等。但是在解放以前，這些工作並未受到足够的重視與鼓勵。解放以後，情形却是不同了。黨及各文教部門曾經屢次指出整理祖國科技遺產的重要性。

1954年秋，科學院設立了中國自然科學史研究委員會，目的在推動這方面的研究工作。在科學院的歷史研究所第二所內並設有自然科學史組，但研究人員太少，力量還很不够。國務院若干部及若干高等學校中，也在進行自然科學史及技術史的研究，例如衛生部及北京醫學院對於醫學史，清華大學對於機械工程史和建築史，南京農學院、西北農學院和北京農業大學對於農學史。但現有的組織太小，進行的速度也太慢。主要工作只是搜集和整理了一些資料，進行了若干專題研究，初步完成了若干專著和論文。

國內曾研究和現在正在研究中國自然科學史和技術史中若干專題的學者，就我們所知道的說，約有五十人。但是他們大都另有專業，只以業餘時間注意中國自然科學史及技術史。研究方法一般都還局限於文獻的整理，許多問題尚待專家解決。以後倘要加速進行，必須調集人員，專力做科技史的工作。

研究中國科技史有它的特殊困難。一則材料每散見於各書，不易收集。二則研究者除須要精通一種科學外，還須通曉古文，能看懂古書。三則科技史是一種邊緣科學，研究科技史者了解各時代的社會環境及生產情況。四則研究者也須掌握全世界的科技史的知識方能做比較研究。

·1·

《科技史研究工作十二年远景规划》1956年6月
修改稿封页和第1页（现藏中国科学院办公厅文书档案处）

《科技史研究工作十二年远景规划》，是中国第一个科技史研究工作规划。它首先介绍了搜集、整理、研究和总结中国科技遗产的必要性与20世纪初叶以来中国学者的相关工作概况，指出了当前新中国的科技史研究事业存在“组织太小，进行的速度也太慢”的问题。这个规划草案还说明了规划的“中心问题”，其大致内容是：中国科技史的研究规划中，应先着重于专史的研究，而农学史及医学史的研究尤为重要。这是因为中国古代积累了许多对现代全世界人民有意义的宝贵经验，这些经验应该由专门学者用现代的科学观点和方法加以深刻的研究，以求总结出科学规律。同时，数学、天文学及历法、化学（包括炼丹术、冶金、陶瓷、火药等）在中国古代发展很早，也应该着重研究。另外，“中心问题”部分强调在各科专史已写成的基础上，再撰写综合性的著作《中国自然科学和技术史》是比较容易的，但这部综合性的著作并不是将各学科专史并在一起，应着重指出各时代的主要科学思想及各学科间的关系。

在说明“中心问题”后，这个规划草案介绍了全国1956～1967年计划编撰的专门著作、教科书、资料和工具书，以及计划翻译的外国名著和整理的本国名著。接着，它在“干部培养”部分，介绍了高等学校培养各门科技史工作者的途径。另外，这部分对中国科学院中国科技史专业研究生的招生提出计划，大致内容是，1956年、1957年每年招收5名，1958～1962年每年招收8名，1963～1967年每年招收10名；至1967年，共招收100名。最后，这个规划草案对全国科技史研究机构做了规划，其中包括中国科学院于1956年成立中国自然科学史研究室筹备处，筹划如何开展自然科学史研究；1957年正式成立研究室等。

《中国自然科学与技术史研究工作十二年远景规划草案》[①]

（1956年6月修改稿）

一、基本状况

中国劳动人民在几千年的生产实践中，积累了许多在科学技术方面的创造。这些创造中间，如造纸与印刷术的发明，磁针指极性的发明及其应用于航海，以及火药的发明是对于整个世界的文化演进有重大贡献的。当全国正在向科学大进军的时代，正确地阐明我们祖先的功绩对于现代的科技工作者必能发生巨大的鼓舞作用。

① 按1956年6月修改稿原文照排，只将其中误写的“De rovolutionibus orbium celestium”校正为“De revolutionibus orbium coelestium”。文中第三、四、五、六、七部分均列在第一个表中。

在我们几千年的历史记录中，关于自然界的现象有很丰富的记载。这些记载对于我们现在进行的经济规划是很有用的，例如历代的地震记录对于基本建设的规划很有关系，历代的矿区记录对于现代的探矿工作起着一部分的指导作用。

因此，祖国的丰富的科技遗产是必须加以搜集，整理，研究和总结的。

在过去的三十余年中，国内有几位学者曾经对于中国科学史及技术史的个别部门做了杰出的研究，例如李俨对于数学史，李涛对于医学史，王振铎对于磁针的历史，冯家升对于火药的历史，中国营造学社的工作者对于建筑史等。但是在解放以前，这些工作并未受到足够的重视与鼓励。解放以后，情形却是不同了。党及各文教部门曾经屡次指出整理祖国科技遗产的重要性。

1954年秋，科学院设立了中国自然科学史研究委员会，目的在推动这方面的研究工作。在科学院的历史研究所第二所内并设有自然科学史组，但研究人员太少，力量还很不够。国务院若干部及若干高等学校中，也在进行自然科学史及技术史的研究，例如卫生部及北京医学院对于医学史，清华大学对于机械工程史和建筑史，南京农学院、西北农学院和北京农业大学对于农学史。但现有的组织太小，进行的速度也太慢。主要工作只是搜集和整理一些资料，进行了若干专题研究，初步完成了若干专著和论文。

国内曾研究和现在正在研究中国自然科学史和技术史若干专题的学者，就我们所知道的说，约有五十人。但是他们大都另有专业，只以业余时间注意中国自然科学史及技术史。研究方法一般都还局限于文献的整理，许多问题尚待专家解决。以后倘要加速进行，必须调集人员，专力做科技史的工作。

研究中国科技史有它的特殊困难。一则材料每散见于各书，不易收集。二则研究者除须要精通一种科学外，还必须通晓古文，能看懂古书。三则科技史是一种边缘科学，研究科技史者也须要了解各时代的社会环境及生产情况。四则研究者也须掌握全世界科技史的知识，方能做比较研究。

中国科技史在苏联及新民主主义国家受到重视。资本主义国家的学者中，也有研究中国科技史的，但是他们的观点不是完全正确的。

二、中 心 问 题

中国科技史的研究是一种综合性的研究，应列为哲学社会科学部的重大项目之一。进行这项研究时，应注意到各时代的社会环境与生产情况，以求了解科学概念的产生及科技的改进如何总结了那时代的劳动人民与自然界斗争中所获得的经验。在各门科技的演进中，唯物思想如何不断地在与唯心思想做斗争，以及悠久的封建组织及其联系着的唯心思想如何阻碍了科技的发展，这也是应该研究的。在中国与其他国家的接触中，曾屡次发生文化交流，对于文化的传播到全世界范围，起着重大作用，这也是应该研究的。

在中国科技史的研究规划中，应先着重专史的研究（例如数学史、化学史等）。而农学史及医药史的研究尤为重要。在农业及医药方面，我们的祖先积累了许多对于现代全世界人民还是有意义的宝贵的经验。这些经验应该由专门学者用现代的科学观点与方法加以深刻的研究，以求总结出科学规律。科技的其他部门（例如机械、水利及植物学等）的发展每每环绕着农业及医药的发展，所以在科技专史中农学史及医药史的研究是占有中心位置的。其他部门，例如数学，天文学及历法，化学（包括炼丹术、冶金、陶瓷、火药等），在中国古代，发展甚早，也是应该着重的。

在各科的专史已写成的基础上，再进行写“中国自然科学和技术史”，这是比较容易些，但工作也不太简单。这部综合性的著作，并不就是单纯地将各专史并在一起。在总史中，更应着重地指出各时代的主要科学思想及各学科间的关系。

	三、专门著作	四、教科书	五、资料和工具书	六、外国名著的翻译	七、本国名著的整理
总类	中国自然科学和技术史	中国自然科学和技术史纲要			
数学	中国数学史		中国古代数学书籍提要	1. M. Cantor，世界数学史 2. H. G. Zeuthen，古代和中世纪世界数学史 3. G. R. Kaye，印度数学史 4. Algebra of Al-Khwarizmi	中国古代数学名著约二十种
天文	中国天文学史		中国天象记录汇编 中国天文学史资料选编	1. Ptolemy，Almagest 2. Copernicus，De revolutionibus orbium coelestium 3. Kepler，Astronomia Nova 4. Galieo 的天文学名著	周髀算经
物理	中国物理学史				1.墨经 2.周礼考工记 3.梦溪笔谈中有关科学及工艺诸条
化学	中国化学史		中国古代化学名词汇释		
动物	1.中国生物学史 2.中国动物学史 3.中国昆虫学史				
植物	1.中国植物学史 2.中国植物栽培技术发展史 3.中国本草史		1.中国本草植物图汇编 2.中国古籍中植物名实考订		

续表

	三、专门著作	四、教科书	五、资料和工具书	六、外国名著的翻译	七、本国名著的整理
医学	1.中国医学史 2.中国药学史 3.中国名医传 4.中国疾病史	1.中国医学史纲要 2.医学通史	中国古代重要医书提要	1.Б.Д.Петров，Нсторня меднцнны 2.Castiglioni，A History of Medicine 3.希波克拉底的经典著作 4.阿维森纳的经典著作 5.哈维的经典著作 6.盖伦的经典著作	
地理	1.中国地理学史 2.中国方志学 3.清代学者在地理学方面的成就		1.水道记丛刊 2.域外地理丛刊 3.中国古地图集 4.中国地理图籍总目 5.中国地方志资料索引	1.雅尊斯基，历史地理	1.天下郡国利病书 2.中国地理学名著选编
建筑	1.中国建筑学史 2.中国建筑设计参考图集 3.中国建筑调查报告汇编	中国建筑学史纲要	1.历代建筑大事年表 2.建筑辞典 3.古建筑参考书目	1.Chinesische Architektur 2.支那文化事迹	1.营造法式 2.清代营造则例 3.广汉县志房屋建筑篇

八、干部培养

（一）科学院自1956年起，每年招收中国科技史研究生。各年的招收名额见附表：

年	1956～1957	1958～1962	1963～1967
每年招收研究生数	5	8	10

十二年内共招收研究生100名。

（二）酌量调集现在只能以一部分时间做科技史工作的干部，使能全力从事科技史的研究。对于原有训练还歉不够的干部应予以进一步的培养。

九、机 构

1. 中国科学院于1956年成立中国自然科学史研究室筹备处，筹划如何开展自然科学史的研究。1957年正式成立研究室，室内先设若干组，例如算学、天文学、理化、动物学、植物学等组。

2. 中国科学院在地理研究所内设中国地理学史组，在考古所内设中国工艺史组（陶瓷、冶金等）……这些组兼受中国自然科学史研究委员会的领导。

3. 建议卫生部成立中国医学史的研究机构，建议农业部就南京农学院、西北农学院及北京农业大学等院校所已有的研究力量上成立中国农学史的研究机构，建议水利部成立中国水利工程史的研究机构，建议文化部成立中国古代建筑的研究机构。

4. 科学院与清华大学合作在该校成立中国机械工程史研究室。此室受中国自然科学史研究委员会的领导。

5. 1961年将中国自然科学史研究室扩大为自然科学史研究所。开始研究全世界范围内的自然科学史。

六、中国自然科学史第一次科学讨论会

在我们起草《科技史研究工作十二年远景规划》时，传来一个好消息：应郭沫若院长的邀请，中央宣传部部长陆定一于5月26日在中南海怀仁堂向首都科学界和文艺界发表了题为“百花齐放，百家争鸣”的重要讲话。他说：“我国有很多的医学、农学、哲学、历史学、文学、戏剧、绘画、音乐等的遗产，应该认真学习，批判地加以接受。这方面的工作不是做得太多，而是做得太少，不够认真，轻视民族遗产的思想还存在，在有些部门还是很严重。”[①]这段话对于我们来说很有利。于是，我们又借这次东风，提出由中国科学院召开一次中国自然科学史讨论会，主要是进行学术交流，也讨论《科技史研究工作十二年远景规划》。另外，召开这次会议也是为中国科学院正式成立专门的科学史研究机构做舆论准备。

这次会议的名称为“中国自然科学史第一次科学讨论会”，是以中国科学院的名义于1956年7月9～12日在西苑大旅社召开的。筹备会议期间，喻培厚已经调到哲学所，叶企孙有事就找我了。作为中国自然科学史研究委员会主任委员，竺可桢想参加这次会议，但已定好去西双版纳考察。为使竺老赶上会，他的秘书尤芳湖[②]就说：在竺老走之前，我们必须要把这个会开成。于是，我们加紧筹备工作。尤芳湖比我小一两岁，办事能力比较强。考虑到他是竺老的秘书，可以指挥得动中国科学院的许多部门，我们凡是遇到不好办的事情就去找他。他也尽力帮忙，从不推托。他要办的事情，只要竺老点头就行了。说真的，要没有尤芳湖，很多事情还办不成。会议之后，他起草了提交给中国科学院院务常务会议的工作报告。对科学史学科在中国的奠基，尤芳湖功不可没。

在20世纪50年代，中国科学院的钱比较多。这次开会并不收会议费，而且吃饭、住宿都是免费的。参加会议的人只需自己花路费，而各个单位负担路费也没有问题。结果，中国自然科学史第一次科学讨论会就开成了。而

---

① 陆定一：《百花齐放，百家争鸣——一九五六年五月二十六日在怀仁堂的讲话》。见《人民日报》，1956年6月13日，第2、3版。

② 尤芳湖（1928～2005），1950年5月在厦门大学毕业后，曾任厦门大学助教、中国科学院办公厅秘书、中国科学院青岛海洋研究所研究员、山东省科学技术委员会副主任、山东省科学院院长兼党委书记，《科学与管理》《山东科学》主编。

且，尤芳湖说不能光管食宿，另外还要宴请。因此，会议期间，中国科学院在翠华楼宴请了与会者。不仅如此，还请与会者到天桥剧院看戏。总的来说，这次讨论会的规格很高。

在筹备会议期间，我们发现报名参加者大多是搞农学史、医学史的专家。那时，主要是农业部、卫生部和一些高校从事这两个方面的研究。中国科学院着重研究自然科学史，主要是做人家不做的研究方向。也就是说，数、理、化、天、地、生等各学科专史，主要是由我们这个自然科学史组搞。在这种情况下，我们临时凑了一个数学及天文学史组，因此这个组的文章很少，只有 4 篇。算上竺可桢的大会报告，整个会议共有 24 篇文章。

7 月 9 日会议开幕的当天，出席和列席会议的共有 120 人之多。除了提交文章的专家，还有许多对科学史热心的农学、生物学、医学、药学、数学、天文学、历史学、考古学和哲学等方面的老科学家。与会的植物学家胡先骕，当天穿了一件长袍，戴了一副墨镜，非常惹人注目。另外，卫生部部长、爱国将领冯玉祥的夫人李德全也来了，并且开会期间始终都在。

会议头一天，竺老作了题为《百家争鸣和发掘我国古代科学遗产》的报告。这次会议召开之际，我国正在制订十二年科学技术发展远景规划。竺老在报告的开始提出，在这个时候来开这样的会可能有人提出疑问：若要我们在短期内接近国际水平，那我们必须得迎头赶上，必须得学习最先进的技术，应用最有效的科学方法，掌握最新式的工具，在这一基础上更深一层次地建立我们的新科学。若是在故纸堆中去找问题，到穷乡僻壤去总结经验，要想达到国际科学水平，不是南辕北辙吗？接着，竺老明确指出这样的想法是错误的。他说："现代科学有了飞速的进步，我们不要永远落在后面，必须急起直追，这是不错的。但是这并不排除我们整理古代科学遗产，用古人的经验来丰富我们的科学知识。科学特点之一是其积累性，后人的发现常常是根据前人的成果的。"

竺老还提出发掘中国古代科学遗产要在三个方面做出贡献：第一，要正确地估计中华民族在世界文化史上的地位；第二，为了动员一切力量为社会主义建设服务，必须发掘各方面的潜力，包括古代中国劳动人民已经掌握的防治疾病、增加生产及减免自然灾害的一切知识和方法；第三，研究中国自然科学史，无形中会把范围推广到我们毗邻各国的科学史，甚至于世界科学史，因之有助于发扬爱国主义和国际主义。在报告最后，竺老对当时国家大力提倡的“百花齐放，百家争鸣”的方针也发表了看法：“在我们人民队伍中，无论是唯物、唯心，一切见解都能发表，唯有这样才能做到百家争鸣。”

人民日报社很重视这次会议。会议结束第三天，《人民日报》就刊登了竺老报告的全文[①]。竺老报告结束后，会议以两天半的时间分农学及生物学史、数学及天文学史、医学史三组宣读和讨论了 23 篇论文。我参加了数学及天文学史组的会议，报告了《僧一行观测恒星位置的工作》，这篇论文当年刊于《天文学报》。我们这个组总共只有 4 篇文章，除我的一篇外，还有钱宝琮的一篇、刘仙洲的一篇、刘朝阳的一篇。钱老的这篇题为《授时历法略论》，原本是为当年 9 月参加在意大利召开的第八届国际科学史大会准备的。但他因故没有去成[②]。

宣读和讨论这 4 篇文章，原本是数学及天文学史组会议的重点。但出人意料的是，讨论刘朝阳和曾次亮之争却成为这个组会议的重点。讲到这件事，有必要从刘朝阳 1953 年在《天文学报》创刊号上发表的一篇文章讲起。刘朝阳是南京大学物理系教授，教相对论和热力学等课程。由于对天文学史怀有浓厚的兴趣，他在业余时间就研究中国古代天文学史。而且他在实测天文学方面做了不少工作，曾在青岛观象台工作。但他写文章不太严谨，其中有一些诸如 $3+2\neq5$ 这类的错误。他花了很多时间写了一篇长文《中国古代天文历法史研究的矛盾形势和今后出路》。1953 年中国科学院决定出版《天文学报》后，他就把该文投给《天文学报》编辑部。对于该文，《天文学报》的编委只是传阅了一下，并未细看。这是因为刘朝阳是中国研究天文学史的前辈，大家认为他的文章不会有什么问题。

1953 年 8 月，这篇文章发表于《天文学报》创刊号，全文 53 页，占整个杂志的大约三分之一篇幅。曾次亮原为河南一所中学的教员，后来在中华书局当编辑。看到该文后，他就写信把它批评得一塌糊涂，指出了一大堆错误。这些错误确实都存在。不过，刘朝阳在该文中讨论的一些问题，到现在还有争论或解决不了。比如武王伐纣是什么时候发生的，殷朝的历法是不是一年 360 天，等等。另外，曾次亮的一些批评也与政治联系在一起，是上纲

---

① 竺可桢：《百家争鸣和发掘我国古代科学遗产》。见《人民日报》，1956 年 7 月 15 日，第 7 版。

② 席泽宗提到，中国科学院起初计划派遣一个较大的代表团参加。人选除了赴会的竺可桢、李俨、刘仙洲，还包括叶企孙、钱宝琮、王振铎、侯外庐，但后 4 位均未去成。叶企孙是因为本人不愿抛头露面未去；侯外庐是因为有事未去；王振铎是因为文化部不同意他去；钱宝琮未去的表面原因是文章未写好，但可能有政治因素。

上线的。

作为《天文学报》的编委，叶企孙也没有细看该文。曾次亮写信后，叶企孙就认真阅读了该文，并核对了曾次亮指出的错误，发现它们都存在。由此，叶企孙确认曾次亮是一个专家，是一个做学问的人，而刘朝阳是胡闹的。后来各处寄给《天文学报》关于刘朝阳这篇文章的批评意见连续不断，放在一起有一大捆。当时我在科学出版社管这个事。这些意见都没有发表。直到“文化大革命”爆发后，我下干校时才将它们处理掉。《天文学报》编辑部处理这件事情的时候，刘朝阳和曾次亮曾见过面。《天文学报》创刊号出版后就出了这样的大问题。因为这个事情，《天文学报》险些停刊。

在中国自然科学史第一次科学讨论会上，刘朝阳在数学及天文学史组报告了他对殷周历法的看法，这实际就是对曾次亮等人对他批评的答辩。开会前，他和曾次亮彼此的火气都很大。在会上，由于有人事先已经做了工作，他们虽然争论激烈，但情绪都好多了。这次会后，《天文学报》于1956年12月刊登了会议的部分天文学史文章[①]，这包括钱宝琮的《授时历法略论》、刘仙洲的《中国在计时器方面的发明》和我的《僧一行观测恒星位置的工作》。同时，还刊登了曾次亮对刘朝阳文章批评意见的摘要[②]。在摘要发表前，《天文学报》的编委会让曾次亮删改了初稿中太冒尖的话。

在这次会上，刘朝阳说从此洗手不干天文学史的事了。此后，他果真不再写天文学史的文章。不过，他的脾气不好，后来又因为热力学文章与王竹溪产生了矛盾，最终调到江西大学。“文化大革命”期间，批评爱因斯坦时，他又成为冲锋陷阵的主力军。

这次会议召开前，我趁到南京出差的机会曾去拜访刘朝阳。因为他是研究天文学史的前辈，理应去拜访。接待我时，他就说关于天文学史的事从今往后洗手不干了。想想在这之前，他如入无人之境，随便他说；这一挨批就不干了，令人惋惜。另外，他还对我说：“关于殷代的历法，没办法解决。在数学上，不共线的三点定一圆。而关于殷代的历法，我们只掌握了一个点，这个圆可以任意画，谁也说不定。”我觉得他的话是对的。现在，关于殷代的历法问题还没有解决。从这一点就可看出研究上古史之难。目前，外界对夏

① 这些文章刊登于《天文学报》，1956年，第4卷，第2期。

② 曾次亮：《评刘朝阳先生“中国古代天文历法史研究的矛盾形势和今后出路”》，《天文学报》，1956年，第4卷第2期：第235～256页。

商周断代工程之所以有很多不同的意见，实际在很大程度上就是这个问题。

在会议最后一天，与会者讨论了《科技史研究工作十二年远景规划》，提了许多意见。大家一致要求：中国科学院应该把全国的科学史研究力量进一步组织起来，尽快成立科学史的专门研究机构。另外，各组将三天来的讨论情况，在大会上做了报告。郭沫若院长在会议闭幕式上还讲了话，说："中国科学技术史的研究是十分重要的，因为它是历史学中最有应用价值的一门，并能通过对它的研究进行爱国主义教育，提高民族自尊心。"而且他说：你们要敢于"百家争鸣"，要与李约瑟争一争，并提出要研究少数民族在科学上的贡献。最后，郭沫若希望能通过科学技术史的研究，促进历史分期问题的争论得到结论。

第六章　在中国自然科学史研究室

1957 年元旦，中国科学院正式成立中国自然科学史研究室。它是中国第一个综合性的科技史研究机构，研究室编内人员包括著名数学史家李俨、钱宝琮和严敦杰，数学史的研究力量尤为强大。作为室外人员，叶企孙、竺可桢等老科学家几乎都不遗余力地支持研究室的工作。这时席泽宗正值而立之年，踌躇满志，一心想集中精力研究中国古代天文学史。可是在那个特殊的历史时期，由于不断有政治运动的干扰，他和同事们在近 20 年里只有很少的时间可以读书、写文章，白白虚掷了许多大好的时光。“文化大革命”初期，他和钱宝琮、黄炜等还受到不公正的批斗。接二连三的政治运动使研究室的发展受到难以弥补的重创，中国刚刚起步的科学史事业也因之步履维艰。

一、研究室的成立

对于中国的科学史学科来说，1956 年是最为重要的年份之一。这一年，中国科学院制订了《科技史研究工作十二年远景规划》，召开了中国自然科学史第一次科学讨论会，并组织派遣中国代表团参加了在意大利召开的第八届国际科学史大会。不仅如此，还决定把自然科学史组从历史二所独立出来，成立专门的科学史研究机构。此前，曾有人提议采用资助刘仙洲撰著《中国机械工程发明史》的办法，让人家在大学或其他院外单位搞科学史，中国科学院拿钱来资助。还有人主张中国科学院在各个研究所搞相关的学科史，如数学所搞数学史，天文学所搞天文学史。但多数人认为：由于各个研究所本身的任务都很重，不会把科学史这个“老古董”作为研究的重点，这样不仅各门学科史都不是研究的重点，而且科学史在中国科学院很难存在下去。如果成立专门的科学史研究机构，大家在这个机构里都是看古书的，彼此彼此，那就没有关系了。

与此同时，由于历史二所特别重视政治运动，自然科学史组的人员不愿意跟这个所裹在一起。当时政治运动一搞起来，包括历史二所在内的哲学社会科学部的所有研究所都要停止业务。例如，1955 年，毛泽东发动“反胡风”运动后，大约有长达半年的时间历史二所不让研究人员看业务方面的材料，而是要求看批判胡风的材料。叶企孙对这种做法十分反感，曾愤愤地说：“当然我们也应该反，但用半年时间反是没有必要的；这件事情跟我们也没有多大关系。”为了不受或少受政治的影响，自然科学史组的人员都愿意从历史二所独立出来。我们在 1977 年要求科学史所离开中国社会科学院，也有这种考虑[①]。

基于这些考虑，1956 年 11 月 6 日中国科学院召开第 28 次院务常务会议，正式决定把科学史的研究人员集中在一起成立中国自然科学史研究室，并独立于历史二所[②]。1957 年 1 月 1 日，该研究室在北京孚王府（俗称九爷府）东小院挂牌正式成立，由中国科学院直接领导[③]。

---

① 1975 年 8 月，中国自然科学史研究室扩充为科学史所。后因 1977 年 5 月其管理机构中国科学院哲学社会科学部改为中国社会科学院，而短期隶属该院。1978 年 1 月 1 日，科学史所重归中国科学院。

② 参会者包括吴有训、竺可桢、陶孟和、张劲夫、杜润生、谢鑫鹤、潘梓年等 16 位院领导。另外，刘仙洲、叶企孙、钱宝琮、李俨、严敦杰、谭其骧等列席会议。会议还讨论通过中国代表团参加第八届国际科学史大会报告、中国自然科学史研究室筹建方案。参见《中科院一九五六年召开第廿八次至第卅八次院务常务会议通知及其有关材料》，北京：中国科学院档案，56—2—23。

③ 作为中国科学院直属研究机构，中国自然科学史研究室在行政上由院秘书长领导，业务则由竺可桢副院长亲自负责。1962 年 9 月，该室改由中国科学院哲学社会科学部管理。李俨 1957 年出任研究室主任。同年 3 月副主任章一之到任，1958 年离任。此后，吴品三任党支部书记兼办公室主任。1961 年初夏，黄炜由中国科学院办公厅调入，成为党支部的实际负责人。1963 年 1 月，李俨逝世。段伯宇次年到研究室担任负责人，1965 年出任党支部书记。

约1960年中国自然科学史研究室部分人员在孚王府东小院合影
（前排坐者左一钱宝琮，左二李俨，左三叶企孙，左七严敦杰，
站者唐锡仁；后排左三薄树人，左四芶萃华，左五席泽宗，
左七王奎克，左十曹婉如，右一梅荣照）

中国自然科学史研究室，是中国第一个综合性的科技史研究机构。室主任由学部委员李俨担任。其实，中国科学院首先考虑的人选是竺可桢，想让他兼任此职。但竺老不同意，说中国科学院之前让他兼任地理所所长，他都没干。竺可桢拒绝后，院里又计划让叶企孙干。但叶老也不同意，因为他考虑到在北京大学有寒暑假，教授教书五年还可以休假一年，而这些在中国科学院都没有。这样，中国科学院又考虑到谭其骧。当年谭其骧40多岁，正值壮年，在历史地理方面已颇有成就。大家也都看好他，认为他比较合适。而且叶企孙力主谭其骧出任此职。谭其骧本人是愿意来北京的，但他的单位复旦大学不同意。因此，中国科学院对复旦大学做了很多工作，最后还是无果而终。最终，叶企孙建议由已年过六旬的李俨来干。起初李老推辞不干，说自己年龄偏大，后来几经劝说才勉强答应下来。

关于研究室副主任，即行政负责人人选，中国科学院原本考虑的是裴丽生的夫人。那时她是山西省合作系统的头[①]，大概不愿意来。后来此职由原河北师范学院副院长章一之出任。章一之毕业于清华大学机械系，是刘仙洲的学生，文化素养较高，但主要由于他和钱宝琮的矛盾，1958年就调离了研究室。

① 裴丽生的夫人是马宝珍，曾在山西省妇女联合会工作。

二、最早的在编人员

中国自然科学史研究室成立时，正式在编人员只有8位。除了我，还有李俨、钱宝琮、严敦杰、曹婉如、芶萃华、黄国安和楼韵午。李俨和钱宝琮均为著名数学史家，都是一级研究员。我们尊称他们为李老和钱老。李老原在陇海铁路局任副总工程师，钱老原在浙江大学教书。为调李老，中国科学院和铁道部几经交涉，终于1955年年初成功；但浙江大学对于钱老则不松口。不得已，竺可桢乃于1956年春，当着周恩来总理的面向高等教育部部长杨秀峰要人。经周总理点头，高等教育部才下令把钱老由浙江大学送到中国科学院来。李、钱二老来京之前彼此早就认识，先前有过多次书信往来。

知识渊博的严敦杰，是比李、钱二老晚一辈的数学史家，名气虽然赶不上他们，但也是知名的，几乎对任何一门专史都在行。[①]1956年他调入之前，与李老早有联系。两人的通信多达几百封。严先生和钱老又是校友关系，都是同一个中学毕业的。[②]这三个人原来不在一个地方，各干各的。自然科学史组在历史二所成立后，他们就凑到了一起。

作为室主任，李老有一间单独的办公室。严先生担任学术副秘书和数学史组负责人，也有一间办公室。钱老不是单独办公，与研究室成立当年由大学毕业分配来的梅荣照和来读研究生的杜石然等在一起。李老不经常到办公室，来了也是扎在里面写文章；他不善于言谈，很少跟别人说话，说话也只有两三句。与李老性格完全不同，钱老是开放型的，直率，不仅善于谈话，还喜欢到别人的办公室坐坐。钱老善于谈话这点，应该与他在浙江大学教过书，又做过系主任有关。钱老为人耿直，有话就说，从不隐瞒自己的观点。在关于二十八宿起源问题上，他和竺可桢有些不同的看法，经常争论得面红耳赤，但争论完了仍然是好朋友。性格使然，钱老经常给当时研究室党支部提意见。1958年到研究室新上任党支部书记与他矛盾较大，对他批评多次。李老对研究室党支部也有意见，但他并不提出来，这样他就安然无事。“文化大革命”期间，钱老被当作反动学术权威，“打翻在地”，但他对于各种不恰

① 据黄炜回忆，由于严敦杰知识渊博，有些人称他为“百晓”“书柜子”。

② 席泽宗所说有误。钱宝琮1903年起入读嘉兴府秀水县学堂（相当于中学）。严敦杰1931起入读秀州中学。秀州中学与嘉兴府秀水县学堂没有渊源。

当的批判，从不违心地“认错”。

在处事方面，李老是退让型的，钱老是进攻型的。他们之间虽然没有大的矛盾，但就是不太团结。1956 年制订《科技史研究工作十二年远景规划》期间，叶企孙组织了一次讨论会。李、钱二老也参加了。这个规划的数学史部分是李老撰写的，开会前钱老应该知道这件事。在大家讨论的时候，钱老对数学史部分比较有意见，并说：“数学史部分是谁写的？他根本就不懂数学史。”当时李老就坐在座位上，并没有反驳。主持会议的叶企孙赶忙打圆场，对钱老说：“提意见，好！但说根本不懂数学史，是过分了。”由于叶老德高望重，这句话很管用，一下子缓解了紧张气氛。后来李、钱二老有几次出现团结问题，叶老也从中斡旋，在一定程度上化解了矛盾。

在做学问的风格方面，钱老与李老完全不同。李老是资料型的，注重挖掘、收集史料，他的文章基本是一大堆史料的堆砌。严敦杰读书很广、很快，知道的史料和史实非常丰富，和李老是同一个风格。而钱老是理论型的，注重深入的分析。对于李老的文章，钱老总是看不上，认为它们不是论文。其实，李老的许多文章有其独到之处，不少还具有重要的学术价值。李约瑟说过这话：“在中国的数学史家中，李俨和钱宝琮是特别突出的。钱宝琮的著作虽然比李俨少，但质量旗鼓相当。”①这种评价是比较客观、公允的。由于做学问的风格不同，钱老与李老、严敦杰虽然从不同地方凑到一起，但很少在一起讨论学术问题，尤其钱老与李老根本讨论不到一起。尽管如此，他们都有一股为了科学事业而“贫贱不能移，富贵不能淫，威武不能屈”的献身精神、求实精神。这造就了他们的学术成就。

关于李、钱二老，还有一些小插曲。20 世纪 50 年代初，思想改造运动期间，钱老亲自交代过这样一件事情：他在浙江大学数学系做教授时，应邀到一个地方演讲。在演讲开始前，主持人介绍他时说：“中国搞数学史的就两个大家，一位是李俨先生，另一位是钱宝琮先生。今天我们请到钱先生来演讲。”听到这话，钱老就不高兴。他认为介绍他自己就行了，没有必要还介绍李老。这表明钱老有唯我独尊的思想，觉得自己最好。

新上任的研究室党支部书记时常召开政治会议，有时甚至一周天天开会。李老和钱老对此都十分反感，并都不以为意。开会时，李老一面听别人的发

① Joseph Needham. Science and Civilisation in China. Vol.3. Cambridge：The Cambridge University Press，1959. 2；[英]李约瑟：《中国科学技术史》，第 3 卷。北京：科学出版社，1978 年，第 5 页。

言，一面清理他的资料卡片，顺便把不用的卡片淘汰掉；钱老则一面听别人的发言，一面闭目养神，琢磨业务问题。有一次开会，吴品三点名批评了李老，指责他不该在开会时翻弄卡片。李老不慌不忙地说："那不是还有闭眼睡觉的嘛！"这当然指钱老。

另一个插曲是：1956年我们还在历史二所时，竺可桢的秘书尤芳湖有一天给我打电话，通知可以报数学史专业研究生的招生计划。[①]随后我去跟钱老谈这件事。钱老说他跟李老均为国内研究数学史的权威，但都不是数学专业出身，而都是学土木工程的，只学过工程数学。因此，他认为研究中国古代数学史只要有点微积分知识就行，不用数学专业的大学生，高中生就可以了，更没有必要招研究生。

钱老讲这话时，谭其骧就在旁边。对钱老的观点，他并不同意。谭其骧说："这是在你们当时的条件下。现在科学史研究开始制度化了，我们不能按老的标准，要按新的制度来培养科学史的后备人才，研究数学史还需要数学系毕业的大学生，还是要有研究生。"听谭其骧这么一说，钱老就改变了看法，并说："那你们就报计划吧！"这样，我就给尤芳湖回电话，说可以报研究生的招生计划。当年，李、钱二老开始招研究生。由于李老比钱老的著作多，名气大，考生都报考李老的研究生。这批考生约有十个人，结果有两人被录取，一个叫杜石然，另一个叫张瑛。考虑到钱老没有招到研究生，我们就把张瑛改在他的名下。后来杜石然于1961年毕业，成为我国第一个数学史专业研究生。张瑛这个人很聪明，但他读研究生半年多就被原单位召回云南，并被划为右派。[②]回到云南后，他被关进农场劳动，21年后才获得自由。[③]

芶萃华和黄国安是1955年分别从四川大学历史系和中山大学历史系毕业的大学生，并于当年一起分配到自然科学史组工作。他们来了以后，叶企

① 这是中国科学院计划招收第二届（1956年度）研究生。其首届研究生的招生工作于1955年9月开始。

② 据张瑛回忆，他于1957年4月至1958年2月在中国自然科学史研究室读研究生。从1958年4月至1979年8月，他一直在云南的一个农场劳动。见《张瑛致钱永红函》，收入钱永红编：《一代学人钱宝琮》。杭州：浙江大学出版社，2008年，第556～557页。

③ 席泽宗提到：中华人民共和国成立前张瑛就已参加地下党，其被划为右派实际并非因为政治问题，而是因为与原单位党支部书记的私人恩怨。改革开放后，他得到改正。1992年，杜石然曾请张瑛到北京参加纪念李俨、钱宝琮100周年诞辰国际学术讨论会。由于多年饱受折磨，张瑛参加讨论会时已经相当苍老和憔悴。

孙与他们谈话，要他们自己选择研究方向。当时实际可选择的只有两个方向，一个是陈桢指导的生物学史方向，另一个是袁翰青指导的化学史方向。谈话的时候，袁翰青在座，陈桢没有来。黄国安反应很快，抢先说他就做化学史。苟萃华说，那我别无选择，只有做生物学史的研究了。这样，他们就定下了专业。中国自然科学史研究室成立后，苟萃华和曹婉如负责生物地学史组，黄国安在天工化物组①。

黄国安这个人读了很多马列主义著作，但有点教条主义，有时爱夸夸其谈。在政治性的小组会上发言时，他常常会大讲一通。有一次开小组会，有人对他的发言提出了意见，并指出不对之处。他对于批评意见，并不虚心对待，而是正颜厉色地说他讲的话是斯大林说的。同时，他还把相关的书籍拿出来证明。这样别人就没话说了。在自然科学史组时，我们是跟历史二所的明清史组一起进行政治学习的。中国自然科学史研究室成立后，我们的政治学习就独立了。黄国安援引斯大林一篇文章的话说："这是一个伟大的起点。"20 世纪 60 年代初，黄国安好像因为历史问题被下放到老家广西。那时人事变动比较频繁，上级机关时常会下发命令进行人员精简，或因为要做什么事调人去支援。记得与黄国安同年，研究室的庄天山因闹人事矛盾也被下放到广西②。

楼韵午离开研究室的时间，与黄国安差不多。楼韵午是位女士，是陈布雷的胞弟陈叔时的妻子。抗日战争全面爆发后，陈叔时曾任国民政府的高级外交官。新中国成立不久，他经过多方奔走，返回大陆。人民政府把他安排到外交部，但没有让他做第一线的外交工作。楼韵午是通过竺可桢到中国自然科学史研究室工作的。这可能与竺可桢在新中国成立前与陈布雷的关系有关。通过《竺可桢日记》就知道，竺可桢做浙江大学校长期间与蒋介石联系，是通过陈布雷这一家人的关系。

楼韵午毕业于浙江大学史地学系，与陈述彭③在同一个班。参加工作后，她曾在国民政府外交部系统工作。她做事非常认真、负责。我们研究室的图

① 1965 年前，中国自然科学史研究室设有 3 个专业研究组：数学史组（严敦杰负责）、天工化物组（席泽宗负责）、生物地学史组（苟萃华、曹婉如负责）。1965 年后，天工化物组中的工艺史部分单独成立了工艺技术史组（周世德负责）。

② 庄天山从事天文学史的研究，下放后曾在广西的越南研究所工作。

③ 陈述彭（1920～2008 年），地理学家、地图学家、遥感地学专家。1941 年毕业于浙江大学史地系，随后留校任教，并在职读研究生。1950 年从浙江大学调至中国科学院地理研究所工作。1980 年任中国科学院遥感应用研究所研究员、副所长，当选中国科学院学部委员。

书室主要是由她一手建立起来的。她刚来时研究室还没有一本图书。作为图书室唯一的管理员，在叶企孙圈定要购买的图书后，她一个人担负起了买书、编目的工作。研究室的最早一批图书的卡片，也都是由她编写的。而且，她的女儿经常来帮忙，做义务劳动；其中一个女儿叫陈智儿。

楼韵午非常喜欢看书。每有空闲她一般就坐图书室里翻阅图书。她在研究室一直工作到 1961 年。1961 年国家强调千万别忘记阶级斗争，于是就卡阶级关系。因此，像她和她丈夫陈叔时这样的人就不能在北京待了，需要下放到其他地方。她离开北京后，曾到湖南长沙工作，后来回到杭州。1992 年我和曹婉如、芶萃华到杭州开会，还去看过她。她的年龄比我们都大，当时已经不能外出，只能在屋子里活动了。她的丈夫已去世，女儿也找不到对象，家里的日子过得挺不顺心。见到我们，她非常激动，说“文化大革命”后中国科学院秘书长郁文看过她，当面向她表示道歉并说：“当年我们对你的态度太粗暴了！”

三、几位室外老专家

中国自然科学史研究室成立后，原中国自然科学史研究委员会变成其学术委员会。除了李俨和钱宝琮，其他委员都不是研究室的在编人员。在这些室外老专家中，我接触最多的是叶企孙。与在历史二所时一样，他每周仍来两次，还是风雨无阻。他从北京大学到孚王府，需要先乘 32 路公交车到动物园，再换车到西直门，然后再换车才能到达。尽管他已年近六旬，每周这样奔波两次并不轻松，也不从研究室拿工资，但毫无怨言。

在孚王府，我和叶老还在一个办公室，那是孚王府东北角的一间大屋子。他初次来办公室时，就对我说：“你先挑有窗户的、位置好的地方。我一周才来两次，没有光线也没事。”由于他平易近人，不以资格老、地位高而自居，我跟他相处十分融洽。每到中午，我们经常在一起吃饭、聊天。他不用钢笔，而是用蘸水笔，没有手表，也没有书包。若带书一类的东西，他就用报纸包着带来。大家一般都有的东西，他几乎都没有。

叶老的学问很好，常常随便翻阅一本书，就能发现其中存在的问题，并能注意到别人时常注意不到的问题。有一次他翻阅胡道静的新书《梦溪笔谈校证》后，就指出书中的几个问题，这包括该书抄录了一些明显错误的内容。

1961 年参加杜石然的硕士论文答辩会时，他提出一个别人都未注意到的朱世杰《四元玉鉴》中的一个算法问题。早在清华大学之时，他在一次电动力学考试中考了一个有关变压器的问题。考生很少关注这类问题，结果几乎都茫然不会。

叶老在处理事情时，坚持原则，铁面无私，这点可由研究室的一次研究生招生看出。1957 年招收杜石然、张瑛后[1]，研究室的研究生招生工作就停顿了。这主要因为在“拔白旗”运动中，研究生制度成为一个重要靶子，被批判为“白专道路”，当时“读研究生就是资产阶级名利思想”。由于这次运动的影响，哲学社会科学部的大部分研究生都退学或转为工作人员了。所幸我们研究室的杜石然和张瑛没有退学。不过直到 1962 年，研究室才恢复招收研究生。1964 年招收研究生时，有几个人报考天文学史专业，其中包括陈美东和原来在研究室工作的庄天山。庄天山之所以回来考研究生，是因为他到广西后根本无法搞天文学史，很后悔。但在考试中，他的英文不及格。当时负责研究室办公室工作的刘巽宁主张录取庄天山，说他在我们这里干过，干得还不错。由于在一起工作过几年，叶企孙也认识庄天山。但叶老说：“我只认识卷子，他不及格，我不能录取。”结果，这次录取了后来成为著名天文学史专家的陈美东[2]。

叶老是物理学家，但他的科学史活动并不偏重物理学史，而是对天文学史情有独钟。一方面，因为他和中国天文学界有密切关系，曾长期担任中国天文学会理事和常务理事，并在中国科学院数学物理学化学部分管过天文工作[3]；另一方面，因为他认为中国有丰富的天文学遗产，而物理学在古代未形成一个独立的知识部门，没有什么搞头。在他看来，中国古代物理只有四本书——《墨经》、《考工记》、《梦溪笔谈》和《镜镜诗痴》。他对这些书都很感兴趣，曾于 1961 年在研究室讲过《考工记》和《墨经》中的物理知识。1963 年，他曾打算招收一名物理学史方向的研究生。当时报考的学生有十几名，其中有一个是复旦大学物理系的。考试的时候，这位学生发现有一道考题少给了

---

① 杜石然和张瑛被正式招入是在 1957 年，但在学籍上为 1956 年度研究生。

② 陈美东本人的说法与席泽宗所说略有不同。1994 年 11 月，陈美东与王扬宗谈及他 1964 年报考研究生之事，说当年他和庄天山的专业考试成绩差不多，叶企孙之所以录取他，是因为他解一道数学题的方法比较独特。

③ 1955 年 6 月，中国科学院学部成立。当时设置物理学数学化学部、生物学地学部、技术科学部和哲学社会科学部。叶企孙为物理学数学化学部常务委员。1956 年 7 月 28 日，物理学数学化学部更名为数学物理学化学部。

一个条件，没有办法做，当场就提出来了。而其他学生没有发现这个问题。叶老觉得这个学生能独立思考，是个好学生，可以录取。后来人事部门政审时，发现这个学生怀疑“三面红旗”，说不能录取，因此这件事就吹了。

叶老指导陈美东期间，开过中国天文学史这门课。他讲课时，研究室的研究人员几乎都去听了。叶老平常说话结巴，讲课时有些费力。他认为中国古代每次修改历法可能与如下5个因素中的几个有关：天文理论的进步、计算方法的进步、某个天文常数的进一步准确化、政治性的因素、并无多大意义的常数调整。这在当时是比较有见地的看法。1958年研究室组织人员撰著《中国天文学史》，叶老任主编。他负责撰写第一章，提出促进天文学发展的因素除了生产，还有好奇心、星占等。我对叶老相当尊敬，但并不同意这个观点。现在看来，这个观点也不对。后来叶老撰写的这章没有纳入此书。

我与叶老一起工作约10年。这10年中我们至少每周见面两次。“文化大革命”期间，受到熊大缜①冤案的牵连，叶老被诬为特务而蒙牢狱之冤。出狱之后，他与我们研究室就基本没有联系了。当时叶老走路已经困难，住在北京大学的一间斗室里，仍然被定为“不可接触的人”，处境非常艰难。为了照顾他的生活起居，北京大学安排了一位退休工人跟他在一起，同时拿他的工资养这位工人。在叶老出狱之后，我去看过他几次。我的同事戴念祖也去过几次，向他请教问题。1977年叶老去世时，仍戴着“特务”的帽子。1986年在多方努力下，叶老的冤案才得以彻底解决。

相较于叶老，我与竺可桢的接触要少。但我知道他十分关心和支持我们研究室的工作。早在1954年，竺老就开始为中国科学院物色科学史的高级研究人员。人选除了李俨和钱宝琮，还有李约瑟的助手王铃。1954～1957年，竺可桢多次给王铃写信，邀请他到中国科学院工作。1956年9月，竺老在意大利参加第八届国际科学史大会期间，还当面动员王铃回国。当时王铃已经答应，中国科学院在船板胡同还给他准备了住房。但1957年反右运动发生后，王铃取消了返国计划，选择到澳大利亚教书去了。其实在1956年，许多旅居海外的中国学者和留学生都准备返国工作。但反右运动发生后，这些人怕了，都没有回来。竺老对此心急如焚。为了壮大研究室的研究力量，1957年冬的

① 熊大缜（1913～1939），又名熊大正，1931年考入清华大学，为该校物理系第七级毕业生，深得叶企孙赏识和器重。抗日战争初期，熊大缜到冀中根据地吕正操部参加抗战工作。后因被怀疑为“特务”，被该部锄奸队处死。1986年，熊大缜被害47年后才得到改正。

一天当得知袁翰青可能离开情报所后，他亲自到研究室告知这个消息，要我们欢迎袁先生来这里工作。

1958 年 4 月，研究室创办了《科学史集刊》，这是我国第一份科学史专业期刊。竺老因为兼职过多，未担任主编和编委。不过，研究室召开这个刊物的编委会时，他有请必到；请他审稿，他也都很快提出具体意见。他曾为这个刊物写了《发刊词》，指出“科学史工作者的任务不仅要记录某一时代的科学成就，而且还必需指出这种成就的前因后果、时代背景以及为什么这种成就会出现于某一时代某一社会里，而不出现于别的时代别的社会里”[①]。这个要求是相当高的。竺老多次建议《科学史集刊》应该与农业生产挂钩，由他约请辛树帜写的《我国水土保持的历史研究》于第 2 期刊出后，得到农学界的好评，并被日本《科学史研究》详细摘录发表。

另外，竺老器重业务出色的年轻研究人员。1957 年在南京大学天文系毕业后分配到研究室的薄树人，于 1960 年在《科学史集刊》发表了《中国古代的恒星观测》。竺老见到这篇文章后，立即找室主任李俨要求见薄树人。1958 年研究室组织人员撰著《中国天文学史》和《中国地理学史》，每部书稿 20 万～30 万字。竺老对这两部书稿都做了审查，不仅写出了总的意见，还随手改正了错别字并批注了意见。1965～1966 年，竺老组织人员编写世界科学家传记，写世界科学发展史的文章，并且自己带头写了《魏格纳传》，共 6 章，七八万字。不幸的是，这些稿子在“文化大革命”中全部散失。1970 年中国自然科学史研究室已被“一锅端”，全体下放到河南“五七干校”劳动，他听说有人要处理一批科学史的书，便赶快写信到河南，希望能有人回来接收。1972 年 4 月我从干校回京探亲，去拜访他，他说：“毛主席说，要研究自然科学史，不读科学史不行。可是现在把自然科学史室关门，这哪里符合毛泽东思想！”很遗憾，竺老 1974 年病逝时“文化大革命”尚未结束，没能看到后来我们研究室恢复业务并扩充为研究所，以及国内科学史事业日益繁荣的景象。

中国自然科学史研究委员会副主任委员侯外庐，是历史学界从事思想史研究的专家。对于科学史，尤其科学思想史，他非常感兴趣。1957 年反右运动中，右派“进攻”的时候，说新中国成立后历史学界只有“五朵金花”，即关于中国古代史分期、中国古代土地制度、中国古代资本主义萌芽、汉民族

---

① 竺可桢：《发刊词》。见《科学史集刊》，1958 年，第 1 期：第 1 页。

的形成、中国封建社会农民战争等问题的讨论。在一次会上，我听侯外庐说："这是污蔑。我们还有第六朵，这就是科学史。虽然有人说科学史不重要，但我认为科学史应该发展，应该予以支持。"

在这次会上，侯外庐还讲到李俨和钱宝琮到历史二所后评职称之事。1955年和1956年，李、钱二老相继调入历史二所后，适逢中国科学院评定职称。他们在原单位虽然都是高级职称，但级别都不高[①]。当人事部门征求意见时，侯外庐就说："李、钱二老的工资不能低于我，我是几级，他们就是几级。"于是二老就都成了我们国家最高级别的一级研究员。这样，侯外庐对中国科学史事业的发展又支持了一把。

在室外人员中，我与王振铎也比较熟悉。他是东北人，1931年"九一八"事变后逃到关内。他父亲是保定军官学校的一位负责人。他在保定的家很大，是一幢二层小楼。家里就有可以做金工、木工等方面实验的实验室。他对这些实验非常感兴趣，经常自己在家动手做。后来他考入燕京大学，就读于历史系。大学毕业后，把个人兴趣和大学所学专业结合起来，开始搞古代机械复原。不久便成为一个行家，并到中央研究院工作。

他的工作偏重天文考古方面，对夏鼐的工作十分熟悉。他比一般考古工作人员强的地方，是熟悉中国古代机械。中国科学院成立后，聘请了一批专门委员[②]，其中就包括王振铎。在我的印象里，他搞理论不行，但动手能力强，尤其擅长搞博物馆学。他本人不承认是科学史专家，自命是博物馆学专家：对如何盖一个博物馆及如何陈列，对分辨家具好坏及其是否值钱都内行。新中国成立后，他长期在中国历史博物馆工作。1959年春，我和薄树人曾协助他为天安门前中国历史博物馆开幕制作中国古代各种天文仪器模型。我们主要是为他提供这些模型的图。

王振铎跟中国自然科学史研究室的关系比较密切，做过兼职研究员，指导过周世德、华觉明等研究生。20世纪五六十年代，他住在东四头条一号旁边文化部的宿舍里。由于他很健谈，我们又能说到一起，彼此住得还很近，我经常到他家里聊天。一般我越快要走的时候，他却越要说了。这样，经常

① 1956年调入历史二所前，钱宝琮在浙江大学为三级教授。

② 1949年11月，中国科学院决定成立各学科专门委员会。1950年选聘专门委员241人，其中兼两组者有14人。1951～1953年，又补聘专门委员11人。这252名专门委员大都是国内各科学领域的知名专家，按照专业分布于20个组。其中科学技术专家192人（院外136人，院内56人），社会科学专家60人（其中院外48人，院内12人）。宋振能：《中国科学院建立专门委员制度的回顾》。见《中国科技史料》，1991年，第4期：第38～52页。

一聊就聊到半夜。

刘仙洲是清华大学教授、副校长、全国人大代表，又是刘少奇的老师。他虽然地位很高，但不高傲自大，尤其在做学问方面虚怀若谷，认真听取各种意见。1960 年或 1961 年，他曾把《中国机械工程发明史》（第 1 编）书稿拿给我，征求意见。当时他已是年届七旬、德高望重的老教授，而我只是一名 30 多岁的助理研究员。尽管如此，他对我的意见非常重视并都打上了钩。现在查他的正式出版物，在相应的地方也都做了修改。在这本书的序中，他还说："初稿写成以后，曾经严敦杰及席泽宗等同志校阅一遍，并提出 10 多处应当改正之点，我已尽量加以改正。"[①]当年我是以书信的形式把意见寄给刘仙洲的。后来这封信流落到上海同济大学陆敬严手中，20 世纪 90 年代他复印了一份给我。

"文化大革命"期间，刘仙洲受到批斗。原因之一是他没有交代一件事：这就是刘少奇曾给清华大学写信或打招呼，叫学校发展他入党，而他本人并不知道这件事情。其实，在"文化大革命"中，这样的事情多得不得了，但这件事就成为他的罪状，并因此被斗得很惨。

席泽宗提过的另一位室外人员——王应伟

王应伟，1877 年出生于苏州，早年曾在日本留学和工作。1915 年返国后，先后在中央观象台、青岛观象台工作。卢沟桥事变后，他辞去公职，一心钻研中国古代天文学史。1958 年，中国自然科学史研究室准备组织人员撰著《中国天文学史》。为了在"大跃进"的形势下，一年之内完成任务，叶企孙作为该书主编，决定邀请王应伟参加这项工作，并委派席泽宗持介绍信去拜访王应伟。随后王应伟到研究室上班，与叶企孙、席泽宗在一起工作，直至 1964 年。1997 年 2 月，席泽宗为王应伟所著《中国古历通解》一书撰序时，对王老在该室情况有如下一段回忆：

> 王老每日工作半天，早晨四五点钟起床，先在家里工作一段时间，吃过早饭后到办公室来，接着工作到中午。有时，我们都吃完午饭了，他却还在那儿手执毛笔，聚精会神地写作。他说，做学问要有积累的

① 刘仙洲：《中国机械工程发明史》（第 1 编）。北京：科学出版社，1962 年。

功夫，积之弥厚，则发之弥光；用功一定要有恒，不能以为有鸿鹄将至，坐不下来。他常把自己写的东西拿给我们看，请提意见，欢迎修改。我们向他请教时，他总是抱着“尽其所有”的态度给我们讲解。我们请他为黑板报写稿，他也欣然承诺。

1957年中国自然科学史研究室成立的当年北京天文馆建立。
席泽宗（右一）在该馆建立时，与专家合影

四、主要的业务工作

中国自然科学史研究室成立后，计划按照《科技史研究工作十二年远景规划》，开展业务工作。其实，中国科学院并没有人检查规划的执行情况，也不给课题经费，你搞成什么样子就什么样子了。在20世纪五六十年代，中国科学院制订的计划很多，但一般制订这次的，就不管上次的了。不过，我们都比较自觉地从《科技史研究工作十二年远景规划》中选些课题来做。按照该规划的规定，“在中国科技史的研究规划中，应先着重于专史的研究”。这就是说，在中国科技史方面，应先开展各学科史的研究。于是，研究室从1958年开始就组织人员着手撰写《中国数学史》、《中国天文学史》、《中国地理学史》和《中国化学史》等专史[①]。不过，研究室有个不成文的规定，就是不搞

① 当年至少着手准备撰写6部专史，除了这4部，还包括《中国动物学史》《中国交通工具史》。参见吴品三：《六种自然科学专史编著完成》。刊载于《光明日报》，1960年3月18日，第1版。

院外单位已经搞得不错的医学史、农学史等专史[1]。

《中国数学史》是在钱宝琮主持下，由数学史组的严敦杰、杜石然、梅荣照等先生集体编写的，由科学出版社于 1964 年 11 月出版。此书于 1981 年修订再版，又于 1992 年第三次印刷，在国内外影响很大。《中国地理学史》和《中国化学史》都不是研究室的人员主编的。前者由北京大学侯仁之主编，1962 年出版时书名改为《中国古代地理学简史》；后者由清华大学张子高主编，1964 年出版时书名改为《中国化学史稿（古代之部）》。

《中国天文学史》由叶企孙主编，薄树人、庄天山和我都参加了编写工作[2]。竺可桢本来答应撰写一部分，但后来没写，只给此书写了审稿意见。比较遗憾的是，这本书未能像其他几本书一样在“文化大革命”前出版。其实，1966 年 3 月我们已经完成了书稿，并送到了科学出版社。不料两个月后，“文化大革命”爆发了，科学出版社基本停止了业务工作。1969 年，科学出版社全体人员被“一锅端”地下放到河南“五七干校”劳动之前，给我们写信说他们将要下放，这部书稿也不合适，就不出版了。书稿被退回之时，研究室已由工军宣队当家。工军宣队不但对书稿不屑一顾，而且把它扔到了垃圾桶里。所幸这被图书室管理员徐进发现，并把它捡回后放到图书室的一个角落。但过了一段时间，徐进就把这件事忘了。

“文化大革命”后期，我们恢复业务工作后，计划重新撰写《中国天文学史》。有一天，图书室的一位工作人员从书柜里发现了这部书稿[3]。我们本以为它早已遗失，听到这个消息后喜出望外，于是，我们就在这部书稿的基础上修改。1981 年此书以“中国天文学史整理研究小组”的名义由科学出版社出版，最后一稿由薄树人执笔修订[4]。由于从 1959 年起随着政治风云的变幻，这部书稿不断被修改，出版时的内容与“文化大革命”前书的原貌已有很大的不同。

研究室组织人员撰写上述几部专史时，起初打算都只写古代部分，并不

① 中国自然科学史研究室成立前，卫生部和北京医学院都有一定规模的人员从事医学史的研究；南京农学院、西北农学院和北京农业大学都有人员进行农学史的研究。

② 当时参加《中国天文学史》编写工作的还有王应伟、王健民、刘世楷、严敦杰、李鉴澄、钱宝琮。参见中国天文学史整理研究小组编著《中国天文学史》。北京：科学出版社，1981 年，第 365 页。

③ 1975 年，席泽宗等人开始着手此事，先成立写作班子；几个月后，又找到这部旧稿。参见中国天文学史整理研究小组编著《中国天文学史》。北京：科学出版社，1981 年，第 365 页。

④ 写作者按姓氏笔画为序是：王宝娟、王胜利、王健民、卢央、刘金沂、李鉴澄、陈久金、陈美东、张培瑜、席泽宗、薄树人。在写作过程中，徐振韬、刘铁军、李强等参加过工作。

涉及中华民国成立后的内容。但 1958 年陈伯达提出一个口号：“厚今薄古，边干边学。”这样，光写古代部分就不行了，还要包括现代的内容。嗣后，按照统一的规定，这几部专史都写到中华人民共和国成立后十年，即 1959 年。但大家都觉得中华民国成立以后的这部分有些内容不好写，主要有两个原因：一是不容易客观评价国民党时期这几门学科的发展情况；二是许多当事人都在世，不好评价他们的功过是非。尽管如此，数学、天文、地理 3 个学科的专史仍都写到 1959 年；民国时期和新中国成立后十年各作为一个部分。为了撰写现代部分，大家收集了许多材料，并对一些科学家做了访谈。当时只有化学学科的专史只写古代之部，计划日后再写现代之部。

为了克服 1958～1960 年冒进所造成的严重经济困难，党中央决定自 1961 年起实行“调整、巩固、充实、提高”的八字方针。在贯彻八字方针的过程中，国家不再像以往那样强调“厚今薄古”了。大家也觉得现代部分实在不好处理，就把数学、天文、地理学科的专史的现代部分删掉了。《中国天文学史》的民国时期和新中国成立十年这两部分，是分别由庄天山和戴文赛撰写的。另外，该书原稿最长的一章“印度、阿拉伯天文学在中国的传播”，也被删掉了。现在，这些被删掉的文稿恐怕都已经丢失了。

按照《科技史研究工作十二年远景规划》的规定，完成各学科专史后，研究室要撰写一部综合性的中国科技史——《中国自然科学和技术史》。这部著作并不是把各学科的专史加起来，而是要有社会背景，要达到更高的层次[①]。1958 年，“大跃进”开始后，研究室把一些工作吹得太高，冒进得太快。一个有代表性的例子，就是决定启动撰写这部综合性的中国科技史著作。为了这件事，不仅开过几次规模很大的会，还成立了一个小组专门负责此事。记得梅荣照是小组成员之一，并起草了写作提纲。而且吴品三跑到南方各地走了一圈，去物色人才。当时大家编了一个顺口溜，说几月开大会，几月写大书。我现已忘记顺口溜中所说的具体月份。1961 年党中央开始实行“八字方针”后，研究室决定不写这部著作了，要求我们修改已经撰写的几本书。这样，撰写这部综合性的中国科技史著作之事就不了了之了[②]。

1963 年前半年，我应龚育之的邀请，为“知识丛书”编写了一本小册子：

---

① 根据《科技史研究工作十二年远景规划》，这部综合性的著作“更应着重地指出各时代的主要科学思想及各学科间的关系”。

② 继此事流产后，1987 年杜石然提出撰著多卷本《中国科学技术史》的设想和计划，并于 1991 年列为中国科学院“八五”重点科研项目。

《宇宙》。出版“知识丛书”这件事，由文化部副部长周扬发起。他为此还成立了一个规模较大的编委会。“知识丛书”每本大概5万字，内容既涉及自然科学又涉及社会科学，分别在中华书局、商务印书馆、人民出版社等出版。每本的大小规格一样，但每类的颜色不一样。具体的事情，由中央宣传部龚育之管。1963年年初，他叫我写《宇宙》一书，要求不能单写天文知识，要有一定的思想性，并牵涉哲学问题。遗憾的是，后来这套丛书只出版了一部分。记得天文学方面出版的有《日月食》等。

在《宇宙》这本书中，我一共写了5章，其中第一章介绍地球的轻重、大小；另有两章分别介绍太阳系、银河系；最后一章介绍宇宙论。但由于这章写得太深，人家说连大学生都看不懂，就不同意出版。后来有一位北京大学的学者帮助修改，把这本书的内容通俗化了。他修改之后，书的篇幅扩充了一倍多。但“文化大革命”爆发后，“知识丛书”受到批判。这是因为当时认为讲知识的书，都是涣散人心的。同时，我的书稿中涉及大爆炸宇宙学，而这门科学在当时也受到批判，并不认为是正统的科学。由此，《宇宙》这本书最终未得出版。至今，我还保留着这本书的书稿。

在中国自然科学史研究室，我做的另一项重要工作，是与薄树人共同进行的中国、朝鲜、日本三国古代的新星记录及其在射电天文学中的意义的研究。为了做好这项工作，我们花了1964年的大部分时间。在当年8月下旬召开的“北京科学讨论会”上，我们报告了这项工作。1965年我们的工作同时发表于《天文学报》和《科学通报》，并被译成英文发表于美国《科学》(*Science*)杂志；美国航空航天局又出版了单行本。我们的文章还被放在《科学》那一期的第一篇。这比直接在这个杂志上发表英文论文要难。

目前，我国许多单位都会对在《科学》上发表文章的人员给予数万元的奖励；有的研究所宁可投入几亿元经费，只要研究人员在《科学》或《自然》(*Nature*)杂志上发表几篇文章就行了。而我们那时中美之间没有外交关系，这不但不被认为是光荣的，而且被认为是耻辱的，说你的文章是被帝国主义利用了。记得“文化大革命”开始后，因为我们的文章被《科学》译载和被美国航空航天局出版成单行本，我还被批斗一番。当然，他们也没对我怎么样，而是被责问是否向美国投稿了。现在每当想起这事，我还觉得有些荒唐！

五、第一次参加国际学术会议

1959 年 5 月 27 日至 6 月 1 日，我和李俨赴莫斯科参加了苏联最大规模的科学史会议——全苏科学技术史大会。这是我第一次参加国际学术会议，会议由苏联科学院科学技术史研究所和苏联科学技术史协会联合召开。它们本来定在 1958 年开会，后来因故改在 1959 年。参加会议的，除了苏联各大城市和加盟共和国的科学史家，还包括应邀到会的中国与波兰、德意志民主共和国、保加利亚、罗马尼亚等社会主义国家的代表团。这次，阿尔巴尼亚没有派代表团与会，可能因为苏联并没有向它发出邀请。我知道，当时苏联认为中国和德意志民主共和国是最重要的，起初还对我们承诺要负责招待和担负旅费。但在临近开会之际，苏联又变卦了，说全部费用要由我们自己解决，自愿参加。实际上，这时苏联和中国已经有了矛盾，只不过尚未公开。

筹备会议期间，苏联科学院并没有指定代表的具体姓名。中国科学院派谁参加，完全由各所属研究机构党支部自行决定。作为研究室主任和国内数学史的权威，李俨肯定要去。而数学史造诣精深、资历比我高的钱宝琮没有去，与他的俄文水平不高有关。由于这是我首次参加国际学术会议，心里非常激动和紧张。李老并不像我这样，是比较平静和放松的。不过，他对时间抓得很紧，在我们乘飞机到莫斯科途中还演算算草。

抵达莫斯科之后，通过李老与在北京图书馆工作的一位朋友的关系，我们请了一位华人做俄文翻译。20 世纪二三十年代，他就到了苏联，俄文很好。找到翻译后，我们还去找了数学史专家别廖兹金娜。她是苏联数学史界的大权威尤什凯维奇的学生。1958 年她到我们研究室拜访过李老，自称李老的学生。可惜那次她只在研究室停留半天，我由于当天有事，没有和她见面。这次见面后，我和别廖兹金娜就认识了。不过，我们再次见面时，已经是 20 多年以后了。那是 1981 年，我们都到罗马尼亚参加了第 16 届国际科学史大会。记得苏联解体之后，她和丈夫一起来过中国。

这次全苏科学技术史大会规模很大，单苏联各大城市和加盟共和国的代表就有 500 多人。会议第一天安排了几个大会报告。报告者大都是苏联科学史家。苏联科学院科学技术史研究所所长费谷罗夫斯基与司瓦雷金、考里曼、费得洛夫等教授都做了大会报告。他们的报告几乎都带有明显的政治色彩。如费谷罗夫斯基强调，必须用马克思、列宁主义的观点研究各个历史时期和科学发展有关的中心问题；司瓦雷金指出，科学技术史工作者应该以马克思、列宁主义的观点，分析社会主义社会和共产主义社会物质技术基础的特点；考里曼提出科学技术史也是思想斗争的场所，并批评一些西方科学史家企图否定马克思主义和为资本主义辩护。

这次会议共分 8 个大组，包括数学、物理学和力学、化学、生物学、地学、天文学、医学、技术科学等组。地学组又分地质、地理和测绘制图 3 组，技术科学又分机器制造、采矿、冶金、航空、交通、建筑和力能学等 7 组。每个组出席的有 20～50 人。小组报告共 200 多篇，大都讨论的是具体的科学史内容。李老和我一起听完大会报告后，就分头参加数学组和天文学组的活动了。在天文学组，大家对每篇宣读的论文都进行了热烈的讨论；我宣读的关于中国天文学史的论文受到人们的欢迎。

大会的最后一天有 3 个学术性的大会报告。它们分别是伊万银科的《元粒子学说的历史》、康斯麦得米扬斯基的《米歇耳斯基和齐奥尔科夫斯基的工作与近代火箭动力学》和列别金斯基的《生物物理学史的基本方向》。我对这些报告很感兴趣，从中能够获知当时苏联科学史界也有明显的“厚今薄古”的倾向。

这次苏联之行，给我印象最深的是苏联的科技史事业十分繁荣。早在 20 世纪 30 年代，一位名叫克罗守（J. G. Crowther）的英国学者在访问苏联科学界后，就得到这样一种印象：

> 苏联的一般学者对于科学与文学的关系，及科学史多感有极大的兴趣而攻之弥勤。按照马克思主义的哲学言之，任何时代的文明皆基筑于当代的生产制度之上。文明的性质、形式及动向皆由其底层的生产制度的性质、形式与动向决定之。故马克思派的学者常希望能在各个时代的生产制度与科学间发见相应的关系。他的哲学责令他探求各个时代的科学发展的各方面与当时的社会环境的关系。这一条原理以一种特殊的意义赋与科学史的探讨而使之具有一个独具的重要性。同时此新观点的执有又进而助长历史研究的兴趣与活动。是以苏联的科学史研究最为活跃。

苏维埃科学院即为科学史的研究特设一部。[①]

克罗守看到的是1934～1935年的情形，那时苏联科学院在列宁格勒（今圣彼得堡）设有科学技术史研究所，所内分数学物理学史组、生物农学史组、技术科学史组和科学院院史组，总共有研究人员24人。当我参加这次会议时，苏联科学院又已于1945年在莫斯科成立科学史研究所。所内分数理、化学、生物、地学、采矿、机械和力能学等7组，全所共150余人，其中有博士23名，副博士54名。原在列宁格勒的科学技术史研究所已变成它的分所，有四五十人在工作。原科学院院史组已于1938年独立成科学院史委员会，生物农学史组中农学史部分也分出去另成立机构了。

不仅如此，苏联科学院的许多学部内都设有科学史委员会。在该院许多研究所内有本门科学史的研究。许多分院和加盟共和国科学院也有科学史机构。在许多高等学校内还有科学史教研室，如莫斯科大学设有数学史教研室。我这次到苏联时，了解到这个教研室已有20多年的历史，研究室的成员经常举行学术讨论活动，并负责编辑《数学史研究》。1957年，苏联科学院科学技术史研究所还发起组织苏联科学技术史协会。这个协会一开始就有900多人，至1959年时已有1500多人，其中不乏身为苏联科学院院士、通讯院士的著名科技史家。它相当于我国的学会，属于民间学术团体，挂靠于科学技术史研究所，协会会长一般由所长担任。

同时，苏联有强大的科技史研究力量。这从当时苏联学者在各种刊物和论文集里发表的科技史论文数量就能看出。1917～1947年的30年中论文数量约8500篇，而1948～1950年的3年中就有6400多篇。在莫斯科开会时，我听说1960年苏联将出版1951～1960年的科技史论文目录，有35 000篇之多。尽管新中国成立后，在中国科学院的组织和领导下，我国的科技史研究力量比民国时期有所增强，但与苏联还无法相比。

苏联的科技史事业如此繁荣，是与苏联党和政府的重视与关怀分不开的。“十月革命”以后，苏联科学院立即成立了科学史委员会。1929年11月，苏共中央全体会议通过将技术史列为高等工业学校的必修课。为了适应这一形势，苏联科学院将科学史委员会于1932年改组为科学技术史研究所[②]。1944

---

① [英]克罗守著，包玉珂译：《苏联科学》。长沙：商务印书馆，1937年，第503页。

② 这个研究所就是在列宁格勒的科学技术史研究所。

年 11 月，苏联人民委员会又决定在莫斯科成立科学史研究所。1949 年 1 月，苏联科学院在列宁格勒举行大会，在瓦维洛夫院长主持下专门讨论科学史工作。会议决议的开头就说，苏联科学院全体大会遵循苏联党中央委员会关于思想问题的决议和斯大林关于研究马克思、列宁主义的历史科学的意义的指示，“迫切需要坚决地改进和扩充科学技术史的工作”。而且，这个决议强调“像目前这样的落后现象是不能容忍的”。1953 年，苏联部长会议决定将莫斯科的科学史研究所扩充为科学技术史研究所，并由苏联科学院主席团直接领导。

通过参加这次全苏科学技术史大会，我不仅开阔了学术视野，还初步了解了苏联科技史事业的发展状况。在会议快要结束的时候，竺可桢从德国返国途中，恰好路过莫斯科，顺便参加了这次会议。会议组织者知道竺老是中国科学院副院长，对他十分欢迎。会议闭幕后，我和竺老、李老一同乘飞机返回了北京。

1959 年在莫斯科参加全苏科学技术史大会后，席泽宗（左四）与李俨（左一）、费谷罗夫斯基（左二）、竺可桢（左三）等在苏联科学院科学技术史研究所门前合影（照片上的字，为竺可桢手书）

六、从反右运动到“文化大革命”浩劫

中国自然科学史研究室成立后的三年里，全国发生了反右、“交心”、“拔

白旗”、“红专教育”、“大炼钢铁”和“大跃进”等一连串的政治运动。在反右运动前，研究室副主任章一之主管行政，代表党的领导。1957 年他上任之时，正逢全国“大鸣大放”之际。对研究室的研究人员，尤其李俨和钱宝琮这两位数学史大家，他都非常和气；可是钱老对他并不心悦诚服，而且经常训他。有一次，章一之写了一篇文章请钱老看，钱老看后认为它毫无价值。这样，章一之在研究室的威信就立不起来。由于待不下去，他主动提出调离研究室。

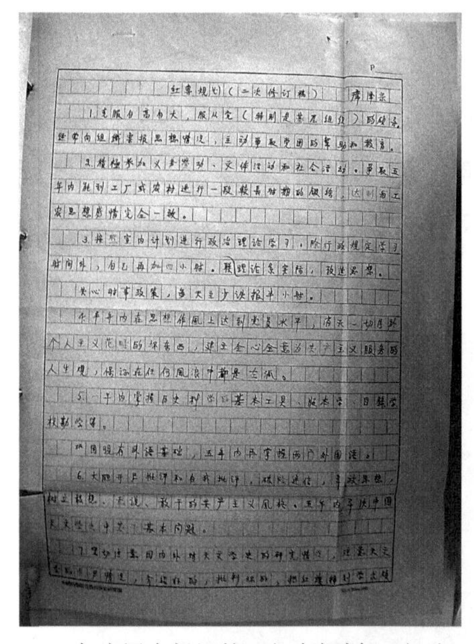

红专规划（二次修订稿）　席泽宗

1. 克服自高自大，服从党（特别是基层组织）的领导，经常向组织汇报思想情况，主动争取党团的帮助和教育。

2. 积极参加义务劳动、文体活动和社会活动。争取五年内能到工厂或农村进行一段较长时期的锻炼，达到与工农思想感情完全一致。

3. 按照室内计划进行政治理论学习，除行政规定学习时间外，自己再加四小时。联系理论与实际，改造思想。

关心时事政策，每天至少读报半小时。

十年内在思想作风上达到党员水平，消灭一切属于个人主义范畴的坏东西，建立全心全意为共产主义服务的人生观，保证在任何风浪中都是左派。

5. 一年内掌握历史科学的基本工具、版本学、目录学、校勘学等。

巩固现有外语基础，五年内再掌握两门外国语。

6. 大胆开展批评和自我批评，破除迷信，解放思想，树立敢想、敢说、敢干的共产主义风格。五年内解决中国天文学史中若干基本问题。

1958 年席泽宗拟订的“红专规划”（部分）

章一之离开前，反右运动已经开始了。我们都到历史二所参加政治活动，几乎每天都进行政治学习。章一之走后，吴品三出任研究室党支部书记兼办公室主任。就文化程度而言，吴品三不如章一之：他原为平原省[①]一个报馆的校对科科长，主要负责组织《平原日报》的校对工作。他来时，反右运动已经结束，但“交心”运动又开始了。在这次运动中，知识分子全都趴下了。中国科学院开始由院党组领导一切。

这时吴品三成为研究室绝对的权威。所有事情均由他一人说了算，并且大家都要同意他的观点。有一段时间，我们的文章一般都要由他看后才能发表。李俨对此虽然不满，但并不吭气。吴品三曾叱问李俨：“你服从不服从？”李俨万般无奈，只好回答：“服从。”但钱宝琮性情率直，心直口快，不顾禁忌，有不同意见就直接提出。而吴品三对钱老的意见置之不理，并妄加批评。因此，他们的关系非常紧张[②]。

1958 年，除了“交心”运动，还有“红专教育”“大跃进”等政治运动。在“红专教育”运动中，研究室的研究人员都要拟订个人的“红专规划”，我

---

① 平原省在河南省黄河北面，20 世纪 50 年代被撤销。

② 在 1958 年的政治排队中，钱宝琮被中国自然科学史研究室党支部划成“中右”。参见科学史所藏钱宝琮个人档案。

自不例外。当年我拟订的“红专规划”有12条[①]：

1. 克服自高自大，服从党（特别是基层组织）的领导。经常向组织汇报思想情况，主动争取党团的帮助和教育。

2. 积极参加义务劳动、文体活动和社会活动。争取五年内能到工厂或农村进行一段较长时期的锻炼，达到与工农思想感情完全一致。

3. 按照室内计划进行政治理论学习。除行政规定学习时间外，自己再加四小时。理论联系实际，改造思想。

关心时事政策，每天至少读报半小时。

4. 半年内在思想作风上达到党员水平，消灭一切属于个人主义范畴的坏东西，建立全心全意为共产主义服务的人生观，保证在任何风浪中都是左派。

5. 一年内掌握历史科学的基本工具、版本学、目录学、校勘学等。

巩固现有外语基础，五年内再掌握两门外国语。

6. 大胆开展批评和自我批评，破除迷信，解放思想，树立敢想、敢说、敢干的共产主义风格。五年中解决中国天文学史中若干基本问题。

7. 密切注意国内外对天文学史的研究情况，注意天文学的进展情况，介绍好的，批判坏的，把红旗插到学术领域中去。

8. 不计个人得失，热情支援各兄弟单位、兄弟组的工作，做好天文学会的工作，一切服从政治和社会需要。

9. 协助叶老做好天文学史组的组织工作、联络工作和研究工作。充分发动群众，调动一切积极因素，建立全国协作网。

10. 大中小并举，提高和普及并举，五年内写出各种类型的文章40多篇，其中创造性论文约占1/5。

11. 明年10·1以前，集中精力写好“中国天文学史”中的“行星”一章，并做好该书的组织工作。1961年写出“汉代天文学”。

12. 争取在三年内能有培养实习员和研究生的能力，十年内为祖国培养出又红又专的天文史和天文学中的哲学问题工作者10名。

我们拟订“红专规划”时，全国上下都在批判“白专道路”，强调“又红

---

① 第11条误将“汉代”写成“汗代”，今予更正。其他内容按原文照排。

又专”，要知识分子既在政治方面“红”，又在业务方面“专”。我们拟订好“红专规划”后，还要由群众讨论。钱老在“红专规划”中，提出要编写一部世界数学史供中学数学教员参考，把重点放在初等数学的发展史和数学教育史方面。在群众讨论时，许多人反对他的提议。但钱老坚持他的主张，不肯放弃，曾将一些人的意见斥为“废话”，甚至有两次愤而退席。

1958 年的“大跃进”，使我们这个刚刚建立的研究室提出了冒进计划，即所谓的“1”“2”“6”“7”“18”[①]。这 5 个项目，经过几年的折腾，最后完成的只有“7”（7 项专史）中的《中国数学史》、《中国化学史稿（古代之部）》和《中国古代地理学简史》；正如我在前面所说，《中国天文学史》则直到“文化大革命”后，才由中国天文学史整理研究小组改编后于 1981 年出版。

1959 年至 1961 年三年困难时期，党中央提出农业是一切的根本，要求各行各业都要支援农业。为了响应这一要求，吴品三说：“打一拳踢一脚，我们能够叉进去多少就叉多少。”于是王奎克等研究人员选了有关中国古代农业的论题撰写文章。他认为农业是不可替代的，是万古长青的；不论将来科技怎么发达，农业还是要用的。另外，为了迎合当时国家的需要，杜石然还在《人民日报》发表过一篇有关中国古代炼钢的文章。

1962 年“广州会议”召开，全国的政治形势有所好转。在这次会议上，陈毅受周恩来总理的嘱托，做了长期为人们所津津乐道的为知识分子“脱帽加冕”的讲话。他的讲话使广大科学家欢欣鼓舞，反响强烈。这次会议以后，吴品三曾在研究室的全体大会上，当众就以往批判钱老之事向钱老鞠躬道歉。不久，他也待不下去了，以长期歇病假为由，不来上班了。

此后，1961 年初夏从中国科学院办公厅调来工作的黄炜取代了吴品三。黄炜名义上尽管只是学术副秘书，但实际上权力很大，为研究室党支部负责人，领导全室的工作。黄炜掌权一两年后，段伯宇到研究室出任负责人，由此研究室的领导权又有变化。新中国成立前，段伯宇是潜伏在国民党内部的地下党，对解放上海、南京有一定的功劳。1964 年段伯宇来后，黄炜就带领全室大部分人员下到农村去搞“四清”了。当时段伯宇在北京留守，而留守的人员很少[②]。等我们回来以后，段伯宇又下去参加“四清”了。这样，研究

① 在 1958 年“大跃进”的社会形势下，中国自然科学史研究室党支部提出 1960 年一年内要完成“1”“2”“6”“7”“18”5 个项目，即一项重点（中国科技史）、两件好事（《中国科技史年表》和《红色科学家传记》）、6 种资料、7 项专史、18 个理论题目。

② 黄炜回忆说，留守者中有研究人员钱宝琮、严敦杰、曹婉如和政治干部刘巽宁等。

室还是由黄炜实际负责。

“四清”是1963～1965年主要在部分农村开展的一场“清政治、清经济、清思想、清组织”的政治运动。这场运动又被称作社会主义教育运动。中国科学院先后组织大量科研人员下放农村参加“四清”。“四清”运动开始后，我们研究室先于1963年10月派我和唐锡仁、汪子春这两位年轻研究人员，去通县牛堡屯公社高营大队进行“四清”工作。这次只有我们三人参加，为期仅两个半月，研究室其他人员仍在工作，对研究室发展影响不大。

到高营大队之前，我臆想这个村是屋里很黑，也许人和猪睡在一起，一家盖一条被子，衣服破破烂烂，吃饭一个人端个碗蹲在地下吃。事实上，这个村并不完全如此。我到那里后，发现有些家不仅讲卫生，条件也很好，不但猪圈、厕所、住房分开，就连搁东西的屋子也分开。竹帘子、苍蝇拍，这在许多家都有。同时，有些家被子成摞，还有三极管收音机、自鸣钟、瓷器摆设等，个别家甚至还有自行车、缝纫机。村里群众的精神生活也不算贫乏，有不少人都在闲暇时谈《水浒》，或说《三国》、《红岩》和《林海雪原》里的故事。另外，村里的群众对我们像一家人一样热情，既非华而不实，也不虚情假意；招待我们吃饭时做一大锅，唯恐我们吃不饱。因此，我对这个村的印象比较好。

到高营大队后，我还发现干部、群众和地主的关系较好，好像党中央所强调的阶级斗争在这里并不存在。村里给地主扛了一辈子活的老贫农高凤岗说：“我们村里地主跟别的地方的不一样，一点坏心眼也没有。”新中国成立前讨饭吃的朱樊氏也反映地主老实。民兵连长、党员高云还叫地主高志清进行民兵摸底排队，造册填表。三队队长、党员张清泉不仅认地主分子高志俊的女儿做干女儿，还介绍另一地主的女儿和队里的会计梁金山结婚。四队队长马起林说“地主能干、老实、好使唤”，和地主高志书来来往往，吃喝不分，并用高志书赶车、换粉、卖菜。而且有的青年人说：“地主爱社如家，比贫农还好。”这些都是我始料不及的。

在高营大队开展“四清”工作期间，我们依靠群众整顿了村里的干部队伍，并进行了干部改选。结果群众欢天喜地，干劲大增，出勤率由40人左右增加到70人左右，四天的修渠任务两天就完成了，六间房子四天就盖成了。64岁的老人唐永善、20岁的小姑娘白淑敏和家庭妇女梁林氏等还都表示，要全力以赴地为下一年农田增产加把劲。在“四清”工作中，我们也与群众一起积极参加挑粪、砌猪圈、扫院子、打水等劳动。由于我长期住在城市，很少参加这样的劳动，动作比较笨拙。市委工作组副组长郭贵看见后，开玩笑地说：“老席姿势不佳，却下决心锻炼。”对于我们的工作，高营大队的干部、群众普遍反映较好，说我们深入群众，了解情况，大伙不分彼此，帮助他们解决了不少问题。1963 年 12 月，我们离开高营大队前夕，村里的社员高瑞祥和韩启明含着眼泪把我送到粉房门口，说：“明年无论如何你来看看。”

1963 年 12 月底返回研究室后，我又重新开始研究中国天文学史。可惜好景不长，从 1964 年夏天开始中国科学院所属单位的全部人员几乎都要下放农村搞“四清”。这次研究室的人员几乎都下乡去了。我们先于当年 9 月到安徽合肥学习，国庆节以后又到寿县学习，随后于 10 月下旬下到寿县九龙公社古城大队南店小队工作。这次下乡，我起初背的包袱比较重。因为在下乡前，我交代了过去隐瞒的一些历史问题；到合肥时，一位负责同志说：“你这些问题交代了就算完啦？如不改造，将来也有斗你的一天。”我听了这话，整夜未眠。到了村子，在斗“四不清”干部的时候，我想今天我斗别人，将来机关里搞“四清”，我就是重点，就要斗我，将来不免是要被抛弃的。后来看到 23 条中引毛主席的话说：“对于那些犯了错误但是还可以教育的，同那些不可救药的分子有区别的党员和干部，不论其出身如何，都应当加以教育，而不是抛弃他们。”看到这些话，我如同重见天日，觉得只要认真改造，还是有前途的。于是，我下定决心通过这次的“四清”工作好好改造自己，争取成为一个“又红又专”的工人阶级的知识分子。

我们一直在南店小队工作到次年 5 月。当月我们这些年龄相对大些的人员都返回了研究室；陈美东、何绍庚等研究生和 1964 年参加工作的一批人还留在那里工作，直到 1965 年年底才回到北京。他们回来以后，我们本打算于 1966 年 5 月还到北京门头沟附近的农村进行“四清”工作，并已集中到门头沟学习。不料这时“文化大革命”的烈火已经烧到中国科学院哲学社会科学部，有人贴了学部副主任杨述的大字报。因此，我们马上从门头沟返回研究室，不再下乡。此后史无前例的“文化大革命”正式开始，全国陷入更加混乱的境地，研究室的业务全部停止。

1966年春中国自然科学史研究室人员合影（前排左一席泽宗，左六曹婉如，左七李家明；二排左二周世德，左三严敦杰，左四钱宝琮，左七黄炜；三排左二何绍庚，左四薄树人，左五梅荣照，左七郭书春，左九唐锡仁，左十张秉伦，左十二王奎克；后排左一周嘉华、左三何堂坤，左四徐进，左六华觉明，左七陈美东、左八林文照，左九戴念祖，左十二刘金沂，右一陈久金）

“文化大革命”开始不久，毛主席说这次运动的重点是党的资本主义道路的当权派。黄炜首当其冲，很快就被揪出，被批判为“投降主义”，成为“文化大革命”前十年研究室“黑线”的代表[①]。稍后，吴品三又回来掌权，但也没有逃脱被揪出的厄运。而且，段伯宇因为一个历史问题也被揪了出来。总之，研究室“文化大革命”前的三个行政领导都被打倒，没有一个跑掉。由此研究室党支部被摧垮，开始由群众组织领导。那时先后成立了好几个群众组织，其中一个是由范楚玉挂名领导的“文化大革命”小组，一个是由何堂坤领导的文筹小组。在何堂坤之后，林文照还做了一段研究室的“一把手”。

黄炜被揪出后，紧接着就是“横扫一切牛鬼蛇神”，钱宝琮被当成“反动学术权威”受到批斗。我也被群众贴了大字报，被扣上了“反党、反社会主

① 据黄炜回忆，“文化大革命”爆发后，研究室的几位年轻人称她是“反革命修正主义分子”，贴了她的大字报。不仅如此，她被戴了纸糊的高帽，挂了写着“反革命修正主义分子黄炜”和上面画着两个红色大杠的牌子，在孚王府内被押着游行示众。

义、反毛泽东思想”，即“三反分子”的帽子。从此不让参加运动，而是强迫在研究室内劳动。我被扣上这顶帽子，主要因为1965年我写过有关太阳黑子和题为《太阳的年龄和寿命》的文章。在“文化大革命”期间，凡是写过太阳黑子文章的人没有不被批斗的。要知道在那个荒唐的年代，太阳被指作毛主席，黑子被指作犯错误，说太阳黑子就等于说毛主席犯了错误。同时，人们都说毛主席万寿无疆，讨论太阳的年龄和寿命就相当于说毛主席的寿命是有限的。由于我做了这些“大逆不道”之事，所以要被批斗①。1966年8月31日，我的家被抄，并令我扫街。

1967年5月，由于研究室的一派群众组织认为我没有问题，宣布我解放，让我一度重新参加运动。但到次年10月下旬，我又被另一派群众组织揪出并抄家。他们抄出一堆照片。其中有一张毛主席的照片被划了痕。②在这之前，我对此全然不知，迄今也没有查清这究竟是谁干的。由于在毛主席的照片上划痕，可是严重的错误，所以当时我被吓坏了！

出了这件事以后，由于有口难辩，我失去了活下去的勇气，决定以死来抗争。当年11月下旬的一天，我爱人施榴云响应毛主席的号召，已经随医疗队去了延庆。我趁孩子们不在家的时候，喝下了敌敌畏，同时用手握住一根电线的金属头去通电。不过，我命不当绝。一位好心的邻居发现我自杀后，立即到我们研究室送了信。随后，研究室派人把我及时送到了医院。经过洗胃，我很快脱离了危险。

这件事过去后，工军宣队进驻研究室，取代了研究室群众组织的领导权。工军宣队共有几十个人，与研究室的人数差不多。它的主要任务就是组织、领导我们学习毛主席著作。当时全室的男女老少都集中到沙滩法学研究所学习，并且时间安排得很满。除了白天，晚上也要学习。有时半夜熟睡的时候，工军宣队还会把我们叫起来学习、讨论一两个钟头。记得有一天半夜工军宣传队来了，说：“你们怎么还在睡觉？毛主席有了最新指示，咱们要学习。”

---

① 据黄炜回忆，“文化大革命”时期，中国自然科学史研究室受批斗的人员中，席泽宗所受折磨最多。除了像她和钱宝琮一样受到批判，造反派有时还踢打席泽宗，并不让他吃饭。

② 据郭书春回忆，1967年春，中国自然科学史研究室的一位小青年举报席泽宗把他的《毛主席语录》上的毛主席照片划了痕。随后，研究室的一派群众组织在席泽宗的办公室搜到了证据，并对席泽宗进行了审问。陈久金、周嘉华也回忆说，这派群众组织是在席泽宗的办公室搜出划痕的照片的。据席云平回忆，他们家1968年10月被抄时确实搜出划了痕的毛主席照片。当年只有11岁的他，特别喜欢画画，平日总在纸上乱画。他说这张照片上的划痕很有可能是他乱画时画上的。由此推断，席泽宗所述群众组织从他家抄出照片之事，与郭、陈、周三位先生所说的那次搜查不是同一件事。

这个最新指示就一句话："订计划要留有余地。"但大家也只能起来学习。由于照片划痕之事，我有时还被工军宣队在半夜叫起来审问。

我们学习时有时要分组，工军宣队会在每组安排三四个他们的人。这些人一般不吭气，只是听我们说。为了应付学习，我们经常会翻来覆去地讲一套话。由于吴品三比较能说，也比较爱发言，一讲就是一个多小时，他为我们应付学习还起了不小的作用。他通常早晨一觉儿醒来，就先向工军宣队检讨他自己没有关心或没有做好什么事情，然后就说毛主席的指示如何英明、正确和伟大。

在沙滩法学研究所，我们集中学习了大约半年。1969 年 7 月，我们迁回了孚王府，但不能搬回家，还要全部时间搞运动。次年 2 月，工军宣队召开落实政策大会，宣布我虽因照片划痕之事犯了严重的错误，但态度好，免予处分。听到这话，我心里踏实了许多。1970 年 3 月，研究室的全体工作人员被"一锅端"，下放到河南息县的"五七干校"。下干校之前，我们都要表态。已年近八旬的钱宝琮先生表示愿意去，但说他过不了在农村上厕所这一关。因为农村的厕所里都是蹲坑，他蹲下身后就站不起来了。由此，钱老被送回苏州老家，后于 1974 年逝世。

在河南息县的"五七干校"，哲学社会科学部共有 15 个连，我们全室人员被编在 14 连。当时研究室由本室的人员负责，但是在工军宣队领导下工作。在"五七干校"，我们白天主要是盖房子、种地及养猪、喂鸡等。当时我们住的房子是自己盖的，有一部分吃的粮食、蔬菜是自己种的，有一部分吃的鸡蛋是自己喂的鸡下的，有一部分吃的猪肉来自自己养的猪。因此，干校流传着一句话，"一颗红心两只手，自己动手样样有"。

我们盖房子的时候，学部基建处有位工程师负责规划、画图。至今我还记得 1970 年 8 月干校中心点的第一座房屋盖成后，我们全连高高兴兴地搬入新居的情景。虽然这些房屋有些简陋，但比当地老百姓的住房明显要好。所以有些老百姓曾好奇地问我们："你们北京的房屋是不是就是这个样子？"

在"五七干校"，我们晚上搞运动，主要是清理所谓的"五一六反革命分子"。其实，全连根本没有一个"五一六反革命分子"。由于白天劳动，晚上又搞运动，我们都反映精力不够。1971 年 4 月哲学社会科学部全体人员由河南息县迁至河南明港的一个兵营里面。从此不再劳动，而是集中全力搞运动。我在这之前曾与《外国文学》主编陈冰夷和翻译家叶水夫一起烧锅炉。至河南明港后，由于我的年龄偏大，不是青年积极分子，并已从错误中解放出来，也不是"五一六反革命分子”，被安排到厨房，协助做面食。

我在厨房工作大约半年，在这段时间比较轻闲，每天也很高兴。厨房有专业的炊事员，我每天中午吃完饭就回自己屋休息；下午 4 点才上班，工作就是和面或包饺子、做包子。先后在厨房与我一起劳动过的有杨献珍的夫人和钱锺书的夫人杨绛。她们主要帮着洗菜、切菜。由于在厨房没有什么监督，我们在一起经常聊天，主要聊过去的事情，但对现实的事情聊得很少。

1971 年春节，席泽宗由“五七干校”回京探亲后与家人到颐和园游览（左起：施榴云、席泽宗、席红、席云平）

1972 年 4 月，席泽宗在“五七干校”生活结束前，与施榴云到韶山游览

1972 年 7 月，两年多的干校生活终于结束，全室人员又回到北京，大家分外高兴。此后不久，历史所尹达、李学勤和林甘泉希望杜石然、严敦杰、潘吉星和我成立一个小组，为他们替郭沫若编写的《中国史稿》提供科技史方面的素材。随后我们 4 人成立一个史稿组，开始恢复业务工作。1973 年上半年，受中国科学院二局委托，我组织天文学史组的人员，外加严敦杰，为纪念哥白尼诞辰 500 周年撰写《日心地动说在中国——纪念哥白尼诞生五百周年》。1973 年秋冬之交，我们完成这两项工作后，哲学社会科学部又被套上“两停一撤”的紧箍咒，即停止一切业务活动，停止一切外事活动，撤销学部业务行政领导小组。这样经过“不死不活”的一年之后，工人宣传队重新进驻研究室，大搞运动，直至 1975 年夏才告一段落。在“两停一撤”期间，我应郑文光之邀，与他合写了《中国历史上的宇宙理论》。由于不顾上级的命令，仍然搞业务，我受到猛烈的批评。

“文化大革命”期间，还有一段小插曲。我在大学时期撰写科普文章时，根据音译曾把古神星译成我母亲的名字——“席李氏”。结果工军宣队把这件事作为我所犯的一个错误，还郑重其事地将这篇文章放在我的定案材料里。我们从干校回来后，研究室有一段时间由张秉伦管事。作为连长，他在一次会议上正式宣布把此事取消，说这条不算了，以后不再追究了。20 世纪 70 年代中后期，研究室对所有人的定案材料都进行了复核，并普遍减轻了“罪名”。

第七章　科学史事业的黄金时期

“文化大革命”结束前夕，席泽宗已经逐渐感觉到神州大地慢慢回暖的气息，知道浑浑噩噩的日子即将过去。邓小平主持国务院工作期间，社会形势更明显好转。1975 年 8 月，中国自然科学史研究室扩建为科学史所，他和同事们满心欢喜地正式恢复了业务工作。1977 年 5 月，由于哲学社会科学部升格为中国社会科学院，科学史所划归该院，完全脱离了中国科学院。后经他和段伯宇等人的呼吁与所内其他人员的努力，研究所又重返中国科学院。此后随着 1978 年全国科学大会、党的十一届三中全会的相继召开，科学史所稳步前进，蒸蒸日上；中国的科学史事业蓬勃发展。席泽宗个人的事业开始步入黄金时期。

一、重返中国科学院

1974 年 11 月底，“两停一撤”的禁令开始有所松动。虽然不久前由于搞业务受到猛烈的批评，但我看到形势渐好，心里又萌生了恢复业务的念头。

11 月 26 日至 12 月 5 日，我和薄树人就参加了由中国科学院、国家文物局和教育部三家联合在北京前门饭店召开的祖国天文学整理研究规划会议①。转年，形势又有明显的好转。5 月 9 日，哲学社会科学部工宣队负责人柳一安在向学部全体人员做总结报告时，明确指出立即准备恢复业务，先要组织小分队选点选题。于是，我们研究室的人员组成几支小分队，外出到工厂、学校、刊物编辑部，做了 20 天的实地调查。

1975 年邓小平主持国务院工作期间，哲学社会科学部划归国务院新成立的政治研究室领导。该研究室决定将中国自然科学史研究室扩建为科学史所。当年 8 月，哲学社会科学部在务虚会议上，要求中国自然科学史研究室立即改所。而且，胡绳当月 22 日代表政治研究室到学部做报告，强调“以三项指示为纲”，大搞业务。因此，中国自然科学史研究室改成了研究所，我们正式恢复了业务工作。

1976 年 9 月毛主席逝世，随后“文化大革命”结束，“四人帮”被揪出。次年 5 月，哲学社会科学部升格为中国社会科学院。由此科学史所成为社会科学院的附属机构，完全脱离了中国科学院。此前，科学史所的人员由于政治运动观点的不同已经分成好几派。各派之间经常发生摩擦、矛盾，在不少问题上都难以达成共识。但对于科学史所归属中国社会科学院这件事，各派人员都表示反对，一致要求离开中国社会科学院。这件事之所以在所内引起这么大的反响，主要是因为大家都担心如果中国社会科学院像哲学社会科学部一样重视政治运动，那么业务工作又会受到冲击。

这种担心其实不足为奇。20 世纪五六十年代，在中国科学院各学部中，哲学社会科学部对政治运动的重视程度最高。经常一搞政治运动，它就长期停止业务工作。在大多数人眼里，哲学社会科学部就是搞阶级斗争的，阶级斗争就是它的业务。我主张科学史所离开中国社会科学院也主要出于这种担心。另外，我还考虑到天文学史的业务工作与中国科学院联系较多，科学史所在中国科学院要比在中国社会科学院合适。因为从干校回来后，我参加的

① 这次会议决定由这三家领导组成整理研究祖国天文学领导小组（日常组织领导工作责成中国科学院二局负责），并在其下设立中国天文学史整理研究小组（简称“整研组”，由领导小组委托北京天文台代管）。整研组由从若干单位借调的十余名科技人员组成，负责若干综合、重点课题的研究和各有关单位分工承担的 11 项科研课题间的业务协调。见《1982 年 12 月 29 日自然科学史研究所致院管理科学组并转钱三强函》，收入《本所一九八二年计划总结》，北京：中国科学院自然科学史研究所，案卷号（82）自永—2；《关于结束“中国天文学史整理研究小组”工作的通知》，收入《天文学史研究工作专卷》，北京：中国科学院自然科学史研究所，案卷号（83）自专长—2。

纪念哥白尼诞辰 500 周年、祖国天文学整理研究规划会议等活动均主要由中国科学院组织。“文化大革命”后期，中国科学院北京天文台还打过报告，要把科学史所搞天文学史的全体人员都调入天文台，但因为科学史所不放，这件事以搁浅而告终。

由于全所各派人员都一致要求离开中国社会科学院，我们就寻找适当的时机向中国社会科学院领导反映此事。1977 年 8 月 31 日，机会终于来了。这天，中国社会科学院负责人刘仰峤主持召开史学片座谈会①，通知我和段伯宇参加。在会上，大家纷纷围绕各自所在的研究所提出意见和建议。段伯宇和我抓住这个机会相继发言，都建议将科学史所划回中国科学院。段伯宇说：“科学史所的研究对象是自然科学，原来它隶属的哲学社会科学部属于中国科学院，这还好说一点。而现在科学史所彻底脱离了中国科学院，这不利于研究所的发展。我们还希望回到中国科学院。”我说：“自然科学史是跨学科性质的学科。虽然中国自然科学史研究室从 1962 年起属于哲学社会科学部管理，但实际长期由竺可桢副院长直接领导。中国社会科学院独立于中国科学院成立后，科学史所最好还在中国科学院。”

对于我和段伯宇的建议，主持会议的刘仰峤和考古所所长夏鼐等人立即表示支持，并要我们采取一些措施来办理此事。在会下，夏鼐还对我们说考古所也应该再划归中国科学院。而大概由于考古一直被认为是历史学的基础，考古发掘出的坛坛罐罐跟社会文化联系紧密，多数人都认为考古所在中国社会科学院比在中国科学院更合适。

这次会后，黄炜等人迅速与中国科学院联系，最后由两院于 1977 年 10 月 27 日联合向国务院呈送了关于将科学史所划归中国科学院领导的请示报告。这份报告主要阐明了科学史所由中国社会科学院领导的弊害和由中国科学院领导的益处：

> 自然科学史的研究，离不开过去和现在的自然科学，该所与中国科学院各研究所的联系密切，与社会科学关系很少。由社会科学院领导该所，在实际工作中困难很多，影响该所研究工作的开展。该所大多数科研人员早就有改变领导关系的要求。

---

① 刘仰峤原为高等教育部副部长。当时中国社会科学院一般分成文学片、史学片、哲学片、经济马列主义片开会。

> 当前，我国向科学技术现代化进军的伟大革命运动正迅猛兴起。开展自然科学史研究已成为当前之急需。将自然科学史研究所划归中国科学院领导，更显得必要。同时，该所的研究工作通常采用自然科学研究方法及实验手段，并需参考国内外自然科学图书资料；研究人员也要与自然科学有关研究所进行交流。划归中国科学院领导，以上问题更便于得到解决。[①]

这年12月，国务院对这份报告做出批复：自1978年1月1日起，科学史所归中国科学院领导，人员和设备全部移交。对于科学史所的重新返回，中国科学院领导是欢迎的。不过，这个所究竟归哪个部门管，成了一个大问题。当时院部以分块的形式按自然科学的学科领域分为几个局[②]和政策研究室等部门。科学史所归哪个部门管理都不太合适。后来院部决定归政策研究室管理。

对于院部的这个决定，所内以黄炜为代表的一批人是反对的。这是由于所内人员都研究科学史并不研究政策，在业务上与这个研究室没有关系。不过，当时中国科学院没有一个研究所由院部直接管理，许多事情都得由各研究所主管部门下达到研究所。因此，科学史所还必须有一个主管部门。于是，院部要我们先暂由政策研究室管理，以后再做安排。

1979年1月，中国科学院恢复了学部活动；1980年5月31日，在呈报给国务院的《关于学部几个问题的请示报告》中，提出计划在原有的学部之外设立一个管理科学组，并为它保留20个拟增补的学部委员名额[③]。管理科学组主要管理科学史、科学哲学、科技政策、自然辩证法及科学学等自然科学与哲学社会科学交叉的边缘学科口的研究机构。提议建立这个组的是中国科学院副院长、党组副书记李昌[④]。钱三强对这件事也表示支持，并说过他个人

---

①《关于将自然科学史研究所划归中国科学院领导的请示报告》，见中国科学院办公厅编：《中国科学院年报》，1977～1978年，第121页。

② 这里所说的几个局，包括一局（主管生物学口研究机构）、二局（主管数理、天文、力学口研究机构）、三局（主管技术科学口研究机构）、四局（主管化学口研究机构）、五局（主管地学口研究机构）及六局（主管工厂）。

③《关于学部几个问题的请示报告》，见中国科学院办公厅编：《中国科学院年报》，1980年，第181～182页。

④ 据周士元的研究，李昌原本提议科学院建立管理科学学部，因为一些科学家反对而退一步，建立了管理科学组。参见周士元：《李昌传》。哈尔滨：哈尔滨工业大学出版社，2009年，第305页。

愿意退出数学物理学部到这个组来[①]。

1980年10月21日，国务院批准了这个请示报告。此后中国科学院设立了管理科学组，由钱三强领导[②]，科学史所改由该组主管。此外，管理科学组还主管《自然辩证法》杂志社。这个杂志社是院部的一个非常小的直属机关，范岱年是它的负责人。中国科学院筹建这个组时，也计划推选学部委员，并通知相关机构推荐候选人。科学史所打算推荐严敦杰、许良英和我。但快要上报候选人名单时，中国科学院又决定缓办推选管理科学组学部委员之事。这主要有两个原因。一个是包括严济慈在内的一批老科学家对推选该组学部委员持反对意见[③]。严济慈不信科学学，并说过这话："我干了一辈子科学，还不知道有个科学学。"另一个是中国科学院内部出现了矛盾。有人说李昌主张成立管理科学组，就是自己想当学部委员[④]。这件事发生不久，李昌便离开了中国科学院。此后，一些本来反对的科学家也就不闹了。但中国科学院还是没有推选这个组的学部委员。如果推选的话，科学史所可能有人当选。

管理科学组存在的时间不长，只有三四年，于20世纪80年代下半期在中国科学院院部机构改革中被撤销。坦率地讲，撤销这个组是合乎民意的。因为它在管理方面比较松散，对科学史所既管又不管，所里报到院里的许多事情无人批，归口发的文件时常得不到[⑤]。钱三强也没有把主要精力投入这个组，只抓组内的一些大事。科学史所的人对这个组很有意见。它被撤销后，我们皆大欢喜，都说"谢天谢地"!

可是这样一来，科学史所又没有了主管部门，只好重新找"婆家"了。考虑到所内人员主要搞数学史、天文学史和物理学史，我以所长身份于1985年1月出席中国科学院1985年工作会议期间，向卢嘉锡院长当面建议把科学

① 1980年10月，中国科学院数学物理学化学部分为数学物理学部和化学部。

② 管理科学组成立于1981年5月中旬。这是在中国科学院第四次学部委员大会上讨论通过的。钱三强任该组代组长，黄书麟、汪敏熙任副组长，周贝隆任学术秘书。见《中国科学院一九八一年大事记》。刊载于中国科学院办公厅编：《中国科学院年报》，1981年，第518页。

③ 管理科学组副组长汪敏熙曾回忆说，在1981年5月召开的中国科学院第四次学部委员大会上，学部委员们对管理科学的认识就有分歧。有的认为管理是行政工作不是科学，有的则认为管理是艺术。参见周士元：《李昌传》。哈尔滨：哈尔滨工业大学出版社，2009年，第317页。

④ 周士元在《李昌传》中没有提到这点原因。他认为管理科学组被撤销，主要因为钱三强退休，顾德欢、黄书麟两位领导离任，一些工作人员调去支援其他部门，还有几位也陆续离休，该组已是"人去楼空"。参见周士元：《李昌传》。哈尔滨：哈尔滨工业大学出版社，2009年，第305～306页。

⑤ 有一个例子可佐证此说：1982年科学史所将两位人员提升副研究员的材料上报后，长期无人审批。见《关于我所归口问题的请示》，收入《科学史所归口及所长负责制等文件》，北京：中国科学院自然科学史研究所，案卷号（85）自长—14。

史所归数学物理学部。这次会后，科学史所又向卢院长提交了请示报告，恳请院领导尽快确定研究所的归口问题[①]。不久，院领导商量后，同意由数学物理学部主管科学史所。

4 月 16 日，院部为此事专门给各学部发了一个文件，规定："经院领导研究决定，自然科学史研究所的有关业务、方向等问题，由数理学部考虑，并负责组织研究所和重大成果的评议工作；有关研究员的晋升和学科史成果评价等，根据专业情况，由有关学部协同组织办理。"经过多年的共事，我们感觉数学物理学部管事的人员比较熟悉业务，在管理方面有较高的水平，对科学史所的管理是不错的。1997 年路甬祥担任中国科学院院长后，科学史所改归院政策局主管，现在归规划战略局主管。

1975 年，中国自然科学史研究室扩建为科学史所后，段伯宇成为负责人。所内按学科设数学史组、天文学史组、物理化学史组、生物地学史组、技术史组和通史组，没有设立研究室。这些组都研究中国古代科技史。我起初在天文学史组，1976 年调入通史组。"文化大革命"结束后，科学史所的一个大的变化，是成立了近现代科学史研究室，原来的研究组合并为中国古代科学史研究室。当时研究所还计划把所内研究外史的人员聚集在一起，并吸纳赵红州、金观涛等研究能力较强的人员，成立科学史综合研究室。但因人事变动等原因，这个研究室未能成立。

为什么科学史所要成立近现代科学史研究室？这与"文化大革命"后国家和中国科学院对近现代科技史都很重视密切相关。1978 年出台的《1978—1985 年全国科学技术发展规划纲要》把科学史与科学方法研究列为一条，要求展开相关的研究，并以近现代科技史作为重点。为了抢救中国近现代科技史料，中国科学技术协会还于 1980 年创办了《中国科技史料》。当时科学史所面临的形势，是哪怕把中国古代科技史的研究停下来，也先要把近现代科技史搞起来。

为了使科学史所能够比较好地研究近现代科技史和科学方法，中国科学院曾计划让于光远当所长，并把所名改为科学史与科学方法研究所。尽管于光远兼任的职务已经很多，他还是愿意担任此职。不过，他最终没有当成。

---

① 这份请示报告于 1985 年 2 月 8 日提交，除恳请院领导尽快确定科学史所的归口问题外，还建议将研究所的职称评定工作先划归数学物理学部领导。见《关于我所归口问题的请示》，收入《科学史所归口及所长负责制等文件》，北京：中国科学院自然科学史研究所，案卷号（85）自长—14。

原因之一是所内的人大都反对，这与大家都搞中国古代科技史，绝大部分人搞不了近现代科技史有关。同时，重返中国科学院前，段伯宇在中国社会科学院建立了较好的人脉关系，但回到中国科学院后，因为与院部打不开关系，他就后悔了；而且知道院部要派于光远来做所长后，他一度决定回到中国社会科学院。于光远知道这些后，便主动提出不当这个所长了。

1978 年科学史所重返中国科学院的当年，仓孝和被任命为所长，段伯宇改任副所长。仓孝和原为北京师范学院院长。在他来的时候，中国科学院希望科学史所另外找人研究近现代科技史，所内原有人员还搞中国古代科技史。这年 4 月，科学史所就准备建立近现代科学史组。由于刚开始筹建时，需要有人张罗，我就自告奋勇做这件事。因此，调离了通史组。

筹建工作开始后，我就去招人。一个主要办法是挖现成的人，从院内外机构找在近现代科技史方面有研究经验的人；另一个办法是招研究生。那时院内不少研究所都有许多人报考研究生，但不可能全部录取。我们就从不能录取的考生中挑选合适的人选，并请院内一些研究所或院外的专家做兼职导师，帮助指导。丁蔚和王敏慧等人，就是这样招来的。当时有个好条件，就是院内各所之间专家帮助指导研究生并不要钱。

1978 年 8 月 11 日，近现代科学史组正式成立。研究所让我当组长，成员有许良英、姚德昌、宋正海和支德先等。后来院部派来了李佩珊，准备让她负责该组工作。李佩珊原来在中央宣传部科学处工作，“文化大革命”期间下放“五七干校”。从干校返回北京后，她到了中国科学院院部。据说，她在院部期间与一些人有矛盾。李佩珊到科学史所后，近现代科学史组于 1978 年 10 月 23 日举行交接仪式，在该组基础上成立了近现代科学史研究室，由她任室主任。次日，中国古代科学史研究室成立，我为室主任，杜石然为副主任。

这两个研究室成立前，中国科学院于 1976 年给科学史所下达过编撰一本中国古代科技史的任务，由通史组杜石然、范楚玉、严敦杰等负责。我当年调入这个组后，也参加了编撰工作。中国古代科学史研究室成立后，继续进行这项任务，最终成果是由科学出版社出版的上下卷本的《中国科学技术史稿》①。近现代科学史研究室成立后，承担了中国科学院下达的撰著 20 世纪科学技术史

① 杜石然，范楚玉，陈美东，金秋鹏，周世德，曹婉如编著：《中国科学技术史稿》，上下册。北京：科学出版社，1982 年。

的任务，历时 5 年完成了《二十世纪科学技术简史》[1]。这两本书出版后，都受到广大读者的欢迎和好评[2]。1976 年前后，中国科学院还给科学史所下达过编写一本《科学史概论》的任务。这本书是面向一般干部的，要综述近代科学发展史。不过，我们没有接受这项任务。

二、走上领导岗位：从室主任到所长

1978～1983 年，我担任中国古代科学史研究室主任[3]。这几年正是 1978 年全国科学大会和党的十一届三中全会召开后，受到“文化大革命”严重摧残的中国科技事业开始复苏的时期。那时全室的人员精神振奋、干劲十足，都争分夺秒地工作，出了许多成果。每年全室人员都有数十篇论文发表，并完成好几部书稿。其中 1981 年、1982 年都发表论文 70 多篇。这些论文大都在国内重要学术刊物发表。这两年全所人员还完成了刚刚提到的《中国科学技术史稿》《中国地震史略》《中国生物学史》《彝族天文学史》《世界天文学史》《中国古代桥梁史》等书稿，编写了科普小册子《达尔文》和《悠久的中国农业》。为了活跃学术气氛，研究室有时在年终还会有选择性地请研究人员报告当年发表的论文。如 1981 年 12 月下旬就从这年发表的论文中选择 29 篇，请相关研究人员用了 3 整天报告。

这个时期，研究室在中国数学史和中国天文学史方面的成果最为突出。前者涉及《九章算术》和刘徽注、宋元数学史、明清数学史的研究等方面；后者涉及星图和星表、天文仪器和天文台、天文学史的综合研究等方面。技术史组所做的编钟的复制工作在国内产生较大影响。这个组与哈尔滨科技大学、武汉机械工程研究所、武汉工学院、广东佛山球墨铸铁研究所、湖北省博物馆 5 个单位合作，复制了湖北随县出土的曾侯乙编钟 28 件；此外，还与河南省博物馆、哈尔滨科技大学合作复制了河南淅川战国编钟一组。这两项复制工作都获得了成功：曾侯乙编钟的复制工作获得文化部颁发的奖状，淅

---

① 中国科学院自然科学史研究所近现代科学史研究室编著：《二十世纪科学技术简史》。北京：科学出版社，1985 年。

②《中国科学技术史稿》问世三个月，便销售一空，并获 1982 年全国优秀科技图书二等奖；《二十世纪科学技术简史》获中国科学院 1989 年自然科学奖二等奖。

③ 中国古代科学史研究室下设数学史、天文学史、物理化学史、生物学史、地学史、技术史、通史等 7 个组，共有三四十人。

川战国编钟的复制工作获第一机械工业部重大科技成果二等奖。后来技术史组的同事在复制件的基础上，还成功设计了仿制编钟。

1980 年到成都主持召开中国天文学成果交流会后在白帝城与陈久金（左）、薄树人（右）合影

席泽宗在敲击仿制的编钟

近现代科学史研究室成立以后，主要由于人员相对较少，发表成果的数量不如我们研究室。不过，几年来它也发展得不错，出了一批高质量的研究成果。当时全所人员的心气都很高，几乎都有使不完的力气。记得 1980 年，全所各个部门都对未来 10 年（1981～1990 年）制订了规划。中国古代科学史研究室制订的规划，题为“古代史室关于十年计划的设想和意见”，主要由

我起草。该规划首先对中国古代科学史研究室未来十年发展提出计划，目标是把该室“在十年内建成学科基本齐全、资料完备、人材成果双丰收的中国科学史研究中心”。为了实现这个目标，还提出一个比较宏大的计划，这包括在十年内把所有研究人员都培养成有成就的研究人员；通过调干、招聘，招收研究生、大学生等途径，十年内全室增加80多人；成立民族科学史组，3年内将技术史组扩建为技术史研究室，并把其他各组10年内陆续扩建成研究室；完成近40部著作。同时，针对全所，我们提出如下建议。

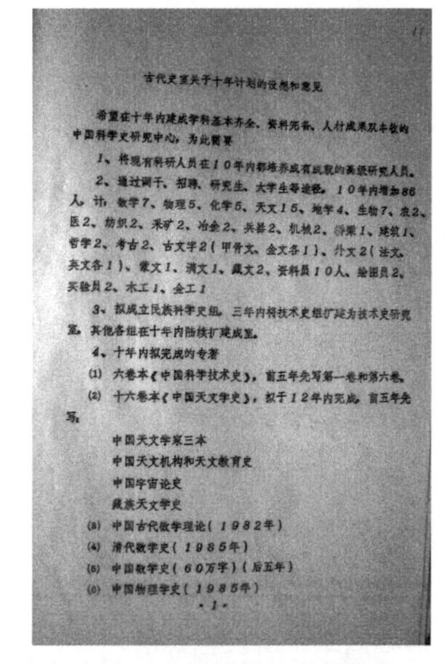

古代史室关于十年计划的设想和意见

希望在十年内建成学科基本齐全、资料完备、人材成果双丰收的中国科学史研究中心，为此需要

1、将现有科研人员在10年内都培养成有成就的高级研究人员。

2、通过调干、招聘、研究生、大学生等途径，10年内增加86人，计：数学7、物理5、化学5、天文15、地学4、生物7、农2、医2、纺织2、采矿2、冶金2、兵器2、机械2、桥梁1、建筑1、哲学2、考古2、古文字2（甲骨文、金文各1）、外文2（法文、英文各1）、蒙文1、满文1、藏文2、资料员10人、绘图员2、实验员2、木工1、金工1

3、拟成立民族科学史组，三年内将技术史组扩建为技术史研究室，其他各组在十年内陆续扩建成室。

4、十年内拟完成的专著

(1) 六卷本《中国科学技术史》，前五年先写第一卷和第六卷。

(2) 十六卷本《中国天文学史》，拟于12年内完成，前五年先写：

中国天文学家三本

中国天文机构和天文教育史

中国宇宙论史

藏族天文学史

(3) 中国古代数学理论（1982年）

(4) 清代数学史（1985年）

(5) 中国数学史（60万字）（后五年）

(6) 中国物理学史（1985年）

·1·

《古代室关于十年规划的设想和意见》
（部分，现藏科学史所）

首先，在10年的末尾，也就是快到1990年时，将科学史所一分为二：一个叫自然科学史研究所，一个叫近代科学史研究所。前者分工研究1919年以前的中国科学史和1543年以前的世界科学史，而以中国科学史为重点，目标是建成世界性的中国科学史研究中心。后者研究1919年以后的中国科学史和1543年以后的世界科学史，而以20世纪为重点。其次，建议上海分院在五年内成立综合性的科学技术史研究所。

另外，我们建议研究所成立编辑室，10年内将它扩建为科学史出版社；在外事活动方面，不能老是被动接待别人，要有计划、有目的地出去考察，要有计划地请别人来讲学。针对后者，我们提出了一些具体计划，包括邀请美国著名科学史家席文（Nathan Sivin）来华讲学；派科学史代表团到英国著名科学史家李约瑟处访问；1984年在北京召开国际中国科学史讨论会；申请1989年在上海召开第18届国际科学史大会，派人到埃及、希腊、意大利考察古建筑，派人到国外考察金属史、造船史、兵器史等的研究情况，并收集相关资料等。

制订该规划后，我们想把它尽快付诸实施。但真正实施起来，困难重重，最终只落实了一部分。有的计划和建议未能落实，是因为我们当年的“野心”太大，这包括在1990年前将科学史所一分为二、1985年前上海分院成立综合性的科学技术史研究所，以及建立科学史出版社等。但我认为要是院领导真正重视，全所人员都齐心协力的话，落实它们也不是完全不可能的。

担任室主任期间，1983 年是我个人事业发展的一个比较重要的年份。在这一年，我当选为国际科学史研究院通讯院士；国务院学位委员会天文学科评议组投票一致同意科学史所为天文学史的博士、硕士学位授予点，我为博士生导师；而且这年 10 月，我被任命为科学史所所长。

在我之前，是仓孝和担任所长。与以前的段伯宇、黄炜这些负责人不同，仓孝和懂科学史，但他在科学史所只待了三年，1981 年就调走了。他调走的主要原因是跟所内的一些人有矛盾。自从仓孝和调离后，我们就一直向院部呼吁，请求院部解决领导班子问题，但院部拖了两年多都没有解决。对于任命我为所长之事，由于事前没有心理准备，我觉得比较突然。不过，我还是有信心把这个所长当好的。

正式走马上任后，我与所党委书记孟繁顺、副所长李佩珊和薄树人合作，对研究所的组织机构做了比较大的调整。具体做法是，1984 年 4 月将原来庞大的中国古代科学技术史研究室分建为数学天文学史、物理学化学史、生物学地学史、技术史、通史五个研究室；将图书资料室分建为图书馆和编辑部；将办公室分建为办公室、行政处和业务处。从表面看来，研究所的机构增多了，但层次减少（室下不再设组）、单位缩小、行动灵活了。另外，我们经过多方交涉于 1985 年解决了研究所的归口问题，使研究所成为由数学物理学部主管的机构。

1985 年 1 月 6 日～13 日，我参加了中国科学院 1985 年工作会议，会议的中心议题是讨论中国科学院的改革问题。改革的内容之一，是要给予研究所更大的活力，让研究所更加自主、更加独立，使研究所有更多的自主权，同各方面有广泛的联系。在会上，不少人对扩大研究所的自主权问题提了意见，要求院里真放权，不要假放权；要放实权，不要放虚权；要大胆地放，彻底地放。会议最后一天，卢嘉锡院长在会议总结讲话中明确提出，中国科学院要积极准备所长负责制，并分批实行，并强调“从今年开始，凡新调整领导班子的，一律实行所长负责制”[①]。这次会议之后，我在科学史所加快了改革的步伐。

① 卢嘉锡：《在一九八五年全院工作会议上的总结讲话》，收入《中科院关于机构改革、所长负责制等文件》，北京：中国科学院自然科学史研究所，案卷号（85）自短—9。

为了解决科研领导和管理工作薄弱问题，我和所领导班子其他成员组织成立了科学史所第一届学术委员会。20世纪五六十年代，原中国自然科学史研究委员会担负过中国自然科学史研究室的学术委员会职责，但当时院部和研究室对此都没有做明文规定；而且“文化大革命”开始后，这个委员会就不存在了。1978年仓孝和任所长后，曾设立学术委员会筹备小组。他本人任组长，副所长段伯宇和严敦杰任副组长。仓孝和离所后，这个小组的工作十分被动，基本上没有起到学术领导作用。所内科研工作的重大问题，如计划制订、成果鉴定、干部培养等问题，从来没有认真讨论过。我担任所长后就准备把成立学术委员会作为一件大事来抓。

当年，我们将学术委员会定位为对研究所实施学术领导的评议、咨询和参谋机构；规定委员会由15人组成，其中所外委员和中青年应占一定比例；要求委员由所长在科学史学科或与之关系密切的学科的专家（副研究员或副教授以上）中遴选聘任。1985年6月，我们讨论决定了15位委员名单[①]，民主选举产生了正、副主任，并于7月1日正式成立了该委员会。其中包括3位所外委员：柯俊、李学勤、范岱年。他们都是学术造诣较高的学者。后来所内有些重大的学术问题和年终总结的学术部分都在学术委员会内征求意见。

我们还实行了课题评议制度，改革了科研经费管理办法。在此之前，所内科研经费都由研究人员根据需要随报随批。每年下来，很多人都不知道自己到底用了多少钱。1985年，我们先对过去3年中每位研究人员的用钱情况和出成果情况做了调查，并在室主任会议上公布了结果。接着，成立了课题评议委员会[②]，按照中国科学院关于科研基金要择优、择需、择重支持的原则，对申请经费在1000元以上的课题逐一评审。此外，我们结合研究所的具体情况，制定了9条标准：

---

① 学术委员名单，由席泽宗、孟繁顺、李佩珊和薄树人于1985年6月3日讨论决定。这15位委员是：严敦杰、许良英、王奎克、席泽宗、李佩珊、薄树人、杜石然、潘吉星、潘承湘、华觉明、唐锡仁、范楚玉、柯俊、李学勤、范岱年。见《学术委员会》，收入《科学史所关于学位、学术、课题、职称各委员会的文件》，北京：中国科学院自然科学史研究所，案卷号（85）自长—17。

② 课题评议委员共11人，包括严敦杰、许良英、王奎克、席泽宗、李佩珊、薄树人、杜石然、潘吉星、潘承湘、华觉明、唐锡仁。见《课题评议委员会》，收入《科学史所关于学位、学术、课题、职称各委员会的文件》，北京：中国科学院自然科学史研究所，案卷号（85）自长—17。

1. 看过去三年表现，用钱少而成果多者，优先支持；花钱多而成果少者，不予支持。

2. 看过去执行计划情况和这次拟订计划的认真程度及可行程度。

3. 过去已列入所重点项目，而又能认真对待，并已取得阶段性成果者，优先支持。

4. 对新开课题，要严格审查；低水平的重复研究和科普性著作，一概不能作为重点支持，符合 5、6 两条者，方可予以支持。

5. 对发展本门学科有关键性作用和具有开创性的课题。

6. 对四化建设有较直接意义的课题。

7. 为了集中精力，保证计划的完成，一人只能负责一项；超过一项以上者，要严格把关。

8. 申请课题虽有重要意义，但在研究室内所得经费已够使用的情况下，不再予以批款。

9. 因本所经费有限，对从所外接受来的任务和所外合作项目一般不予经费支持。

1985 年全所申请经费超过 1000 元的课题共有 17 个。1985 年 4 月 12～13 日，课题评议委员会连续举行了一天半的会议，对这些课题进行了评议。评议委员会先听取每位申请人的报告，随后进行质询和小议，最后通过 6 个课题①，将它们作为所重点课题。1986 年课题评议委员会按照同样方法，又对当年申请经费的课题进行了评议。同年，我们决定每年拨出大约 30 000 元作为人头费；规定 1000 元以下的课题费由研究室掌握的课题费发放。这一做法初步打破了过去所内研究课题立项不规范和研究经费吃“大锅饭”的状态，实行以后收到了比较好的效果：一是经费落实到人，每人心中有数，能将少量的钱用到最需要的地方；二是每人的包干费都记在一个小本子上，凡是规定内的开支只要室主任签字就可以报销，减少了审批手续；三是过去钱花得多成果出得少的同事受到了一定的限制，促使他们多出成果；四是申请到重

① 这次受资助的申请人和课题及受资助经费如下：1. 曹婉如：中国古代地图集，2000 元；2. 许良英：爱因斯坦研究，3000 元；3. 赵承泽：蜀锦研究，2500 元；4. 华觉明：金属货币研究，2500 元；5. 潘吉星：中国技术史，3500 元；6. 杜石然：中国古代科学家，1500 元。见《课题经费评议委员会第一次会议纪要》，收入《科学史所关于学位、学术、课题、职称各委员会的文件》，北京：中国科学院自然科学史研究所，案卷号（85）自长—17。

点课题的人有压力，要认真对待计划。

上任后，我还组织了全所职工任职资格评定工作，解决了许多职工多年未提职的问题。20 世纪 80 年代初，由于所内人员多年未晋升职级，所内积压人才过多的问题十分突出。1985 年，根据中央关于实行职称制度改革的决定和中国科学院的要求，我和所领导班子其他成员专就这个问题进行了商讨。后通过成立专业人员任职资格评审委员会，经认真评议和无记名投票，1986 年晋升研究员 7 名、副研究员 18 名、编审 2 名、译审 2 名、副译审 2 名、副研究馆员 2 名。另外，加上中初级研究人员和行政人员的资格评审，共有 60 多人提了职务，这占全所人数的 40%以上。这次任职资格评定工作，使所内中级人员全部满足了需要，使该提升的绝大多数高级人员也得到了提升。因此，全所 90%以上的人员都对这次评定工作感到满意，在工作上更加积极。不过，由于研究人员年龄结构不合理，人才积压过多，而高级职称的聘任名额有限，有些在国外还有一定影响的人并没有被评上，这也挫伤了他们工作的积极性。

我任所长期间，还有一件事值得提到：这就是 1984 年科学史所成功筹办了第三届国际中国科学史讨论会。这个序列的会议是由比利时数学史家、席文的学生李倍始（Ulrich Libbrecht）开始组织的[①]。前两届会议分别于 1982 年和 1983 年在鲁汶大学和香港大学召开，与会者各有二三十人。第三届会议是经国务院批准，以中国科学院的名义，由科学史所于 1984 年 8 月 20 日至 25 日在北京友谊宾馆召开的。这届会议是中国召开的第一个国际科学史会议。参加会议的正式代表有 101 人，其中 44 人来自海外；会议规模远远超过前两届。

对于这届会议，院领导十分重视。会议召开前，副院长严东生就向我们提出了要求："关键是我方人员在会议上要提出有分量的报告。会议在学术内容上要有水平，在组织上要有效率。"作为会议的副主席，钱临照也提出三点

① 在李倍始之前，澳大利亚学者何丙郁与席泽宗等中国学者于 1978 年在北京饭店曾讨论召开国际中国科学史会议的问题。嗣后，何丙郁计划于 1982 年在香港地区召开这样的会议。由于李倍始捷足先登，何丙郁决定将开会日期展延到 1983 年 12 月，并建议把李倍始承办的这次会议称为国际中国科技史研讨会序列的第一次。席泽宗认为，这第一次会议虽然不是何丙郁操办，但这个会议成为系列会议一直坚持下来，何丙郁则居首功。见何丙郁：《学思历程的回忆：科学、人文、李约瑟》。北京：科学出版社，2007 年，第 106～107 页；席泽宗：《〈何丙郁中国科技史论集〉序》。收入何丙郁：《何丙郁中国科技史论集》。沈阳：辽宁教育出版社，2001 年，第 vii～viii 页。

要求。①国内学者参加会议必须凭论文，论文要密封审查。每篇文章要请三位专家审查，两人同意方可通过。不能采取分配名额的办法，不搞照顾，不问年龄、性别、职称，大家一律平等。②内容限于中国古代科学史，综述性文章不要，讨论中国近代科学落后原因之类的文章不要。③每篇文章包括参考文献在内，限定4000字，超出字数者要求压缩；自己不愿压缩者，将来交超出部分的版面费。文章最好用英文写，如是中文，应有一页纸的详细英文摘要。

对于这三点要求，会议组织委员会讨论时，有许多人表示反对，尤其第三点有人认为简直不可能："科学史的文章，4000 字哪能说明问题？"后经让步，扩大为5000字，但要严格执行。后来成立了由杜石然、王奎克、艾素珍组成的审查小组，每篇文章由杜石然和王奎克共同决定送谁审查，由艾素珍执行，绝对保密。经过这样严格的密封审稿，最终从提交的应征论文 152 篇中选用了 48 篇[①]。通过这样的选拔，一批年轻人，像刘钝、罗见今、金正耀和马英伯等得以脱颖而出。

对于会议的论文，一些著名学者给予了高度评价。会议闭幕的当晚，著名历史学家周谷城来看望国内代表时说："看了你们的许多论文，觉得确是优中选优，高质量，高水平，以文会友，为国争光。"李约瑟在会议闭幕式上说："我听了这些报告，好像在做梦一样，然而这却是现实。我开始研究中国科学史时所依据的材料很少，今天有这么多人研究中国科学史，有这么多杰出的高质量论文，实在惊人。"尤什凯维奇收到席文介绍会议情况的信后，给我们来了一封长信，说："会议上的许多论文，对我和我的同事都很有用，希望论文集能早日出版。如能先寄一本论文摘要给我们，则非常感谢。"后来向我们索取这届会议论文或论文摘要的学者络绎不绝。

为了使这届会议在组织上达到高效率、高水平的要求，研究所的多位同事在会议召开一年前就着手筹备工作了。会议期间，几乎所有人都任劳任怨、不分昼夜地工作。由于组织工作出色，许多国外代表都对会议给予了好评。如第一届会议的东道主、鲁汶大学教授李倍始说："比起这次会议的盛况来，第一次会议幼稚得简直像个初生婴儿。"第二届会议的东道主、香港大学中文系主

---

① 这 48 篇论文中，科学史所的论文有 12 篇，占 1/4，被选用的论文最多。

1984年第三届国际中国科学史讨论会与会者合影（部分，前排左十四李约瑟、中排左十六席泽宗）

任何丙郁返回香港后来信说：“此次会议规模盛大，圆满成功，与会国内外人士皆有满载而归的喜悦。”美国旧金山州立大学交叉学系主任帕尔曼（J. S. Perlman）会后来信说：“这次会议组织良好，卓有成效，在任何方面都是令人满意的。”会议结束后，旅美学者郭正昭临走时用英文写了三句感言：Pride in our past，faith in our future，efforts in our modernization.把这三句话译成中文就是：“为我们的过去而骄傲，为我们的未来而自信，为我们的现代化而奋斗。”总之，这届会议的成功程度是我们没料到的。

这届会议召开期间，中国科学院领导希望我们成立一个组织，负责这个序列的会议的对外联络和组织工作。当然，如果成立这个组织，就需要有一定的经费。因为它起码定期或不定期地要出个 Newsletter，并寄往国外。可是院里并不愿意出钱，我们也很难从其他地方筹措到经费。同时，大家对谁做这个组织的会长、主席，也有分歧。因此，这个组织就没有成立。后来，这个序列的会议只好谁愿意组织就组织，谁有条件召开就召开了。

至 1987 年 2 月，我的任期届满。2 月 21 日，所领导班子换届，由我继续担任所长，由陈美东、华海峰任副所长，而原副所长李佩珊和薄树人都去职了。这年我已 60 岁，到了花甲之年。其实，对于此职，我已经有了不做的想法。因为在上届任期内，我觉得所长应该抓业务，但其实几乎整天都纠缠于事务性的工作，同事之间还经常斗争不断。如有一年，为分配书报费的事，我们就搞了半年。这个书报费不多，每人每月大概只有 5 元或 10 元钱，用它可以增加一点收入。但这个钱不是人人都有，国家的文件规定必须大学毕业、达到一定职级的才能领取。有些达不到条件的同事就说：“我没有文化更应该学习呀！我要求看报！”对于这种情况，你不给怎么办？有些同事是革命大学的学员，还有些同事职级不够，也要求领取书报费。每当碰到钉子，我们就把这件事搁下来。后来就一步一步地退让，最后只好不加限制地给每人都发了。

由于实在不想再纠缠于事务性的工作，也厌烦了同事之间的争斗，我继任一年后就主动辞去了所长职务。1988 年 8 月，所领导班子换届，陈美东接替我继任所长，华觉明、华海峰任副所长。

1992年9月中国管理科学研究院高科技与新文化研究所举行
“天文与文化”座谈会，庆祝席泽宗65岁生日和从事
科学活动40周年，与会者合影（前排左六席泽宗）

古代史室关于十年计划的设想和意见[①]

希望在十年内建成学科基本齐全、资料完备、人材成果双丰收的中国科学史研究中心，为此需要：

1、将现有科研人员在10年内都培养成有成就的高级研究人员。

2、通过调干、招聘、研究生、大学生等途径，10年内增加86人[②]，计：数学7、物理5、化学5、天文15、地学4、生物7、农2、医2、纺织2、采矿2、冶金2、兵器2、机械2、桥梁1、建筑1、哲学2、考古2、古文字2（甲骨文、金文各1）、外文2（法文、英文各1）、蒙文1、满文1、藏文2、资料员10人、绘图员2、实验员2、土木1、金木1。

3、拟成立民族科学史组，三年内将技术史组扩建为技术史研究室，其他各组在十年内陆续扩建成室。

4、十年内拟完成的专著

（1）六卷本《中国科学技术史》，前五年先写第一卷和第六卷。

---

① 除补入原稿遗漏的几处标点、文字和改正一处明显的错字外，未对原稿文字做其他校正处理。原稿在结构上分两部分。第一部分为设想，即“第二部分”以上的内容，但未明示。另有一处文字已无法辨认，以“□”标明。

② 按后述各类人员的具体人数统计应是87人。

（2）十六卷本《中国天文学史》，拟于12年内完成，前五年先写：中国天文学家（三本）、中国天文机构和天文教育史、中国宇宙论史、藏族天文学史。

（3）中国古代数学理论（1982年）

（4）清代数学史（1985年）

（5）中国数学史（60万字）（后五年）

（6）中国物理学史（1985年）

（7）中国火药史（1983年完成）

（8）中国染色史（1985年）

（9）中国炼丹术研究（1990年）

（10）中国本草化学研究（1990年）

（11）中国生物学史（1983年）

（12）中国古地图研究（1985年）

（13）中国地理名著和地理学家研究（1985年）

（14）中国地质学史（1987年）

（15）中国气象学史（1990年）

（16）中国古代铸造技术（1982年）

（17）中国冶金史（1983年）

（18）中国金属史（1989年）

（19）中国造船史（1984年）

（20）中国古代兵器史（1989年）

（21）中国古代技术史（1990年）

（22）中国古代机械史（1991年）

（23）中国古塔研究（1982年）

（24）中国佛教建筑史（1984年）

（25）蒙古包研究（1985年）

（26）中国古代建筑细部发展史（1988年）

（27）内蒙古喇嘛庙建筑研究（1990年）

（28）中国丝史（1985年）

（29）中国丝绸工艺史（1989年）

（30）中国科学思想史（1987年）

（31）中外科学交流史文集（1988年）

（32）世界古代天文学史（1990年）

（33）中国古代地图集（1984年）

（34）中国物理学史料（1985年）

（35）中国机械工程史料（1987年）

（36）中国金属史料（1989年）

（37）中国纺织技术史料（1985年）

（38）中国古代刀剑技术的研究（1989年）

（39）中国传统金属工艺志（1989年）

第二部分　建　议

1、建议在十年的末尾，将我所一分为二：一个叫自然科学史研究所，分工研究1919年以前的中国科学史和1543年以前的世界科学史，而以中国科学史为重点，希望能建成世界性的中国科学史研究中心。一个叫近代科学史研究所，研究1919年以后的中国科学史和1543年以后的世界科学史，而以20世纪为重点。此一建议如能得到院领导同意，那么在买书时，有些书从现在起就得买复本。

2、建议上海分院在五年内成立综合性的科学技术史研究所。

3、加强图书购买工作，办馆方针，应以买为主，并建议增加修书工2人，自己装订和修理。

4、资料工作，采取两条腿走路，除现有资料组加强力量外，古代史室各组设资料员，搞本学科资料，并建议赵澄秋到数学史组管资料。资料组现在在编目录的同时，应把论文也复制回来。各组资料员可在家属子女中招考，也可吸收退休的中学历史教员。新到图书资料应定期张贴目录，情报动态要加强。

5、建立技术室，负责照相、洗印、复制、绘图等，积累图片。先可以有4个人，每人要一专多能。暗室设备要标准化，对传统技术拍电影，对善本书拍胶卷，可以再买一台复印机。

6、成立编辑室，除积极筹办“科学史学报”和“科学史通报”外，并将“科学史集刊”、“科学史译丛”和各种文集统一管理，经济补贴也一视同仁，并在编辑室基础上，于10年内扩建成科学史出版社。

7、在中国科技馆科学史陈列室的基础上，筹建中国科学史博物馆。

8、明年将有第一届大学毕业生，对愿搞科学史的（如武汉大学数学系□平）应早下手争取。

9、建议有条件的大学开设科学史课程，在北京地区的也可以由我们去开课，以培养人材。

10、外事活动，不能老是被动接待别人，要有计划、有目的地出去考察，有计划地请别人来讲学，为此古代史室提出：

（1）请席文来华讲学

（2）派 2 人到英国参加明年 8 月召开的新旧大陆考古天文学会议

（3）派科学史代表团到日本回访

（4）派科学史代表团到英国李约瑟处访问

（5）继续执行今年的访美计划

（6）派人到英、美、日考察金属史研究情况，收集有关中国青铜器资料

（7）派人到英、法、荷考察造船史情况并收集资料

（8）派人到英、法、德考察兵器史情况并收集资料

（9）派人到日本研究中日建筑交流情况

（10）派人到埃及、希腊、意大利考察古建筑

（11）建议 1984 年在北京召开国际性的中国科学史讨论会

（12）邀请第 18 届国际科学史大会 1989 年在上海召开

11、大的科研项目，要专款。

12、计算机、录音机可以多买点，分到组里保管使用。可以经常到器材局（据说有 10 亿元积压物资）联系，把我们需要的仪器设备调拨回来。

三、中国科学技术史学会

对于中国的科技史事业来说，1980 年是一个比较重要的年份。这一年有两件大事发生：一件是我国第一个全国性科技史学术团体——中国科学技术史学会成立，这是中国科技史事业发展的一个里程碑；另一件是以日本著名科学史家中山茂（Shigeru Nakayama，1928～2014）为团长的日本科学史代表

团访华，这标志着“文化大革命”后中日两国科学史界间学术交流帷幕的拉开。从中国科学技术史学会成立之日起，我就担任理事，后来又长期担任副理事长、理事长[①]，亲历过学会的一些大事。

1978 年全国科学大会和党的十一届三中全会召开后，全国学术团体纷纷恢复活动，也有大量新的专门学会陆续成立。在这个背景下，由于别的学科几乎都有了各自的全国性学会，而科技史学科还没有，1980 年年初科学史所就打算成立中国科学技术史学会。组织能力很强的副所长李佩珊和业务处的黄炜对此事非常热心。她们积极与中国科学技术协会、中国科学院院部联系，撰写并提交了相关报告。中国科协副主席兼党组书记裴丽生非常支持成立中国科学技术史学会，并会见了相关人员。同时，中国科学院副院长李昌也关心、支持这件事。因此，时间不长，这件事就得到上级的批复[②]。

1980 年 10 月 6～11 日，中国科学技术史学会成立大会在北京举行。开会地点在王府井北口金鱼胡同内的中国人民解放军总参谋部第四招待所。这个招待所条件比较好，叶剑英和新中国其他一些重要将领都居住过。会议开幕当天，有来自全国科研机构、高等院校、文博、出版、新闻等 151 个单位的 274 名专职的和非专职的科学史工作者参加了会议。人员规模超过了 1956 年的中国自然科学史第一次科学讨论会。这次会议也不收会务费，吃住全管，与会者只花路费即可。

在会上，大家先自愿填表，申请入会；再经由 27 位专家组成的会议主席团审批通过，成为第一批会员。10 月 11 日，由 233 名会员以无记名投票方式，选出 49 名理事，另为台湾地区保留 2 位理事职位。从此中国科学技术史学会正式成立。随后，第一次理事会选出 15 名常务理事。[③]常务理事会又推选钱临照为理事长，仓孝和、严敦杰为副理事长，李佩珊为秘书长，黄炜为副秘书长。我以 214 票当选为理事，得票数名列第三，后又当选为常务理事。

---

① 席泽宗于 1994 年 8 月在中国科学技术史学会第五次代表大会上与路甬祥一起当选为理事长。2000 年 8 月学会改选后，席泽宗和路甬祥继续担任理事长，至 2004 年届满。

② 见《关于成立中国自然科学技术史学会的请示和上级的批复及学会章程通则、会议纪要、常务理事、理事名单等材料》，北京：中国科学院自然科学史研究所，全宗号 A016—88，案卷号 1980—2Y—03。

③ 这 15 名常务理事是：钱临照、仓孝和、严敦杰、李佩珊、黄炜、席泽宗、丘亮辉、许良英、李少白、杨根、杨直民、陈传康、范岱年、张驭寰、程之范。

1980 年中国科学技术史学会成立大会会场一角

学会成立后挂靠在科学史所。按照当时不成文的规定，谁是这个所的所长，谁就当学会理事长。也就是说，这个理事长本应由科学史所负责人仓孝和担任。但所内许良英等人对此坚决反对。由于这个问题解决不了，科学史所就找钱临照当。许良英与仓孝和的矛盾，主要导因于 1980 年钱三强要给中央书记处和国务院领导讲课，科学史所为他准备讲稿这件事。当年大家把这件事看得很重。而仓孝和接到任务后先独自把它揽了起来，自己撰写讲稿，没有交给别人干。后来他把成稿拿到近现代科学史研究室讨论时，许良英等人认为写得不行，错误百出，需要其他人重写。这弄得仓孝和很难堪。由此他们结下了矛盾，并且矛盾越来越大。所以许良英等人坚决反对仓孝和当学会理事长。

在学会成立大会期间，国家科委副主任兼中国社会科学院副院长于光远，中国科学院副院长李昌、钱三强，中国科协副主席茅以升先后都到会讲话，强调研究科技史的重要性，号召科技史工作者要解放思想，认真总结国内外科技发展的历史经验，为我国的“四化”建设提供借鉴。学会成立当天，中国史学会执行主席周谷城发来了贺信，中国考古学会理事长夏鼐、北京市史学会会长白寿彝亲自到会祝贺，大家深受鼓舞。

这次大会分 10 个小组，交流学术论文 226 篇。这些论文的内容不仅限于中国古代科技史，而且涉及近代科技史、少数民族科技史、主要发达国家科技史、科学思想史和科学史的理论研究。这呈现出随着“科学的春天”的到来，我国科技史研究欣欣向荣的局面。在天文学史组，我宣读了一篇短文《伽利略前二千年甘德对木卫的发现》。我报告之后，大家反映很好。在座的钱临照先生说：“这件事很重要，是个新发现；但你只是文字考证，不能令人绝对信服。我建议，你组织青少年，到北京郊区做观测。如能成功，就有了强有力的说服力。”后来我的同事刘金沂组织一个观测队，于 1981 年 3 月在河北兴隆用肉眼观测到了木星的 3 个“伽利略卫星”。由此，我的这项成果通过实践得到了证明，并得到国际天文学界和天文学史界的赞誉。

中国科学技术史学会成立后，学会常务理事会讨论了如何参加 1981 年在罗马尼亚首都布加勒斯特召开的第 16 届国际科学史大会，并在会上解决我国加入国际科学史与科学哲学联合会科学史分部（IUHPS/DHS）的问题。其实，1956 年竺可桢率中国科学史代表团到意大利参加第八届国际科学史大会期间，我国就已经被这个国际组织接纳为会员国。[①]1965 年 7 月，因为这个国际组织与联合国有关系，而中国台湾当时还以“中华民国”的名义占据着联合国的席位，大陆又主动退出了。1956 年后，大陆再未参加国际科学史大会，台湾也未加入国际科学史与科学哲学联合会科学史分部。

1981 年 8 月，由我率团和华觉明、中国社会科学院哲学研究所的查汝强、邱仁宗，教育部系统的张瑞琨、田昌浒、梁淑芬和金尚年到罗马尼亚参加了大会。但到布加勒斯特后，科学史分部的负责人说，你们来参加大会当然欢迎，但要成为这个国际组织的成员还得等一段时间，并要写书面申请。我们还被告知这次台湾也申请入会，但没有人来；国际科联（ICSU）将就这个问题进行讨论，想出一个统一的解决办法。

1981 年席泽宗在布加勒斯特召开的第 16 届国际科学史大会上
（左起：李约瑟、席泽宗、席文）

① 1956 年 9 月，我国以中国自然科学史研究委员会的名义加入该组织，成为其团体会员。

尽管这次罗马尼亚之行没有完成入会任务，但我们也很有收获。我们在小组宣读的论文，大都受到好评。华觉明的《中国古代编钟铸造技术的研究》在音乐声学史组宣读后，罗马尼亚电台录制了用编钟演奏的波隆贝斯库的曲子，并由华觉明讲了话。我宣读的《伽利略前二千年甘德对木卫的发现》，受到李约瑟和德国柏林天文台台长赫尔曼的高度赞扬。罗马尼亚的《科学》杂志和《历史》杂志都要刊登这篇文章。查汝强和邱仁宗在方法论组分别报告的《实践是检验真理的唯一标准和最后标准》《科学的内因和外因初探》也很有影响，尤其许多东欧国家的代表感兴趣。在分组学术讨论会上，我还被选为远东科学史组组长[①]，与席文一道主持了一天的会议。

1981 年席泽宗与华觉明在布加勒斯特
（左华觉明，右席泽宗）

更有深远意义的是，在这次大会上，我们和韩国、印度等亚洲国家的同行，初次见面，一见如故。韩国的全相运（Sang-Woon Jeon）、宋相庸（Sang-Yong Song）、金永植（Yung Sik Kim），印度的苏巴拉亚巴（B. V. Subbarayappa）都是那时认识的。另外，李约瑟、席文、别廖兹金娜等研究中国科学史的学者，对我们都表示了高度的热情。

① 席文与日本的渡边正雄为副组长。

我们从罗马尼亚回来后，中国科学技术史学会开始重新酝酿加入国际科学史与科学哲学联合会科学史分部之事。1983 年 10 月中国科学技术史学会换届，柯俊当选为理事长，我和李佩珊为副理事长。我们上任后对这件事非常重视，向中国科协做了多次汇报，并请这个国际组织的主席和秘书长先后来访，由查汝强、李佩珊和他们谈判。最终中国于 1985 年 8 月在美国加利福尼亚大学伯克利分校举行的第 17 届国际科学史大会上被接纳为会员国。

我记忆犹新的是，8 月 2 日下午国际科学史与科学哲学联合会科学史分部召开会员国代表会议时，柯俊、李佩珊和我都被邀请参加。在会上，除一般会务报告外，主要讨论吸收新的会员国问题。按字母顺序，当时需要讨论表决的有巴西、智利、中国、哥伦比亚和拉丁美洲地区。会议执行主席、秘书夏（W. Shea）首先提出：先讨论中国入会问题，因为这个问题经过几年酝酿，比较成熟。在柯俊简单介绍了中国科学技术史学会的创建、隶属、会员、活动等情况后，有几个国家的代表发言表示赞成，最后全体一致举手通过。会后美国、苏联、印度等许多国家代表都向中国代表热烈祝贺。8 月 6 日下午召开第二次全体会员代表会议，改选理事会，李佩珊当选为理事。这在这个国际组织的历史上破两项纪录，一是当年入会当年当选，二是妇女当选。另外，8 月 6 日这天还召开了国际科学史研究院院士会议，著名物理学家、中国科协主席周培源在会上当选为荣誉院士。

这次美国之行，终于完成任务，大家都非常高兴。1985 年之后，中国科学技术史学会和国际科学史与科学哲学联合会科学史分部保持着良好的关系。每逢国际科学史大会召开，学会都会派遣代表团参加。2001 年在墨西哥召开的第 21 届大会上，学会申办 2005 年的第 22 届大会还获得成功。恰好同一天上午，从莫斯科传来国际奥林匹克委员会通过了 2008 年在北京召开第 29 届奥林匹克运动会的消息。在这届大会上，刘钝当选为国际科学史与科学哲学联合会科学史分部副主席。这样，中国科学技术史学会同这个组织的关系又紧密了一层。

在美国参加这届科学史大会期间，我们遇到加利福尼亚大学圣迭戈分校的美籍华裔物理教授程贞一。他个人研究中国古代科学史并有心得，主动提出愿意于 1988 年 8 月在该校组织召开第五届国际中国科学史讨论会。我们当场对他表示积极的支持，并许诺要提出有分量的论文。趁这次大会之便，他还邀请部分中国学者到该校做了一天的学术报告。为了使这届讨论会顺利召开，程贞一花费了大量的心血，并四处筹措经费。后来会议开得很成功，中国科学技术史学会选派了代表参加。我在会上作了题为《天文学在中国传统文化中的地位》的报告。

继程贞一之后，何丙郁又于 1990 年 8 月在剑桥大学组织召开了第六届国际中国科学史讨论会。我那时刚到澳大利亚墨尔本大学亚洲语系访问，不便申请经费前往，就没有去参加。据说，席文在这届会议上提出成立东亚科学史学会之事。这个学会成立后，他任首任主席。这届会议之后，第七届会议将于 1993 年在日本京都召开。但会议组织者未与中国学者协商，就把会议名称改成第七届国际东亚科学史会议。他们说这样改，主要有两个理由：一是会议依托的组织是东亚科学史学会；二是在日本若以国际中国科学史讨论会的名义申请会议经费，不容易申请到，而若改成国际东亚科学史会议，则会议内容把日本包括在内，这就好申请了。

我得知这件事后，建议组织这届会议的日方管事人桥本敬造（Keizo Hashimoto）用两个名字，即第七届国际中国科技史会议暨第一届国际东亚科学史会议。但他说已经来不及了。于是，国际东亚科学史会议就这么开了。许多中国学者对这件事是有意见的，尤以钱临照的意见最大。1994 年 8 月中国科学技术史学会召开第五次代表大会时，他在主席团会议上明确提出："不管国际东亚科学史会议如何，国际中国科学史会议还应继续开下去。"这一倡议得到许多代表的热烈响应。但由于担心这样做可能会跟国外科学史界闹翻，包括柯俊、李佩珊在内的一些资历较老的代表却提出反对。少壮派代表刘钝也有顾虑，害怕国外科学史界的人联合起来反对，担心会议开不成。

后来，围绕国际中国科学史会议的序列会议是否继续召开的问题，中国科学技术学会几次召开理事会讨论。由于我在学会 1994 年 8 月召开的第五次代表大会上被推选为理事长，就亲自主持并参与了这些讨论。在讨论中，一种意见认为要继续召开；一种意见则认为不要争那个序列了，我们只叫国际会议，在哪个地方开，再加上时间和地名就可以了，如"国际中国科学史会议·1996·北京”。理事会一时拿不定主意。

这件事后来怎么决定下来的呢？1994 年 11 月，我和王渝生到深圳市南山区参加了第三次全国科学技术与社会（STS）讨论会。王渝生就和南山区人民政府的人说起这件事。1995 年 3 月 11 日，南山区人民政府发来一份电传，说愿意拿出 20 万元支持召开第七届国际中国科学史会议。正好这一天，我们要开学会第五届常务理事会第三次会议，路甬祥作为学会的另一位理事长也来参加了会议。听到这个消息后，路甬祥说：

> 深圳市南山区愿意拿出 20 万元支持第七届国际中国科学史会议，这表明，随着社会经济的发展，社会已开始更加关注科学的发展。这个系列的国际会议要每隔三四年一届一届地连续开下去，我们要坚持高举这面旗帜。根据我们现在的情况，会议地点和经费都不成问题，中国科学院和国家自然科学基金委员会也应给予一定的支持。当然，我们也要积极参与和支持国际东亚科学史会议，只要向他们打个招呼，说清楚就行了。

路甬祥的这席话很重要，使我们解开了这个套。因为原来大家都拿不定主意，不知道该怎么办。这次理事会就把以“第七届国际中国科学史会议”的名义，继续召开这个序列的会议的事定下来了，并要我立即着手筹备工作。随后我们就给国外的相关人员写信，通知召开这届会议的事。

对我们继续召开这个序列会议之事，反对最厉害的是日本的知名科学史家中山茂。他简直生气得不得了，回信时在“国际中国科学史会议”这个名称上打叉，表示强烈的抗议。尽管如此，我们还是坚持按原计划开会。后来，我请他担任会议的国际顾问，他也答应了。席文给我的回信倒很委婉，说：你们的这个主意很好，轮流召开两个名称的会，我们见面的机会就更多了。其实，他心里也不高兴。

另外，杨振宁对召开这届会议起了积极的作用。学会理事会定下这件事后，我就给杨振宁写了一封信，请他来担任国际顾问并做报告。他很快就回信说可以参加会议，担任国际顾问，但不做报告。后来，这封信变成一个重要文件。由于杨振宁答应要来，而此前深圳市政府邀请他时曾被他回绝，所

1996 年 1 月 17 日，席泽宗在第七届国际中国科学史会议上做大会报告

以南山区人民政府说可以不惜代价，承担全部会议费用，并说如果你们还要请什么名人，他们都可以招待。后来我就把吴阶平请去了。这两个人到会，对深圳市是一个很大的荣耀。深圳市借开会的机会，还给杨振宁授予了荣誉市民称号。1996 年 1 月第七届会议在深圳成功召开后，德国柏林工业大学的维快（Welf-Heinrich Schnell）又于 1998 年 8 月在该校成功组织召开了第八届会议。这个序列的会议就顺利恢复了。

1995 年李约瑟去世后，我和王渝生于是年 6 月到英国参加他的追思会时碰到了中山茂。当大家谈到恢复国际中国科学史会议这件事时，他还是有些生气。但一些年轻学者说，这没有什么不合理的。听到这个意见，中山茂就跟我说："咱们休战了，不讨论了。这些事情让年轻人去办吧！"后来他对召开国际中国科学史会议的事再没有阻拦。

目前①，国际中国科学史会议开到了第十一届，国际东亚科学史会议开到了第十二届。这两个序列的会议分别由中国科学技术史学会和国际东亚科学史学会主办。近年来，两个学会的关系明显改善，都互相支持。每逢国际东亚科学史会议召开，中国科学技术史学会都派代表参加。2002 年上海交通大学科学史和科学哲学系，还组织召开了第十届国际东亚科学史会议。原来国际东亚科学史学会对中国学者有些限制，规定不能做主席，最高只能做到副主席。后来

① 这是指 2008 年。

也放宽了。2002～2005 年，刘钝做了这个学会的主席。2007 年，在南宁，广西民族大学组织召开第十一届国际中国科学史会议时，国际东亚科学史学会是协办单位，该学会主席古克礼（Christopher Culen）也参加了。不过，近几届国际中国科学史会议，主要是中国学者参加，外国学者，尤其欧洲学者来的不多。这是一个值得注意的问题。

除了这些大事，对于中国科学技术史学会来说，重要的事情莫过于召开学术会议。学会成立后，虽然经费一直不算充裕，甚至有时十分困难，但每年一般要召开七八次学术会议。近 30 年来，学会召开各种类型的学术会议不下一二百次：除了各专业委员会召开的学科史讨论会，还包括颇具特色的国际中国少数民族科技史会议、地方科技史志会议等。另外，还有许多对重要人物、重大事件和重要著作的纪念活动，关于科学思想史、科学技术与社会、科学史理论问题和科学史教育问题的专门会议。

1999 年 3 月 7 日中国科学技术史学会常务理事会（第九次）参会人员在科学史所合影（前排左起：陈美东、陈新华、席泽宗、傅芳、汪子春，中排左起：王渝生、陈久金、汪广仁、李文林，后排左起：郭正谊、周嘉华、林文照、刘钝）

由于所开的会议多不胜数，我不想一一列举，只讲印象特别深刻的一次。这是 1986 年 7 月 4～10 日，学会在山东蓬莱召开的全国首届青年科学史工作者学术讨论会。王渝生是发起这个系列会议的主力。由于年龄已经偏大了，他起初打算就不参加了。但大家说："这次你还得来，还得唱主角。以后，别人就可以接了。"后来去参加的人有几十位，其中不光是青年学者，还有一些年纪稍大的学者，如陈美东、唐锡仁、郭书春、陈久金等。当年我正任科学史所所长，也去了。最开始，有人说我去是要监视大家。结果，我到那里后很开放，大家的反映都很好。在会议开幕式上，我做了题为"谈谈青老关系"的报告，主要谈人际关系。我特别讲道："老年人应该正视思想差距，承认后来居上，以发现人才、培养人才为己任。而青年人应该尊重老年人，不断充实提高自己，并加强自己的修养。"返回北京后，许良英的一位学生向他介绍了情况。据说，许良英听后说我还能当一届所长。

这次会议开得比较成功，涌现出好几位青年学者，包括王渝生、廖育群、陈恒六、江晓原、王青建等。王渝生是严敦杰的学生，研究中国数学史；廖育群研究医学史；陈恒六是许良英的学生，研究近现代科技史；江晓原是我的学生，研究中国天文学史；王青建是梁宗巨的学生，研究世界数学史。四川《大自然探索》记者谢华称前四位是"四大才子"，并对他们各用两个字来描述：王渝生——随和；廖育群——沉思；陈恒六——善辩；江晓原——博学。这些青年学者现在都成为中国科技史界的骨干了[①]。比较可惜的是，这个系列的会议没有连续开下去，中断了一些年，近年才又接着召开[②]。

四、难忘的学术交流和出访活动

"文化大革命"过后，随着社会形势的好转和国门的打开，我参加的学术交流和出访活动日益增多，其中多次给我留下深刻的印象，使我永远难忘。一次是 1977 年 10 月与随美国天文学代表团来访的席文的交流[③]。这是我们与席文的首次接触，也是"文化大革命"后我们首次与国外学者交流。这次美国天文学代表团来访，是美国天文学界首次访华，在中美天文学交流史上具有重要意义。这个代表团共有 10 人，几乎都是大天文学家，只有席文一个人搞天文学史、懂中文。当时席文已是宾夕法尼亚大学教授，主要研究中国古代天文学史、炼丹术等。席文来访之前，我和薄树人、刘金沂等同事早已注

① 陈恒六是个例外。他后来没有继续从事科技史的研究。

② 这个系列的会议，从 1992 年中断，于 2003 年恢复。

③ 席文于 2008 年 7 月在美国巴尔的摩（Baltimore）举行的第 12 届国际东亚科学史会议上做了《关于一代人的个人追忆》（*Personal Reminiscences of a Generation*）的报告。其中提到这次与薄树人、刘金沂、席泽宗、李佩珊等中国科技史家和考古学家夏鼐的交往情况。

意到他。得知美国天文学代表团将访华的消息后，我们就估计他会来。果然不出所料。

这次美国天文学代表团来访，是由中国科学院北京天文台接待的。代表团抵达北京时，由薄树人到机场迎接。薄树人说，当席文得知他可以见到我和科学史所搞天文学史的其他人时，十分高兴。由于接待外宾是相当严肃的事，我们会见席文这天，按照事先的安排都穿着中山装。与席文见面后，我们发现他不仅中文说得很流利，还是个中国通，跟他交流得非常顺畅。为了让席文了解我们研究天文学史的状况，我们单独请席文到北京饭店座谈，由科学史所搞天文学史的人做报告。这实际相当于安排了一个小型的讨论会。当会议快要结束时，发生了一件令人尴尬的事。当时席文向我们征求意见，问他返国后能否把座谈的内容写成报告发表在美国刊物上。由于这件事与政治相关，大家谁也不敢说话，没有人吭气。席文见大家不表态，就对我说："席先生讲讲意见。"我就大着胆子说："可以。"要知道，这样回答在当时是冒着风险的。

通过这次会议，席文看中了刘金沂，对他非常欣赏。刘金沂也确实是科学史所年轻人中的佼佼者。会后，席文主动邀请刘金沂与他吃一顿工作午餐。刘金沂就向大家请示是否能去。虽然这时中美关系已经解冻，但由于大家都还没有完全走出政治的阴影，为了保险起见，就都说："不行。"因此，刘金沂就婉言谢绝了席文的邀请。在北京的活动结束后，席文还去了南京、昆明。

席文访华后的第三年，即 1980 年，我们又接待了首次访华的日本科学史代表团。这个代表团由中山茂带队，团员为桥本敬造、吉田忠、寺地遵、宫下三郎、森村谦一、室贺照子、宫岛一彦、山本德子①。他们都从事中国科学技术史的研究，属于日本京都派科学史学者，在科学史研究方面都有一定数量的著作。这个代表团访华前曾跟科学史所主管外事工作的李家明联系，说要了解中国科学史的研究状况和学科建设情况，并说要与我见面。

---

① 当时中山茂是东京大学教养部讲师，研究"日本、东洋天文学史""学问传统的社会史"；桥本敬造是关西大学社会学部社会学科副教授，研究中国天文学史和数学史；吉田忠是东北大学文学部副教授，研究的面非常广泛，包括西方和日本数学史、物理学史、化学史等；寺地遵是广岛大学文学部史学科副教授，研究中国科学思想史；宫下三郎是武田科学振兴财团杏雨书屋馆员，研究药学史，包括中国本草学史；森村谦一是大阪府立茨木高等学校教谕，兼任京都大学人文科学研究所东方部中国科学技术史研究室讲师，研究中国本草学史；室贺照子是京都女子学园教谕，研究考古化学、化学史等；宫岛一彦是同志社大学工学部机械第二科专职讲师，研究天文学史，特别是中国天文学史等；山本德子是大阪大学教养学部文部教官助手，研究动物学和医学史。见李家明，徐进：《日本科学史学术访华团访华活动简况》。收入中国科学院自然科学史研究所编：《科学史研究动态》，1980 年 8 月，第 11 期：第 8～18 页。

日本科学史代表团抵达北京后，住在前门饭店，我们就在那儿与代表团成员座谈了一次。中山茂还在民族宫西大厅做了学术报告《战后日本科学技术的发展》，主要介绍了战后日本科学技术发展较快的原因。他的报告吸引了很多听众，人数多达二三百人。中国科学院对这次日本科学史代表团访华十分重视，副院长严济慈出面宴请了全体成员。在一起吃饭时，严济慈向研究中国科学思想史的寺地遵提出了一个问题："什么是科学思想史？物理学史、化学史对象很具体，我知道历史上有许多物理学家、化学家，但没有听说过有科学思想家？"由于一时难以回答，这弄得寺地遵很尴尬。

此外，代表团成员在北京参观了历史博物馆和故宫博物院，游览了许多旅游景点，这使他们大开眼界。凑巧的是，代表团乘坐旅游车到八达岭游览时，正好听到车上的收音机在播报他们访华的新闻，这使全体成员兴奋不已，都说："我们都上广播了。"

1980年3月接待日本科学史代表团（前排左一严敦杰、左二钱临照、左三中山茂、左四严济慈、左六段伯宇，中排左五席泽宗，后排左一杜石然、左五潘吉星、左六戴念祖）

在我的印象里，代表团的成员较为直率，在参观访问时对我们的研究工作提出了一些意见。如森村谦一提出，中国是本草学的故乡，但对本草学史没有进行很好的研究，是令人惋惜的。这次日本科学史代表团访华不仅访问了北京，还访问了西安、洛阳、郑州、南京、上海这五个城市。通过参观这些城市的文物古迹，代表团成员针对一些珍贵文物的保护问题提出了意见和建议。如他们参观乾陵章怀太子墓时，发现我们把墓上天文图壁画的脱落部分起了下来，把墙壁抹好后再把画临摹上。他们认为这样做虽然美观，但失去了研究价值，应采用新的化学方法进行保护。

这次与日本科学史代表团的交流，使我与代表团成员建立了良好的关系。1981 年 4 月 1 日～6 月 30 日，我应日本学术振兴会的邀请在日本访问了 3 个月。这是继 1959 年到莫斯科参加全苏科学技术史大会后首次出国，前后已相隔 22 年。访日期间，我在京都大学人文科学研究所中国科学史研究室工作，并到了东京、大阪、仙台、水泽等地访问。

京都大学创办于 1897 年，比东京大学晚 20 年，是日本第二个最老的大学，论规模也居第二；但它在理论物理、中国科技史等方面，则居第一位。京都大学人文科学研究所的前身，是成立于 1929 年的以中国为研究对象的东方文化研究所。后者成立前，该校天文学教授新城新藏（1893～1938）和地质学教授小川琢治（1870～1941），已分别在中国天文学史和中国地理学史方面取得重要成就。东方文化研究所成立后，涌现出能田忠亮、薮内清（Kiyosi Yabuuti，1906～2000）等出色的天文学史家。第二次世界大战后，这个研究所于 1948 年扩建为人文科学研究所。我访问时，它分为三个部——东方部、西洋部和日本部。中国科学史研究室属于东方部。虽然东方部在编的人员只有山田庆儿教授及其助手田中淡两人，但他们以讨论班的形式，团结了关西地区的整个科学史界，形成了一个研究中国科学史的中心，受到全世界的注目。

1981 年，席泽宗在京都大学教授薮内清陪同下，参观京都青少年科技中心（左二席泽宗，左三薮内清）

东方部的讨论班每周一次，头一星期确定下一星期的题目，大家都做准备，但有一人要做重点准备，届时由他做报告，然后展开讨论。我在京都时，每周都参加这个讨论班的活动。讨论班班长为山田庆儿，经常参加的有十多个人，包括薮内清[①]、海野隆口[②]、村上嘉实、桥本敬造、宫岛一彦、赤崛昭、山本德子、森村谦一、胜村哲也[③]、川原秀成[④]等。4 月 27 日下午，我在讨论班做了报告《中国天文学史研究三十年》，由竹内实担任翻译，受到热烈的欢迎和好评。薮内清说："中国的天文学史研究有三大特色：一是天象记录的分析利用；二是少数民族天文历法知识的调查；三是用观测手段来验证古人的记录。"当场他还希望宫岛一彦组织学生，做一些观测验证工作。

访日期间，我短期访问了东京大学科学史系。它是日本大学中唯一的科学史系。我去时，这个系有两名教授——伊东俊太郎、大森庄藏，一名副教授——村上阳一郎，一名助手——刚从美国留学归来的佐佐木力。另有大学生 15 名、修士（相当于硕士）研究生 15 名、博士研究生 12 名，其中大部分学习西方科学史或科学哲学，只有 5 人学习与中国科学史有关的历史知识。6 月 24 日下午，在伊东俊太郎的主持下，我和这 5 名学生座谈了一次，回答了一些问题。这 5 名学生的姓名和专业如下：八耳俊文（地学史、本草史）、铃木孝典（阿拉伯科学史、东方传统科学）、宫崎宰（中日数学史）、下坂英（地质学史和科学教育史）、楠叶隆德（印度科学史）。

除了东京大学科学史系，我还访问了大阪的关西大学，由桥本敬造教授接待。在关西大学，我讲了《战国时期关于行星和卫星的知识》，没料到听众达 400 多人。我就问桥本敬造："怎么有这么多人？"他说："这只是一个班。我们关西大学同一年以内有 9 个班上科学史，每班都有 400 人左右，共 3000 多人。"由于上课的学生众多，关西大学单科学史教授就有 4 人。除桥本敬造外，其他三名是友松芳郎、宫下三郎、市川米太。后来我听说日本的大学普遍开设科学史课程，并且听宫岛一彦讲，他在同志社大学每年所教的学科学史的学生就有 1000 多人。由于中国还没有大学开设科学史课程，我听后感慨万千，就说："在我们国家，我们建议大学开设科学史课程；他们说要学的现代课程都多得安排不过来，哪有时间学历史？"日本朋友斩钉截铁地回答说："这正是 20 年前的论点，20 年前在日本也是如此。现在可不同了。现在不但不把科学史当作包袱，而是当作提高全民文化的必要措施，尤其对文科生更是重要！"

① 薮内清为京都大学名誉教授。

② 海野隆口为大阪大学教授，研究地图学史。

③ 盛村哲为京都大学人文科学研究所副教授，从事以计算机处理汉字文献的工作。

④ 川原秀成为岐阜大学副教授，研究天文、数学思想史。

访日期间，我还了解到虽然日本研究科学史的专门机构很少，设科学史系的大学也只有东京大学一家，但是日本的科学史研究队伍很大。当时日本科学史学会会员达 500 余人，数学史学会也有 200 多名会员。日本之所以有这么多人研究科学史，首先与大学普遍开设科学史课程，教这门课的教师很多，他们在教学之余，一般都做一些专题研究有关。其次，日本退休年龄早，许多科学家退休后在家里搞本门科学史研究，如东京天文台的广濑秀雄、斋腾国治。另外，日本民众文化水平普遍高，爱学习。1981 年 4 月，在京都大学进修的研究天文学史的法国人德布尔（M. Teboul）在京都日法会馆讲《马王堆帛书中的行星理论》，也有 20 多人来听，从白发苍苍的老太太到年轻小伙子都有；我在东京曾遇见一位书店售货员，名叫大桥由纪夫，在勤勤恳恳地研究西藏历法。这样，各方面汇总起来就是人才齐全，队伍很大。

这次访日，令我印象深刻的还有两个方面：一是日本出版的科学史书刊很多；二是日本十分重视保存旧书和资料，且查阅图书相当方便。当时日本已经出齐 25 卷本的《日本科学史大系》，重印了 10 卷本的《日本古典科学全书》。而且日本出版了一批写得比较好的日本近代科学史书籍，包括广重彻的《科学的社会史》、汤浅光朝的《日本的科学技术一百年史》、渡边正雄的《日本人和近代科学》、村上阳一郎的《日本近代科学的道路》、武田楠雄的《维新和科学》等。同时，李约瑟的《中国科学技术史》前 4 卷 6 分册，已由 34 位学者通力合作，翻译成日文，分为 11 册出版；日本科学界还组织翻译了英国查理士·辛格（Charles Singer）的 7 卷本的《技术史》（*A History of Technology*），计划分为 14 册出版，并已出版 12 册；为了发动更多的人研究科学史，朝日出版社正在组织翻译 50 卷本的《科学名著丛书》，并已陆续出版首期工程的 10 本。另外，日本出版的科学史杂志种类较多，单医学史杂志就有 7 种：《日本医史学杂志》《日本医史学会会报》《药史学杂志》《医学史杂志》《日本东洋医学会志》《尚志》《医学选粹》。

日本对保存旧书和资料的重视程度，是令人惊讶的。访日期间，我曾由桥本敬造陪同，参观了奈良附近的天理图书馆。它是一个私立图书馆，藏书竟有 120 万册，并有不少世界孤本，有众多的地图，有不少天球仪，1856 年以来 100 多年的英国《泰晤士报》一天不缺。在大阪附近的南蛮文化馆，也是一个私人机构，专门收藏与 16 世纪欧洲文化有关的美术品，其陈列品中包括利玛窦（Matteo Ricci，1552～1610）的坤舆全图、戴进贤（Ignatius Koegler，

1680～1746）的《黄道南北两总星图》。人们可以到馆中随便观看、拍照。在闻名于世界的水泽国际纬度天文台，设有一个木村荣纪念馆。那里妥善地保存了天文台的这位创办人、历届负责人及有成就的科学家的手稿和所用的仪器，以供人参观，并为以后的历史研究提供条件。

在日本，查阅图书的方便程度，也是令人惊讶的。我在京都大学的办公室里就藏有大量的科学史的基本书籍。如近 70 年的美国 *ISIS* 杂志全套、中国《科学》杂志全套、乔治·萨顿（George Sarton，1884～1956）的《世界科学史引论》（*Introduction to the History of Science*）的原本和日译本全套、李约瑟东亚科学技术史图书馆藏书目录的复制件等。办公室里的图书若不够，还可以到东方部的图书馆去查，馆中庋藏的中文图书共约 22 万册。尽管馆中工作人员只有 3 人，但你填了条子不到 3 分钟就可以送书到手。你需要的篇章，立刻可以复制。如果还解决不了问题，那么京都大学 55 个图书馆全部对外开放，你可以随便去看，真是方便。

还值得一提的是，这次访日，我在仙台遇到了杨振宁，从此便开始与他交往。当时我们住在同一个旅馆，彼此之间的住房只隔一道矮墙。由于他比较随和、好接触，与我没有语言障碍，我们一有空就在一起海阔天空地聊天，相处颇为融洽。在聊天中，我发现他对科学史非常感兴趣，就把自己写的《中国天文学史研究三十年》征求意见稿、《伽利略前二千年甘德对木卫的发现》送给他，请他提意见。出乎意料的是，他对此并不理解，认为发表文章完全是自己的事情，没有必要请别人提意见。不过，他还是收下文章，说是要认真阅读。

1981 年 5 月席泽宗（左）与杨振宁（右）在
日本仙台东北大学共进早餐

第二天一早，我们一起吃饭时，他说都看过了，并问我打算怎么发表第二篇文章。我说要在罗马尼亚首都布加勒斯特召开的第十六届国际科学史大会的分组会议上报告，应该会被收入会议文集。他对这种发表方式不以为意，并说国际科学界一般很少关注文集，并且依赖文集出版可能会如石沉大海；如果这样的话，倒不如被综合性刊物摘登。尽管被摘登的文字很短，哪怕只有豆腐块大小，但会被许多人关注，产生一定的影响。他还说自己就喜欢看综合性刊物。这席话对我很有启发。此外，在一次聊天时，他说我可以当科学史所的所长。我赶忙说："我不行。"没想到两年后，他的话竟应验了！

通过这次访问，日本给我留下了深刻而美好的印象。迄今，我对那段生活还是很想念。从日本返国后，我的学术交流和出访活动就多起来了。印象较深的一次，是 1987 年 10 月应弗拉基米尔·柯萨诺夫（Vladimir Kirsanov）[①]之邀，到莫斯科参加苏联科学院召开的"牛顿与世界科学——纪念《自然哲学的数学原理》出版 300 周年"国际学术讨论会的经历。这次会议，中国代表只有我一个。会议由苏联科学院科学技术史研究所筹备召开，由苏联著名数学史家尤什凯维奇和著名力学史家格里高良主持。苏联本国出席者有 200 多人。另有应邀出席的中国、美国、英国、法国、西班牙、意大利、罗马尼亚、加拿大、荷兰和西德等国代表 10 多位。在会上，我宣读了论文《牛顿学说早期在中国的传播》，并把自己收藏的一本蒙文译本《自然哲学的数学原理》赠送给苏联科学院科学技术史研究所。

这次会议召开之际，苏联还是由戈尔巴乔夫主政的社会主义国家。我到莫斯科后，感觉那里的经济非常萧条，商店里根本没有什么商品。一位中国留学生陪我到坐落于红场的一个大商场购物时，那里还有排大队买东西的人。当时中国已经实行改革开放近 10 年，市场供应要相对好得多。我所住的苏联科学院招待所的伙食也很差。苏联科学院召开这次会议，虽然没有收会务费，但也没有安排照相、宴请，所有代表一律在力学问题研究所自己花钱吃自助餐。这与 1959 年我和李俨到莫斯科的感觉完全不一样。那时我们都觉得苏联好得不

---

① 弗拉基米尔·柯萨诺夫，从事物理学史的研究。现任俄罗斯科学院科学技术史研究所研究员，曾任国际科学史与科学哲学联合会科学史分部第一副主席。

得了，繁荣得很。

与此同时，我感觉莫斯科的政治气氛比较紧张。会议期间，我要复印材料，但到莫斯科的大街上找不到一家复印店。后来听说苏联政府害怕民众复印反动材料，就取缔了街上的复印店。苏联科学院各所人员要复印东西，必须在所里经过领导签字后才能复印。

会议期间，陪同我的是科学技术史研究所的沃尔科夫（Alexei Volkov）。他主要研究数学史，会说中文。有一次，我们闲谈时，他跟我说因为没有莫斯科户口他不能在该所待下去。如果他和一个莫斯科人结婚就可以留下。而由于已经有了对象，他又不愿意这样做。听他这么一说，我才知道苏联也存在户口问题，和中国的情况大致相仿。通过与沃尔科夫谈话，我发现他并不信马列主义这一套，认为世界就是伊斯兰世界跟基督教世界的矛盾，世界并不是社会主义和资本主义的矛盾。这种观点在苏联的自由化学者中应该具有一定的代表性。

会后，我没有乘飞机而是乘坐一周的火车从莫斯科返回北京的。坐火车的多为从苏联、波兰、匈牙利、保加利亚、德国等地返国的我国各部委的工作人员和留学生。大家在火车上谈话的焦点，都是东欧国家的局势问题。一位在匈牙利学习的中国留学生说，他有一次到奥地利，进到超市后马上就高兴得流泪了。因为这个超市的商品极其丰富，可以随便购买，而东欧国家市场里的商品很少。其实据我所知，在当时的东欧国家中，匈牙利的经济条件还算好的。还有一位从柏林回来的中国留学生说：他的老师想从东德跑到西德，在翻越柏林墙时被打死在墙上。这种事情实际是比较普遍的。总之，通过各自在东欧的经历，大家都有一个共同的感觉：东欧早晚要变。

回到北京两年后，我于 1989 年 1 月应程贞一之邀，到美国加利福尼亚大学圣迭戈分校与他进行为期一年半的合作研究。这一年半中，我与程贞一合作得非常愉快，完成了 4 篇论文。此外，我访问了哈佛-斯密松天体物理中心、哈佛大学科学史系、芝加哥大学东亚研究中心，参观了长期居世界第一的巴罗马山天文台等，见到了我中学的同学刘锡纯、韩伯平和赵冈，并看望了正在西北大学读书的儿子云平，真是颇有收获。

1990 年席泽宗访问美国时留影

1990 年 4 月席泽宗夫妇（中间前后两者）与程贞一夫妇
在美国参观巴罗马山五米望远镜后合影

1990 年二三月间，我还以“中国大陆杰出人士”的身份，由美国经日本到中国台湾访问。这次访问为期两周，出面邀请者是台湾的中国天文学会，由台湾清华大学历史研究所的黄一农博士负责联络。当年黄一农在台湾历史学界、科学史界小有名气；现在已经相当突出，当选为“中央研究院”院士。[①]访问台湾期间，我一共做了五次演讲。其中最大的有两次，是在“中央研究院”

① 2006 年 7 月黄一农当选“中央研究院”院士。

讲科学史和在台北圆山天文台讲“中国古代天文成就”。我的演讲后来集结为《科学史八讲》，由台北联经出版事业公司于 1994 年出版。[①]这本书收哪篇文章，怎么弄法，都是由黄一农具体帮助操办的。另外，访问期间，年逾八旬的物理学家吴大猷先生还热情地会见了我。

1990 年访问中国台湾期间席泽宗在台北圆山天文台做报告

据了解，我这次访问中国台湾在两岸学术关系史上是一个突破性的事件。1990 年 2 月 20 日中国台湾的“《中央日报》”文教新闻版曾报道说，我是在中国台湾最高学术殿堂上公开发表学术演讲的第一位中国大陆学者。在美国期间，我之所以想到中国台湾访问，与台湾对中国大陆的开放政策有关。赴美之前，我就从报纸上看到消息，说台湾不仅开放老兵来中国大陆探亲，而且开放中国大陆杰出人士到台湾访问，一改以往几十年来与中国大陆不来往、不接触、不谈判、不对话的强硬立场。到美国后，我就跟黄一农联系，问我能不能到台湾访问。他对此很赞成，说要帮我办一办。当时中国台湾有一个隶属于“教育部”的审查委员会负责审查此事。委员会主任是李远哲，但具体操作的人可能是台湾清华大学人文社会学院院长、“中央研究院”院士李亦园。后来黄一农就帮我提交了申请，结果顺利通过了。

① 这次到中国台湾访问，席泽宗共带去 8 篇讲稿，由于时间关系，有 3 篇未来得及安排演讲。后经台湾清华大学人文社会学院院长李亦园和历史研究所所长张永堂一致建议，将这 8 篇讲稿都整理成文，作为“清华文史讲座”丛刊之一，请联经出版事业公司出版。见席泽宗：《科学史八讲》。台北：联经出版事业公司，1994 年，第 5 页。

1990年访问中国台湾期间席泽宗在台北吴大猷书房
（左起：李国伟、席泽宗、吴大猷、黄一农）

通过学术审查这关后，还要经过中国台湾安全部门政审。这后一关主要审查访问者是不是共产党员。这一关过了以后，才给访问者发一个证件。然后，访问者得提出第三地的入境证。这是因为当年中国台湾与中国大陆之间还没有直航。由于我正在美国，就在去中国台湾之前办好了再入境手续。由此，我离开中国台湾后还要返回美国，不能直接回中国大陆。访问中国台湾期间，中国台湾对中国大陆杰出人士的访问期限放宽到一个月。由于考虑到延长访问时间会增加人家的麻烦，我访问两周后就返回了美国。

除了这些，我一生中还有一次特殊的出访活动。这就是1995年6月到英国参加剑桥大学为这年3月4日逝世的李约瑟博士举行的追思活动。我首先参加的是10日下午2时在剑桥市中心的圣玛丽大教堂举行的追思会。参加追思会的有来自世界各地和英国各界学人700人左右，以及联合国教科文组织的代表和我国驻英大使馆科技参赞。追思会是一种宗教仪式，由斯图尔迪牧师主持，主要是唱赞歌、念圣经和做祈祷，时而站起，时而坐下，还下跪两次。由于李约瑟热爱中国文化，在这次属于英国圣公会教的仪式中，也由美籍华人、李约瑟研究所副所长黄兴宗念了儒家经典《礼记・礼运篇》中的一段："大道之行也，天下为公。选贤与能，讲信修睦，故人不独亲其亲，不独子其子，使老有所终，壮有所用，幼有所长，矜寡孤独废疾者皆有所养，男有分，女有归……是谓大同。"还唱了道教的一段赞歌："巍巍道德尊，功德已定齐；隆身来接引，师宝自相携；慈悲洒法水，用以洗须迷；永展三清岓，长辞五灼泥；慈光接引天尊。”令人惊奇的是，几十个人的合唱队中，没有一个懂中文的，而经过一个月的训练以后，竟然能唱得字字清晰、准确。

在会上发言正式评述李约瑟工作的只有韩博能（W. B. Harland）和我二人，每人发言时间限定为 7 分钟。韩博能是剑桥大学冈维尔-基兹学院的老评议员、著名地质学家、李约瑟的密友和遗嘱的执行者。李约瑟从入剑桥大学开始，一直到去世，始终是冈维尔-基兹学院的成员，并且担任过 10 年（1966～1976 年）院长。这天这个学院降半旗，为李约瑟志哀。韩博能着重讲了李约瑟在剑桥大学的贡献，谈到了他的修养、对生物化学的贡献和与中国学者的有效合作，还特别提到鲁桂珍博士在李约瑟一生的事业中所起的重要作用。我以中国科学院的名义，专门谈了 50 多年来他对中国人民的友好情谊，对中国科学事业和对中国科学史研究所做的杰出贡献，他永远活在中国人民的心中。

追思仪式完后，在教堂外面有民间舞蹈表演。跳舞的人穿白色衣裳，胸前和背后搭着彩色肩带，帽子上插着花，小腿上佩着铃铛。他们有的挥舞手绢，有的挥击手杖。舞曲的调子萦绕耳边，使人难忘。这是李约瑟生前所喜爱的一种舞蹈，叫莫里斯（Morris）舞，他参加了这个舞蹈团体，90 岁时自己还在跳。他还写过一篇《英国民间舞蹈的地理分布》，受到人类学家的赞赏。这天，这个团体的成员们（多为工人、农民）也来为他献礼，表示对他升天的祝福。

1995 年 6 月席泽宗在英国剑桥大学参加李约瑟追思会期间
与劳埃德（左三）、黄兴宗（左四）等合影

1996 年 6 月 15 日席泽宗借到英国参加李约瑟追思会的机会
参观了剑桥大学科学史博物馆

舞蹈完后，大家到冈维尔-基兹学院喝茶。在茶会上，许多新闻记者围着院长问长问短，院长麦克芬森说："李约瑟一生做了两件大事，一是对生物化学的贡献，一是对中国科技史研究的贡献。"

下午 5 时，会场又移到李约瑟研究所。这次参加会议的人数缩减到百人左右。会上，首先由李约瑟研究所所长何丙郁做关于李约瑟研究所未来的报告，表示该所同人决心继承李约瑟的遗志，要把研究所继续办下去，要把李约瑟的巨著《中国科学技术史》继续出下去。

何丙郁讲完话后，由我代表中国科学院周光召院长向李约瑟研究所颁发李约瑟的中国科学院外籍院士证书，会场热烈鼓掌。达尔文学院院长、李约瑟研究所董事长劳埃德（Geoffrey Lloyd）教授将证书打开高举过头，会场再次长时间鼓掌。然后，我又将人大常委会副委员长、中国科学院前院长卢嘉锡悼念李约瑟的挽诗和挽联赠送给研究所，当王渝生展示并宣读至"科技名家望隆山斗，长传巨著书千卷；和平卫士德重圭璋，永慕高风士百行"时，会场又第三次响起热烈掌声，经久不息，把追思活动推向高潮。

五、指导研究生

"文化大革命"过后，随着全国研究生招收工作的恢复，科学史所自 1978

年起招收硕士研究生，后又于20世纪80年代中前期，先后招收数学史、天文学史专业的博士研究生①。我先后从1978年和1983年可以招收硕士、博士研究生。迄今，我正式招收的、独立指导的研究生有两位——江晓原和王玉民。

江晓原，1955年生，上海人，1982年毕业于南京大学天文系。毕业后到科学史所攻读硕士学位，成为我的开门弟子。1984年通过硕士论文答辩的当年，又顺利考上了我的博士生，成为我国第一位天文学史专业的博士生。此后，他一边在中国科学院上海天文台工作，一边在科学史所在职攻读博士学位。江晓原既喜欢读书，又能做学问。我指导他时，没费什么劲；只要给他布置一件工作，过一段时间，他做好后拿来就是合格的。江晓原于1988年5月通过博士论文答辩。评委7人一致认为他的论文优秀。同时，江晓原很有创业能力。1999年调入上海交通大学，创办了科学史与科学哲学系，并出任首任系主任；该校文学院成立后，他又出任首任院长。目前，他已成为国内天文学史领域的著名学者，并担任博士生导师多年了。而且，他指导的博士生钮卫星也带硕士研究生了②。

2007年8月席泽宗（左三）与江晓原（左二）、
钮卫星（左一）、李辉（左四）在南宁合影

王玉民，1958年生，河北保定人，是我的博士生。他曾在张家口师专数学系学习，后考取安徽大学中文系研究生，修中国古典文学。1992年毕业后，

① 科学史所先后于1982年和1983年由国务院学位委员会批准为数学史、天文学史专业博士学位授予点。席泽宗是天文学史专业的第一位博士生导师。

② 2004年秋，钮卫星开始带硕士研究生。他的第一个学生是李辉。

相继在河北日报社、河北承德电台任记者、编辑和部主任。由于痴迷于天文学，酷爱天文学史，决心辞掉工作，一心攻读博士学位。1998年他就给我写信，说决定报考我的博士生。当年他已经40岁，对报考博士生来说，年龄偏大了。不过，从他的来信看，我觉得这个人还是有研究天文学史的潜能的。而且，我也不主张用年龄来限制一个人的发展；同时又想到吴大猷的夫人念博士时都41岁了。因此，就支持他转年报考。结果，他的业务成绩在所有考生中最好，但英语未能通过。

后来，我给他写信，说我2000年还招生。于是，他又考，但英语又没有达到录取标准。在这种情况下，我们给中国科学院写了一个报告，要求破格录取他，并获得批准。入学后，王玉民十分勤奋、踏实，学习极其投入。2003年顺利通过博士论文答辩。在答辩会上，科学史所所长刘钝认为王玉民的论文是他见过的最好的博士论文[①]。2004 年，这篇论文获中国科学院优秀博士学位论文奖。目前，科学史所还没有其他博士生获得这个奖。王玉民毕业时，刘钝等所领导考虑到他年龄较大，与刚留所的年轻人相差近20岁，都不主张他留所工作。此后，他去了北京天文馆古观象台工作。现在主要在参与编撰清史纂修工程的《清史·天文历法志》。

2004年12月北京天文馆新馆开馆时席泽宗（左）
与王玉民（右）合影

不是以我的名义招的，但实际由我指导的研究生有两位——丁蔚和张柏

① 王玉民的博士论文题为“以尺量天——中国古代目视尺度天象记录的量化与归算”。

春。丁蔚搞近代天文学史[①]。她的身体不好，家庭的事也多。我在她身上花的时间，比哪一个研究生都多。毕业后，丁蔚留在科学史所工作。张柏春名义上的导师是陈久金，实际主要由我指导。经过几年的摸爬滚打和扎实、勤奋的工作，张柏春进步很快。现在已是知名专家，科学史所副所长[②]。在参加夏商周断代工程期间，我和李学勤教授还合带了一名硕士、两名博士，并联合指导了两名博士后。这名硕士叫苏辉，其中一名博士叫王泽文。他们现在都在中国社会科学院历史研究所工作。两名博士后，一位是徐凤先，一位是李勇，现在分别为科学史所和中国国家天文台研究天文学史的骨干。另外，我在山东大学，与人合带了一名博士，叫马忠庚[③]，他现在在聊城大学工作。

我个人十分推崇胡适所说的“勤、谨、和、缓”的做学问的方法、态度。指导研究生时，通过言传身教，我实际也要求他们这样做。这四个字原本是宋朝的一位参知政事（副宰相）做官的秘诀。胡适把它们拿来作为做学问的方法，我觉得很好。这四个字对做学问很重要。勤，就是不偷懒，要下苦功夫。一个人再有天才、再聪明，如果不勤奋，那就聪明反被聪明误了。一般人的智力水平都相差不多。成功的人通常都很勤奋。谨，就是不苟且，不潦草。孔子说“执事敬”就是这个意思；胡适所说的“大胆的假设，小心的求证”中的“小心”，也是这个意思。和，就是虚心，不固执、不武断、不动火气。赫胥黎（Thomas Henry Huxley）说：“科学好像教训我们：你最好站在事实的面前，像一个小孩子一样；要抛弃一切先入的成见，要谦虚地跟着事实走，不管它带你到什么危险的境地去。”这就是和。缓，就是不着急，不轻易下结论，不轻易发表。凡是证据不充分或是自己不满意的东西，都可以“冷处理”“搁一搁”。达尔文的进化论搁了20年才发表，就是缓的一个典型。胡适认为，“缓”字最重要，如果不能“缓”，也就不肯“谨”，不肯“勤”，不肯“和”了。现在的中国，整个社会风气很浮躁，更需要“缓”。

同时，我认为做学问不能死读书，要多关心旁的事，要把其他事与自己的研究联系起来。有的人虽然看书很多，但不能融会贯通，触类旁通，也未必能获得成功。因此，我常常对我的研究生说：“处处留心即学问。”

---

① 丁蔚由北京天文台的李竞和席泽宗共同指导。李竞为丁蔚名义上的导师。

② 2009年年底，张柏春由副所长升任所长。

③ 2005年，马忠庚通过博士学位论文答辩。其博士论文题为“汉唐佛教与科学”。

六、晚年参与三个重大项目

我在晚年参与了三个国家级的重大项目：一个是夏商周断代工程[①]，一个是清史纂修工程[②]，还有一个是《中华大典》编纂出版工程[③]。夏商周断代工程，由时任国务委员、国家科委主任的宋健提出。1995 年，宋健参观古埃及卢克索遗址时，发现帕克（R. Parker）据某王登位的第 7 年 8 月 16 日天狼星在东方升起的月相，计算出古埃及第 12 王朝共 213 年，精度为±6 年。这对他触动很大。返国后，他就提出应该组织研究社会科学和自然的专家联合攻关，根据中国丰富的天象记录计算夏商周的年代。他的倡议很快便得到国家领导人的支持。当年 12 月 21 日，国务院决定将夏商周断代工程列为“九五”期间国家重大科研项目。我和李学勤、李伯谦、仇士华一起被聘为首席科学家，筹建专家组，由李学勤出任组长，我和李伯谦、仇士华为副组长。

夏商周断代工程，从正式启动到通过验收，前后历时 5 年，参加的专家近 200 名。在这个工程中，我没有做具体的研究工作，而是做了一些组织工作，包括参与筹建专家组、设立相关课题组和建立研究队伍等。现在学术界对这个工程的结论争论很大。出来反对的人，大都是原来长期做相关研究，而未被邀请参与这个工程的人。我认为，有的人的观点也可以是一家之言。

有人说，这个工程的结论是唯一的。这实际并不是事实。李勇就写了一篇文章，反对武王伐纣的年代。后来他投稿的编辑部，把他的文章送给我审稿。我在审稿意见中说：“可以发表；只要言之有物，言之成理，就可以作为一家之言。”但一些项目组成员认为，不能发表不同意见。这是不对的。我们只是把关于夏商周年代的研究向前推进了一步，完成的只是阶段性成果，还不能说得出的就是最后的结论。现在这个工程虽然结束了，但还有一些剩余经费，有些项目组成员还在做一些扫尾的事。如计划在原来项目组出版的小薄册子的基础上，出版一本比较厚的，有几十万字的书；一些有积极性的项目组成员正在做碳 14 测年等的工作。

---

① 夏商周断代工程作为“九五”期间国家重大科研项目，1996 年 5 月 16 日正式启动，2000 年 9 月 15 日通过验收。

② 清史纂修工程，是国家的一项重大学术文化工程，2002 年正式启动。

③《中华大典》编纂出版工程，是经国务院批准的国家重点古籍整理项目，1992 年正式启动。

1998年12月席泽宗（中）在夏商周断代工程
“武王伐纣之年”专题讨论会上发言

我参与清史纂修工程，纯属偶然。有一次在夏商周断代工程项目组吃饭的时候，我碰到清华大学的一位教授。他开过一次清史纂修工程的会，说其中没有《天文历法志》，原因是里面讲的都是迷信的东西，并且也没有人搞。我听了这话，就不高兴了。后来请在北京天文馆古观象台工作的王荣彬打听这件事。

随后，我给清史纂修工程编委会主任戴逸打电话，说这个工程如果不编撰《天文历法志》，将来你就是千古罪人。同时，我说：“《二十四史》中的《天文历法志》是署名的，在全世界影响很大。《清史稿》中也有《天文历法志》。编清史，没有这个‘志’，是说不过去的。将来如果编纂中华民国史，没有《天文历法志》，是可以的。因为那时天文历法已经成为自然科学的一部分。而在清朝时，天文历法还是传统的东西。”戴逸回答说：“没人撰写《天文历法志》。”我说：“不仅搞天文学史的人多得很，而且做了不少有关清代天文学史的研究。”他听后就说：“那你来做吧！”这个项目就这么接下来了。

2003年9月正式接下这个项目后，我先请王荣彬和王玉民参加。当时北京天文馆古观象台要成立一个天文学史研究中心。他们两个人是中心的骨干。没想到，《清史·天文历法志》编撰项目后来还成为清史纂修工程第一个启动的子课题。此后，我们正式展开工作。但不久主要负责历法部分编撰工作的王荣彬离开了古观象台，做了北京市的科委副主任。我们又请天津师范大学徐泽林教授接替王荣彬的工作。后来参加工作的还有徐凤先。目前，项目组已经完成不少工作。

在《中华大典》编纂出版工程中，我作为编委会副主任，主要负责自然科学类典籍的编纂出版工作。这类典籍有 2 亿多的文字量，主要包括数学典、物理化学典、天文学典、地学典、医药卫生典、农业典、林业典、生物典、工业典、交通典等。其中医药卫生典的工作启动得比较早，现在已经开始出版。由于缺乏相关人才，难以组建编纂队伍，其他典近一两年才开始陆续启动。这种情况的出现与近年来科学史研究的重点向科学文化、科学传播和科学战略倾斜，从事古代科技文献研究的力量有所减弱有关。由于编纂《中华大典》是对中国古代文化的一种系统整理，对研究中国学问会提供更方便、更有利的条件，我主张我们今后培养科技史专业研究生时，要注意培养一部分从事文献学方面研究的学生，让他们能够阅读和研究中国古代科技文献。

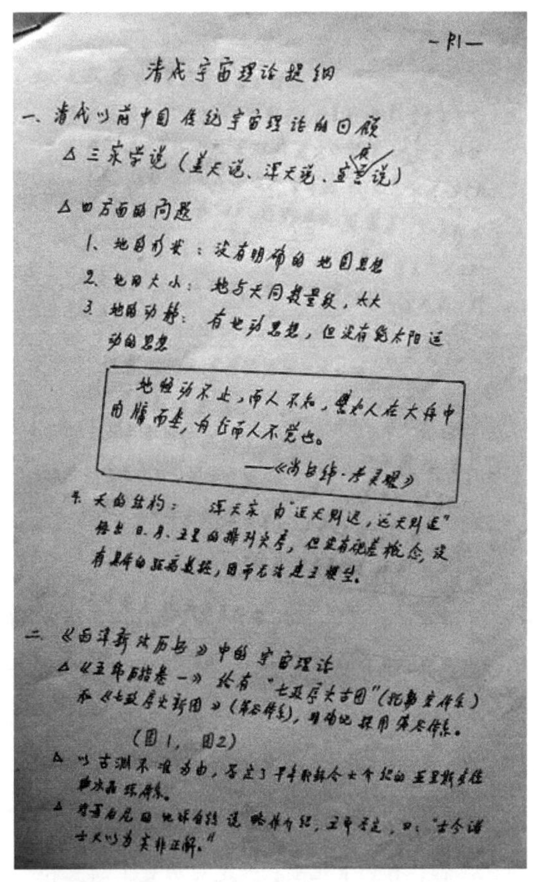

-P1-

清代宇宙理论提纲

一、清代以前中国传统宇宙理论的回顾

△三家学说（盖天说、浑天说、宣夜说）

△四方面的问题

1、地的形状：没有明确的地圆思想

2、地的大小：地与天同数量级，太大

3、地的动静：有地动思想，但没有绕太阳运动的思想

地恒动不止，而人不知，譬如人在大舟中，闭牖而坐，舟行而人不觉也。

——《尚书纬·考灵曜》

4、天的结构：浑天家由"近天则迟，远天则速"得出日、月、五星的排列次序，但没有视差概念，没有具体的距离数据，因而无法建立模型。

二、《西洋新法历书》中的宇宙理论

△《五纬历指卷一》绘有"七政序次古图"（托勒密体系）和《七政序次新图》（第谷体系），明确地采用第谷体系。

（图1，图2）

△以古测不准为由，否定了……

△对哥白尼的地球自转说略作介绍，但予否定，曰："古今诸士又以为实非正解。"

编撰《清史·天文历法志》期间，席泽宗撰写的“清代宇宙理论提纲”（部分）

第八章　从研究古新星到探索科学思想史

从事科学史研究50余年，席泽宗认为他所做的工作并不太多。他说这与他们这个年龄段的人在20世纪50～70年代，几乎都将五分之四的时间，用于搞政治运动（包括参加政治学习、劳动锻炼）有关。不过，令他欣慰的是，他的不少工作得到学界的认可，有的在国际上产生了比较大的影响。由于他的学术成就，他还获得重要的学术荣誉。

"文化大革命"前，席泽宗主要研究天文学史。在这方面，他把精力主要集中于研究天文本身，偏重研究天象记录，很少研究天文历法。[①]之所以这样，主要是受到竺可桢的影响。竺老对他说过这话："研究天文历法，花费很多工夫，但你算出来之后可能只差一天，这没有多大意义。""文化大革命"过后，席泽宗不断拓展研究领域，将研究工作的重心转向科学思想史。

他最满意的研究工作，有如下几项：一是对历史上新星和超新星的研究；二

① 席泽宗虽然很少研究天文历法，但非常尊重这方面的工作。他对同事陈美东、陈久金在这方面的工作都十分赞赏，尤其对前者的《古历新探》评价颇高。另外，他提到薄树人与他一样，主要研究天文本身，对天文历法关注不够。

是考证战国晚期的天文学家甘德用肉眼发现了木卫；三是关于王锡阐天文工作的研究；四是对出土文物《敦煌星图》、马王堆汉墓帛书《五星占》及彗星图的研究等。在科学思想史方面，他主编的《中国科学技术史·科学思想卷》在研究视角上不同于国内以往的科学思想史著作，受到学术界的好评。

一、研究历史上的新星和超新星

我是从1954年开始研究历史上的新星和超新星的。前面讲过，这是竺可桢副院长应苏联天文学界的要求，给我布置的工作。20世纪三四十年代以来，新星的研究在天体演化学和射电天文学领域日益受到科学家的关注。为了解决新星和超新星的爆发是否形成射电源、新星是否能多次爆发、新星或超新星的爆发是否表示普通星向白矮星过渡等问题，科学家既需要现代的，也需要古代的大量的新星和超新星的观测资料。关于古代的新星观测资料，瑞典天文学家伦德马克（Knut Lundmark）主要根据《文献通考》等资料编成了一个表，于1921年发表。全世界的天文学家应用的古代新星资料，几乎全取自这个表。然而，这个表在正确性和完整性方面都是有缺点的。我的工作目标，是从中国古代长期积累的历史文献中更加全面、完整地寻找新星和超新星爆发记录，为进一步研究超新星提供史实和佐证。换句话说，它是运用古代的材料解决现代科学上的问题。

1954年，我将从中国历史文献中所查到的可能是有关新星爆发的30宗记录，编订了一个表，并初步探讨了超新星爆发与射电源的关系。在此基础上，次年我在《天文学报》发表了《古新星新表》。这篇论文指出伦德马克的表中有5条是关于彗星而非新星的记录，公布了一份含有90个可能的目视新星的记录表。该表的记录最早是从公元前14世纪甲骨文的记载开始，最晚到1700年结束，其准确性和完备程度都远超过伦德马克的表。《古新星新表》发表不久，就引起国际天文学界的重视，被译成了俄文和英文，并被各国天文工作者广泛引用。

1965年我和薄树人在《天文学报》合作发表了《中、朝、日三国古代的新星纪录及其在射电天文学中的意义》一文。在该文中，我们根据近代天文知识先确定了鉴别新星的七步审查标准，然后依此标准和新收集的朝鲜、日本等国的资料，对《古新星新表》做了增订。这次增订主要增加了 37 条记录（其中朝鲜的占一半），删除了原表的 37 条记录，增订后仍保留 90 条记录。原有的 53 条记录中，有些这次也增加了新的内容。为了使这个表更加完整，我们还收录了与阿拉伯和欧洲有关的 7 条新资料。另外，根据 3 颗超新星的特点，我们提出两条区分新星和超新星的标准，并探讨了超新星的爆发频率。这篇论文在国际上产生了更大的影响。

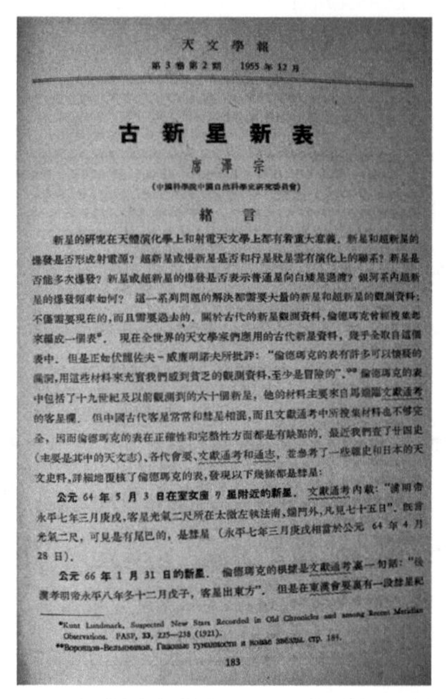

天文學報
第 3 卷第 2 期 1955 年 12 月

古 新 星 新 表

席 泽 宗
(中國科學院中國自然科學史研究委員會)

緒 言

新星的研究在天體演化學上和射電天文學上都有着重大意義. 新星和超新星的爆發是否形成射電源? 超新星或慢新星是否和行星狀星雲有演化上的聯系? 新星是否能多次爆發? 新星或超新星的爆發是否表示普通星向白矮星過渡? 銀河系內超新星的爆發頻率如何? 這一系列問題的解決都需要大量的新星和超新星的觀測資料; 不僅需要現在的, 而且需要過去的. 關於古代的新星觀測資料, 倫德瑪克曾經搜集起來編成一個表*. 現在全世界的天文學家們應用的古代新星資料, 幾乎全取自這個表中. 但是正如伏龍佐夫－威廉明諾夫所批評: "倫德瑪克的表有許多可以懷疑的漏洞, 用這些材料來充實我們感到貧乏的觀測資料, 至少是冒險的".** 倫德瑪克的表中包括了十九世紀及以前觀測到的六十個新星, 他的材料主要來自馬端臨文獻通考的客星欄. 但中國古代客星常常和彗星相混, 而且文獻通考中所搜集材料也不夠完全, 因而倫德瑪克的表在正確性和完整性方面都是有缺點的. 最近我們查了廿四史(主要是其中的天文志)、各代會要、文獻通考和通志, 並參考了一些雜史和日本的天文史料, 詳細地覆核了倫德瑪克的表, 發現以下幾條都是彗星:

公元 64 年 5 月 3 日在室女座 γ 星附近的新星. 文獻通考內載: "漢明帝永平七年三月庚戌, 客星光氣二尺所在太微左執法南, 端門外, 凡見七十五日". 既有光氣二尺, 可見是有尾巴的, 是彗星 (永平七年三月庚戌相當於公元 64 年 4 月 28 日).

公元 66 年 1 月 31 日的新星. 倫德瑪克的根據是文獻通考裏一句話: "後漢孝明帝永平八年冬十二月戊子, 客星出東方". 但是在東漢會要裏有一段彗星紀

*Knut Lundmark, Suspected New Stars Recorded in Old Chronicles and among Recent Meridian Observations. PASP, 33, 225—238 (1921).

**Воронцов-Вельяминов, Газовые туманности и новые звезды. стр. 184.

183

1955 年席泽宗发表于《天文学报》的《古新星新表》的第 1 页

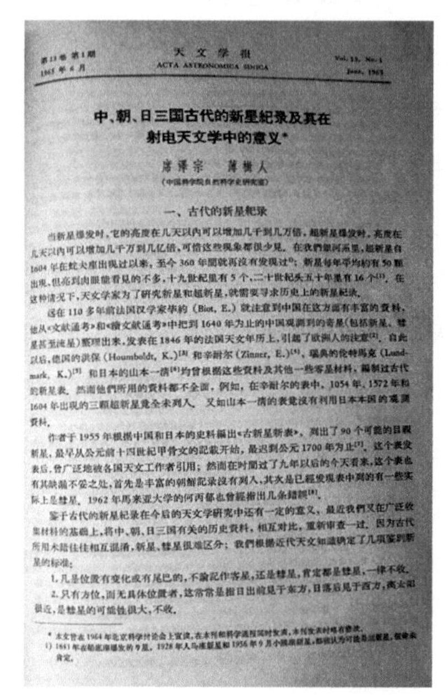

第 13 卷 第 1 期 1965 年 6 月
天 文 学 报
ACTA ASTRONOMICA SINICA
Vol. 13, No. 1 June, 1965

中、朝、日三国古代的新星紀录及其在射电天文学中的意义*

席泽宗 薄樹人
(中国科学院自然科学史研究室)

一、古代的新星紀录

当新星爆发时, 它的亮度在几天以內可以增加几千到几万倍, 超新星爆发时, 亮度在几天以內可以增加几千万到几亿倍, 可惜这些现象都很少見. 在我們銀河系里, 超新星自 1604 年在蛇夫座出现过以来, 至今 360 年間就再沒有发现过[1); 新星每年平均約有 50 顆出現, 但亮到肉眼能看見的不多, 十九世紀里有 5 个, 二十世紀头五十年里有 16 个[1]. 在这种情况下, 天文学家为了研究新星和超新星, 就需要寻求历史上的新星紀录.

远在 110 多年前法国汉学家毕約 (Biot, E.) 就注意到中国在这方面有丰富的資料. 他从《文献通考》和《續文献通考》中把到 1640 年为止的中国观測到的奇星(包括新星、彗星甚至流星)整理出来, 发表在 1846 年的法国天文年历上, 引起了欧洲人的注意[2]. 自此以后, 德国的洪保 (Houmboldt, K.)[3] 和辛耐尔 (Zinner, E.)[4]、瑞典的伦特馬克 (Lundmark, K.)[5] 和日本的山本一清[6]均曾根据这些資料及其他一些客星材料, 編制过古代的新星表. 然而他們所用的資料都不全面. 例如, 在辛耐尔的表中, 1054 年、1572 年和 1604 年出现的三顆超新星竟全未列入. 又如山本一清的表竟沒有利用日本本国的观測資料.

作者于 1955 年根据中国和日本的史料編出《古新星新表》, 列出了 90 个可能的日视新星, 最早从公元前十四世紀甲骨文的記載开始, 最迟到公元 1700 年为止[7]. 这个表发表后, 曾广泛地被各国天文工作者引用; 然而在时間过了九年以后的今天看来, 这个表也有其缺漏不妥之处, 首先是丰富的朝鮮記录沒有列入, 其次是已經发现表中列的有一些实际上是彗星. 1962 年馬来亚大学的何丙郁也曾經指出几条錯誤[8].

鉴于古代的新星紀录在今后的天文学研究中还有一定的意义, 最近我們又在广泛收集材料的基础上, 将中、朝、日三国有关的历史資料, 相互对比, 重新审查一过. 因为古代所用术語往往相互混淆, 新星、彗星很难区分; 我們根据近代天文知識确定了几項鉴别新星的标准:

1. 凡是位置有变化或有尾巴的, 不論記作客星, 还是彗星, 肯定都是彗星, 一律不收.

2. 只有方位, 而无具体位置者, 这常常是指日出前見于东方, 日落后見于西方, 离太阳很近, 是彗星的可能性很大, 不收.

1965 年席泽宗和薄树人发表于《天文学报》的《中、朝、日三国古代的新星纪录及其在射电天文学中的意义》第 1 页

近几十年来，这两篇论文成为研究宇宙射电源、脉冲星、中子星、γ 和 X 射线源的重要文献而被频繁引用达 1000 多次。爱尔兰天文学家、英国《中国天文学与天体物理学》（*Chinese Astronomy and Astrophysics*）杂志主编江涛（Tao Kiang）于 1977 年在美国《天空和望远镜》（*Sky and Telescope*）杂志撰文时说："对西方科学家而言，发表在《天文学报》上的所有论文中，最著名的两篇可能就是席泽宗在 1955 年和 1965 年关于中国超新星记录的文

章。”①美国著名天文学家斯特鲁维（Otto Struve）和齐伯格（Velta Zebergs）等人在编撰《二十世纪天文学》（*Astronomy of the 20th Century*）一书时，所提到的中国天文学家的工作，只有《古新星新表》一项②。著名天文学家王绶琯院士评价说，我的工作为超新星（恒星演化晚期星体剧烈爆炸的现象）的研究打开了新的局面；其“古为今用”的效果超出了“天文考古”，为天文学史研究中的“珍品”③。

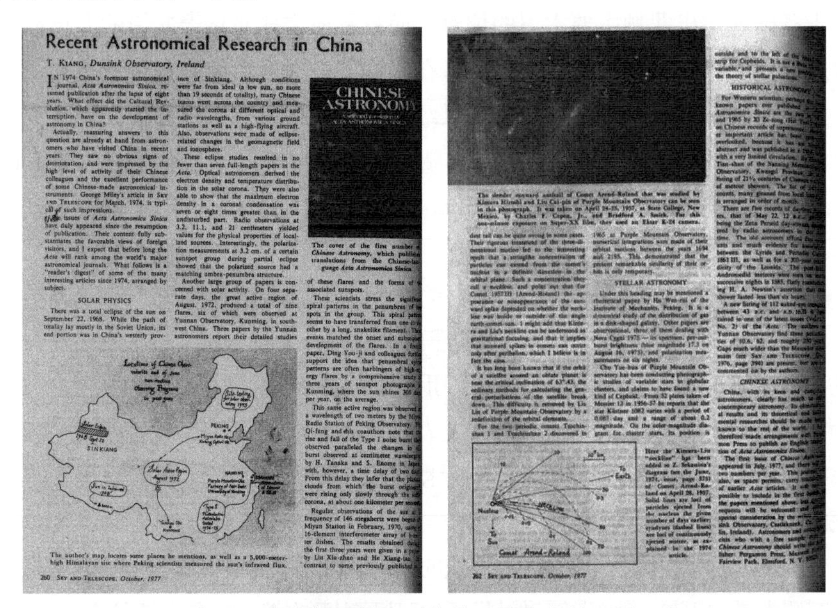

Recent Astronomical Research in China

T. Kiang, *Dunsink Observatory, Ireland*

In 1974 China's foremost astronomical journal, *Acta Astronomica Sinica*, resumed publication after the lapse of eight years. What effect did the Cultural Revolution, which apparently started the interruption, have on the development of astronomy in China?

Actually, reassuring answers to this question are already at hand from astronomers who have visited China in recent years. They saw no obvious signs of deterioration, and were impressed by the high level of activity of their Chinese colleagues and the excellent performance of some Chinese-made astronomical instruments. George Miley's article in Sky and Telescope for March, 1974, is typical of such impressions.

Five issues of *Acta Astronomica Sinica* have duly appeared since the resumption of publication. Their content fully substantiates the favorable views of foreign visitors, and I expect that before long the *Acta* will rank among the world's major astronomical journals. What follows is a "reader's digest" of some of the many interesting articles since 1974, arranged by subject.

SOLAR PHYSICS

There was a total eclipse of the sun on September 22, 1968. While the path of totality lay mostly in the Soviet Union, its end portion was in China's westerly province of Sinkiang. Although conditions were far from ideal (a low sun, no more than 19 seconds of totality), many Chinese teams went across the country and measured the corona at different optical and radio wavelengths, from various ground stations as well as a high-flying aircraft. Also, observations were made of eclipse-related changes in the geomagnetic field and ionosphere.

These eclipse studies resulted in no fewer than seven full-length papers in the *Acta*. Optical astronomers derived the electron density and temperature distribution in the solar corona. They were also able to show that the maximum electron density in a coronal condensation was seven or eight times greater than in the undisturbed part. Radio observations at 3.2, 11.1, and 21 centimeters yielded values for the physical properties of localized sources. Interestingly, the polarization measurements at 3.2 cm. of a certain sunspot group during partial eclipse showed that the polarized source had a matching umbra-penumbra structure.

Another large group of papers is concerned with solar activity. On four separate days, the great active region of August, 1972, produced a total of nine flares, six of which were observed at Yunnan Observatory, Kunming, in southwest China. Three papers by the Yunnan astronomers report their detailed studies of these flares and the forms of ... associated sunspots.

These scientists stress the ... spiral patterns in the penumbras of ... spots in the group. This spiral ... seems to have transferred from one ... other by a long, snakelike filament. ... events matched the onset and ... development of the flares. In a ... paper, Ding You-ji and colleagues ... support the idea that penumbral ... patterns are often harbingers of high-... ergy flares by a comprehensive study ... three years of sunspot photographs ... Kunming, where the sun shines 305 ... per year, on the average.

This same active region was observed ... a wavelength of two meters by the ... Radio Station of Peking Observatory. ... Qi-feng and his coauthors note that ... rise and fall of the Type I noise burst ... observed paralleled the changes in ... burst observed at centimeter wavelength ... by H. Tanaka and S. Enome in Japan ... with, however, a time delay of two ... From this delay they infer that the ... clouds from which the burst originated ... were rising only slowly through the ... corona, at about one kilometer per second.

Regular observations of the sun ... frequency of 146 megahertz were begun ... Miyun Station in February, 1970, using ... 16-element interferometer array of ... ter dishes. The results obtained ... the first three years were given in a ... by Liu Xiu-zhao and He Xiang-tao ... contrast to some previously published ...

The cover of the first number ... *Chinese Astronomy*, which publishes translations from the Chinese-language *Acta Astronomica Sinica*

The author's map locates some places he mentions, as well as a 5,000-meter-high Himalayan site where Peking scientists measured the sun's infrared flux.

260 Sky and Telescope, October, 1977

The slender sunward antitail of Comet Arend-Roland that was studied by Kimura Hiroshi and Liu Cai-pin of Purple Mountain Observatory can be seen in this photograph. It was taken on April 24-25, 1957, at State College, New Mexico, by Charles F. Capen, Jr., and Bradford A. Smith. For this one-minute exposure on Super-XX film, they used an Ektar K-24 camera.

STELLAR ASTRONOMY

HISTORICAL ASTRONOMY

CHINESE ASTRONOMY

262 Sky and Telescope, October, 1977

1977 年《天空和望远镜》刊载的江涛文章第 1 页（左）
和涉及席泽宗部分（右）

二、考证甘德发现木卫

关于考证甘德发现木卫这项工作，是在“文化大革命”后做的。做这项工作的动因，是我在唐代瞿昙悉达编的《开元占经》卷 23《岁星占》中发现

① 江涛的原文是：“For Western Scientists，perhaps the best known papers ever published in Acta Astronomica Sinica are the two in 1955 and 1965 by Xi Ze-zong（His Tse-Tsung）on Chinese records of supernovae.” 参见 Tao Kiang. Recent Astronomical Research in China. Sky and Telescope，1977，54，4：260～263.

② Otto Struve and Velta Zebergs：Astronomy of the 20th Century. New York：The Macmillan Company，1962：347.

③ 王绶琯：《评〈古新星新表与科学史探索〉》。见《光明日报》，2003 年 6 月 13 日，第 B1 版。

了一段非常重要的内容，即“甘氏曰：单阏之岁，摄提格在卯，岁星在子，与婺女、虚、危晨出夕入，其状甚大有光，若有小赤星附于其侧，是谓同盟”[①]。读到这段文字后，我推测甘德可能对木卫已有所发现。但要证明甘德发现木卫，首先得考虑不用望远镜能不能看见它。

后来我发现杰出的德国地理学家洪堡（Alexander von Humboldt，1769～1859）记载过这样一件事：他所认识的一位裁缝曾在无月的晴朗夜晚，能够相当精确地指出四颗主要木卫的位置。而且我还委托北京天文馆的人员在天象厅进行模拟观测，证明目力好的人在良好的条件下用肉眼可以看见木卫。这为我的推测提供了佐证。然后我又经过仔细的推算，得出甘德发现木卫的年代可能是在公元前 364 年夏天的结论。他的发现几乎比伽利略（Galileo Galilei，1564～1642）和麦依耳（Simon Mayer 或 Marius，1573～1624）发现木卫的时间要早 2000 年。

1980 年 10 月，我在中国科学技术史学会成立大会上宣读了《伽利略前二千年甘德对木卫的发现》一文，报告了这个成果。关于这次大会，我已经介绍过，不多谈了。没想到，这个成果又引起较大的影响。转年 2 月 13 日，香港《大公报》在头版头条位置刊登新华社发自上海的电讯：“科学院副研究员席泽宗提出论证中国早在战国时期已发现木星有卫星。”此后国内外媒体展开了热烈的报道。

刘金沂自愿组织一个由 10 人组成的观测队，于 3 月 9～11 日到河北兴隆目视观测木星的卫星。观测前，他设计了好几种观测方法。一种方法是将 10 个人分成 4 组，其中一个组有一个人用大望远镜来观测，其余 3 个组各看各的，不在一起。最终他们观测成功，有两个晚上用肉眼都观测到木星的 3 个“伽利略卫星”。这从实践上证明了我的成果。为此，以毕生精力研究中国天文学史的日本京都大学名誉教授薮内清，曾以《“实验天文学史”的尝试》为题发表一篇短文，认为这是实验天文学史的开始[②]。后来黄一农还仿制了中国古代的窥管来观测，结果也证明甘德确实能用肉眼观测到木卫。

1981 年 4 月，《天体物理学报》发表了我的论文。英国的《中国天文学和天体物理学》（*Chinese Astronomy and Astrophysics*）、美国的《中国物理》（*Chinese Physics*）杂志都译载了全文。

---

① [唐]瞿昙悉达编：《开元占经》，万历四十五年（1617）刻本。

② 席泽宗：《古为今用 推陈出新——建国以来中国天文学史研究的回顾》，收入《古新星新表与科学史探索——席泽宗院士自选集》。西安：陕西师范大学出版社，2002 年，第 352 页。

1981 年席泽宗在河南登封与参加全国青少年天文夏令营活动的部分师生合影（左三席泽宗，右一为观测到 3 个木卫的俞红芳同学）

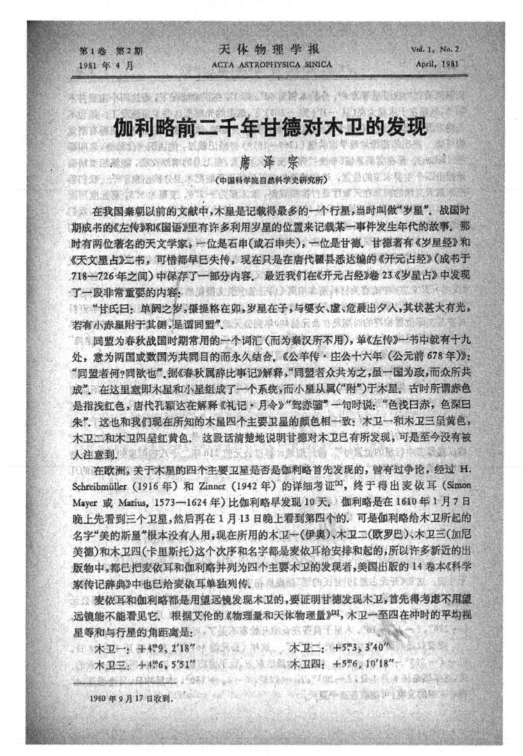

第1卷　第2期　1981 年 4 月　　天体物理学报　ACTA ASTROPHYSICA SINICA　　Vol. 1, No. 2　April, 1981

伽利略前二千年甘德对木卫的发现

席泽宗
（中国科学院自然科学史研究所）

在我国秦朝以前的文献中，木星是记载得最多的一个行星，当时叫做“岁星”．战国时期成书的《左传》和《国语》里有许多利用岁星的位置来记载某一事件发生年代的故事．那时有两位著名的天文学家，一位是石申（或石申夫），一位是甘德．甘德著有《岁星经》和《天文星占》二书，可惜都早已失传，现在只是在唐代瞿昙悉达编的《开元占经》（成书于 718—726 年之间）中保存了一部分内容．最近我们在《开元占经》卷 23《岁星占》中发现了一段非常重要的内容：

“甘氏曰：单阏之岁，摄提格在卯，岁星在子，与婺女、虚、危晨出夕入，其状甚大有光，若有小赤星附于其侧，是谓同盟”．

同盟为春秋战国时期常用的一个词汇（而为秦汉所不用），单《左传》一书中就有十九处，意为两国或数国为共同目的而永久结合．《公羊传·庄公十六年（公元前 678 年）》：“同盟者何？同欲也”．据《春秋属辞比事记》解释，“同盟者众共为之，虽一国为政，而众所共成”．在这里意即木星和小星组成了一个系统，而小星从属（“附”）于木星．古时所谓赤色是指浅红色，唐代孔颖达在解释《礼记·月令》“驾赤骝”一句时说：“色浅曰赤，色深曰朱”．这也和我们现在所知的木星四个主要卫星的颜色相一致：木卫一和木卫三呈黄色，木卫二和木卫四呈红黄色．这段话清楚地说明甘德对木卫已有所发现，可是至今没有被人注意到．

在欧洲，关于木星的四个主要卫星是否是伽利略首先发现的，曾有过争论，经过 H. Schreibmüller（1916 年）和 Zinner（1942 年）的详细考证[1]，终于得出麦依耳（Simon Mayer 或 Marius, 1573—1624 年）比伽利略早发现 10 天．伽利略是在 1610 年 1 月 7 日晚上先看到三个卫星，然后再在 1 月 13 日晚上看到第四个的．可是伽利略给木卫所起的名字“美的斯星”根本没有人用，现在所用的木卫一（伊奥）、木卫二（欧罗巴）、木卫三（加尼美德）和木卫四（卡里斯托）这个次序和名字都是麦依耳给安排和起的，所以许多新近的出版物中，都已把麦依耳和伽利略并列为四个主要木卫的发现者，美国出版的 14 卷本《科学家传记辞典》中也已给麦依耳单独列传．

麦依耳和伽利略都是用望远镜发现木卫的，要证明甘德发现木卫，首先得考虑不用望远镜能不能看见它．根据艾伦的《物理量和天体物理量》[2]，木卫一至四在冲时的平均视星等和与行星的角距离是：

木卫一：$+4^{\mathrm{m}}.9$, 2′18″　　木卫二：$+5^{\mathrm{m}}.3$, 3′40″
木卫三：$+4^{\mathrm{m}}.6$, 5′51″　　木卫四：$+5^{\mathrm{m}}.6$, 10′18″

1980 年 9 月 17 日收到．

1981 年发表于《天体物理学报》的《伽利略前二千年甘德对木卫的发现》第 1 页

三、钻研王锡阐的天文工作

王锡阐（1628～1682），字寅旭，号晓庵，是明末清初的著名天文学家。对于他的天文造诣，清代学者有很高的评价。例如，顾炎武（1613～1682）说："学究天人，确乎不拔，吾不如王寅旭。"梅文鼎（1633～1721）说："历学至今日大盛，而其能知西法复自成家者，独北海薛仪甫①、嘉禾王寅旭二家为盛，薛书受于西师穆尼阁，王书则从历书悟入，得于精思，似为胜之。"他还认为："近世历学以吴江②为最，识解在青州③之上。"而且，王锡阐活着的时候，民间已有"南王北薛"之称。尽管人们对王锡阐评价这么高，但至20世纪50年代还没有人对他做过深入的研究。

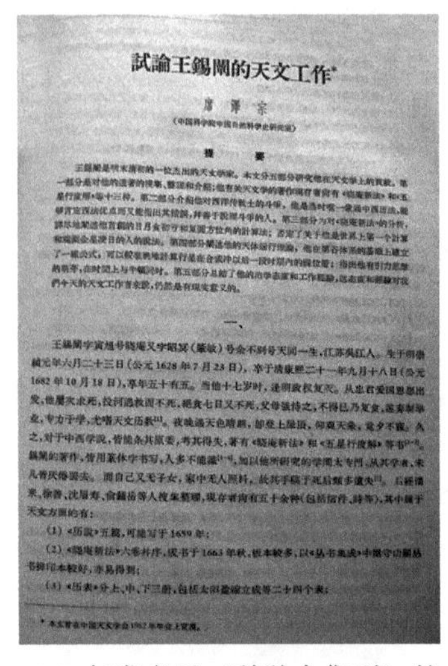
試論王錫闡的天文工作*

席澤宗

摘　要

一、

1963年发表于《科学史集刊》的《试论王锡阐的天文工作》第1页

1959年9月，我和薄树人各自都完成了在《中国天文学史》中所承担的写作任务。这时正逢三年困难时期，研究室要调整研究内容，我们就商量以后做什么。因为研究室要出一个纪念徐光启的文集，薄树人准备为它写一篇文章，就决定研究徐光启。与薄树人商量后，我决定研究王锡阐。后来我们都花了半年多时间，完成各自的研究。说实在的，我没有受过正统的科学史训练。做这项研究有点"人物带学科"性质。

1962年8月，我在北京友谊宾馆召开的中国天文学会第二次会员代表大会上，报告了《试论王锡阐的天文工作》一文。这篇论文是比较深入的。它介绍和分析了王锡阐对西方历法的看法，探讨了他的《晓庵新法》和他在天体运行理论方面的造诣。同时，我就《晓庵新法》第6卷的内容，指出王锡阐并未预告崇祯四年十一月十四（1631年12月6日）的金星凌日，只是在书中泛泛叙述一个方法。这纠正了自朱文鑫以来学术界一直认为王锡阐是世界上第一个计算金星凌日的人的错误。《试论王锡

① 薛仪甫，即明末清初历算名家薛凤祚（1600～1680年）。

② 吴江，即指王锡阐。

③ 青州，即指薛凤祚。

阐的天文工作》这篇论文于 1963 年刊于《科学史集刊》。

四、考订敦煌卷子、马王堆帛书

“文化大革命”前夕，我开始注意研究出土文物。最早的一篇论文，是 1966 年发表于《文物》的《敦煌星图》。这篇论文对 1907 年被斯坦因（M. A. Stein，1862～1943）盗走的敦煌卷子中的一卷星图（斯坦因编号 MS3326）做了详细的考订。这卷星图在世界上现今所知星图中是星数最多，而且是最古老的。但由于长期被锢闭在伦敦博物馆内，至 20 世纪 50 年代都很少有人知道它。1959 年李约瑟在《中国科学技术史》第 3 卷的天文部分，对它做了简单的介绍，并断定其产生年代在公元 940 年左右①。可惜李约瑟的介绍过于简单，没有做详细的研究。我的工作所依据的是中国科学院图书馆从伦敦以交换方式拍回来的这卷星图的显微胶片。

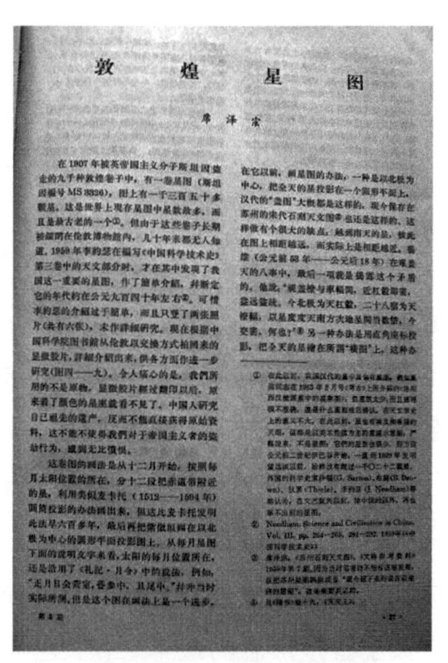

敦　煌　星　图

席 泽 宗

在1907年被英帝国主义分子斯坦因盗走的九千种敦煌卷子中，有一卷星图（斯坦因编号MS 3326），图上有一千三百五十多颗星。这是世界上现存星图中星数最多，而且是最古老的一个①。但由于这些卷子长期被锢闭在伦敦博物館内，几十年来都无人知道。1959年李約瑟在编写《中国科学技术史》第三卷中的天文部分时，才在其中发現了我国这一重要的星图，作了簡单介紹，并断定它的年代約在公元九百四十年左右②。可惜李約瑟的介紹过于簡单，而且只登了两张照片（共有六张），未作詳細研究。現在根据中国科学院图书館从伦敦以交换方式拍回来的显微胶片，詳細介紹出来，供各方面作进一步研究（图四——九）。令人痛心的是，我們所用的不是原物，显微胶片經过翻印以后，原来着了顏色的星點就看不見了。中国人研究自己祖先的遺产，反而不能直接获得原始資料，这不能不使得我們对于帝国主义者的盗劫行为，感到无比憤慨。

这卷图的画法是从十二月开始，按照每月太阳位置的所在，分十二段把赤道带附近的星，利用类似麦卡托（1512——1594年）圆筒投影的办法画出来，但这比麦卡托发明此法早六百多年。最后再把紫微垣画在以北极为中心的圆形平面投影图上。从每月星图下面的说明文字来看，太阳的每月位置所在，还是沿用了《礼記·月令》中的說法。例如，“正月日会营室，昏参中，旦尾中。”并非当时实际所測，但是这个图在画法上是一个进步。在它以前，画星图的办法，一种是以北极为中心，把全天的星投影在一个圆形平面上。汉代的“盖图”大概都是这样的。現今保存在苏州的宋代石刻天文图③也还是这样的。这样做有个很大的缺点，越到南天的星，彼此在图上相距越远，而实际上是相距越近。扬雄（公元前53年——公元后18年）在难盖天的八事中，最后一項就是揭露这个矛盾的。他說：“視盖橑与車輻間，近杠轂即密，益远益疏。今北极为天杠轂，二十八宿为天橑輻，以星度度天南方次地星間当數倍。今交密，何也？”④另一种办法是用直角座标投影，把全天的星繪在所謂“横图”上。这种办

第3期

1966 年发表于《文物》的《敦煌星图》第 1 页

惜李约瑟的介绍过于简单，没有做详细的研究。我的工作所依据的是中国科学院图书馆从伦敦以交换方式拍回来的这卷星图的显微胶片。

在《敦煌星图》一文中，我认证出全图共有 1359 颗星，说明这卷图的画法是从 12 月开始，按照每月太阳位置所在，分 12 段把赤道带附近的星利用类似麦卡托（Mercator，1512～1594）圆筒投影的办法画出来，但这比麦卡托发明这种办法早 600 多年，最后再把紫微垣画在以北极为中心的圆形平面投影图上。《敦煌星图》的画法与比它稍晚一点的宋人苏颂（1020～1101）《新仪象法要》中的星图相似。在这两个图上，恒星的画法都继承了三国时代陈卓和刘宋时代钱乐之的办法，把石申、甘德、巫咸三家的星用不同的方式表示。《敦煌星图》的说明文字，取自唐朝《开元占经》卷 64《分野略例》。同时，我在文中完整地抄录和校补了《敦煌星图》的说明文字、星名、星数。

---

① Joseph Needham. Science and Civilisation in China. Vol.3. Cambridge：The Cambridge University Press，1959，264～265，281～282.

“文化大革命”过后，我与邓文宽于20世纪80年代后期对学术界关于敦煌卷子中历谱方面的成果做了列表概述，并总结了确定残历的几种方法。这包括“由年九宫决定年干支”、“由月九宫求年地支”、“由月天干求年天干”、“朔闰对比”、“星期对比”和“利用年神方位定年干支”等方法。1989年我们发表的论文《敦煌残历定年》，就是这项工作的成果。在此之后，我结合1981年日本访问期间看到的《天文要录》《天地瑞祥志》等文献，对敦煌卷子中的《三家星经》和《玄象诗》进行了研究，于1992年发表了《敦煌卷子中的星经和玄象诗》一文。

马王堆汉墓帛书，是1973年年底在长沙出土的。1974年8月底，我应邀到国家文物局马王堆帛书整理小组，开始负责其中天文资料的研究。这份帛书中，有关天文方面的文字约8000字，但没有标题。根据内容我将它定名为“五星占”。对于《五星占》，我做了详细的释读和介绍，断定其成书年代在公元前170年左右。这比《淮南子·天文训》约早30年，比《史记·天官书》约早90年，但其中的金星会合周期、土星会合周期和恒星周期等数据远较后两者精确。另外，这份帛书画有29幅不同形态的彗星图，为世界上关于彗星形态的最早著作，也弥足珍贵。我对这些彗星图也做了介绍和分析。从1974年到1978年在《文物》先后发表了《中国历史上的一个重要发现——马王堆汉墓帛书中的〈五星占〉》、《〈五星占〉释文和注解》和《马王堆汉墓帛书中的彗星图》等文章。现在，这些文章都已经成为研究马王堆帛书中天文学史料的重要文献。

五、开拓研究领域，探索科学思想史

在“文化大革命”前，我对天文学思想史已经有所涉猎，研究过朱熹的天体演化思想[①]。后来又对与天文学思想史关系比较近的宇宙理论感兴趣，曾于1964年在《自然辩证法研究通讯》发表《宇宙论的现状》[②]。“文化大革命”期间，我从河南明港“五七干校”返回北京后，于1973年6月在西苑大旅社参加了中国科学院召开的天体演化学座谈会。在会上，我提供了一份《中国古代关于天体演化的一些材料》，深受主持人黄正夏的重视，与会者反映也很

① 席泽宗：《朱熹的天体演化思想》。见《光明日报》，1963年8月9日，第4版。

② 席泽宗：《宇宙论的现状》。见《自然辩证法研究通讯》，1963年，第2期：第42～45页。

好。在这次会议的影响下，我就和我的大学同学、著名科普作家郑文光合作，写了一本《中国历史上的宇宙理论》，于 1975 年年底由人民出版社出版。这本书出版后影响很大。刚开始的时候，日本人要翻译，曾找我要材料和图片，但后来没有消息了，也未见出版。“四人帮”倒台后，意大利的一位叫 Giuseppina Merchionne 的学者把它翻译成意大利文在罗马出版了[①]。

1978 年科学史所重返中国科学院后，在讨论“科学史三年计划和八年发展纲要”时，研究所负责人仓孝和主张要开拓新的领域，包括近代科学史、科学思想史、中外交流史等。他还劝我说：“你可在《中国历史上的宇宙理论》的基础上拓宽到整个中国科学思想史，这还是一片未开垦的处女地。”这话不假，当时关于中国科学思想史的著作只有两本书，散见的论文也很少。其中一本书是 1925 年德国学者佛尔克（A. Forke）用英文出版的《中国人的世界观》（*The World-Conception of the Chinese*），1927 年有德译本，日本于 1937 年翻译出版时取名为《“支那”自然科学思想史》。我在中山大学读书期间，哲学系主任朱谦之就向我推荐过这本书，认为有译成中文的必要。另一本书是 1956 年李约瑟出版的“中国科学技术史”第 2 卷《科学思想史》（*History of Scientific Thought*），但它出版后引起很大的争论，受到许多学者的尖锐批评。

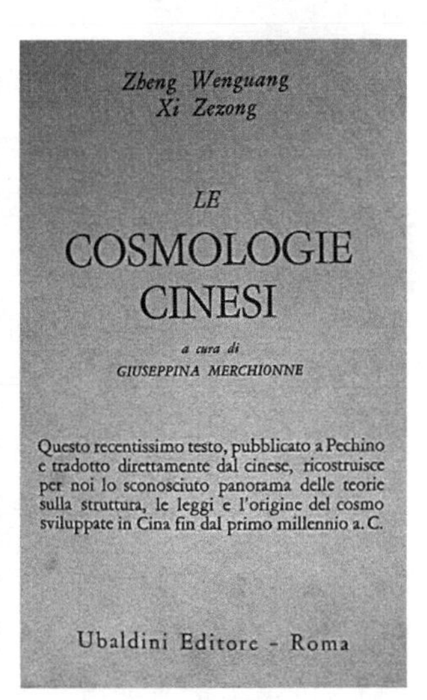

《中国历史上的宇宙理论》（左）及其意大利译本（右）

由于仓孝和的建议，我从 1980 年开始琢磨如何研究中国科学思想史。此

① Zheng Wenguang，Xi Zezong. Le Cosmologie Cinesi. Roma：Ubaldini Editore，1978.

后发表了一些文章，如《中国科学思想史的线索》《気の思想の中国古代天文学への影响》《孔子思想与科技》《中国传统科学思想的回顾》等。另外，我从科学思想史的角度，对晚清维新派的祖师爷王韬进行了研究，发表了《王韬与自然科学》一文[①]。到2001年由我主编的《中国科学技术史·科学思想卷》出版，前后历经21年。这本书出版后，受到学术界的好评，于2007年获得第三届郭沫若中国历史学奖二等奖。

在组织编写这本书时，我找了李申、汪前进和江晓原等人。李申是个残疾人，因为救火身体被烧伤而致残。他尽管手残，但写字速度飞快，也很能干。他曾任中国社会科学院世界宗教研究所研究员，算是任继愈的高足，现任上海师范大学特聘教授。在我找的几个人中，李申做的工作最多，他的学术观点也跟我的最符合。汪前进是科学史所研究员。江晓原是我的学生，现为上海交通大学科学史和科学哲学系教授兼主任。

《中国科学技术史·科学思想卷》封面

在研究视角上，这本书与国内以往的科学思想史著作不同。后者大体都是以时代先后为序，按历史发展阶段来写，但在每一历史阶段中又各自采用了不同的形式。如有的介绍几本书和一些人物的科学思想，有的是按学科或按学派来写，有的只是在科学史中加了一点墨子的唯物主义思想、时间观点、郭守敬取得科学成就有哪些原因等内容。实际上，一些所谓的科学思想史的书，基本都不是科学思想史著作。

《中国科学技术史·科学思想卷》也是以时代先后为序，按历史发展阶段来写的。但与以往的科学思想史著作不同的是，我们找出了中国古代每个时期的主导科学思想，并将它们渗透到各个学科史里面，讲它们是如何表现的。例如，我们提出：在东周初年以前，人们的思想里充斥着神学观点，认为人完全由天支配，讲求天道、地道、人道。到春秋战国时期，人们开始逐渐摆脱这一思想，认为人不一定完全由天支配了。郑国子产提出“天道远，

① 席泽宗：《王韬与自然科学》。见《香港大学中文系集刊》，1987年，第1卷，第2期（中国科技史专号）：第265～272页。

人道迩”，这使人们开始自觉地把天象、人事分开，而从后两者自身寻找事件的原因。

到秦汉时期又是一变，董仲舒的“天人感应”说成为主导的科学思想。尽管他的思想仍然是唯心的，但已经比以前有明显的进步。他的“天人感应”说有一套逻辑推理。首先，他说物与物之间，“同类相感”，不同类的没有关系。其次，他认为人和天地是同一类的物，并具有特殊关系，且进行论证。但到东汉的时候，王充对董仲舒的观点产生怀疑，认为“天人感应”说有问题。王充在《论衡》中说，天这么大，自然的力量这么大，而人的力量很小，人的作用能比得上天吗？人七尺的身躯，能使感应的中介——气感动天吗？在王充看来，天道自然，天和人各是各的，自然而然的，没有什么感应；各种物质都是自己产生的，没有造物主。王充是东汉末年人，其思想在汉朝影响不大。但到魏晋南北朝时期，他的思想开始发挥作用。魏晋玄学的三大代表作——王弼的《老子注》《周易注》和郭象的《庄子注》，都受到《论衡》的影响。

到隋唐时期，理论兴趣浓厚起来，在天文学上有僧一行的《大衍历议》，在地理学上有封演、窦叔蒙等人的潮汐理论，在化学方面有张九垓的《金石灵砂论》，在医学方面有巢元方的《诸病原候论》，在科学思想方面最大的成就则是刘禹锡的《天论》。在《天论》中，刘禹锡认为天道这一道不行，不但用“天理”“人理”把自然界的规律和人类社会的规律区别了开来，而且企图用“数”和“势”两个概念说明自然规律。到宋朝时，就完全彻底地抛弃了天道、地道、人道这些陈旧的概念，而以“理”来诠释世界。在朱熹的著作中，理有三重含义：一是自然规律（“所以然”），二是道德标准（“所当然”），三是世界的本原（“未有天地之先，毕竟也只是理”）。但他说：“上而无极太极，下而至于一草一木一昆虫之微，亦各有理。一书不读，则缺了一书道理；一事不穷，则缺了一事道理；一物不格，则缺了一物道理。”这就把认识世界提高到重要地位上来，是一个很大的进步。朱熹的一套格物穷理思想与培根的思想有点类似，都要逐个地研究。只是我们看不出两者的研究方法有何相同。这样，中国的科学思想才慢慢地往下发展，到明末清初之后就与西方近代科学思想逐渐接轨了。

近十余年来，我从科学思想史的视角，对古希腊文化和近代科学的关系、近代科学未能在中国诞生和中国近代科学落后等问题还发表过一些看法，这在国内学术界引起不小的争论。谈到这件事，要从我的《科学史八讲》中的《孔子与科学》这篇文章讲起。《科学史八讲》收录了我 1990 年到台湾地区访问时带去的 8 篇讲稿。《孔子与科学》一文以《论语》中所引孔子的言论为根据，通过对孔子思想的系统分析，认为孔子的言行对科学的发展并无妨碍作用，近代科学未能在中国产生和中国近代科学之所以落后，要从当时的政治、经济等方面找原因，不能归罪于 2000 多年前的孔子。在这篇文章的结论部分，我还提出：

> 孔子的言行对科学的发展不但无害，而且是有益的。13 世纪以前，中国科学技术在世界上的领先地位是由多种原因造成的，孔子思想中的这些有益成分也是其中之一。近 300 年来的落后，是这段时期内政治、经济、文化诸因素造成的，不能归因于 2400 年前的孔子。再说得广一点，近代科学在欧洲兴起，和他们有希腊文化没有多大关系；中国近代科学落后，并不是因为中国有孔子。①

1994 年这本书出版后，卞毓麟于 1996 年 1 月 14 日在《科技日报》发表书评，说他见到书后“格外感觉兴味盎然”。在书评结尾，他说：“《八讲》深入浅出，行文明白晓畅，给台湾学者和公众留下深刻的印象。当地传媒称先生阐述科学史是‘沟通人文与科学，观照历史与未来’，此说殊不为过。”②

吴文俊院士看到卞毓麟的书评，就跟我要《科学史八讲》这本书，并仔细地阅读了《孔子与科学》一文。看后，他给我写了一封信。大致意思是说：他原来对孔子也持批判态度，并确信孔子的思想对中国科学发展起阻碍作用。但看过这篇文章就同意了我的观点，认为孔子的思想对中国科学发展没有什么妨碍。而且，他说该文的结论部分恐怕比孔子与科学的关系这部分更重要；现在人们普遍崇拜希腊，希望你能写成一篇文章，在《光明日报》或《科学》杂志发表。因此，1996 年我以对话的体裁分别在这两个刊物发表了《古希腊文化与近代科学的诞生》和《关于“李约瑟难题”和近代科学源于希腊的对

① 席泽宗：《科学史八讲》。台北：联经出版事业公司，1994 年，第 102 页。

② 卞毓麟：《中外科学数千年　探幽发微四十载——读席泽宗先生著〈科学史八讲〉》。见《科技日报》，1996 年 1 月 14 日，第 2 版。

话》[①]。在这两篇文章中，我的主要观点是：近代中国科学不发达，不能把原因归罪到孔子和孟子身上。近代科学产生于欧洲，也不完全跟希腊文化有关系。如果没有希腊文化，欧洲到文艺复兴后也能产生近代科学。

我提出这个观点后，很多人都不同意。2000 年 5 月 24 日，《中华读书报》以红色特大标题《席先生，我不能同意您》刊出北京大学刘华杰的文章[②]，对《关于“李约瑟难题”和近代科学源于希腊的对话》进行辩论。半年后，李申发表了《我赞同席先生——古希腊文化与近代科学关系问题》[③]，对刘华杰做出回应，说自己持有和我大体相同的意见。我想刘华杰可能没有读懂我的文章，他本人也不一定用这个标题。

这次争论平息以后，2004 年 11 月 19 日我接受了《科技中国》记者张伯玲的采访，主要谈了传统文化与科学发展问题。张伯玲采访我，是由于不久前杨振宁提出了《易经》影响中国科学发展的观点，想了解我对这个观点的看法。在这次采访中，我还是认为近代科学与传统文化没有太大的关系；《易经》对中国科学发展也有负面作用，但杨振宁过分夸大了这个影响。同时，我强调说：

> 近代科学产生在欧洲并得到迅速的发展是当时当地的条件决定的，不必到 1400 多年以前的希腊去找原因。自 16 世纪以来，中国科学开始落后，也要从当时当地去找原因，不必一直追着孔子、孟子。[④]

这次访谈在《科技中国》当年 12 月号发表后，影响很大。2004 年 12 月 30 日，上海大学教授朱学勤在《南方周末》发表长文《2004：传统文化思潮激起波澜》[⑤]，对这一年的文化事件做了盘点，说杨振宁的初衷，“显然是在追索学术史上人人皆知的‘李约瑟问题’，却落入‘五四’以来的文化决定论：

---

① 席泽宗：《古希腊文化与近代科学的诞生》。见《光明日报》，1996 年 5 月 11 日，第 5 版；席泽宗：《关于“李约瑟难题”和近代科学源于希腊的对话》。见《科学》，1996 年，第 48 卷，第 4 期：第 32～34 页。

② 刘华杰：《席先生，我不能同意您》。见《中华读书报》，2000 年 5 月 24 日，第 9 版。

③ 李申：《我赞同席先生——古希腊文化与近代科学关系问题》。见《中华读书报》，2000 年 11 月 29 日，第 24 版。

④ 席泽宗：《近代科学与传统文化无太大关系——访中国科学院自然科学史研究所前所长席泽宗》。见《科技中国》，2004 年 12 月号：第 50～53 页。

⑤ 朱学勤：《2004：传统文化思潮激起波澜》。见《南方周末》，2004 年 12 月 30 日，第 24 版。

此前的西化论者仅仅把民族病弱的责任推及至孔孟之道，而他走得更远，把这一责任推到更为遥远的《易经》”。同时，他充分肯定了我的这次谈话，认为其“平实而中肯”“历史纵深与文化含量，并不亚于北京文化峰会及其《甲申文化宣言》”。

谈到这里，讲一个小插曲。2005 年 7 月 24 日，第 22 届国际科学史大会在北京开幕后，《中华读书报》编辑王洪波采访了我。在采访中，当谈及“李约瑟难题”时，我说不能完全同意杨振宁提出的《易经》影响中国科学发展的提法。这其实只是谈话的一小部分内容，而且我的本意只是说杨振宁把《易经》的负面作用夸大了。7 月 27 日《中华读书报》登出采访稿后，我大吃一惊。因为主编为了哗众取宠，竟把编辑原拟题目《历史视野中的科学》擅自改为《席泽宗：我不能同意杨振宁先生》。我觉得事关重大，应该更正，就给王洪波写了一封信，要求将我的信用“来函照登”的方式发表。8 月 10 日，报社就把这封信照登出来了。

时至今日，我依然主张要找“李约瑟问题”的答案，不必到 1400 年以前的希腊去找，也不必追着孔子、孟子。谈论近代中国科学为什么落后了，还是要从当时、当地去找原因。有些人把“李约瑟问题”作为事关中国科学发展的一个大问题来讨论，也不必。有人愿意写文章讨论它，也可以；我们也不必孤立、反对他。我还一直认为：近代科学在中国没有诞生，不等于近代科学在中国不能发展得快，这是两回事，不能混为一谈。

除上述工作外，我的《论康熙科学政策的失误》[①]《南怀仁为什么没有制造望远镜》[②]等论文也是有影响的。由于学术上的成就，我获得过许多学术荣誉。其中，最重要的有两个：一个是 1991 年 11 月当选中国科学院数学物理学部委员（1994 年改为院士）。这件事是在钱临照推动下，由王大珩、柯俊促成的。后两位院士推荐我为学部委员候选人，王大珩还亲自将推荐表送到学部联合办公室。在我之前，只有李俨是科学史领域的学部委员；另一个是 2007 年我 80 岁那年，国际天文学联合会小天体命名委员会把一颗中国科学院国家天文台发现的编号为 85472 的小行星命名为“席泽宗星”。

---

① 席泽宗：《论康熙科学政策的失误》。见《自然科学史研究》，2000 年，第 19 卷，第 1 期：第 18～29 页。

② 席泽宗：《南怀仁为什么没有制造望远镜》。收入何丙郁等著：《中国科技史论文集》。台北：联经出版事业公司，1995 年，第 217～222 页。

1992 年席泽宗参加学部委员大会时与天文学界部分学部委员合影
（左起：苏定强、席泽宗、熊大闰、苗容瑞、陈建生）

比较而言，后一个荣誉比前一个更重要。现在全国共有 1000 多位院士，但其中得到小行星命名的只有几十人。2007 年 8 月 17 日，科学史所在北京华侨宾馆隆重举行了建所 50 周年庆祝大会暨“席泽宗星”命名仪式，当晚新闻联播播出了这个消息。当年 12 月我荣获山西广播电视台主办的第三届“记忆山西”十大新闻人物奖，并名列第一。

2007 年 8 月 17 日在“席泽宗星”命名仪式上，中国科学院
副秘书长曹效业颁发“席泽宗星”运行轨道图

如今回首走过的人生道路，我虽然获得了重要的学术荣誉，但觉得有一件事没有做，是终生的一个遗憾：这就是没有撰写一本英文的中国天文学史专著。很多人都认为，写一本这样的书，是我应该做的一件重要事情。20 世纪 80 年代，我在日本访问时，新加坡世界科技出版公司的一位负责人跟我讲，你要是写出来，他们可以很快出版。后来，他还说如果写起来比较困难的话，你先写一本简单的也可以。国际天文协会的主席亲自跟我谈，要我写英文本的中国天文学史①。迄今，这件事没有做成，主要有两个原因：一个是外语水平不够，另一个是那时我正当所长，事务性的工作太多。我曾想先写出中文，再请人翻译，但最终由于没有完整的时间做，这件事就搁浅了。现在，做这件事已经不可能了。由于视力不好，我只能借助放大镜，为了应付个差事，撰写个短篇文章；要干大事，撰写长篇书稿，已经不行了！

20 世纪 70 年代末，席泽宗与天文学界部分学者
在北京天文馆前合影（右一席泽宗）

① 这是 1985 年 5 月国际天文协会主席、悉尼大学名誉教授布朗（R. H. Brown）跟席泽宗所谈。

1979 年，席泽宗在全国天文学史讨论会上发言
（正坐者左一席泽宗，左二张钰哲）

1981 年与李约瑟讨论问题（左一严敦杰、
左二李约瑟、左三席泽宗）

1981 年与席文交谈（左席泽宗，右席文）

1993 年，席泽宗（左二）与从事天文学史研究的老同事、著名天文学史家薄树人（左一）、陈美东（左三）、陈久金（左四）在科学史所

2002年11月，席泽宗与夏商周断代工程专家组部分成员到河南安阳殷墟参观（左二席泽宗，左三李学勤）

附　　录

席泽宗自叙年谱（1927～2007年）[①]

1990年初，我到台北访问，吴大猷先生送我几本他的《在台工作的回忆》，其中有他的“自编年谱”。读后觉得以这种形式来谱写自己的历史，比较容易，也比较简明，可以效法。回来后，从1992年12月1日开始，自己动手开展这项工作。俗话说，“事非经过不知难”，动手做起来了又觉得并不容易。首先，是年代久了，有些事情不记得，或者记忆不清，查资料也没有；其次是取舍范围；再次是详略程度；最后是常有事打扰，不能一气呵成。这件事一做就做了15年，从1992年开始，到2007年才完成。一曝十寒，几起几落，先是准备在2002年出版的我的自选集中作为附录列出，但到该书2001年定稿时，此年谱才编到1987年，已无力完成。该书责任编辑刘九生说：“来日方长，以后再找机会嘛。”这一放就是6年，到2007年才重新捡起，一气呵成。两段写作间相隔太长，文风显得有些不一致，但也只能如此，请谅。

① 该年谱曾发表于《中国科技史杂志》2008年第29卷第1期、第2期。本次发表由邹聪和郭金海修订了标点，更正了明显有误的内容。

1927年 出生

6月9日（农历五月初十日）出生于山西省垣曲县城内（1959年县城迁至刘张村，此处改名为古城村，现已淹没在黄河小浪底水库之下，详情见中华书局1999年版的《古城村志》）。父席文濬（壬寅，1889～1941），大约是小学水平，以经营粮店和出租土地为生，母李牧丹（1889～1965），家庭妇女，目不识丁。行第十，前九名均夭折。

1934年 7岁

春节后到垣曲城内关帝庙后宫私塾读书二年，老师为表兄王择义。此人新中国成立后任中国科学院古脊椎动物与古人类研究所太原工作站站长。

1936年 9岁

春节后转学到垣曲城内西街姚敢臣家办私塾读书两年，老师安文良。

1938年 11岁

2月28日（正月二十九日），日军侵占垣曲，全家避难至陈村北坡马家庄。当晚日军烧毁我家“同和长”粮店，为日军在垣曲烧杀之始。此次日军占据时间约一个月（2月28日至3月28日）。

6月28日至7月26日，日军第二次侵占垣曲，全家逃难至麻姑山后梨树沟。

8月中旬，八路军总司令朱德偕徐海东来到垣曲，在莘庄与第二战区副司令长官兼前敌总指挥卫立煌会晤，并与当地群众开露天联欢晚会，将抗战情绪推至高潮。

9月13日至10月11日，日军第三次侵占垣曲，全家逃至西南山柴伙峪埝。

冬，入垣曲县立第一小学初小读书。

1939年 12岁

春，日军飞机连续猛烈轰炸垣曲，邻居死人颇多，再度辍学。

6月21日（端午节）后，日军第四次侵占垣曲，为期只有4日，即被我军击退。全家逃至县城东北山中。

1940 年　13 岁

2 月 22 日（正月十五日）以后，到谢村车家祠堂垣曲县立第一小学（本在县城，因躲避轰炸，迁至农村）读高小。校长先是王国桢，其后为倪倞。

9 月 18 日，集体参加三青团。

1941 年　14 岁

1 月 19 日，父席壬寅去世，享年 52 岁（1889 年生）。由我挑起家务重担。

5 月 8 日（四月十三日），日军以空降部队占领垣曲。仓皇逃难途中，与我携手同行的姚舜级（虞廷）腰部中弹身亡（此人在县商会工作，新中国成立后被追认为烈士）。

5 月 30 日（端午节），被日军抓民伕，遂即潜逃。母决心送我外出。

6 月 1 日，随表嫂孟淑文南渡黄河，沿陇海路西行，至西安投奔亲戚。在穿越敌军封锁线时，同行赵西科遭逮捕，被枪毙。在去西安途中，德军于 6 月 22 日进攻苏联，苏德战争爆发。

7 月中旬，随杨绍文、徐思礼乘火车由西安到宝鸡，再步行越秦岭到陕南洋县投考国立七中。

8 月 20 日，被分配到洋县良马寺国立七中第二分校读初中，被编入第 19 班。分校校长为常知非。

9 月 21 日（星期日），日全食，全食带经过洋县，事先地理老师王江（子长）做了充分宣传，当日组织观看，给我以深刻印象。

12 月 8 日，日军偷袭珍珠港，第二次世界大战全面展开。

1942 年　15 岁

6 月，和同班同学高鸿立等利用课余时间创办壁报《云泽周报》，每逢星期一出版，为期约一年。

夏，暑假期间到西安和河南渑池探亲。

1943 年　16 岁

10 月下旬，和同班同学傅忠惇（志坚）等创办文体研究会，集体复习功课，活动约 4 个月。

1944 年 17 岁

夏，在国立七中二分校初中毕业，考入西北师范学院附中高中，于 8 月离开陕西洋县，绕道西安，于 9 月上旬抵兰州五泉山下入学，被编在 1947 班。校长方永蒸。班主任陈鸿秋。此校与七中不同，读书氛围特别浓厚，同学间关系也较融洽。加以兰州是西北重镇，由化学家袁翰青主持的甘肃科学教育馆即设在此，学术活动很多。

1945 年 18 岁

8 月 10 日晚，与七中同班同学于翚基（子固）正在电影院看电影，忽然广播日本天皇宣布无条件投降。兰州全城鞭炮齐鸣，兴奋不已。

1946 年 19 岁

春，读张钰哲的《宇宙丛谈》，对天文学产生浓厚兴趣。夏，开始复员，北平师院及其附中允许西北师院及其附中同学无条件转学，我班班长赵冈等多人均回了北平，留在兰州的尚有 20 多人，秋后本班迁至十里店。

1947 年 20 岁

5 月 31 日，高中毕业。6 月 1 日晨，在黄河边大水车旁全班集体合影。

6 月 9 日，离开兰州，途经西安、垣曲、洛阳，于 7 月初到达南京，准备考大学。在西安期间，因姨父姚珠浦、大舅李祥麟坚决反对我考天文系，非要我回兰州去做练习税务员，闹翻了，只得丢掉行李，单身出走，东奔南京。

7～10 月，在南京、上海一带流浪。曾到紫金山天文台参观，受到陈遵妫和李元的热情接待。

10 月中旬，中山大学在上海《大公报》榜示，我考取天文系。与王抡才等结伴，搭招商局培德轮由上海出发，经香港于 10 月 23 日抵达广州石牌入学。同年，进入天文系的共 3 人，坚持到底的只有郭权世和我二人。系主任赵却民。

1948 年 21 岁

1 月 1 日，第一篇天文通俗文章《预告今年日月食》经邹仪新教授推荐在广州《越华报》发表。

1～2月，为中山大学哲学系主任朱谦之抄《文化社会学》稿。

5月9日，广州日偏食，参加观测。当天在广州《建国日报》发表《日食观测简史》，事后（6月9日）在香港《华侨日报》发表《五九日食观测记》。

7月，经过考试加入中山大学学生公社半工半读，直至1950年春。

1949年　22岁

1月1日，在香港《工商日报》发表《年与历》。

4月26日，撰《关于夏令时》，被广州《建国日报》作为“星期论文”于5月1日发表，发表后受到张云教授关注。

5月底，临近解放，学校放假。

6月起参加广州地下学联组织的读书活动。

7月23日，国民党军警和特务到中山大学大逮捕，被拘留一天，后混在工人中逃出。

10月1日，中华人民共和国成立，16日广州解放。解放前夕，中大全体员工迁至广州文明路中大旧址居住。

11月16日，被广州军管会文教接管会聘为中山大学协助接管工作委员会委员，协助学校财务处和天文系的接管工作。

1950年　23岁

1月1日，在《南方日报》发表文章《准备迎接文化建设》。

2月4日，为驻石牌解放军50余人讲“天高地厚”，放映幻灯和招待参观天文台。

3月27日，经洪斯溢介绍参加新民主主义青年团（共青团）。

夏，接受中央文化部科学普及局委托，开始撰写《恒星》一书。

10月25日，中国人民志愿军赴朝参战，抗美援朝开始。年底学校停课，展开报名参军运动，我和洪斯溢积极动员天文系一年级学生欧超海参军，此后他在空军学校担任强击机教官30余年，成绩卓著，2006年2月18日《广州日报》B8以整版篇幅，做了报道，题目为“岭南学子多才俊　碧海青天斗雄风”。

1951 年　24 岁

8 月，从中山大学天文系毕业，经过集中学习被人事部分配到北京。

8 月 18 日，离开广州，经武汉到北京，于下旬到中国科学院编译局向黄宗甄报到，协助应幼梅办《科学通报》。工资每月小米 300 斤。

9 月 15 日（中秋节），在南河沿苏联对外文化协会讲“中秋月”，听讲者 200 余人。

1952 年　25 岁

1 月，《恒星》（5 万字）由商务印书馆出版。

3 月 12 日，离京赴哈尔滨外国语专科学校（今黑龙江大学）学习俄语二年，被编入 105 班。校长王季愚，副校长赵洵，俄文教师为瓦林金・伊万诺维奇・萨达夫西科夫，中国助教邢书钢。此次学习，系中央人事部安排，中央国家机关共去 150 余人，中国科学院占 18 名。

1953 年　26 岁

夏，由哈尔滨经北京、河南洛阳和渑池，回垣曲探亲。在家乡期间，7 月 23 日朝鲜停战协定签字。回程途中，路过太原在阎宗临先生家住 10 多天，与校领导赵宗复、历史系助教乔志强等相识。

1954 年　27 岁

2 月 3 日（春节）后，由哈外专毕业，回到北京，重返中国科学院编译局，到翻译室工作，开始与戴文赛合译阿姆巴楚米扬（B. A. Амбарцумяна）等编著的《理论天体物理学》。

3 月 1 日，竺可桢副院长约见谈话，布置做中国历史上新星和超新星资料的收集整理工作，是为转入天文学史研究的开始。

3 月 21 日，经戴文赛介绍加入中国天文学会。

5 月 9 日，在北京市天文学会报告“苏联天体物理学的进展情况”。

8 月 1 日，编译局改组为科学出版社，在第一编辑室工作。

8 月 26 日，在中央人民广播电台播讲“我国古代的天文学家郭守敬”。

10 月 26 日，竺可桢在苏联第四次天体演化学会议上介绍我即将在《天文学报》2 卷 2 期上发表的《从中国历史文献的纪录来讨论超新星的爆发与射电源的关系》。

11 月，回垣曲探亲，埋葬婶母席申氏，并接母亲来北京一同生活，住安定门内后肖家胡同 18 号。

12 月初，到中国科学院历史研究所第二所（今社科院历史所）报到，成为科学史研究的兼职人员，每星期有三天在科学出版社，三天在历史所。

12 月底，第一篇学术论文《从中国历史文献的纪录来讨论超新星的爆发与射电源的关系》在《天文学报》2 卷 2 期发表。

1955 年　28 岁

2 月 19 日，至石家庄探访中学好友傅忠惇、贺淑芝夫妇，21 日返回。此日，我国实行币制改革，人民币新币 1 元等于旧币 10 000 元。

4 月，赴南京参加紫金山天文台召开的学术会议，会后到苏州参观石刻天文图，到上海参观上海天文台，并到复旦大学等处为科学出版社组稿，尔后自费游览了杭州。

8 月，戴文赛在爱尔兰都柏林举行的第九届国际天文学大会上介绍了我即将在《天文学报》3 卷 2 期上发表的《古新星新表》。

9 月 11 日，在北京天文学会报告“爆发星的物理性质”，其后提纲发表于《北京科联会讯》第 5 期。

11 月 23 日，经施彩云介绍与其妹施榴云相识。

12 月，赴南京参加紫金山天文台学术会议。《古新星新表》在《天文学报》3 卷 2 期刊出。

1956 年　29 岁

1 月，与戴文赛合译《理论天体物理学》由科学出版社出版。

春，在叶企孙领导下，和谭其骧起草国务院科学规划委员会所制订的《十二年科学技术发展远景规划》中的科学史部分。

3 月 18 日（星期日），家由后肖家胡同 18 号迁至汪芝麻胡同 22 号。

4 月 28 日（星期六），和北京市第四医院化验员施榴云结婚。

7 月 9～12 日，在西苑大旅社（今西苑饭店）参加中国自然科学史第一次科学讨论会，在天算史组报告了《僧一行观测恒星位置的工作》，该文同年刊于《天文学报》4 卷 2 期。

12 月，完全脱离科学出版社，正式到历史二所工作，定为 9 级助理研究员，工资每月 89.5 元。

1957 年 30 岁

1 月，科学史小组由历史二所分出，成立中国自然科学史研究室，由中国科学院直接领导。当时有 8 名正式在编成员：李俨、钱宝琮、严敦杰、曹婉如、席泽宗、芶萃华、黄国安和楼韵午。

1 月 28 日，子席云平出生。

2 月 6～11 日，到南京参加中国天文学会新中国成立后的第一届全国会员代表大会和紫金山天文台学术委员会成立会议，在会上报告了“汉代关于行星的知识”。

2 月 18 日，在北京《科学小报》头版头条撰文指出：“人造地球卫星一两年内即将出现，而且不止一个。”

9 月 29 日，出席北京天文馆开幕典礼。

10 月 4 日，苏联第一颗人造地球卫星发射成功，为新华社翻译苏联《真理报》的详细报道。《苏联人造地球卫星》全文发表于 10 月 10 日《人民日报》。其后，又为《物理通报》11 月号译瓦何宁的《人造地球卫星》一文。

1958 年 31 岁

1 月，为《科学通报》译阿姆巴楚米扬的重要文章《恒星的起源问题》。

4 月，《科学史集刊》创刊，发表《纪念齐奥尔科夫斯基诞生 100 周年》。

4 月 16～30 日，赴昌平参加修十三陵水库劳动。

5 月开始，协助叶企孙组织编写《中国天文学史》。

10 月，在“大炼钢铁运动”中，和刘后一等到首钢劳动一个月，为其制氧车间挖地基。

12 月 23 日，女席红生。

1959 年 32 岁

2 月 14 日，在《人民日报》发表长篇文章《人类怎样认识了宇宙》。

春，和薄树人一道协助王振铎为天安门前中国历史博物馆开幕制作中国古代各种天文仪器模型。

5月，和应幼梅等合译的《宇宙间的生命》由科学出版社出版。

5月27日至6月4日，和李俨到莫斯科参加全苏科学技术史大会，在会上遇见了竺可桢，然后一道回国。

9月，《中国天文学史》草稿完成。

10月，提升为8级助理研究员，工资每月106元。

11月1日，在北京天文馆发表公开演讲《从中国天文学的发展谈辩证唯物主义》。此文后以《中国天文学史的几个问题》为题刊于12月1日《人民日报》和《科学史集刊》第3期（1960年）。

1960年　33岁

1月1日，在《新观察》发表科学小品《火星种种》。

6月10～16日，随叶企孙到南京参加全国天文工作会议。会后自费到江苏无锡游太湖。

1961年　34岁

2月，在《科学通报》发表《月面学》。

4月，在《科学通报》发表《关于金星的几个问题》。

5月8日，到石家庄河北师范大学物理系讲授天体物理两周，并在桥西工人文化宫发表公开演讲“星际航行的近期目标——月球、金星和火星”。

秋，在苏联《东方国家科学技术史论文集》（俄文）第2集发表《十年来的中国天文学：1949—1959》。

1962年　35岁

5月，在《科学大众》发表《天文学和现代科学》，详述天文学在当代科学发展中的重要作用。

6月，在《科学通报》发表《〈淮南子·天文训〉述略》。

8月20～26日，在友谊宾馆参加中国天文学会第二次会员代表大会，在会上报告《试论王锡阐的天文工作》。此文后刊于《科学史集刊》第6期（1963年）。

11月，到北京大学中文系讲“《史记》中的天文历法”。

1963年 36岁

前半年为“知识丛书”编写《宇宙》一书（未出版）。

8月9日，在《光明日报》发表《朱熹的天体演化思想》。

9月8日，在北京天文馆公开演讲《宇宙的构造》。

10月16至12月30日，和唐锡仁、汪子春去通县牛堡屯公社高营大队进行“四清”工作。

1964年 37岁

和薄树人为8月下旬召开的“1964年北京科学讨论会”准备论文《中、朝、日三国古代的新星纪录及其在射电天文学中的意义》，花了全年的大部分时间，此文其后同时刊于《天文学报》13卷（1965年）1期和《科学通报》1965年5月号，并被美国 *Science* 和 NASA 译成英文发表。

4月12日，在上海《文汇报》发表《伟大的科学家伽利略》，纪念他的诞生400周年。此文后经过修改，同年又刊于《科学史集刊》第7期。

4月，在《自然辩证法研究通讯》1964年2期发表《宇宙论的现状》。此文受到毛泽东同志的关注，见龚育之《毛泽东的读书生活》第102页。

9月24日，离京赴安徽“四清”。先在合肥学习，国庆节以后又到寿县学习，10月24日下到寿县九龙公社古城大队南店小队，一直在那里工作到次年5月。

1965年 38岁

2月2日（春节）前后，由寿县回京探亲。

5月1日，因母病，提前离开寿县回京。

5月23日，母李牧丹在京去世，享年77岁（1889年生）。

6月，为周培源参加世界科协会议准备《亚非拉人民在科学上的贡献》的报告。

9月，在《科学史集刊》第8期发表《朝鲜朴燕岩〈热河日记〉中的天文学思想》。

10月4日，在上海《文汇报》发表《关于天体史的对话》。

10月16日，在《人民日报》开辟“宇宙剪影”专栏，第一篇题目为《天是什么？》。先后撰文16篇，但到1966年4月2日共刊登了7篇，即因“文化大革命”开始而停发。

1966 年　39 岁

3 月，在《文物》第 3 期发表《敦煌星图》。

5 月，先是集中到门头沟学习，准备到附近农村去“四清”。下旬回家拿行李，准备进村，不料“文化大革命”的烈火已烧到哲学社会科学部，有人贴学部副主任杨述的大字报，遂决定全部人马返回，不再下乡。

6 月 4 日，在北京大学聂元梓等人 6 月 1 日大字报的影响下，哲学社会科学部在首都剧场召开批判杨述的大会，遭到部分群众冲击，认为是“假批判，真包庇”“坐在主席台上的人许多都是反革命修正主义分子，哲学社会科学部存在着一条又粗又长的黑线”，从此大乱，研究工作全部停止。

6 月 9 日，学部党委垮台。

6 月 10 日晨，我室出现第一张大字报，党的负责人黄炜被揪出。

8 月 20 日，被群众贴大字报，扣上“反党、反社会主义、反毛泽东思想”，简称为“三反分子”的帽子，强迫在研究室内劳动，从此不再参加运动。

8 月 31 日，遭抄家，又令扫街。

9 月 24 日，在陶铸“四点指示”的影响下，学部群众分裂为两派，大打内战，从此被揪出来的所谓“牛鬼蛇神”得以少遭批斗。

1967 年　40 岁

1 月 1 日，因运动的重点已指向所谓“党内最大的走资本主义道路当权派”刘少奇，因而停止扫街。

5 月 11 日，一派群众组织认为我没有问题，宣布解放，恢复参加运动。

1968 年　41 岁

春，榴云参加医疗队，去延庆县大庄科公社一年，余和子女在家生活。

10 月下旬，又被另一派群众组织揪出，并抄家。

11 月下旬，自杀未遂。

12 月下旬，工军宣队进驻自然科学史室，组织学习。

1969 年 42 岁

1 月上旬开始，科学史室全部人员集中住在沙滩法学研究所，白天黑夜搞运动。

7 月，迁回九爷府，但仍然住在室内，全部时间搞运动，一直到次年 3 月下干校为止。

1970 年 43 岁

2 月 19 日（正月十四），工军宣队召开落实政策大会，宣布我的问题为犯严重错误，态度好，免予处分。

3 月 13 日，科学史室全体工作人员离开北京到河南息县东岳镇学部“五七干校”，进行劳动锻炼，被编为第 14 连，学部原副主任、党委书记关山复亦被编在我连劳动。

4 月 24 日，我国第一颗人造地球卫星上天，我在当晚学习会上做了长篇发言。

6 月 25 日，去罗山科学出版社干校探望朱民纲、施彩云夫妇。

8 月 5 日，自己动手，在中心点上盖成第一座房屋，全连搬入新居，喜气洋洋。

10 月 8 日（九月初九），北京家由汪芝麻胡同搬至礼士胡同 43 号。此日正逢重阳节，我在干校和严敦杰到威虎山拉木料，亦属登高之举。

12 月 5 日，被派烧锅炉，直至次年 4 月撤离息县为止。先后和我一起烧锅炉的有《外国文学》主编陈冰夷和翻译家叶水夫等。

1971 年 44 岁

1 月 18 日（腊月二十二日），和关山复、刘巽宁、金益久（宗教所）、陈美东一道冒雨动身回京探亲，至信阳上火车时全身泥巴，狼狈不堪。

1 月 28 日（正月初二），全家游颐和园，并摄影留念。

2 月 16 日，返回息县干校。

4 月 7 日，学部全体人员由河南息县迁至河南明港，不再劳动，集中全力搞运动。

4 月 10 日，被派至厨房，协助做面食，直至 10 月 7 日方回连。先后在厨房和我一起劳动过的有杨献珍夫人和钱锺书的夫人杨绛。

7月4～5日，第二次去罗山科学出版社“五七干校”探望朱民纲夫妇。

9月13日林彪叛逃以后，学部运动逐渐处于停顿状态，无事可干而又不允许看书，此年冬天学织毛衣一件。

1972年　45岁

2月7日，云平由北京抵明港，13日和朱民纲夫妇在火车上相会，一起到武汉探亲。2月19日（正月初五）返回明港，云平则直接回北京。

2月21～28日，尼克松访华，中美关系开始解冻。

4月13日，和榴云抵武汉探亲，19～20日到韶山，24日一起返回北京。

5月7日，返回明港。

7月9日，上午从明港向家发最后一封信，在干校期间共发回120封信。下午和张秉伦、黄濯缨乘货车押送全连物资离开明港北上。

7月11日，回到北京，干校生活结束。

9月18日，6年多来第一次到北京图书馆看书。

11月1日，历史所尹达、李学勤和林甘泉来商讨在我室成立一小组，由严敦杰、杜石然、潘吉星和我参加，为他们替郭沫若编写的《中国史稿》提供科技史方面的素材，斯为恢复业务工作的开始。

1973年　46岁

为纪念哥白尼诞辰500周年忙了半年。先是和紫金山天文台张家祥、王思潮合作，在中国科学院外事局领导下修改张钰哲的稿子。此稿于哥白尼诞生之日（2月19日）在《人民日报》发表，题为《天文学的伟大革命》，署名紫金山天文台。接着组织天文学史组全体同人，外加严敦杰，通力合作撰写《日心地动说在中国》。此文在中国科学院二局和外事局领导下反复讨论，五易其稿，最后于6月22日在中国科学院和中国天文学会联合召开的纪念哥白尼座谈会上由我宣读，于7月21日见诸《人民日报》，以及该年《中国科学》第3期。

6月21日至7月16日，在西苑大旅社（现西苑饭店）参加中国科学院召开的天体演化学座谈会。会上由我提供的《中国古代关于天体演化的一些材料》深受主持人黄正夏重视，打印150份散发给全体与会人员。会后又于

7 月 31 日至 8 月 1 日组织自然科学史室全体同人到北京天文台兴隆和密云两个观测基地参观。

11 月初，哲学社会科学部接到上级“两停一撤”的命令，即停止一切业务工作，停止一切外事活动，撤销由干校回来后建立的以关山复为首的业务行政领导小组。此项命令正好拦截了我与何丙郁的第一次会晤。

本年施榴云得冠心病，年初两次住院，大部分时间在家休息。

1974 年　47 岁

年初，应郑文光之邀，和他合写《中国历史上的宇宙理论》，于 9 月 26 日完稿。

2 月 7 日，竺可桢逝世。

8 月底起，到国家文物局马王堆帛书整理小组，负责天文资料的研究。

11 月 7 日，工人宣传队再一次进驻学部，协助解放军宣传队打开局面，企图早日结束运动。我因在“两停一撤”期间搞业务，受到猛烈批评。

11 月 26 日至 12 月 5 日，和薄树人到前门饭店参加中国科学院召开的祖国天文学整理研究规划会议，决定成立整研组和天象资料组，均由北京天文台牵头。

1975 年　48 岁

5 月 9 日是个转折点。此日学部工宣队负责人柳一安向全体人员做总结报告，谓清查“五一六”反革命阴谋集团，学部触动了 506 人，占全体职工的 25%，不落实政策，无法团结 95%，现在查清有问题的只有几个人，其余都已解脱。现在准备恢复业务，先要组织小分队选点选题。同日，科学史室由我等数人组成的小分队成立，外出到工厂、学校、刊物编辑部，做了 20 天的调查。

8 月 8 日，国务院发出关于学部恢复业务的通知，8 月 15 日宣传队撤走，由林修德、刘仰峤等组成的领导小组进驻，并立即召开务虚会议。8 月 21 日，科学史研究室支部书记陆怀发在传达务虚会议精神时宣布：①立即改所；②古今中外都要研究，以中为主，要积极参加反修反霸斗争；③扩大队伍，明年到 100 人，5 年到 200 人，10 年到 400 人；④建立综合实验室。22 日，胡绳代表国务院政治研究室到学部做报告，吹响了“以三项指示为纲”、大搞业务的号角。

9 月 9～24 日，到南京参加天体演化学讨论会，与马星垣同屋，在会上报告了《宣夜说的形成和发展》。

10 月 17 日至 11 月 6 日，写《中国天文学简史》第五、第六两章。此书后来由天津科学技术出版社出版，署名中国天文学史整理研究小组。

12 月 8 日至 1976 年 1 月 8 日，到天津宾馆参加祖国天文学研究成果交流会，主要是讨论《中国天文学史》和《中国天文学简史》两部书稿，张钰哲、戴文赛、夏鼐、王振铎等均参加。

1976 年　49 岁

1 月 8 日，由天津回到北京，当天周恩来总理逝世。

1 月 21 日，通史组成立，准备编写《中国科学技术史》（出版时改名为《中国科学技术史稿》）。

2 月 17～29 日，到南京参加《天文学报》编委会，并于会后参加一小型天体物理学讨论会。

3 月 10 日，子云平到京郊平谷县东高村插队。

4 月 13 日起，薄树人、徐振韬和我到首钢白云石车间与工人理论小组刘铁军、李强、夏松等结合，修改《中国天文学史》，直至 6 月初始返。

6 月 14 日，离京去湖南衡山参加由庄威凤负责的《中国天象资料总表》和《中国古代天文资料汇编》的审稿会。会议结束后，薄树人、徐振韬、我和白云石车间的两位工人留在长沙，住湖南省第五招待所，继续修改《中国天文学史》，直至 7 月 28 日唐山大地震发生后，才于 7 月 31 日回京。

8 月 6 日，正式调入通史组，与杜石然、范楚玉、严敦杰等合写《中国科学技术史稿》，同时也请来大连造船厂的工人曾远廉等参加。

9 月 9 日，毛主席逝世。

10 月 6 日，“四人帮”被揪出。

1977 年　50 岁

3 月 28～30 日，出席在友谊宾馆召开的自然辩证法座谈会。会上于光远说：“科学之所以成为科学，就是欢迎人研究，欢迎人发展，不是要人背诵。

否则就成为教条（背诵）、宗教（崇拜）、法律（服从）。”

4 月 15 日，中国社会科学院成立。同日我和杜石然、赵继柱结伴，由京出发到宝鸡、扶风、咸阳、西安、洛阳、郑州、登封等地进行学术考察，为期 1 个月，于 5 月 15 日返京。

8 月 2 日，由京出发到安徽黄山参加由中国科学院召开的天体物理学会议。此会与中国共产党第十一次全国代表大会同日闭幕（8 月 20 日）。当晚由广播中听到“文化大革命”结束、邓小平复出担任党中央副主席的消息后，全体参加者在山顶游行一番。

8 月 31 日，参加中国社会科学院负责人刘仰峤召集的史学片座谈会，会上段伯宇和我建议将科学史所划回中国科学院。此一倡议得到了刘仰峤、夏鼐等人的立即支持。此后我所迅速行动，10 月 27 日两院联合向中央写了报告，于 12 月间得到批复，自 1978 年 1 月 1 日起归中国科学院领导，人员和设备全部移交。

10 月 6～9 日，接待参加美国天文学代表团（10 人）来华访问的科学史家席文（Nathan Sivin），这是首次和他接触。

12 月 8～17 日，在前门饭店开会，讨论中国社会科学院考古研究所主编的《中国天文文物图录》和《中国天文文物论集》两部书稿。

1978 年　51 岁

元旦之日在火车上度过，此日由北京经武汉于深夜 12 时 42 分抵桂林。3 日由桂林到阳朔，参加《中国天象记录总表》的讨论。1 月 28 日下午乘飞机提前回京，晚 9 时半到家，第二天清晨即进驻北京饭店，参加《竺可桢文集》编辑小组会议，至 2 月 5 日（除夕的前一天）结束。

1 月 22 日，美国席文在为其编的《中国科学》（*Chinese Science*）第 2 期写的引言（Introduction）中将李俨、钱宝琮、刘仙洲和我并列为 talented scholar，认为我们几个人分别对数学史、技术史和天文学史做出了成功的探索性综合（successful exploratory syntheses），提到的外国人只有薮内清和李约瑟。

2 月 8 日（正月初二），《光明日报》以整版篇幅刊出我和郑文光、邢润川合写的《科学有险阻，苦战能过关》。

3 月 1 日，云平考入北京建筑工程学院。

3 月 15 日，仓孝和到所主持工作。

3 月 18 日，全国科学大会隆重开幕。中国科学院宣布提升 255 人为研究员、副研究员、副总工程师，其中越级提升的有 24 人。科学史所副研严敦杰被提升为研究员，助研席泽宗被提升为副研。

4 月 25 日，调离通史组，准备建立近代史组。

5 月 15～25 日，到合肥参加《中国古代天文资料汇编》的审稿会并到中国科学技术大学物色研究近代科学史的人才。回京后立即投入研究生的考察、录取工作。

7 月 20～25 日，到中关村从其他所考生中为我所挑选研究生，决定录取考北京天文台的丁蔚、宋德生和考微生物所的李思孟来我所，并决定请李竞、李国栋、方心芳代培。

8 月 8 日，北京天文学会恢复，我被选为副理事长，理事长为叶述武。

8 月 11 日，科学史所近现代科学史组成立。我任组长，成员有许良英、姚德昌、宋正海、周嘉华、支德先等。

8 月 21～23 日，到天津科协与卢鹤绂等商谈法国 R. Taton《科学通史》第 4 卷“20 世纪科学史”的翻译问题。

8 月 27 日，由京出发到上海参加中国天文学会第三次代表大会，与武汉韩天岂同屋；于 9 月 16 日返京。在此次会上被选为中国天文学会理事、学术委员会委员、《天文学报》编委、天文学史专业委员会主任。这次会上还有一件大事，就是由中共中央编译局原局长姜椿芳出面，提出[①]要编《中国大百科全书》，而第一卷要出天文学，预计 100 万字，于 9 月 11 日成立了一个编委会，由 17 人组成，我为其中之一，会后立即展开工作。

9 月 26 日，《人民日报》以几乎整版篇幅刊出我写的《奇技伟艺，令人景仰——纪念张衡诞生 1900 周年》的文章，当天早上中央人民广播电台新闻联播做了详细报道，其后许多电台做了全文广播。

10 月 15 日，由北京出发到天津参加天津市首届自然辩证法讲习会，为期 5 天，于 20 日返回北京，其间与上海刘吉同住。

10 月 23 日，近现代科学史组举行交接仪式，成立研究室，由新来的李佩珊负责，该室于 25 日搬入友谊宾馆北工字楼 7 层办公。

10 月 24 日，中国古代科学史研究室成立，我任室主任，杜石然副之，

① “提出”是郭金海所加。

范楚玉任党支部书记，下设7个组（数学、天文、物化、生物、地学、技术、通史），共35人。

10月25日，《中国大百科全书》天文学史编写组成立，我任主编，薄树人、庄威凤副之。

11月15～20日，《中国大百科全书·天文学卷》编委会在西苑大旅社举行第一次会议，讨论了框架、结构、进度和试写条目。接着又在同地召开《天文学报》编委会会议4天（21～24日）。

11月29～30日，接待澳大利亚学者何丙郁。这是第一次和他见面，讨论了召开国际中国科学史会议的问题。

1979年　52岁

1月13日，席红被录取到清华大学分校电力工程系。

2月21日至3月3日，国家科委天文学科组成立，并在友谊宾馆举行首次会议，组长张钰哲，副组长戴文赛、王绶琯、戴中溶，余被方毅聘为成员之一。

3月7～10日，乘“子爵”号飞机由北京到福州，因天气关系和金涛、唐廷友在合肥机场停留4天。

3月11～20日，在厦门鼓浪屿主持召开中国天文学史研究成果交流会。

4月16～21日，在日坛路全国总工会招待所讨论、修改《中国大百科全书·天文学卷》中有关天文学史的条目（共170余条），拟先单独成书。

4月23～29日，在东直门附近总参招待所讨论《中国科学技术史稿》。

4月30日，戴文赛去世。本应去南京奔丧，发现心脏不适（头晕、恶心、手臂和背部发麻），但到医院也查不出所以然，一直持续了半年。

6月29日，榴云剧烈头痛住院，诊断为枕大神经痛，在北京第四医院一直住到7月21日，其间并到友谊医院门诊两次。

8月14～20日，出席全国科普创作会议。

9月6日，接待首次来华的比利时数学史家李倍始（U. Libbrecht），吴文俊到会。

9月5～9日，北京天文学会举行首届年会，赵先孜等报告了他们到加拿大参加国际天文学大会与中国台湾代表沈君山的会谈情况。

9月12日，参加中国科学院英语训练班入学考试。19日收到录取通知，

24日开学上课，为期4个月，到1980年1月26日结束，主要是提高听和说的能力。老师为新西兰人沃森（G. W. Watson），两位中国助教为肖超良和胡岳峰。20多名学生中，我最老，和最年轻的一位相差20岁。

1980年 53岁

3月5日，工资提升为每月126.5元，自1959年10月至今一直为每月106元。

3月17～21日，接待首次访华的日本科学史代表团，团长中山茂，团员有桥本敬造、吉田忠、寺地遵、宫下三郎、森村谦一、室贺照子、宫岛一彦等9人。严济慈、钱临照出面宴请一次。

4月30日，由京出发到成都主持召开中国天文学史成果交流会，会后和庄威凤乘火车到重庆，再乘船过三峡，由武汉北上，于5月20日回到北京。

6月1日，着手开展中国科学思想史的研究。

8月20～27日，接待法国青年天文学史家戴明德（M. Teboul）。

9月16～27日，到上海参加国际天体测量学会议。

10月6～11日，中国科学技术史学会在北京举行成立大会，在会上做了两个报告：《论中国科学思想史的研究》和《伽利略前二千年甘德对木卫的发现》；以214票（名列第三）当选为理事，后又被选为常务理事。钱临照为理事长，仓孝和、严敦杰副之。

12月8日，为李约瑟80寿辰，《人民日报》当日刊出我的祝寿文章《睿智而勤奋，博大而精深——祝贺世界著名科学家、中国人民的老朋友李约瑟博士80大寿》，次日接到胡道静从上海拍来的电报："深情丽藻，凝练透辟，敬贺8日寿词写得精彩。"其后，又接鲁桂珍来信，李约瑟已命萨尔特（Michael Salt）将此文译成英文。

1981年 54岁

2月2日，在段伯宇和李佩珊主持下，所学术委员会筹备组通过提升许良英和我为研究员，但需报中国科学院审批。

2月13日，香港《大公报》在头版头条位置刊登新华社发自上海的电讯——《科学院副研究员席泽宗提出论证中国早在战国时期已发现木星有卫星》，从此国内外媒体展开了一场热烈报道，而刘金沂等 10 人于 3 月 9～11 日在河北兴隆的目视观测成功，更使这项成果为世人所承认。日本学士院院士薮内清撰文，称赞这是实验天文学史的开始。

4 月 1 日至 6 月 30 日，应日本学术振兴会之邀，到日本东京、京都、大阪、仙台、水泽等地访问 3 个月，并做学术报告。在仙台与杨振宁相遇，谈古论今，相处颇为融洽，此后并有数次交往。

7 月 26 日至 8 月 4 日，去河南登封参加全国青少年天文夏令营活动。

8 月 23 日，率团到布加勒斯特参加第 16 届国际科学史大会，同行者有华觉明、查汝强、张瑞琨等 7 人。会议为期 8 日（8 月 27 日至 9 月 3 日），参加者将近 1200 人。期间，远东科学史组（C4）举行学术报告一天，由余任 chairman，美国席文和日本渡边正雄任 presidents。9 月 8 日回到北京。

9 月 10 日起，和薄树人在北京师范大学天文系开设一门中国天文学史课，每周一次，讲一学期。听课的学生后来到科学史所来工作的有胡铁珠、陈鹰和杨怡。

9 月 15～19 日，接待李约瑟并担任翻译。

10 月 5 日，接待美国波士顿大学天文学教授布雷彻（K. Brecher），彼谓天文学家巴纳德（Barnard）和夏皮罗（Irwin Shapiro）均曾用肉眼看到木卫。

10 月 22 日，丁蔚硕士论文答辩通过。10 月 27 日，决定录取南京大学天文系应届毕业生江晓原来读硕士学位。江和丁皆为上海人，江比丁小 10 岁（1945 年、1955 年）。江于 1982 年 2 月 14 日到所报到。

11 月 15～20 日，到郑州主持纪念郭守敬诞辰 750 周年学术讨论会。

1982 年　55 岁

1 月 4 日，与留所分到古代史室工作的研究生王渝生、刘钝、李亚东谈话，得悉他们的工资定为 62 元，去年 12 月可以补半个月的。

1 月 16 日，云平圆满完成大学学业，被分配到北京市建筑设计院工作，于 2 月 15 日报到。

2 月 20 日，首都天文界代表在中关村 812 楼 402 室聚会，祝贺张钰哲先生 80 寿辰（2 月 16 日）。

3 月 5 日，离开北京到陕西临潼参加“庆祝中国天文学会成立 60 周年大会暨第四届会员代表大会”，会前于 3 月 8～10 日主持召开了天文学史专业委员会的学术会议，有论文报告 29 篇，会后在陕西天文台住 10 天，完成 *The Application of Historical Records to Astrophysical Problems* 一文。代表大会于 3 月 15～20 日召开，余以高票（91）当选为理事，仅次于叶叔华（98）、吴守贤（97）、王绶琯（96），排名第四（投票人数为 100），接着又被选为常务理事。

4 月 2 日，由西安出发到南京参加中国科学院和德国马普学会联合主办的“高能天体物理讨论会”，为期 9 天（4 月 9～17 日），会上报告了 *The Application of Historical Records to Astrophysical Problems*。此报告受到德方主席麦耶尔（F. Meyer）在总结中的赞扬。

4 月 19～30 日，由南京到上海和合肥，在上海天文台、上海少年宫、复旦大学和中国科学技术大学做报告。在科大报告《中国古代宇宙理论》，长达 6 小时。

5 月 15 日，出席北京东城区青少年天文爱好者协会成立大会，并被聘为名誉理事长。

5 月 27～31 日，到北戴河参加《自然辩证法百科全书》编委会成立会议，任编委兼天文学哲学编写组组长，殷登祥、卞毓麟副之。

6 月 18 日，接待回国探亲的王铃博士，作陪的有周培源、夏鼐、王振铎、苏芳铃等。

6 月 25 日，云平被冶金建筑研究总院录取为硕士生，并于开学后到西安冶金建筑学院上基础课一年。

6 月 26 日至 7 月 2 日，接待日本薮内清。

7 月 14 日，在天津师范学院为帕尔曼（J. S. Perlman）等 16 位美国学者讲中国天文学史。

7 月 16～31 日，在青岛疗养，住太平角二路一号，与王玉田同屋。除游览和游泳外，完成 *Verbiest's Contributions to Chinese Science* 一文，准备去比利时演讲。

8 月 2 日，教育部和中国天文学会合办的全国大学中文系天文知识讲习班举行开幕式，由我做第一讲《中国古代天文概况》。

8 月 13～23 日，到比利时鲁汶大学参加国际中国科学史第一次讨论会，到会约 20 人，李约瑟、席文等到会，由比利时学者李倍始承办。

9 月 24 日，为丁蔚、江晓原、胡铁珠、陈鹰、柳卸林 5 人开讲世界天文学史，为期半年。

10 月 5 日，到济南参加天文学哲学问题讨论会，并于会后到曲阜和泰山游览，于 10 月 17 日返京。

11 月 3～9 日，到杭州主持“中国天文学史大系”的筹备会议，在开幕式上做了《团结起来，努力开创天文学史研究新局面》的报告。

12 月 1 日，在东大桥路 35 楼 1 门 7 号分得房屋一间（原为陈久金居住），于此日进驻。房租每月 3.06 元，外加原来礼士胡同 43 号两间平房 2.63 元，共计 5.69 元。

1983 年　56 岁

1 月 5～10 日，到武汉参加曾侯乙编钟部分复制品成果鉴定会。

3 月 1 日，工资上调一级，成为 149. 5 元（研六级）。

3 月 15 日，席红被分配至北京地铁公司工作。

5 月 12 日，到江苏常州参加《自然辩证法百科全书》编委会议，会后到上海与上海市科协李鸿斌等联系纪念徐光启事，于 24 日返京。

6 月 3 日，接国际科学史研究院的通知，我当选为该院通讯院士。

7 月 22 日，云平和晓欣正式结婚，我们在北京前门外全聚德烤鸭店设宴招待对方家长及有关亲友，李和曾、李忆兰在晚宴上分别表演了精彩的京剧和评剧独唱。

7 月 28 日，接待美国康奈尔大学天文系主任哈威特（M. Harwit）。

8 月 2～3 日，接待山崎俊雄率领的日中产业技术发展史友好代表团，该团认为日本战后经济腾飞得力于毛泽东思想。

8 月 4～8 日，首次接待美籍华人天文学家彭飚钧夫妇（在美国航空航天局喷射推进实验室工作）。

9 月 17～24 日，出席国务院学位委员会学科评议组第二次会议，与张存浩同屋。天文学科组投票一致同意科学史所为天文学史的博士、硕士授予点，我为博士生导师。

9 月 28 日，院干部局来人通知，要我担任科学史所所长。

10 月 25 日至 11 月 1 日，赴西安主持中国科学技术史学会第二次全国会员代表大会，在选举理事过程中，余与柯俊等票，各得 122 票，为票数最多者。最后常务理事会确定：柯俊为理事长，我和李佩珊为副理事长。

11 月 4 日，与钱临照夫妇由西安到上海参加纪念徐光启逝世 350 周年的学术讨论会，在开幕式上，做了主题报告《明末学者徐光启的伟大贡献》。11 月 10 日和叶晓青第一次见面，11 月 12 日由上海回到北京。

12 月 11～23 日，率团（共 17 人，夏鼐为顾问）到香港参加第二届国际中国科学史讨论会，在会上报告了“王韬与自然科学”，来去均经广州停留。

1984 年　57 岁

2 月 20～25 日，第一次以所长身份参加中国科学院一年一度的工作会议。

4 月 7 日，向全所宣布研究室的设置和人员配备为：数天史室主任薄树人（兼），秘书刘钝；物化史室主任潘吉星；生地史室主任唐锡仁；技术史室主任华觉明；通史室主任杜石然；近现代史室主任潘承湘，王肃端副之。

4 月 11～19 日，到上海主持《徐光启研究论文集》编委会议。

4 月 30 日至 5 月 7 日，参加由中央宣传部和文化部联合召开的全国文物工作会议。

5 月 16 日至 6 月 11 日，受美国科学促进会的邀请，作为中国科协代表团（团长柯俊）的成员之一，参加了该会在纽约召开的第 150 届年会，在会上报告了《中国考古天文学的新发现》。会前访问了费城和华盛顿，会后访问了波士顿、西雅图和旧金山。

7 月 1～7 日，在大连主持《中国古代天文学家》（陈久金主编）审稿会。

7 月 12 日，江晓原通过硕士论文答辩，论文题目为《第谷天文工作在中国之传播及影响》。次日他与谢筠结婚。

7 月 14 日，出席国产第一台大型天象仪鉴定会。

7 月 28 日，席红和张岚正式结婚。

8 月 11 日，收到美国旧金山州立大学（San Francisco State University）理学院院长凯利（Janes C. Kelley）的邀请，邀我从 1985 年 9 月起，作为 Visiting Scientist 到该校访问一年，但此事遭到所领导班子中其他 3 人（孟繁顺、李佩珊、薄树人）的一致反对，未能成行。

8 月 20～25 日，在友谊宾馆主持召开第三次国际中国科学史讨论会。钱临照为组织委员会主席，余为副主席兼秘书长，夏鼐为国际顾问委员会主席，到会百余人，其中外宾约占一半，有李约瑟（英）、席文（美）、中山茂（日）、苏巴拉亚巴（印）等。严济慈、周谷城、卢嘉锡等出席开幕式。

9 月 1～11 日，先是到南京参加紫金山天文台成立 60 周年的庆祝活动，然后逆水行舟，由南京到武汉参加曾侯乙编钟全套复制品的验收会。在签发验收证书之后，文化部对复制单位和个人发奖，我得到锦旗一面，华觉明得一等奖，张宏礼得二等奖。

9 月 12 日，上午和彩姐陪榴云到中医研究院骨科研究所去看病，发现是组织球发炎，经搓揉后立即见效，而其他医院近一个月来毫无办法。

10 月 7 日，参加北京正负电了对撞机国家实验室奠基典礼，邓小平、万里、杨尚昆等均出席。

10 月 14～15 日，到邢台出席郭守敬纪念馆的奠基仪式。

11 月 1～10 日，到郑州参加中国近代文化史学术讨论会。

12 月 3～10 日，到上海华东师大主持李啸虎的硕士论文答辩，论文题目为“从近代天文学的兴起看“广义工具”在科学认识发展中的作用和地位”。

12 月 26 日，和社科院副院长宦乡一道接待杨振宁，自下午 4 时至 9 时，谈 5 小时。

1985 年　58 岁

1 月 6～13 日，出席中国科学院 1985 年工作会议，向卢嘉锡院长当面提出我所的归口问题。后于 4 月 16 日由中国科学院发一文件，规定“自然科学史研究所的有关业务方向等问题，由数理学部考虑，并负责组织研究所和重大成果的评议工作。有关研究员晋升和学科史成果评价等，根据专业情况，由有关学部协同组织办理”。

2 月 9 日，云平通过硕士论文答辩。

2 月 19 日（腊月三十，雨水），孙女席婧出生，体重 3.8 公斤。

3 月 12～26 日，接待国际科学史协会主席、哈佛大学科学史系教授希伯尔特（E. N. Hiebert）。

4 月 6～11 日，到昆明主持召开“全国少数民族天文历法会议”，到会 41

人，其中少数民族 14 人，占 34%。

4 月 16～19 日，接待美国哈佛大学科学史教授、美国科学史学会主席霍尔顿（G. Holton）。

5 月 6～7 日，接待国际天文协会主席、澳大利亚悉尼大学名誉教授布朗（R. H. Brown）。彼认为我的首要任务，应该是用英文写一部《中国天文学史》。

5 月 13～16 日，接待英国 BBC 电视台科学与未来部高级制片人尼斯毕特（Alec Nisbett），拍摄电视片《彗星》。

6 月 15 日，在同仁医院摘除右腿膝盖部的粉瘤，手术 1 小时。

7 月 1 日，科学史所学术委员会正式成立，由我担任主任，李佩珊副之，范楚玉任秘书。成员共 15 人，其中 3 名所外委员为柯俊、李学勤、范岱年。

7 月 4 日，接待新华社记者张继民，谈“哈雷彗星与中国”。后来许多报刊发消息时，将我 58 岁误成 85 岁。

7 月 20 日，接待英国《自然》（*Nature*）杂志驻日本首席记者安德生（A. M. Anderson）博士。

7 月 29 日，和柯俊等 11 人到美国伯克利加州大学参加第 17 届国际科学史大会，在这次大会上中国被正式接纳为会员国，李佩珊当选为理事（assessor）。会后，应程贞一之邀，到加利福尼亚大学圣迭戈分校（UCSD）举行了一个有关中国科学史的小型报告会一天（8 月 10 日）并到加利福尼亚大学洛杉矶分校（UCLA）参加“牛顿、哈雷和哈雷彗星会议”（8 月 13 日）一天，最后于 8 月 18 日回到北京。

9 月 24 日，补发 7～9 月 3 个月增加的工资 3×17.5=52.5 元。但从 11 月起中国科学院取消岗位津贴，每月收入反而比以前减少 7.5 元。

11 月 3～9 日，接待美国哈佛大学教授、国际天文学会天文史委员会前任主席金格里治（Owen Gingerich）。

11 月 13 日，赴印度新德里参加国际天文学联合会召开的第 91 次讨论会（colloquium），主题为“东方天文学史”，接着是国际天文协会第 19 次大会，中国学者有 14 人被选入各专业委员会委员，我是其中之一。会后和陈美东、张和祺路经香港大学，于 12 月 1 日回到北京。

12 月 30 日，在全所主持召开“庆祝夏纬瑛先生 90 寿辰、从事科学工作

70 周年，严敦杰先生从事科学活动 50 周年及新年大会”，由芶萃华、王渝生介绍他们二人事迹，自由发言非常热烈。

1986 年　59 岁

1 月 15～18 日，到上海祝贺上海市科学技术史学会成立。

1 月 26 日至 2 月 1 日，出席 1986 年中国科学院工作会议。

4 月 21～26 日，在国家气象局集中时间大规模评定主系列职称，全所提升研究员 6 人（华觉明、潘吉星、张驭寰、曹婉如、李仲均和赵承泽），副研 20 人。

5 月 12 日，和柯俊等共 10 人去澳大利亚悉尼大学参加第四届国际中国科学史讨论会，顺访堪培拉和墨尔本，于 5 月 25 日返京。

7 月 4～10 日，到山东蓬莱出席首届青年科学史工作者学术讨论会，在开幕式上做了《谈谈青老关系》的报告。这次会议涌现出 4 名优秀青年学者：王渝生、廖育群、陈恒六、江晓原。四川《大自然探索》记者谢华对他们各用两个字来描述：王—随和，廖—沉思，陈—善辩，江—博学。

7 月 11～17 日，由蓬莱到上海参加纪念徐建寅殉难 85 周年纪念会。

7 月 21 日，张钰哲逝世，享年 84 岁。到南京参加了中国天文界于 7 月 31 日为他举行的“追悼纪念会”。

9 月 15～20 日，到郑州参加纪念朱载堉诞生 450 周年学术讨论会，周巍峙、吕骥等均到会。

10 月 6～10 日，到安徽枞阳（方以智的家乡）祝贺安徽省科学技术史学会的成立。

10 月 30 日至 11 月 1 日，到河北邢台参加郭守敬纪念馆开幕式并主持“纪念郭守敬诞辰 755 周年学术报告会”。

11 月 16～20 日，接待李约瑟。18 日，在人民大会堂为潘吉星编译的《李约瑟文集》举行出版庆祝会。会前，胡乔木要求，对李约瑟《中国科学技术史》的翻译问题，中国科学院于一星期内必须提出具体计划。

11 月 22 日，张紫薇出生，体重 5.4 斤。

12 月 15 日，李约瑟《中国科学技术史》翻译出版委员会成立，卢嘉锡任主任，曹天钦、汝信和我为副主任，下设办公室，由何绍庚负责。

1987年　60岁

1月1日（十二月初二），在家招待美国席文夫妇，斯为第一次在家招待外国客人。

2月13日，受邀担任印度《医学和科学史研究》（*Studies in History of Medicine and Science*）杂志顾问。

2月21日，科学史所领导班子换届，由我继续担任所长，由陈美东、华海峰任副所长，原副所长李佩珊和薄树人去职。

3月9～11日，中国科学技术史学会第三届理事会第一次会议在北京钢铁学院举行，会上斗争激烈，但我仍以高票当选常务理事和副理事长，柯俊继续担任理事长。

3月17日，出席中国科学院科技政策与管理科学研究员职务评审会议，钱三强任主任，评定罗伟、金观涛、范岱年、洪家兰等7人任职资格，全部通过。

4月1日，云平赴美，我到南京紫金山天文台参加"古天文仪器修复与复制研讨会"，为期4天。是日南京大雪纷飞，为1953年以来未有过的现象。

5月13日，到北京师范大学参加太平洋区域文化对西方文明的影响座谈会。会议上午由何兹全主持，下午由我主持。周谷城全天参加了会议，并多次发言。

5月20日，接待英国BBC电视台"开放大学"（Open University）栏目制作中心主任纳尔逊（David Nelson），彼拍一中国古代科技成就的电视片。

5月21日，到北京师范大学出席秦九韶《数书九章》成书740周年纪念及学术研讨国际会议，并在开幕式上致贺词。

6月3日，按参加工作年限、分4个档次（中华人民共和国成立前、1956年年底前、1960年年底前、1966年年底前）调整工资，我系1956年年底前参加工作，基础工资从160元增至170元。

6月14日，接待美国总统里根的科学顾问兼白宫科技政策办公室主格雷厄姆（Willian K. Graham），并陪他参观北京古观象台和中国历史博物馆。彼回国后于9月22日写来一封热情洋溢的感谢信。

6月29日，席红到北京城建设计院工作。

7 月 6 日，主持王渝生的博士论文《中国古代历法计算中的数学方法》答辩会，一致通过。

7 月 22～24 日，出席中国科学院数理化学局召开的数学力学口所长任期责任目标制座谈会。会上被告知，在近三年内我所只能根据经济许可的条件安排一些课题，不可能上大项目。我所的经费今年只有 57 万元，比去年还少 6 万元。

8 月 3～10 日，到福建武夷山参加李约瑟“中国科学技术史”翻译出版委员会常务委员会议。会议由卢嘉锡主持。

9 月 14～17 日，出席在北京香山召开的第三世界科学院第二次大会。

9 月 15 日，到中共中央党校主持 20 世纪中国科学技术史讨论会的开幕式，该会为期 5 天。

9 月 26 日，250 余人在民族宫西大厅隆重集会庆祝科学史所成立 30 周年，我做了《本所的历史、现状和任务》的报告，来宾发言的有周培源、卢嘉锡、汝信、钱临照、王仲方、巴纳德（Nel Banard）、李学勤、李经纬等。此前，9 月 22 日《科学报》以第二版整版篇幅出了祝贺专刊。次日，《人民日报》等有详细报道。

10 月 4～7 日，国际天文学联合会亚太地区第四届大会在北京科学会堂召开，应邀在第一天大会上做了《中国天文学史研究新进展》的邀请报告。

10 月 6 日，出席北京图书馆成立 75 周年暨新馆开馆典礼，并和前来参加庆典活动的美国芝加哥大学图书馆馆长钱存训在钓鱼台国宾馆进行了单独会面。

10 月 10 日，参加北京天文馆建馆 30 周年庆祝活动，为其题词：“三十而立，人间岁月；风华正茂，星象文章。”

10 月 12～26 日，到莫斯科参加苏联科学院召开的“牛顿与世界科学——纪念《自然哲学的数学原理》出版 300 周年”国际学术讨论会，简短地介绍了“牛顿学说早期在中国的传播”，并赠《自然哲学的数学原理》的蒙文译本一册给该院科学技术史研究所。

11 月 9～11 日，到江西南昌参加宋应星诞生 400 周年纪念大会，为大会做了主题报告《宋应星的生平、科学成就、哲学思想和纪念他的现实意义》。

11 月 15～29 日，到布鲁塞尔参加比利时皇家科学院召开的“中国和西方”国际讨论会，在开幕式上做了特邀报告《17～18世纪西方天文学对中国的影响》。出席会议的中国代表有卢嘉锡、周光召、吴阶平、赵复三等9人。在此次会议上，比利时皇家科学院授予卢嘉锡外籍院士称号。

1988年 61岁

1月26日（腊月初八），家由北京东四礼士胡同43号迁至德外祁家豁子中国科学院苇子坑宿舍6-410（后改为华严北里18-410）。

4月6日，到清华大学思想文化研究所讲《科学、文化与科学史》，介绍斯诺（C . P. Snow）的《两种文化》。

4月21日，为法国Berthement电影公司拍摄的科教片*Temples of Discovery*（6集）（导演 Robert Pansard-Benson）当演员回答有关中国天文学史的各种问题。

5月27日，江晓原博士论文答辩会在社科院近代史所三楼会议室举行，评委7人一致认为是一篇优秀论文，予以通过。

6月1～4日，和汪子春到郑州参加河南省科学技术史学会成立大会，除宣读中国科学技术史学会和我所的贺信外，还做了《科学史研究的历史和现状》的报告。

6月7日，和美国的道本周（J. W. Dauben）联合主持由美中学术交流委员会驻京办事处召开的“科学技术史专业化中的问题和机遇”讨论会。

6月25～26日，出席中国科学技术史学会在北京科技大学（原钢铁学院）召开的科技史教育工作会议。国务院学位委员会办公室副主任张序辉参加了这次会议。

7月2日，榴云由北京第四医院退休。

8月，再次被选为国际天文学联合会天文史委员会组织委员。

8月3～12日，到美国加利福尼亚大学圣迭戈分校参加第五届国际中国科学史讨论会，在会上报告了《天文学在中国传统文化中的地位》。

8月13日，所领导班子换届，陈美东继任所长，华觉明、华海峰副之。

9月9～18日，到比利时鲁汶大学参加纪念南怀仁（F. Verbiest，1623～1688）逝世三百周年国际学术讨论会，除散发长文《南怀仁对中国科学的贡献》外，并做了短小精悍的报告《南怀仁为什么没有制造望远镜？》，大获成功。

9月22日，接待苏联科学院科学技术史研究所党委书记伊美尔雅若夫（心理学史）和副所长奥飘尔（经济学家）等4人。

9月24日，接待美国波士顿大学科学史与科学哲学中心主任库恩（Robert Cohen）。

9月26～29日，最后一次主持我所研究人员职称评定会议，通过6名正研［陈美东、李天生（译审）、金秋鹏、唐锡仁、林文照、陈久金］、6名副研、5名助研。

10月8～19日，到湖南张家界参加第二届全国天文哲学问题讨论会，行程极为艰苦，会上争论十分激烈。

11月29～30日，参加中国社会科学院召开的纪念侯外庐学术讨论会。

12月8日，《中国科学技术史·科学思想卷》编写组成立，成员有李申、江晓原、汪前进、金正耀，其后金正耀因病退出，余为负责人。

12月19日，按北京市1987年5月15日文件，1949年10月1日至1952年12月31日期间参加工作者，退休后可以拿原工资的90%。中国科学院离退休干部工作局本月15日通知，我以有特殊贡献的科学家身份，退休工资可增10%。这样，从明年1月起，我将拿原工资退休。

12月22日，科学史名词委员会在中华医学会二楼开会成立，委员16人，由我任主任，华觉明和吴凤鸣副之，钱临照和柯俊为顾问，罗桂环为秘书。

12月23日，严敦杰逝世。到中国科协电视声像中心开会，讨论《中国科技成就》电视系列片的拍摄问题。这套系列片准备拍100集，由我担任学术委员会主任，由北京科教电影制片厂张清（女）担任艺术委员会主任。

1989年 62岁

1月7日，应邀偕榴云到美国加利福尼亚大学圣迭戈分校物理系与程贞一教授进行合作研究，为期一年半，完成了4篇论文：①《孔子思想与科技》；②《陈子模型和早期对于太阳的测量》；③《曾侯乙编钟时代之前中国与巴比伦音律和天文学的比较研究》；④《〈尧典〉与中国天文学的起源》。

3月10～15日，去洛杉矶和拉斯维加斯（赌城）游览，住初中同学刘锡纯（外科医生）家。

3月27日，儿媳崔晓欣抵美。

5月19～22日，由程贞一夫妇开车陪同，到Yosemite国家公园和旧金山游览。在旧金山遇高中同学韩伯平和赵冈。

6月17日至7月7日，和榴云到芝加哥美国西北大学看望云平。我于6月27日至7月1日单独由芝加哥到波士顿进行学术交流，6月28日在哈佛-斯密松天体物理中心讲《历史上的超新星》，6月29日在哈佛大学科学史系讲《17～18世纪西方天文学对中国的影响》，30日在麻省理工学院空间研究中心座谈，并到具有历史意义的康科德（Concord）参观，美国独立战争于1775年4月19日在此打响第一枪。

12月31日，家由Nobel Court 7215号迁至9258E Regents Road，与田刚、胡远晖夫妇同住。

1990年　63岁

1月22日，到空间博物馆（Space Museum）看加拿大电影公司拍摄的球幕电影《中国星空》（*Stars over China*）。此片选了5个点：秦始皇建天文台、汉代日食、唐代彗星、宋代超新星、20世纪70年代人造地球卫星，共演15分钟。

2月19日至3月5日，以“大陆杰出人士”身份，由美国经日本到中国台湾访问两周。20日“《中央日报》”文教新闻版以《大陆天文学家席泽宗昨来访》为题，报道说：大陆知名的天文学者席泽宗教授昨晚飞抵台北，他已应邀在“中央研究院”公开发表学术演讲。据了解，这将是大陆科学人士，第一次在中国台湾最高的学术殿堂上公开演讲，为海峡两岸学术交流又迈前一大步。在中国台湾的多次演讲，后集结为《科学史八讲》，由台北联经出版事业公司于1994年出版。

4月14日，孙女席婧抵美，云平一家得以在芝加哥埃文斯顿（Evanston）团聚。

4月24日，直径2.4米的哈勃空间望远镜（HST）发射成功。

4月28日，由程贞一夫妇开车陪同，到长期居世界第一的巴罗马山天文台参观，由南京大学来的吕南姚接待。该台全部自动化，每天维持费即需3000美金，观测时间表一年前已排好。

5月5～14日，到芝加哥探视崔占平和云平全家。其间于5月8日到芝加哥大学东亚研究中心讲《孔子与科学》，12～13 日到密苏里州首府圣路易斯（St. Louis）和伊利诺伊州首府斯普林菲尔德（Springfield，美国第 16 任总统林肯的故乡）游览参观。

6 月 25～27 日，从洛杉矶乘新西兰航空公司飞机，经南太平洋法属社会群岛的首府帕皮提（Papete）和新西兰的最大城市奥克兰（Auckland），到澳大利亚墨尔本，将在墨尔本大学亚洲语系做访问学者半年。办公室被安排在该系 513 房间，屋子很大，有电脑，但自己不会用，还得从头学起。

8 月 2 日，第六届国际中国科学史会议在英国剑桥大学开幕。墨尔本大学亚语系叶晓青和科学史系李亚东均前往参加，余因刚来，不便于申请经费前往，而这是我第一次不参加国际中国科学史会议。前 5 次连续出席者只有三人：比利时的李倍始、新加坡的蓝丽蓉和我，上次在美国开会时，3 人曾合影留念。

9 月 8～14 日，去新南威尔士州参观访问，并讲学 3 天：9 月 10 日在悉尼大学讲《马王堆帛书中的彗星图》，9 月 11 日在新南威尔士大学讲《天文学在中国传统文化中的地位》，9 月 12 日在纽卡斯尔（New Castle）大学讲《马土堆帛书中的彗星图》。

9 月 20 日，墨尔本申办 1996 年夏季奥运会落选，群众的兴奋情绪一落千丈，霍克总理也掉了眼泪。

10 月 6 日，由李亚东开车陪同，到菲利普（Phillip）岛看企鹅回家（penguin parade），沿途并看了一个大蚯蚓馆（Giant Worm Museum），蚯蚓长 2.5 米。

10 月 11 日，《科学史八讲》全部定稿、寄出。

10 月 20 日，到巴拉腊特（Ballarat）金矿山区游览，这里中国人最多时有好几千人，现在还有一个中国村。

11 月 7～13 日，因护照到期，提前从澳大利亚回国，乘国泰（CX）航班，由墨尔本到中国香港停留一周，于 13 日下午 1 时回到家中。

11 月 24 日，在家招待程贞一夫妇。彼此收入太悬殊，不可能对等接待。他将于 12 月 4 日离京去武汉，然后转上海返美。

12 月 4 日，到同仁医院看病，被诊断为右眼视网膜脱落，黄斑区有一小裂孔，要赶快住院动手术。

12 月 10 日，住进同仁医院旧楼 469 房间，由陈惠如大夫于 12 月 24 日主刀，做了全麻手术，12 月 26 日恢复正常大小便和饮食。

1991 年　64 岁

1 月 16 日，由同仁医院回家。

1 月 17 日，海湾战争打响，美国对伊拉克动武。战争进行 42 天，于 2 月 28 日结束。

1 月 29 日，江晓原招收钮卫星为研究生。

2 月 26 日，席红与张岚正式离婚。

3 月 5 日，庄威凤出任汕头大学副校长。

4 月 11 日，接待由中国台湾回来的同乡、同学杨焕文。

4 月 17 日，向全所同仁汇报过去两年的“美、澳（大利亚）、港、台行”历时两小时，听讲者 80 余人。

4 月 28 日，由卢嘉锡担任主编的多卷本《中国科学技术史》正式上马，由陈美东召集各卷主编开会一天，中国科学院数理化学局詹文山（副局长）和冯树祥到会。

5 月 10 日，中华炎黄文化研究会在人民大会堂开会成立，余被选为理事。会议由副会长程思远主持。薄一波、萧克、李瑞环到会讲话，会长周谷城从上海寄来书面发言。

5 月 13 日，科学史所推荐的 7 名学部委员候选人于中国科学院系统初审过程中全部落选之后，在钱临照的推动下，王大珩和柯俊联名推荐我为学部委员候选人，王大珩亲自将推荐表送学部联合办公室。

6 月 21 日，到北京师范大学出席《九章算术》及刘徽学术思想国际研讨会开幕式，并报告《〈九章算术〉、〈几何原本〉及其他》。

6 月 29 日至 7 月 1 日，“中国天文学史大系”重新启动，在香山冶金工业部招待所召开工作会议，确定此套丛书由河北科学技术出版社出版，分 3 批于 5 年内出齐。

7 月 15 日，中国历史博物馆集会庆祝王振铎先生 80 寿辰和从事科学工作 55 周年，在会上发言的有俞伟超、苏秉琦和华觉明等。

7 月 27 日，第一次到中央宣传部参加《中华大典》论证会，到会的有李彦、刘杲、伍杰、任继愈、胡厚宣、李学勤、蒋和森、庞朴、戴逸、张晋藩、段文桂、魏同贤、陆桂斌等。其中多数人后来成了“大典”的骨干力量。

10月4～10日，与陈美东、林文照到合肥参加钱临照85岁庆祝活动，并主持博士生李斌的毕业论文答辩。

10月30日，席红和韩连祥结婚。

11月9～13日，到石家庄参加“中国天文学史大系”第二次工作会议。

12月31日，接到中国科学院12月28日的通知，全文为：“席泽宗教授：经选举并报请国务院批准，您于1991年11月当选为中国科学院（数学物理学部）学部委员。特此通知并致祝贺!”

1992年　65岁

1月4日，首都各报均以头版头条报道了学部委员增选的事。《人民日报》、《光明日报》和《科技日报》刊登了新选210人的全部名单，并发表评论，认为这“是我国科技界的一件大事”。中央人民广播电台打来电话，下周要来采访。

1月12日，垣曲籍在京司局级以上干部在全国科协集会庆祝我当选为学部委员。会议由全国科协副主席裴丽生主持，文敏生（邮电部部长）、姚峻、鲁挺、孙景山、普实法、高向荣、梅光等20余人出席，情况极为亲切热烈。

1月23日，收到国务院发的第（91）491563号政府特殊津贴证书：“为了表彰您为发展我国科学研究事业做出的突出贡献，决定从1991年7月起发给政府特殊津贴并颁发证书。”

1月27日，第一次出席京区学部委员在人民大会堂宴会厅举行的新春茶会。席间，周光召握着我的手说：“你是科学史界零的突破者，应该特别致以祝贺。科学史如何为四化多做贡献，应该好好研究研究。”

2月6日，王振铎逝世。

3月24日，接待从台湾地区回来探亲的初中同学卢一鹗夫妇。

4月20～25日，出席中国科学院第六次学部委员大会，于21日在数理学部报告了我的《历史超新星新研究》。

5月25～31日，出席在香山饭店召开的第三次全国古籍整理出版规划会议。会议由匡亚明主持，分4个组，我在第四组，组长任继愈，此组成员有张岱年、陈鼓应、潘吉星、庞朴、余瀛鳌、傅熹年、葛兆光等人。

5 月 31 日，到钓鱼台国宾馆芳菲苑出席当代中国物理学家联谊招待会，祝贺周培源、赵忠尧 90 大寿，吴大猷、王淦昌 85 大寿，吴健雄 80 整寿，杨振宁 70 整寿。李政道、任之恭、袁家骝、林家翘、顾毓琇等也都回来了，盛况空前。江泽民、杨尚昆、李鹏、宋平、温家宝、张劲夫、王兆国等与大家一起合影。

6 月 17～18 日，参加数理化学局召开的 90 年代重大天文设备发展研讨会。

6 月 20 日，北京天文学会隆重庆祝成立 40 周年。会上表彰了从事天文工作 40 周年的 18 位同志，我是其中之一。云平在美获博士学位。

6 月 23 日，收到人事部和财政部于 6 月 17 日联合发的《关于发放中国科学院学部委员津贴的通知》，谓："经党中央、国务院批准，决定给中国科学院学部委员发放'中国科学院学部委员津贴'。津贴数额定为每人每月 100 元，从 1992 年 5 月起发，免征工资调节税。"

6 月 25 日至 7 月 4 日，接待俄罗斯数学史专家别廖司金娜(Э.И. Березкина)，彼曾将《九章算术》译成俄文。

7 月 18～22 日，到承德参加"中国天文学史大系"第三次工作会议，畅游避暑山庄。

8 月 1 日，接中国科学院人事局 7 月 17 日和 7 月 28 日的两次批件，谓："关于恢复新当选学部委员、已办退休手续的席泽宗同志恢复公职的请示，已于 5 月 11 日经孙鸿烈副院长审批同意""经研究，同意席泽宗同志的基础职务工资为 190 元，连续工龄 41 年，从 1992 年 7 月 1 日起执行"。

8 月 20～22 日，参加纪念李俨、钱宝琮诞生 100 周年的国际学术讨论会，我在开幕式上做了简短的发言。

8 月 24 日，中韩正式建交。

8 月 25～31 日，到杭州参加中国科学技术史国际学术研讨会(International Symposium)，会议在浙江大学邵逸夫科学馆举行。开幕式由杭州市科协主席张迪主持，闭幕式由我主持。在开幕式上讲话的有柯俊、何丙郁、王永明（杭州市长）和路甬祥（浙大校长）。韩国来人之多，是这次会议的一大特色。

9 月 9 日，《中华大典》工委会和编委会成立。中央宣传部原副部长李彦被任命为工委会主任，任继愈为编委会主任，程千帆、戴逸和我为编委会副主任。王忍之、高占祥、张文松、周林到会祝贺，出席成立会的有百余人。

9月10日，北京市人民政府邀请在京学部委员在天安门城楼举行中秋赏月晚会，温家宝、宋健、严济慈、陈希同、张百发到会。会上，我与孙鸿烈、袁翰青、陆启铿、丁夏畦等相谈甚欢，合影留念。

9月23日，中国管理科学研究院高科技与新文化研究所在北京天文馆举行“天文与文化”座谈会，庆祝我65岁生日和从事科学活动40周年，到会约40人，在会上发言的有来自16个单位的26个人。45年的老朋友李元题赠联语两幅：“探索星空史料，推陈出新作贡献；追寻天象纪录，古为今用有创新。”“让历史往事，发挥潜在功能；使古代新星，放射现代光芒。”《光明日报》、《科技日报》、《北京晚报》和《天文爱好者》等报刊，以及台湾地区的《中国科学史通讯》第5期均做了报道。

9月24日至10月9日，在同仁医院旧楼463病房住院，于9月29日由外科主任陈维鲁大夫进行手术，将20多年来长在颈后部的脂肪瘤切除。

10月12～18日，中国共产党第十四次全国代表大会开幕。

10月30日，中国天文学会在北京科学会堂举行成立70周年的庆祝大会，邀请外宾很多。共发7项奖，第一项给从事天文工作40年以上的老同志，共21人，我是其中之一，得天球仪一个、荣誉证书一本。

10月31日至11月2日，中国天文学会在京举行第七次会员代表大会。余为特邀代表，无选举权。

11月9～11日，接待台中自然科学博物馆馆长汉宝德，谈该馆中国科技史的展览问题。

11月12日，出席国际友人研究会等单位举办的《李约瑟与中国》首发式暨李约瑟博士事迹座谈会。此项活动为第四届国际科学与和平周的内容之一，到会发言的有黄华、卢嘉锡、朱光亚、爱泼斯坦等人，江泽民写来了“明窗数编在，长与物华新”的条幅，他用宋代诗人陆游称赞唐代诗人李白、杜甫的这两句话来赞美李约瑟对中国科学的贡献。《李约瑟与中国》为上海王国忠著，其中提到我的地方有11处。

11月16日，榴云到第四医院检查身体，发现有胃窦、脾大、慢性胆囊炎。

12 月 1 日，开始自编年谱。

1993 年 66 岁

4 月 10 日，《中国科技史料》13 卷 1 期刊出江晓原长文《著名天文学史家席泽宗》（64～73 页），并在封三刊有照片 7 张，这是迄今为止关于我的最详细的一篇传记。

4 月 13 日，收到李申为《中国科学技术史·科学思想卷》写的第二章“春秋战国时期的科学思想”，近 10 万字。

4 月 15 日至 6 月 1 日，所内体检发现我有大面积急性心梗，立即住进同仁医院新楼 1208 房间，为期一个半月。住院大夫齐跃，主治大夫付欣，内科病房主任郑淑香，护士长赵敏。

4 月 30 日，新任所长廖克（57 岁）到职。

6 月 21 日至 7 月 20 日，和榴云在小汤山疗养院休息一个月。

8 月 18 日，美芝灵国际易学研究院在北京饭店贵宾楼开会成立，院长为朱伯崑，我为学术委员。

8 月 21 日，由北京天文馆主办的“中国与其他国家天文学交融”国际学术研讨会在北京古观象台召开，为期两天。作为这次会议的学术委员会主任，我致开幕词 10 分钟，开幕式由崔石竹主持。

8 月 25 日，云平由芝加哥移居费城，改到德雷塞尔大学土木建筑系教书。

9 月 30 日（中秋节），收到国际科学史研究院常任秘书 E. Poulle 通知，我已当选为国际科学史研究院院士。

10 月 8 日，到人民大会堂出席《中国大百科全书》74 卷胜利完成庆祝大会。出席会者 500 余人，江泽民做了即席讲话，参加编纂的学者卢嘉锡、于友光、梅益、武衡、龚心瀚等发了言。

10 月 23 日，王渝生和刘钝被正式任命为副所长。

10 月 25 日，由祥云出版公司赞助的《中国历史文化书系》（王好立主编）之一的《彩色插图中国科学技术史》编委会成立，编委共 18 人，由我任主任，王渝生、华觉明副之。

11 月 18～23 日，由榴云第一次陪同出席 1993 年增选学部委员第二轮评审会，数理学部选出艾国祥等 10 名新的学部委员。学部委员、天文学家陈彪失踪。

11 月 28 日，到物理所出席鲁大龙博士论文《牛顿〈自然哲学的数学原理〉概论》的答辩会。会议由胡济民主持，讨论极为热烈。

12 月 2 日，到清华大学参加该校在图书馆新建的科学史暨古文献研究所成立大会。在所长华觉明讲话以后，余为第一个被邀讲话者，谈了清华大学对科学史的贡献，并将拙文《叶企孙先生的科学史思想》赠送给了他们。

12 月 3 日，主持孙小淳博士论文《汉代星空研究》的答辩会。该论文由薄树人和荷兰学者基斯特梅克（Jacob Kistemaker）联合指导。一致通过。

12 月 13 日，接待陕西师范大学《中学历史教学参考》编辑部刘九生，为他题词“安贫乐道，奋进不已”。

12 月 31 日，基本工资调整为 620 元，外加各种补贴共得 1175.5 元，较前约增 620 元，翻了一番，是平均增加数（53 元）的 10 倍，成全所工资最高者，薄树人第二，吴昭第三。

1994 年　67 岁

1 月 5 日（十一月二十四日），《科技日报》刊出王绶琯的长文《现代自然科学中的天文学》，并摘登了宋健看了此文后给王绶琯的信。宋在信中说：“天文学是现代自然科学的先驱，当代唯物论哲学的最主要支柱。中国重视天文，凡数千年。本世纪天文学的成就，每每激励着科学界，更不要说天文学对当代宇航科学的奠基作用。”“我崇爱天文，不断跟踪她的进展，为每一新成就而欢欣鼓舞。”

1 月 7 日，打电话给北京天文馆司徒冬，决定不再续任天文馆学术委员，建议请陈久金继任。

1 月 11 日，从中关村电子配套市场解保新处购 386 电脑一台（6000 元）。并请地理所博士生赵士鹏来帮助学习使用。

1 月 17 日，接中国科学院通知：“党中央、国务院决定，中国科学院学部委员改称为中国科学院院士。”

3 月 8 日，崔占平住进阜外医院。

3 月 10 日至 4 月 11 日，住同仁医院 1209 病房，进行全面检查。住院大夫吕菱，主治大夫付欣。

3月16日，朱民纲住进北京医院，于4月4日做膀胱癌切除手术。

4月28日，经中国科学院批准，我的基础工资可在620元的基础上再调高一级，成为670元，也从去年10月补起。

5月30日，宋正海主编的《中国古代重大自然灾害和异常年表总集》（广东教育出版社，1992年）获中国科学院自然科学奖一等奖。

5月31日，主持徐凤先博士论文《中国古代异常天象观及其社会影响》的答辩会，只进行了两个小时，顺利通过。崔占平在阜外医院进行心脏搭桥手术。

6月3～9日，中国工程院成立大会和中国科学院第七次院士大会同时召开。开幕式在中南海怀仁堂举行，政治局常委7人全部到会。8日，中国科学院选出了陈省身、李约瑟、杨振宁、李政道、丁肇中等14名外籍院士。选举的前一天，我在全体院士大会上发言17分钟，详细介绍了李约瑟的杰出成就和对中国科学事业的突出贡献。

6月10日，田刚荣获美国国家科学委员会和国家科学基金会颁发的1994年沃特曼奖。

6月14日至8月21日，席婧回来探亲。

7月26日，购同力KF-25GW空调一台，花5340元。

8月22～25日，中国科学技术史学会在怀柔中国科学院管理干部学院举行第五次代表大会，于8月25日选出我和路甬祥为理事长，李文林、陈久金、陈文华、陈美东为副理事长，王渝生为秘书长。

8月26日，院士津贴增100元，每月共200元。

10月31日，写信给河北科学技术出版社多嘉瑞，建议将我在“中国天文学史大系”中承担的《中国天文学史导论》一书取消。

11月1日，中国科学院成立45周年庆祝会在人民大会堂宴会厅举行，江泽民到会讲话。会议由路甬祥主持，周光召做主题报告，朱光亚致贺词。

11月5～8日，到中关村外国专家公寓参加由科技部召集的“21世纪天文重大装置”评审会议。申请项目共有4项：①4×4米新技术光学红外望远镜；②空间高能X射线调制望远镜；③LTAMOST；④65米多波段射电望远镜。评委分三组：不申请项目的评委，如我，为一组；申请项目的评委，如王绶琯，为一组；列席评委，多为青年，为一组。三组记名打分、排序、综评，结果是①和③并列第一，②居第二，④居第三。最后将此结果报上级处理。后上级领导决定上 LAMOST 项目。

11 月 9 日，收到科学出版社出版的《中国现代科学家传记》第五集，其中数学力学 10 人，李俨居首位（1～5 页）；天文学 3 人，我居首位（287～293 页）。

11 月 10 日，《中国科学报》“科苑新月”专刊在头版头条以特大标题刊出我的文章《难忘的 1956 年——忆中国科学院自然科学史研究所的建立》。

11 月 12 日，购松下（Panasonic）电视机一台，花 6500 元。

11 月 21～27 日，和王渝生到深圳市南山区参加第三次全国科学技术与社会（STS）讨论会，在开幕式上做了题为《美国总统与天文学》的发言。

11 月 29 日，林盛然在德国因肝癌逝世，享年 63 岁。

12 月 23 日，出席中国社会科学院历史研究所建所 40 周年庆祝会并简短发言。关山复出席了会议。

1995 年　68 岁

1 月 4～8 日，到广州参加国际易学思维与当代文明研讨会，在会上报告了《李约瑟论〈周易〉对科学的影响》。

1 月 10 日，出席北京天文馆第六届学术委员会第一次会议。我已连任 6 届，请求下次不再连任。

3 月 11 日，中国科学技术史学会第五届常务理事会第三次会议在北京孚王府召开，决定恢复国际中国科学史会议，决定第七届国际中国科学史会议明年 1 月在深圳召开。路甬祥出席了会议，并做了重要讲话。

3 月 25 日，接黄兴宗电话，得悉李约瑟于北京时间今晨 5 时（格林尼治时间昨晚 9 时）逝世，享年 95 岁。立即通知卢嘉锡、周光召和有关部门。

4 月 7～9 日，到密云水库东侧白龙潭宾馆，参加美芝灵国际易学院召开的会议，讨论“天人合一”问题，并到司马台游长城。

5 月 9～10 日，为刘子华的遗孀曾宇裳写给国务委员李铁映的信写处理意见，认为刘的《八卦宇宙论与现代天文——一颗新行星的预测》概念不清、逻辑混乱、立论错误，不宜宣传。

5月11～12日，应艾国祥院士之邀，和国家自然科学基金委员会数理学部主任白以龙院士到怀柔太阳观测站、密云射电天文观测站、兴隆观测站参观，由朱进和兰松竹接待。

5月15日，到清华大学图书馆参加传统工艺研究会成立大会，并介绍了今年5月10日《中国科学报》文摘《难解的兵马俑之谜》中所提4个问题。

6月8～20日，和王渝生到英国参加李约瑟的追思会，并到伦敦各处参观访问。追思会于6月10日（星期六）下午2时半在剑桥圣玛丽大教堂举行，历时1小时。出席者700余人，讲话者只2人，W. B. Harland和我各讲7分钟。关于这一天的活动，我有《剑桥一日》在《中华英才》1995年第18期（总第126期）上发表。此文后获南湖杯世界华人“我的一天”特别奖。

6月21～30日，由伦敦经巴黎到柏林，在德国参观访问10天，并在图宾根（Tüebingen）大学讲《汤若望对中国天文学的贡献及其影响》。和维快（W. H. Schnell）确定，第八届国际中国科学史会议将于1997年9月在柏林工业大学举行。

7月1日，《中华英才》1995年第12期（总第120期）刊出潘云唐的文章《席泽宗：茫茫天宇觅新星》。

8月2日，到物理所拍标准相。海南大千世界照相馆为院士们拍摄并制作巨幅（24寸）油画肖像。

8月10～24日，和榴云到庐山休养两周。

9月19日，到历史所参加李学勤召集的座谈会，讨论向宋健汇报的问题，出席会议的有朱学文、俞伟超、严文明、仇士华和蔡莲珍。

9月29日，夏商周断代工程首次会议在中南海国务院第三会议室举行。在李学勤、我、仇士华、俞伟超、严文明发言之后，宋健提出具体建议：仿照“863”计划，由国务院启动夏商周断代工程，1999年新中国成立50周年前夕完成；由国家科委负责成立领导小组和专家组；方案报李铁映同志批准后执行。

10月14日，出席中国古代工程技术史大系编写会议开幕式并接受北京人民广播电台记者采访。

10月20日，到北京大学参加海峡两岸中华文化学术研讨会，报告《中国传统文化中的科学精神与人文精神》。

11 月 14 日，表嫂孟淑文逝世，1914 年生，享年 81 岁。

11 月 23 日，当选为国际欧亚科学院院士。

12 月 6～7 日，出席全国自然科学名词审定委员会第三届委员会全体会议暨成立 10 周年纪念大会。大会由孙枢主持，卢嘉锡做工作报告。

12 月 14 日，到北京古观象台参加清代天文仪器修复竣工（花 70 万元）和明代浑仪、简仪仿制完成（花 59 万元）验收会议。

12 月 19 日，交购房金 11 600 元，从此住房成为私有财产，从明年 1 月起不再交房租。

12 月 21 日，夏商周断代工程再一次在国务院第三会议室开会，由李铁映和宋健联合主持，宣布：①成立领导小组，由邓楠任组长，陈佳洱副之，成员有路甬祥、滕藤、韦钰、张德勤、刘恕；②任命李学勤、李伯谦、仇士华、席泽宗为首席科学家，李学勤为专家组组长，其余 3 人为副组长；③立即开展工作。

1996 年　69 岁

1 月 14 日，《科技日报》第 2 版刊出卞毓麟的书评《中外科学数千年，探幽发微四十载——读席泽宗先生著〈科学史八讲〉》。文末说：“《八讲》深入浅出，行文明白晓畅，给台湾学者和公众留下了深刻的印象。当地传媒称先生阐述科学史是‘沟通人文与科学，观照历史与未来’，此说殊不为过。”

1 月 16～21 日，到深圳主持第七届国际中国科学史会议，并在开幕式上报告《科学史与现代科学》。17 日上午参加开幕式的有杨振宁、吴阶平、武衡、路甬祥、何丙郁、中山茂、全相运等，20 日参加闭幕式的有联合国驻中朝蒙代表武井士魂。16 日开幕晚上，中央电视台新闻联播节目做了详细报道，当天下午科学史所举行了授予杨振宁名誉研究员的仪式。

2 月 6 日，《中国科学院院刊》11 卷 1 期（创刊 10 周年）刊出拙文《科学史与现代科学》。

3 月 26 日，出席《求是》杂志社主编邢贲思召开的传统道德与社会主义精神文明建设座谈会，我做了《〈先哲名言〉是道德教育的好题材》的发言。

到会 10 人，以钱逊（钱穆的儿子）发言最为精彩。

4 月 13 日，中国科学史著作出版基金（由大象出版社捐资设立）学术评审委员会开会成立，评委 11 人，由路甬祥任主任，我和周常林为副主任。

4 月 17 日，北京天文台李卫东在乌鸦座 NGC 4027 星系内发现一颗超新星，被国际天文学联合会定名为 1996W，是我国发现的第一个河外超新星。

4 月 24～25 日，夏商周断代工程中的天文学课题讨论会先行一步，在科学史所连续举行两天，将 10 个专题都落实到了人头上：科学史所 4 个，上海台、紫台、陕台各 2 个。外地来的专家张培瑜、吴守贤、刘次沅、江晓原等均兴高采烈，热情洋溢。

4 月 27 日，在北京天文馆讲《天文学在中国传统文化中的地位》，这是百名院士科普报告中天文学的第一讲，到会 100 余人，中途退席者仅 2 人，效果很好。崔振华和罗先汉出席了报告会。

4 月 30 日，榴云到北京第四医院检查，发现脾大，血小板（2.6 万）、白细胞（3200～2700）只有正常人的 1/5，血色素 11.2～10.7 克，被留住院（9 月 20 日出院）。

5 月 3 日，上海《自然杂志》18 卷 2 期“人物专栏”刊出李芝萍的文章《访著名天文学史家席泽宗》。

5 月 11 日，《光明日报》“理论与学术”版刊出拙文《古希腊文化与近代科学的诞生》。

5 月 16 日，夏商周断代工程启动会议在中南海国务院第四会议室隆重举行。会议由李铁映主持，先由邓楠汇报去年 12 月 21 日以来的工作情况、李学勤汇报“可行性论证报告”起草经过、张柏汇报昨天对“可行性论证报告”的评议结果。接着发言的有张培瑜、俞伟超、陈佳洱、路甬祥、韦钰、郭永才。宋健做了《超越疑古，走出迷茫》的长篇讲话（1 万多字），讲话中 5 次引用我的著作和文章。最后是给专家组 21 名成员发聘书和集体合影。次日，《人民日报》、《光明日报》和《科技日报》均在头版发了消息，《人民日报》记者的长篇报道是：《力挽千载唱大风——写在“夏商周断代工程”启动之际》，《科技日报》评论员文章是《一项世人瞩目的科学工程》。

6月3～7日，出席中国科学院第八次院士大会，推荐澳大利亚天文学家克里斯琴森（W. N. Christiansen）为外籍院士。此次大会与中国工程院第三次院士大会联合举行。

6月11日，再交购房款10 700元，连同去年12月交的11 600元，共22 300元，总算把住房买到手，但还未过户。

6月22日，国际欧亚科学院中国科学中心举行第一次会议。12名院士，除彭公炳在澳大利亚外，其余11人全部到会。会议由廖克主持，讨论了挂靠问题、新院士提名、学部设置等事项。决定成立东方文化学部，由我任主任，马俊如副之。

6月24～26日，和陈述彭院士联合主持第58次香山科学会议。会议主题为"中国传统文化与当代科学前沿发展"。在闭幕式上，作为总结发言，我就文化与社会、东方与西方、传统与现代、科学与迷信4个问题谈了一些看法。

7月19日，榴云被查出肝有硬变和转氨酶过高（100多）。

8月1～5日，到中国香港参加21世纪中华天文学研讨会，到会180多人，其中来自中国大陆的占1/2，来自中国香港、中国台湾的占1/4，来自海外的占1/4。

8月12日，《20世纪中国学术大典·天文卷》编委会开会成立，由王绶琯任主任，我为副主任，编委为马星垣、罗定江、李元、邹振隆、沈海璋。

8月25日至9月3日，到韩国汉城（今首尔）参加第八届国际东亚科学史会，在开幕式上报告了《中国学者近来关于东亚科学史的研究》（*Current State of Scholarship in China on History of Science in East Asia*），会后于9月1～2日南下清州和庆州参观。庆州是朝鲜三国时代新罗的首都。

9月2日，第二个孙女席雯（Cally W. Xi）于纽约时间上午8时在美国费城出生。

9月24日，到中共中央党校为省部级干部学习班讲《中国科学的传统与未来》。中国科学院党组副书记郭传杰出席报告会。

9月26日，《剑桥一日》荣获《中华英才》和《中国新闻》联合主办的南湖杯世界华人"我的一天"征文特别奖。

10月18日，《中国科学院厅局文件》计字1996（173号）《关于建立住房公积金有关问题的补充规定》明确：超过60岁的两院院士，各单位可征求其本人意见，自行决定，参加与否。参加后也可“随时办理支取销户手续”。

10 月 25 日，大型巡天望远镜 LAMOST 正式立项启动，国家拨款 1.7 亿元。

10 月 26 日，参加北京天文学会第 11 届代表大会，报告《天文学与夏商周断代工程》。

11 月 2 日，出席母校北师大附中建校 95 周年校庆。庆祝大会在人民大会堂举行，晚间中央电视台新闻联播做了详细报道。

11 月 8～11 日，出席第 66 次香山科学会议，会议主题是“跨世纪天文学”，主席由王绶琯和陈建生担任。9 日晚我讲《历史的经验值得注意——评康熙科学政策的失误》，引起了广泛的兴趣。

11 月 19 日，到北京房山琉璃河燕都遗址参观。在这里新近出土的一片甲骨上有“成周”二字。

12 月 27 日，夏商周断代工程领导小组举行第二次会议，听取邓楠、李学勤、张培瑜、杜金鹏的工作汇报。宋健和李铁映对前一阶段工作做了充分肯定，对明年工作做了明确的指示。

1997 年　70 岁

1 月 4 日（十一月廿五日），云平全家由美国费城西迁科罗拉多州博得尔（Boulder）市，到科罗拉多大学土木建筑系任教。

2 月 19 日，邓小平逝世，享年 93 岁。

2 月 23 日，庄威凤之子朱宏和潘婕结婚，在“烤肉季”宴请亲友，参加者有洪斯溢、洪韵芳夫妇、周玲夫妇和我们夫妇，共 10 人。

2 月 25 日，中国科学院夏商周工程领导小组成立，由路甬祥任组长，组员 5 人（席泽宗、陈久金、张培瑜、钱文藻、李满园）。办公室工作由刘佩华负责。

3 月 4 日，接待中央电视台《新闻调查》节目编导索贯均，谈 20 世纪我国境内 7 次日全食的观测情况，为本月 9 日漠河日全食的观测宣传做准备。

3 月 9 日，中央电视台从 8 时到 10 时 23 分现场直播漠河观测日全食情况。今天全国天气晴朗，漠河、北京、昆明、南京都有很好的观测结果，只是海尔-波普彗星没有预期的显著。夏商周断代工程在新疆组织的“天再旦”观测也获成功。

3 月 20 日，中央电视台在其本部第 14 层楼举行座谈会，庆祝漠河日全食和彗星同现直播成功。广播电视部部长杨伟光、中央电视台副台长李东生、国家气象局局长秦大河、中国科学院党组副书记郭传杰等均到会。中国科学院赠他们锦旗一面，上书：“辰茀同现呈奇观，科教兴国立新功。”中国古时日月相会谓之“辰”，在马王堆帛书中“茀”即彗星。3 月 24 日《中国电视报》以整版篇幅报道了这次座谈会，并刊登了我等十个人的照片。

3 月 25～27 日，为郑州市越秀学术讲座第 68 讲做报告《河南省在夏商周断代工程中的地位》，并到郑州商城、偃师二里头、登封少林寺等处参观。

3 月 29 日至 4 月 3 日，江晓原来京参加中国科学院跨世纪年轻人才代表会议，出席会议的代表共 118 人。

5 月 6 日，出席由中国科学院科技政策与管理科学研究所召开的中国科学政策与制定讨论会。会议由李喜先主持，发言者依次为：季羡林、唐秩松、席泽宗、余敦康、吴文俊、刘大椿、李文林、吴国盛和孙小礼。“元政策与总纲”小组全体成员听取了会议。

5 月 8 日，到同仁医院看病，齐跃大夫发现，两个多星期前（可能是 4 月 18 日）我又有一次心梗，在下间部，建议下周住院治疗。

5 月 16 日至 7 月 4 日，在同仁 1212 病房住院。

6 月 9～13 日，为庆祝我的 70 岁生日，王渝生在 6 月 9 日《科技日报》和 13 日《中国科学报》分别发表两篇文章《科学史园地的辛勤耕耘者》和《从超新星认证到夏商周断代工程》，陈建生和唐廷友代表国家科委和中国科学院送来带音乐的贺卡一个，刘钝和何绍庚前来祝贺。

6 月 15 日，孙女席婧前天由美回国，第一次到医院来。将于 8 月 23 日返美。

6 月 23 日，发现近来视力迅速衰退。

6 月 29 日至 7 月 1 日，为庆祝香港回归，全国放假 3 天。

7 月 4 日，出院回家，由 4 位年轻同志把我抬到楼上。此次住院共用 12 784.55 元，回来后要全休两个月。

7 月 11 日，接到通知从 10 月起，所有公家安装的私宅电话，一律转为个人交费，公家每月补助 80 元。

7 月 26 日，路甬祥正式出任中国科学院院长。刘钝出任科学史所所长。

9 月 4 日，《天文爱好者》编辑部的李芝萍陪同摄影师刘合群来为我拍照，并赠我他在漠河拍的 4 张日全食照片。

9 月 22 日，薄树人逝世，享年 63 岁。

9 月 22 日至 12 月 24 日，在阜外医院住院，于 11 月 3 日由吴清玉大夫进行心脏搭桥手术。

11 月 28 日，《天文爱好者》1997 年第 6 期出版。这期彩色封面是刘合群为我拍的大型照片，第一篇文章是李芝萍写的长篇祝寿文章——《一代天文史学家席泽宗》。

12 月 31 日，阜外医院开出结账单，此次住院 92 天，共用 89 463.09 元。

1998 年　71 岁

1 月 27 日（除夕），《科技日报》以第 4 版几乎整版篇幅发表了周文斌等人的 3 篇文章纪念科普作家刘后一（1924.12.19～1997.01.24）逝世一周年。

2 月 12 日，恢复工作。重新开始系统地审阅李申等为《中国科学技术史·科学思想卷》写的稿子。

4 月 13 日，手术后第一次外出参加会议，到南口虎峪园林山庄参加夏商周断代工程召集的西周厉宣幽三王年代和金文历谱研讨会。当我走入会场时，受到与会者的起立鼓掌欢迎，老友葛真、刘启益、王世民等频频握手，气氛极为热烈。

5 月 8 日，日本北海道的两位天文学家将其于 1994 年发现的两颗小行星（6741 号和 6742 号）命名为李元和卞德培，近日来《人民日报》等众多媒体做了报道。

6 月 1～5 日，出席中国科学院第九次院士大会和中国工程院第四次院士大会。宋健当选中国工程院院长。大会宣布，自今年 7 月 1 日起，两院实行资深院士制度，将年满 80 岁的院士一律转为资深院士，不再参加新院士的评选和推荐工作。

6 月 18 日至 7 月 20 日，云平全家回国，于 7 月 12 日在国泰照相馆拍全家福一张。将云平送走后，崔占平当天即住院。

6 月 22～28 日，出席香山科学会议第 100 次学术会议暨五周年纪念会。

7 月 2 日，到中国社会科学院参加 STS（科学技术与社会）丛书出版座谈会，并接受中央电视台《科技之光》节目主持人耿涛的采访。

7 月 16 日，《科技日报》用通栏大标题《1999 年是“大劫难”年吗？》，以第 4 版整版篇幅刊登了沈英甲、卞德培、李竞、何香涛、徐振韬和我等的文章，对日本人五岛勉关于明年 8 月 18 日日月行星将排成十字架状，给人类带来大灾大难的预言，予以批驳。

7 月 23 日，主持景冰博士论文《西周金文中四个纪时术语——初吉、既望、既生霸、既死霸的研究》的答辩会，一致通过。

7 月 27 日，到北京师范大学英东楼为夏商周断代工程与中国古代文明的探索高级研讨班做报告。何泽慧和李宗伟出席了报告会。参加研讨班的有来自全国高校系统的 64 人。

8 月 2 日，同意承担“院士科普书系”中的《人类认识世界的五个里程碑》一书，并打电话给阎康年、周嘉华、张家铝、宋正海和田洺，请他们分担任务。

8 月 26 日，榴云住进北京第四医院，于 9 月 7 日做脾切除手术，9 月 25 日出院。

10 月 15～16 日，程贞一夫妇专程由德国来探视榴云。第一次收到王玉民的信。

10 月 21 日，到总参政治部主办的全军高层科技干部培训班讲演《中国科学的传统与未来》，听讲者 120 余人，主持人为政治部副主任姜迪泰，送我带有军徽的礼品一件，据云此系送外国武官的礼品。

10 月 26～30 日，到日本福冈参加第三届国际东方天文学会议，并于会后到长崎一游。在从福冈到长崎的路上，经过 1874 年法国天文学家观测金星凌日的地方（Mt. Kompira）。

10 月 31 日，吴水清主编《中国当代著名科学家故事》出版。此书分上、中、下三册，以姓氏笔画排序，我排在下册，标题为《锤炼千吨字，评说天文史——记席泽宗院士》。

11 月 2 日至 12 月 16 日，院里拟将我的住房调至中关村新建 915 楼 318 房间，经再三考虑，决定放弃。

11 月 17 日，狮子座流星雨轰动全城，晚和陈久金等我所 15 人，到顺义牛栏山一中教室楼顶去看，并接受《北京日报》记者采访。

11 月 21 日，到清华大学参加纪念叶企孙先生诞辰 100 周年暨教育思想研讨会。在会上发言的有周远清、王大中、王义遒、葛庭燧、李德平、叶铭汉、胡升华、盛仁成、王孙禺。

12 月 7 日，《中国科学技术史·科学思想卷》全部清稿、定稿完毕，共有 1662 页，总重 6 公斤，打包交给金秋鹏，至此，拖了 10 年的重任，总算告一段落。

12 月 13 日，开写《中国传统文化里的科学方法》。

12 月 15 日，全国政协邀请夏商周断代工程专家做学术报告。会议由政协副主席宋健主持，由李学勤、李伯谦和张培瑜做报告，最后由李瑞环和李铁映讲话。晚由全国政协宴请专家组成员和青年科学家共 38 人。我所参加者 5 人。

12 月 30 日，《中国科学技术史·科学思想卷》荣获中共中央统战部第一届华夏英才著作出版基金的资助。今天举行宣布仪式，由刘延东主持，王兆国讲话。胡德平、丁石孙、严义埙出席了会议。

12 月 31 日，和刘钝谈妥，由他担任《自然科学史研究》主编，再成立一个国际顾问委员会，由我担任主任。

1999 年　72 岁

1 月 7 日，《中国传统文化里的科学方法》完稿。

1 月 23 日，国际欧亚科学院中国科学中心第二次院士大会在国家气象局举行。台湾地区新当选的第一位院士张镜湖（“中国文化大学”董事长）带了 5 人来参加会议。我推荐、当选的 3 位新院士（王绶琯、吴清玉、李京文）也都到会。

1 月 31 日，《天文爱好者》今年第 1 期刊出云平的文章《三部与天文有关的美国电影》。

2 月 5 日，到政协礼堂参加首都科技界新春茶话会，最精彩的一个节目是由歌唱家刘秉义领唱，宋健、周光召、朱丽兰、刘恕、修瑞娟合唱的俄文歌曲《莫斯科郊外的夜晚》。

2 月 8～10 日，出席由数理学部和基础局召开的国家天文观测中心科学目标研讨会，为期3天，对天文学科进入国家创新工程进行了讨论。

2月11日，中国科学院副院长许智宏和京区医疗保健中心弓明秀等先后来访，预祝春节。

2月25日，出席中国人民对外友好协会主办的“李约瑟研究著译丛书”（4本）出版座谈会，由会长陈昊苏主持。

3月8～14日，到上海参加上海交通大学科学史与科学哲学系成立仪式。仪式于3月9日下午在交大老图书馆一楼会议室举行，我被聘为顾问教授兼系学术委员会主任，做了半小时的学术报告，题为“科学史研究的回顾与瞻望”。该系为江晓原创建，担任首任系主任，谢绳武校长很是支持。10日下午由人文社会科学学院院长胡近和江晓原陪同，到闵行校区做公开演讲《中国传统文化里的科学方法》，听众200余人，气氛极为热烈。

3月17日，《科技日报》第2版头条位置“院士·科海甘辛”专栏以特大标题“席泽宗：偏从平凡兀奇峰”，刊出李大庆的文章，并配有该报总编辑张飚词《调寄鹧鸪天》：

冷点悟透热点通，
古星当年也新星。
历史天文融一体，
偏从平凡兀奇峰。
月亮帆，
太阳风，
皆入论文寰宇惊。
中天何来新星爆，
我将我心缀苍穹。

4月15日，出席张柏春博士论文《明清测天仪器之欧化》开题报告会。

4月23日，参加中国科学院国家天文观测中心成立大会。中心主任为艾国祥院士。

5月9日，城固-兰州西北师院附中1947级校友在北京劳动人民文化宫举行“半个世纪后的聚会”，有37人（包括来自台湾地区2人）到会。85岁高龄的陈鸿秋老师到会，彼对我甚为欣赏，是当年资助我上学的老师之一。

5月20日，北京大学古代文明研究中心成立，余被聘为学术顾问，中心主任为李伯谦。

5月22日，出席吴文俊院士80华诞庆典活动。吴系1919年5月12日生。

6月8日，出席中医研究院医史文献研究所成立17周年暨四老（马继兴、李经纬、余瀛鳌、蔡景峰）学术思想研讨会。

6月11日，科学史所通过定位评估，为进入创新工程开辟了道路。评估小组10人，全为所外人士，由王绶琯任组长。下午路甬祥到会讲话40分钟，充分肯定了这个所的作用。

6月16日，出席中葡科学历史中心揭幕仪式，中葡双方科技部部长朱丽兰和加戈（J. M. Gago）均到会。王渝生为负责人。

6月22日，江苏吴江电视台来为王锡阐拍专题片，谓吴江有院士7人，苏州有70多人。

6月23日，张柏春博士论文《明清测天仪器之欧化——十七、十八世纪传入中国的欧洲天文仪器技术及其历史地位》通过。答辩会由陈美东主持，所外委员为崔石竹、杜昇云、郭可谦（北航）。法国数学史家马若安（Jean-Claude Martzlof）也参加了会议。

7月4日，江晓原推算出孔子诞辰为公元前552年10月9日。

7月22日，开始取缔“法轮功”活动。

7月26日，钱临照先生逝世，享年93岁。临终前他对张家铝说：“席泽宗很老实、很本分、很诚恳。”

8月17日，作为《名家讲演录》丛书之一的《中国传统文化里的科学方法》出版。

8月22～28日，到新加坡参加第九届国际东亚科学史会议，于24日下午做大会报告：《论康熙科学政策的失误》，并接受《海峡时报》（*The Straits Times*）记者高蓁（Kan Chen）的采访。

9月7日，为庆祝中华人民共和国成立50周年，《科技日报》在“共和国科技丰碑（11）”专栏报道了我的古新星和超新星研究。

9月24～26日，由中国史学会、中国考古学会、中国科学技术史学会和断代工程办公室召开的夏商周断代工程成果学术报告会在中国妇女活动中心举行。会议由金冲及、徐苹芳、柯俊和陈文华主持。除专家组成员以外，来宾在大会上发言的有柯俊、石兴邦、刘家和、武振宇、苏荣誉。

10月7日，《人类认识世界的五个里程碑》完成。

10日16～17日，共商科学史发展战略研讨会在香山别墅举行。参加此会的均为各单位年轻的负责人，老头只有我一个。

10月28日，《中华大典》第一批8册（共2000万字）出书，在人民大会堂举行座谈会，我在会上做了简短的发言。

11月1日，中国科学院建院50周年庆祝会在人民大会堂宴会厅举行，朱镕基到会讲话，路甬祥做报告——《光辉的历史，永存的业绩》。

11月10日，到中国社会科学院历史所参加徐凤先博士后出站工作报告《商末周祭祀谱合历研究》的评审。会议由所长陈祖武主持，评委4人，我和李学勤是导师，另外两人为裘锡圭和陈美东。

11月12日，中山大学成立75周年，《光明日报》在第12版以通栏大标题发表党委书记李延保和校长黄达人的文章，介绍学校情况。

11月20～21日，神舟一号发射成功，在空中运行21小时15分钟后，安全返回，我国成为掌握了载人航天技术的第三个国家。

11月29日，出席国际欧亚科学院第四次院士大会和数字地球（Digital Earth）国际会议。总院院长什里亚叶夫（E. Щняев）和秘书长吉洪诺夫（A. H. Тихонов）出席了这次会议。

12月3日，出席首届郭沫若中国历史学奖评奖会议，评出一等奖1项（罗尔纲《太平天国史》）、二等奖5项、三等奖12项。科学史著作得两个三等奖（曹婉如《中国古代地图》和张培瑜《三千五百年历日天象》）。

12月7～11日，和榴云到成都参加《中华大典·医学分典》座谈会，并到三星堆博物馆参观。

12月12日，陈久金即将退休，在北京古观象台举行“庆祝陈久金先生科学史研究工作35周年座谈联谊会”，到30余人，大家都充分肯定了他的功绩，刘钝首先发言，我其次。

12月14～15日，全国科普工作会议召开，江泽民在贺信中要求，除普及科学知识外，“要在全社会大力弘扬科学精神，宣传科学思想，传播科学方法”。

12月20日，澳门回归，全国放假一天。

12月22日，卢嘉锡和我任主编、王渝生和华觉明任副主编的《彩图中国科学技术史》被《科学时报·读书周刊》评为“20世纪科普佳作”（共93部）。

2000年　73岁

1月16日（腊月初一），刘九生陪同陕西师范大学出版社社长高经纬来访，他们想为我出一本文集，这是送上门来的一个大好机遇。

1月27～28日，到中国科技会堂参加碳十四测年技术讨论会。

2月5日（春节），接廖克电话，彼欲推荐我申请本年度何梁何利基金科技进步奖，这又是送上门来的一个大好机遇。

3月18日，裴丽生逝世，享年94岁。

3月23日，云平在科罗拉多大学获终身副教授职位。

4月3～6日，和榴云到合肥参加钱临照铜像落成典礼和中国科学技术大学科学史系学术报告会。纪念活动在4月4日清明节举行，我在会上报告了《钱临照先生对中国科技史事业的贡献》。6日回来遇北京强烈沙尘暴。

4月10～12日，出席第136次香山科学会议，会议主题为“科技考古学的现状与展望”，主持人为冼鼎昌、李学勤、朱清时，我报告了《天文考古学》。

4月13日，和俞伟超到南河沿翠明庄宾馆会见国家文物局副局长张柏和考古处处长宋新潮，协助王昌燧向科技部申请“973”项目，遇见坚决反对夏商周断代工程的张忠培（故宫博物院原院长），但谈得还很融洽。

4月15～16日，和榴云到西山八大处参加“易学与管理学术讨论会”，主要是讨论姜祖桐的一本书《H管理理论——人性、人格与管理》。朱伯崑指出，易学的管理思想是：忧患意识、变易思想、阴阳观念。

5月11日，夏商周断代工程领导小组在科技部举行最后一次会议，宋健将他为我的自选集所写的“序”当面交我，并附信一封。到会领导小组7人，专家组13人，每位均发了言，最后邓楠对下一阶段工作做了部署：先验收，再向李岚清汇报，由李决定如何公布。

5 月 16 日，经科学出版社姚平录介绍，第一次和姜生、汤伟侠见面。彼等正在编一部《中国道教科学技术史》（多卷本），想请我担任名誉主编。

5 月 25 日，《中华读书报》以红色特大标题《席先生：我不能同意您》，刊出刘华杰的文章，对我的《关于“李约瑟难题”和近代科学源于希腊的对话》进行辩论。11 月 29 日，又刊出李申的文章《我赞同席先生——古希腊文化与近代科学关系问题》。

6 月 2 日，薮内清逝世，享年 94 岁。

6 月 5～10 日，中国科学院第十次院士大会和中国工程院第五次院士大会联合召开。吴阶平介绍我和工程院院士李绍珍（广州）相识，并由她介绍同仁眼科前主任王景昭（视网膜专家）负责为我看病。

6 月 9 日，王渝生出任中国科学技术馆馆长。

6 月 20～27 日，同仁眼科 OCT 检查结果：“右：黄斑孔术后网膜复位；左：黄斑孔Ⅲ期。”左眼于 27 日做了激光手术。手术只用 10 分钟时间。

7 月 5～30 日，云平偕婧婧、雯雯回国，于 7 月 17～22 日到山东旅游，30 日回美。

7 月 25 日，出席中国社会科学院考古研究所建所 50 周年暨 21 世纪中国考古学与世界考古学研讨会开幕式。

8 月 22～24 日，中国科学技术史学会第六届会员代表大会暨庆祝成立 20 周年大会在京民大厦召开，国际科学史学会主席苏巴拉亚巴（B. V. Subbarayappa）（印度）和东亚科学史学会主席金永植（韩国）应邀到会。在开幕式上，余报告了《中国科技史学会 20 年》。此次大会选出新的领导班子，路甬祥和我继续担任理事长，朱清时、刘钝、陈久金、曹幸穗、江晓原、廖育群副之，苏荣誉为秘书长。

8 月 27 日，王渝生之女王进与张海鹏结婚，我为证婚人。二人的结婚证书为美国亚特兰大市富尔顿县发。

9 月 3 日，王玉民到所报到。

9 月 12 日（中秋节），荣获 2000 年度何梁何利基金科技进步奖（天文学）。

9 月 15 日，夏商周断代工程正式通过验收。验收组共有 16 名成员，陈佳洱为组长。

9 月 19～20 日，和榴云到合肥，主持中国科学技术大学关于将韩琦作为

“国外杰出人才”引进问题会议。到会 9 人一致同意，但需报中国科学院人教局批准。

9 月 20～28 日，应聘我为客座教授的山西大学之邀，和榴云到故乡山西一游，除太原外，北到五台山，南到壶口瀑布，各二天。

10 月 10 日，祖冲之逝世 1500 周年和祖冲之纪念馆揭幕仪式在河北省涞水县祖冲之中学举行，由吴文俊和我担任主席，还有蒙古国和日本的来宾。涞水县长王惠欣是一位年仅 38 岁的女同志。

10 月 13 日，邓楠率领我们 4 位首席科学家到中南海向李岚清汇报夏商周断代工程，李铁映、宋健和国务院科技领导小组副组长李主其在座。李岚清说：“不要怕将来被修改、否定，就是得诺贝尔奖的成果，也有被后来科学发展否定了的。”

11 月 9 日，夏商周断代工程新闻发表会在保利大厦举行，中外记者百余人到会，《1996—2000 年阶段成果报告（简本）》同时公开发行，国内多种媒体进行了及时报道，美国《纽约时报》也于次日进行了详细报道。

11 月 14 日，自选集全部稿件打包寄出，重 4 公斤。

11 月 15 日，李安平离所，到中国反邪教协会任副秘书长。

11 月 29 日，《中国文物报》刊出拙文《三个确定，一个否定——夏商周断代工程中的天文学成果》。次年《天文爱好者》第 1 期和《中原文物》第 2 期均转载了此文。

12 月 20 日，崔晓欣由美回国探望其父亲，于 1 月 2 日返美。

2001 年　74 岁

1 月 7 日，河南省安阳市委和市政府在北京举行安阳建都 3300 周年和夏商周断代工程取得阶段性成果庆祝会，我做了《新大星并火与伽玛射线源》的发言，引起了宋镇豪与杨善清（殷墟博物院副院长）等人的兴趣。

1 月 12 日，参加由科普研究所和科学时报社联合主办的科学精神高级研讨会，到会发言的有于光远、王大珩、冼鼎昌、胡亚东和我等 20 多人，此次会议将出一本文集《论科学精神》。

1 月 15 日，中国社会科学院古代文明研究中心开会成立，我被聘为顾问。会议由考古所所长刘庆柱主持，发言极为热烈。

1 月 19 日，卞德培逝世，享年 75 岁。

2 月 13 日，在科技部委托中国工程院召开的“九五”期间“863”计划和国家重点攻关项目评优会上，就科技部选报的 30 个项目选 10 项，结果是夏商周断代工程名列第一。

2 月 19 日，吴文俊和袁隆平获首届（2000 年度）国家最高科技奖（奖金各 500 万元）。

2 月 20 日，《名家讲演录》获第 12 届中国图书奖，《中国传统文化里的科学方法》是其中之一。

3 月 1 日，《竺可桢全集》编委会成立，由路甬祥任主任，沈文雄和樊洪业为常务副主任。我为 47 名编委之一。编委中有 4 名境外人士：刘奎斗、张镜湖、马国钧和汤永谦。

4 月 25 日，出席国家天文台成立大会。

5 月 4 日，太原《沧桑》第 3 期（总 50 期）开头以 7 页篇幅、10 张照片刊登了江晓原的长文《天文学史家席泽宗院士》。

5 月 15 日，科技部、财政部、国家计委、国家经贸委联合开会，表彰“夏商周断代工程”等 19 项重大科技成果、“工厂化农业温室及配套设施研制”等 551 项优秀科技成果，以及干勇等 20 名突出贡献者（包括李学勤）、丁一汇等 528 名先进个人。

6 月 15 日，《中国科学技术史・科学思想卷》由科学出版社出版，84 万字，印数 1500 册，定价 82 元。

6 月 30 日，在西北师范学院（兰州）附中曾资助我读书的曹述敬老师（后任北京师范大学中文系教授，著有《钱玄同年谱》）逝世，享年 86 岁。

7 月 12 日，到中国社会科学院历史研究所出席李勇博士后出站工作《月龄历谱的数理结构及其在夏商周年代学上的应用》鉴定会，与会专家一致通过。

7 月 13 日，国际奥委会在莫斯科通过第 29 届夏季奥林匹克运动会由北京举办。同日，国际科学史委员会在墨西哥通过 2005 年第 22 届国际科学史大会由中国承办。

7 月 17～22 日，应中国科协之邀，和榴云到山东威海地区休假一周，同去的有以王大珩为首的 17 名院士夫妇、一名科协常委（周林）、一名科协荣誉委员（孙大涌）和 6 名科协工作人员。

8 月 19～21 日，到河南南阳主持第四届东方天文学国际会议暨张衡学术研讨会。19 日我致开幕词，20 日晨 6 时起突然发现尿中有血，而且止不住，只得在市委书记马万林的宴请中半途离席，由赵洋陪我和榴云提前返京。

8 月 22 日，经吴阶平介绍，到北大医院找郭应禄院士看病，并由那大夫做了膀胱镜检查，认为没有问题，可能是炎症引起，不用止血药，吃诺氟沙星就行。找对了大夫，解除顾虑，但由于病在尿道，拖了近一个月才痊愈。

10 月 8～12 日，由徐凤先陪同，和榴云到香港城市大学参加第九届国际中国科学史会议，在开幕式之后由我做了《鸟瞰夏商周断代工程》（*A Survey of the Xia-Shang-Zhou-Chronology Project*）的报告，历时 1 小时。

10 月 14 日，已于 10 月 7 日回到北京的儿媳崔晓欣，今晚来看我们，21 日将返美。她此行是为探其母病。母刘玉华患淋巴癌。

10 月 15 日，黄远琼、席玉芳由西安抵京，次日去沈阳转大连、天津，22 日又来到北京住一周，29 日回西安。

11 月 2 日，到人民大会堂参加母校北京师大附中建校 100 周年庆祝大会，遇到西北师大（兰州）附中刘信生校长，邀我为该校新建天文台题写台名。

11 月 11 日，在卡塔尔首都多哈（Doha）举行的世界贸易组织（WTO）第四届部长会议上，正式通过中国为该组织的成员。

12 月 15 日，为其父母亲病事，晓欣再一次回国，云平偕靖靖、雯雯 22 日也回来，1 月 6 日返美。

2002 年　75 岁

2 月 1 日，黄昆和王选获 2001 年度国家最高科技奖。国家自然科学一等奖仍然空缺。

3 月 1～11 日，榴云因胰腺炎紧急住进普仁医院 10 层外科病房，本拟做胆切除手术，后经王宝粹劝阻未做。

3 月 8 日，中国科学院党组扩大会议通过科学史所进入创新工程基地，固定岗位 40 人，每年增加创新经费 450 万元。

3 月 14 日，山东大学副校长张体勤来谈，准备在该校成立宗教、科学与社会问题研究所，科学史包括在内。

4 月 1 日，程贞一夫妇由港抵京，住中关村青年公寓，但夫人桂梅 4 月 3 日即住进中关村医院。

4 月 10～14 日，刘九生由西安到京，和李元一道，二人通力合作为自选集选图，并将书名定为《古新星新表与科学史探索——席泽宗院士自选集》。

4 月 17 日，在八宝山殡仪馆举行金秋鹏（4 月 13 日逝世）遗体告别仪式。

4 月 21 日，榴云在普仁医院做 B 超检查，发现肝右叶后部有一 4.2 厘米×3.1 厘米低回声包块，后经普仁和北大医院做螺旋 CT 和胎球甲蛋白（CEA）检查，确定为肝癌，于 5 月 2 日住院，5 月 14 日请邮电医院芮静安大夫做了第一次手术，6 月 14 日出院。

5 月 10 日，云平的岳母刘玉华逝世。

5 月 25 日，《中国文物报》发表张立东的文章《面对面的对话——“夏商周断代工程”的美国之旅》。

5 月 29 日，中国社会科学院历史研究所王择文、陶磊、苏辉论文答辩通过。

6 月 17 日，由张柏春陪同，到清华大学出席为庆祝杨振宁 80 寿辰举行的“前沿科学国际研讨会”，到会有诺贝尔奖得主 13 人、菲尔兹奖得主 1 人（丘成桐）、两院院士 40 余人。晚在香格里拉饭店举行盛大宴会。

6 月 19 日，姜生著《中国道教科学技术史·汉魏两晋卷》（即第一卷）出版，我为名誉主编，前有我写的序。

8 月 8～10 日，和榴云到天津师范大学参加第三届汉字文化圈及近邻地区数学史与数学教育国际学术研讨会，同行者有程贞一、刘钝和郭书春。

8 月 12～20 日，在同仁医院 1213 病房住院，于 8 月 15 日由施玉英大夫做右眼白内障摘除手术。

8 月 29 日至 9 月 1 日，夏商周断代工程专家组在平谷金海湖集中 3 天，讨论“繁本”（二稿）。

9 月 5～10 日，由冯立昇接送，和榴云到呼和浩特参加内蒙古师范大学建校 50 周年庆祝大会。出席者 15 000 余人，隆重热烈。香港地区田家炳到会。

10 月 11 日，出席全国第 17 届地方志学术年会和《北京科学技术志》首发式。

10月12日，今年诺贝尔物理学奖发给了对天文学有贡献的3位科学家：美国里卡尔多・贾科尼（R. Giacconi）独得一半，美国雷蒙德・戴维斯（R. Davis）和日本小柴昌俊各得 1/4。至今已有 14 位天文学家获诺贝尔物理学奖。

10月13日，《科学与无神论》2002年第5期以我的大型照片为封面，在“名人专访”栏刊登了孙倩对我的专访《科学精神就是求是》。

10月16日，国际欧亚科学院中国院士第六次全体会议在政协礼堂举行，何丙郁、饶宗颐出席了这次会议。

10月27～31日，和榴云到南京参加中国天文学会成立80周年庆典活动，以及张钰哲 100 周年诞辰纪念座谈会和高鲁铜像揭幕仪式。高鲁铜像的碑文为我所撰。

11月9～11日，和榴云随同夏商周断代工程专家组部分成员到河南安阳殷墟参观。

11月20日，出席郭沫若 110 周年诞辰纪念会和第二届郭沫若中国历史学奖颁奖仪式。汪敬虞的《中国近代经济史（1895～1927）》获一等奖。

12月7日，韩连祥和席红购一新型小汽车（海南马自达），含税等共 21 万元。

12月13日，王荣彬的《关于中国古代历法的若干算法研究》获北京市科技进步二等奖。

12月14日，北京天文学会在北京大学举行成立50年庆祝会，我和胡明诚、孙克定、李鉴澄、王绶琯等12人获50年“奋斗奖”。

12月15日～19日，由马忠庚接送，到济南参加山东省自然辩证法研究会代表大会，报告《孔子与科学》，并在山东大学公开演讲《传统文化与科学方法》。

12月30日，神舟四号飞船发射成功。

2003年　76岁

1月11日，王玉民的博士论文《以尺量天——中国古代天象记录的目视量度》顺利通过答辩，刘钝认为这是他见过的最好的博士论文，并答应安排出版。又，王玉民于前天获本所首届竺可桢助学金奖，奖金 2500 元。

1月15日，中国科学院研究生院人文学院顾问委员会和学术委员会开会同时成立。院长郑必坚宣布了顾问名单，我为其中之一，主要任务是筹备“中国科学与人文论坛”。

2月28日，复旦大学出版社陈麦青来联系，约我为《名家专题精讲》丛书写一本《科学史十论》。

3月3日，物理学家李方华院士获联合国教科文组织2003年度（首届）“世界杰出女科学家成就奖”。

3月6日，王玉民决定到北京天文馆工作。

3月20日，美国抛开联合国安全理事会，于北京时间今日上午10时直接对伊拉克开战。4月10日萨达姆政权垮台。

4月3日，鲁大龙为我办成转院看病手续。

4月5日，为《中国大百科全书》第2版撰写的两个条目《中国天文学史》和《(世界）天文学史》，花了两个月时间，完成交出。

4月7日，席婧决定到达慕思学院（Dartmouth College）念大学，学费每年4.2万美元。

4月15日，中国科学家人文论坛在人民大会堂开幕，由路甬祥和郑必坚主持。开幕式后做第一个报告的是周光召，题为《发展学科交叉，促进科技创新——以DNA双螺旋结构的发现为例》。

4月18日，半年多来，第一次到阜外医院看病，发现有房颤现象，脉搏高达每分钟122次，胡宝琏大夫认为非常严重，要求立即住院，吴清玉大夫和侯翠红大夫则认为“没有问题，没有危险，不必住院”。

4月23日，SARS迅速蔓延，北京已高达600多人，4月22日全国死亡9人，北京占5个。自明天起北京中小学全部放假。

5月9日，《古新星新表与科学史探索——席泽宗院士自选集》隆重出版。王绶琯写的第一篇书评发表在《光明日报》6月13日“院士论坛”上，光明网、人民网、当当网、故乡网、中国科学院学部网站等纷纷转载，影响很大，许多友人打来电话祝贺。

6月17日，郑文光逝世，享年74岁。

6月27日，榴云被诊断为糖尿病患者。

7月12日，乔迁之喜，由苇子坑（华严北里）迁至中关村黄庄小区。

8月9～11日，到中旅大厦参加《中华大典》重新启动论证会，我所有

21人出席。

8月15～19日，榴云最后一次陪我外出，到大连图书馆白云书院做两次公开演讲：《天文学在中国传统文化中的地位》和《中国科学的传统与未来》。

8月20日，《科学史十论》（复旦大学出版社）和陶磊的博士论文《〈淮南子·天文训〉研究——从数术史的角度》（齐鲁出版社）出版。

8月27日至10月10日，榴云于8月27日发现肝部癌症复发，9月8日再次住进普仁医院，9月19日由芮静安、陈峰（公安医院）和杨景国进行碘125植入手术，10月10日出院。其间，云平于9月29日由美国回到北京来照料，10月11日离去。

9月20日，接国家清史编纂委员会典志组通知，《清史·天文历法志》由我组织班子（3～5人）编写，35万字，5～6年完成。

9月22日至10月4日，韩连祥赴美开会。

9月24日，李启斌逝世，享年68岁。

9月25日，《20世纪中国学术大典·天文学卷》出版，“学术名著名篇”栏列了5种，《古新星新表》居首，而且文章只此一篇。

9月26日，陪同陕西师范大学出版社高经纬社长、雷永利副社长和责任编辑刘九生拜访宋健，谈1小时。

9月28日，接见《广西民族学院学报（自然科学版）》主编万辅彬，谈一个半小时，李晓岑、曲用心和黄祖宾在座。谈话内容将在明年第1期刊出。

10月1日，彭桓武院士来访。他有两点看法值得玩味：一是近代科学方法（即把数学用于自然现象的表述）的出现是偶然现象；二是相对论需要修改的地方很多。

10月16日，我国成为世界上第三航天大国。神舟五号载人航天飞船发射成功，并顺利返航。飞行员为空军中校杨利伟。

11月21日，获悉夏商周断代工程影响日益扩大：①李学勤的《夏商周年代学札记》获教育部文科著作一等奖；②钟离满的巨型电视片《寻找失落的年表——夏商周断代工程》获第五届全国优秀科普作品奖广播电视科普节目类一等奖（共两项）；③岳南的《千古学案——夏商周断代工程纪实》扩充成两大卷，被译成朝鲜文，在汉城出版。

12月6日，俞伟超逝世，享年70岁。

12 月 16 日，主持创新方向性项目“中国近现代科学技术发展综合研究”结题验收会一天。验收组 7 人一致认为：3 年内按期完成任务，在科技史重大项目中是很突出的，应予充分肯定，建议结题，予以验收。

12 月 20 日，国际欧亚科学院中国院士第七次全体会议在外国专家大厦召开。此次选举用差额办法，而且票数必须超过 2/3 才能当选，极其严格。

12 月 22～25 日，夏商周断代工程结题报告第三次繁体字稿讨论会在清华大学近春园举行。

12 月 25 日，第六届国家图书奖揭晓，《古新星新表与科学史探索》获提名奖。在此之前，此书还获第十一届全国优秀科技图书奖一等奖；在此之后，又获 2003 年科学时报读书杯老金笔奖。半年来，《科学时报》、《中华读书报》、《中国文物报》和《中国新闻出版报》等共发表了陈久金、李元、李迪、卞毓麟、邓文宽、刘钝、董光璧、侯晋公等 10 多篇书评。

12 月 26 日，榴云在普仁医院 B 超检查结果，发现右侧颈部及右锁骨上可见多个淋巴结，AFP 值较上月增加一倍，病情恶化。

2004 年　77 岁

1 月 15～18 日，在渔阳饭店参加中华文明探源工程预研课题验收会。

2 月 12 日（正月廿二日），陪榴云到中国医学科学院肿瘤医院特需门诊部接受 4 位专家会诊，发现在肝部第二次手术上部又有一新的病灶，而且已转移到颈部淋巴结，认为目前要保护病人少受痛苦，治疗已经意义不大。

2 月 28 日，在张自忠路和敬公主（乾隆第三个女儿）府宾馆参加清史典志组第一批委托项目主持人座谈会，打响《清史》正式撰写工作的第一炮。第一批启动的 6 个项目是：天文历法志（席泽宗）、地理志（邹逸麟）、农业志（郭松义）、水利志（周魁一）、法律志（张晋藩）、灾赈志（李文海）。

2 月 29 日，李佩珊逝世，享年 80 岁。

3 月 7 日，榴云住进普仁医院，3 月 11 日开始对颈部、肝部 4 个点做放疗。4 月 10 日上下消化道大出血，血压降至 20，刘延龄大夫主持紧急抢救，总算转危为安，但不能再做放疗、化疗，5 月 10 日出院。云平于 4 月 16 日晚由美国赶回，5 月 13 日离去。

5 月 5 日，到门头沟万佛园陵区，购墓地一块，花 18 800 元。从第一个骨灰盒放进算起，为期 20 年。

5 月 9 日，参加“国家中长期科学发展规划”第 19 组（创新文化与科学普及研究）咨询工作会议，会议由朱清时主持。此组规划起草人为王渝生。

5 月 12 日，到人民大会堂甘肃厅出席朱清时与姜岩合著《东方科学文化的复兴》首发式。在会上发言的有王大珩、吴文俊和我。吴文俊对此书非常重视，为它写了一篇序言，长达一万多字，并于 3 月 2 日联合王大珩、我和刘钝，写了一封信给胡锦涛总书记，要求将对传统文化的研究与发扬包括在创新文化中。

5 月 17 日，曾肯成逝世，享年 77 岁；徐振韬逝世，享年 68 岁。

5 月 22 日，发现榴云的胃痛不是癌症引起，而是十二指肠溃疡症，改服法莫替丁。

6 月 4 日，朱丽佳大学毕业，到德国西门子公司驻京总部工作。试用期两个月。

7 月 10 日，出席北大哲学系科学传播中心主办的第十二届全国中学生爱科学主题教育夏令营开幕式，并于 8 月 7 日讲《人才培养与考试制度》。参加这项活动的有来自全国中学生 1800 多人。

7 月 12 日，姜生夫妇及其女儿陪同法国 Interdiciplinary University 大学秘书长让·斯太乃（Jean Staune）来访，谈 3 小时。

7 月 13 日，上午出席李佩珊同志追思会。下午接待 7 位台湾来宾（吴京、龙村倪等），他们是来北大出席郑和航海开航（1405 年）600 周年纪念活动的。

7 月 14～26 日，晓欣偕两个女儿由美返京，回来探视榴云。同日，云平由美抵达瑞士洛桑访问 40 天。

8 月 18 日，到国谊宾馆（原国务院第一招待所）参加由科技部召开的“中华文明探源工程预研究课题验收”暨“中华文明探源工程研究”项目论证会。从此探源工程和断代工程脱离了关系。

8 月 20 日，《科学时报·科学周末》版用 2/3 版的篇幅，以通栏大标题《中国科学史研究正在升温》，刊登了杨虚杰和美籍华人林磊写的关于 8 月 4 日至

7日在哈尔滨召开的第10届国际中国科学史会议的情况。

9月28日（中秋节），晚由席红开车，从北四环路出发，经亚运村、安定门、东二环路、建国门、天安门、复兴门、西二环路、学院路、知春路回来，历时2小时。这是榴云生前最后一次出游。

10月1～8日，席红和小韩到越南、柬埔寨旅游。

10月10日，陪榴云到协和医院特需门诊消化内科找钱家鸣大夫看病。

10月29日，应杨振宁之邀，到清华大学高等研究中心做关于《清代宇宙理论》的报告。杨振宁的弟弟（美国俄亥俄大学物理学教授）亦在座。报告完后，杨振宁问日本何时接受哥白尼学说？我当场未能答出。回来后复信说："日本接受哥白尼学说以司马江汉的《天地理谈》为标志，时在1816年（文化13年），比我国略早。"11月1日，杨回信说："司马江汉接受哥白尼学说，比李善兰早了差不多半个世纪。总体讲起来，我觉得日本引进西方的科学比中国大约早了半个世纪。所以一个人的努力确实可以影响一个国家的发展。"

11月9日，李惠国偕中国社会科学院科研局二人来访，谓吴文俊和我等3月2日写给胡锦涛的信，已于4月间批转给中国社会科学院。中国社会科学院拟由汝信牵头，李惠国副之，组织一个课题组，搞3～5本书，出一批成绩，拟请吴文俊、王大珩、任继愈、朱伯崑和我5人为顾问。

11月19日，就北京中轴线由北向西偏2°17′答中央电视台《走近科学》节目记者刘海忱。就传统文化与科学发展问题答《科技中国》记者张伯玲。

11月25日，榴云开始注射胰岛素，饭前、饭后都要测血糖，并做记录。

12月4日，出席北京科技大学冶金与材料史研究所30周年庆典暨科学技术与文明研究中心成立大会。在校长徐金梧致开幕词之后，作为特邀嘉宾，我是发言的第一人。

12月12日，出席北京天文馆新馆落成典礼，到会最受注目的嘉宾为宇航员杨利伟。

12月17日，到清华大学出席彭林教授的"文物精品与文化中国"课程的鉴定会，以杨叔子为首的7名与会成员，一致同意申请国家级教学成果一等奖。

12月19日，到钓鱼台国宾馆八方苑参加2004年东方国际易学论坛。此会由朱伯崑、任继愈和我发起，由东方国际易学基金会承办。

2005年　78岁

1月1日，刘钝告知，上海朱学勤在去年12月30日《南方周末》第24版上发表长文《2004：传统文化思潮激起波澜》，充分肯定我在《科技中国》12月号发表的谈话《近代科学与传统文化无太大关系——答〈科技中国〉记者张伯玲》，认为“其历史纵深与文化含量，并不亚于北京文化峰会及其《甲申文化宣言》”。

1月3日，购饮水机一台（616元）。

2月27日，国际欧亚科学院中国院士第八次全体会议在翠宫饭店举行，吴清玉做学术报告。

4月11日，荣获陕西师范大学出版社和杂志社建社20周年功勋作者称号，名列第一。

4月28日，云平被定为终身教授。

4月29日，胡锦涛和连战在人民大会堂举行了两个多小时的会谈，“正视现实，开创未来”，国共两党迈出了历史性的一步。

5月11日，出席第35届国际科技考古会议开幕式。会期5天。

5月31日至6月2日，由赵洋陪同，到山东大学参加博士论文答辩会，马忠庚的《汉唐佛教与科学》顺利通过。

6月3日，上午出席中国科学院学部成立50周年庆祝会。下午和晚间出席彭桓武先生90华诞暨从事物理工作70周年庆祝会，并有北方昆曲院演出节目。

6月10日，在科学时报社集会庆祝李元80寿辰。

6月16日至7月5日，榴云因肠梗阻住院。

7月7～26日，云平应北工大之邀，回国讲学。

7月24～30日，第22届国际科学史大会在北京友谊宾馆召开，我以特别顾问身份参加了此次会议。会议期间，7月26日北京电视台《世纪之约》节目用了50分钟时间，播出了对我的采访——《科学史大家：席泽宗》。7月27日《中华读书报》用了整版篇幅刊登了对我的采访——《历史视野中的科学》，但主编为了哗众取宠，擅自把题目改为“席泽宗：我不能同意杨振宁先生”。

7 月 30 日，出席法国文化中心举办的《〈九章算术〉及刘徽注》法译本出版庆祝会。余为双方 4 位专家发言人之一，讲题为“谈谈古典名著的翻译问题——祝《九章算术》法译本出版”。

8 月 21 日，国际欧亚科学院中国院士在翠宫饭店举行第九次全体会议，选举蒋正华为主席，副主席 7 人，秘书长为彭公炳。

8 月 21 日至 9 月 16 日，榴云最后一次住进普仁医院，癌细胞已扩散至肺部。住院后，病情迅速恶化，9 月 7 日起不省人事，9 月 14 日下午突然停止呼吸，后转监护室抢救，于 9 月 16 日晚 11 时逝世，享年 72 岁。此时云平刚从美国赶回。

9 月 24 日，安葬榴云于万佛园吉祥区仁寿园 U-1 组 27 号墓。出席安葬仪式者有崔占平等 30 余人，我读一短文《哭爱妻施榴云》，后刊于 9 月 30 日《科学时报》“科学周末”版上。

9 月 25 日，小韩和席红在百万庄路融城（靠近北礼士路）7 层，买了一套房子（约 150 米^2），176 万元，首付 60 万元。

9 月 27 日，新上任的中国科学院党组副书记方新来访，就所内各种问题交换意见。

11 月 4 日，所新领导班子上任。所长廖育群，副所长张柏春、汪前进（兼党委副书记）。

11 月 13 日，收到初中母校《国立第七中学校史（1938～1949）》。我为该校三院士之一，刊有一小传，而且居首。中央电视台新闻联播播音员之一李修平是我同班同学李林绪的女儿，刊有一合影。

11 月 20 日，出席中国科学院研究生院科技史与科技考古系挂牌仪式。系主任王昌燧，刘东生、吴新智和我为名誉主任。

12 月 6 日，出席北京科技大学科学技术与文明研究中心理事会和学术委员会成立大会，我为 16 名理事之一。

12 月 25 日，所内决定为我买电脑一台，并派博士生罗兴波每周来两次帮我工作。

2006年　79岁

1月12日，叶笃正和吴孟超获2005年度国家最高科技奖。《院士科普书系》获国家科技进步奖二等奖，我主编的《人类认识世界的五个里程碑》是其中之一。

1月27日（腊月廿八日），庄威凤应邀来京，小住半月，和我们一起过春节，到2月10日（正月十三日）方回汕头。

2月17日，《清代天文学研究论文选》（附论文目录）在北京古观象台开会验收通过。

2月23日，张秉伦逝世，享年68岁。

3月14日，出席山西省委、省政府在三晋宾馆召开的“山西籍在京高层人才座谈会”，到会有各方面专家学者41人，其中包括两院院士11人。最后由省长于幼军（深圳前市长）做了画龙点睛的讲话，介绍山西省“十一五”规划。

3月16日，到院部出席“中国近现代科技史丛书出版新闻发布会”，由路甬祥院长致辞。

3月17日，到政协礼堂参加2006年国际易学论坛“周易与人生”开幕式。此会为期3天，有140多人参加，来自台湾地区的学者有35人。

3月19日，清明节前夕，榴云逝世半周年，全家三口外加彩姐到万佛园扫墓。

4月3日，出席由汪前进主编的《中国古代100位科学家故事》出版座谈会。此书由我担任编委会主任，首印23 000册，昨天已将20 000册赠农村基层图书馆。

4月20日，接待韩国天文学家罗逸星，他很希望能有我的一本传记出版。

4月21～23日，在北京蟹岛度假村出席清史典志纂修工作会议。参加会议的有150余人，其中项目主持者71人。

4月25日至5月20日，庄威凤二次来京，共度“五一”佳节。

4月29日，梅光偕姚发奎、姚秋梅、姚秦梅和姚刚来访。当我将人民教育出版社的《中国近代国画名师（任伯年、吴昌硕、黄宾虹、齐白石）精品选》4本送给发奎时，他高兴得几乎跳跃起来，没想到一年多之后，他即于2007年7月7日去世。

5月8日，到院部参加“中国科学院院史项目专家论证会”。会议由郭传杰主持，出席者 11 人。

5 月 10 日，第一次和张德二夫妇见面。

5 月 21 日，开始准备赴美探亲事宜，填“中国公民因私出国申请表”。

5 月 30 日，《中华大典》在京西宾馆举行重新启动会议。我对只给编者 60 元稿费，不给项目费，提出意见，但未被采纳。

6 月 5～8 日，在京丰宾馆出席中国科学院第十三次院士大会（中国工程院第八次院士大会同时举行）。

6 月 9 日，虚岁八十，晚王渝生在大屯路慧忠里东海渔港澎湖湾设宴，席间陈述彭院士送我一联语：“泽惠全民，通天时而知地利；宗法自然，明既往乃开未来。”

7 月 6 日，黄一农当选台湾“中央研究院”院士。

7 月 14 日，安阳殷墟申报世界文化遗产成功，我因支援此事被授予“安阳市荣誉市民”称号。

7 月 22 日，到顺义龙湾屯安利隆生态旅游山庄参加北京大学哲学系召开的科学与宗教研讨会，到会 20 余人。我将《约翰·坦普尔顿基金》（*John Templeton Foundation*）一书赠给了他们。

8 月 2 日至 11 月 10 日，随蔡小川赴美探亲，在云平家（705 E Heartstrong St，Superier Colorado，80027）住 3 个月。

8 月 11～14 日，和云平到华盛顿和费城一游。在华府和席婧相会，游国会图书馆、植物园等处。在费城到席文家做客，参观了自由钟和独立宫。

8 月 24 日，在布拉格举行的国际天文学大会上，以投票方式决定，冥王星不算大行星。另立一类矮行星，有 3 个：谷神星、冥王星和 UBX313。

9 月 2 日，席雯 10 岁生日，从个位数进入两位数，人生只有一次，也是一件大事。中午全家到一家中国餐馆午膳，回来后在家举行小型 Party，然后到体育休闲中心玩水。

9 月 5～7 日，应李维业、刘欣如夫妇之邀，到费城梅迪亚（Media）诊所检查眼科，断定我的左眼为黄斑孔，不是黄斑病变，美国新上市的药不能用，建议回北京后尽快做白内障手术。

9 月 8 日，到纽约联合国总部一游，由王洪的爱人接待。

9 月 9 日，到东海岸的赌城——大西洋城（Atlantic City）一游。

9 月 17 日，云平售房成功，从上月 20 日挂牌上市，至今不到一月，而且比希冀值（85 万元）只少 2.5 万元，可以说非常顺利。

10 月 16 日，美国人口超过 3 亿人，成为仅次于中国和印度的第三人口大国。

10 月 21～22 日，全家到海拔 2000 米以上的洛基（Rocky）山国家公园一游，晚宿 Easter Park 溪水别墅。

10 月 28 日，出席生物物理学家韩珉的 50 岁生日晚会。他除在科罗拉多大学教书外，还是复旦大学“长江学者”。

11 月 4 日，晓欣的朋友李星举行晚会，为我送行。

11 月 9～10 日，由美返国。

12 月 7～14 日，在同仁医院东楼 1023 号住院，于 11 日下午由王军大夫为我左眼做白内障手术，非常成功，仅用 10 分钟。次日检查，视力从 0.03 提升到 0.2～0.3，马路对面同仁医院楼顶的大广告牌“百年老院，光明之源，世纪同仁，再展新颜”原来看不见，术后都看见了。

12 月 23 日，王荣彬出任北京市科委副主任。

12 月 24 日，张家凤来家工作，既老实，又有文化，也会做饭，找到了一位合适的保姆。

2007 年　80 岁

1 月 3 日，中国南极天文中心在南京成立。

1 月 13 日，恢复中断 5 年半的自叙年谱工作，从 1987 年做起。

1 月 14 日，出席科学时报社 2006 年度科学文化与科学普及优秀图书奖颁奖仪式。

1 月 15 日，收到房产证（京房权证海移私字 073035 号，经济适用房）。

1 月 17 日，收到 2006 年 9 月号《生活月刊》及其增刊《Mentor Issue：传承 • 导师》。这一期介绍了《十四位灵魂导游者 大学精神的传承》，其中有江晓原写的一篇介绍我的文章——《那些终身受益的教诲》，并配有摄影记者在古观象台为我俩拍的合影。

1 月 27 日，席红到人民医院用激光做角膜切除，治疗近视。

2 月 11 日，房晶（30 岁）和朱丽佳在建外华彬大厦举行婚礼，全家前往祝贺。

3月2日，彭桓武逝世，享年92岁。

3月27日，胡锦涛在莫斯科与普京签订协议，中俄联合探测火星和火卫一。

3月31日，《清代天文史料长编》70万字，通过验收。

4月10日，到清华大学参加断代工程召集的“尧公簋与唐伯侯于晋”座谈会。

4月26日，《科学时报·读书周刊》“经典重读”栏目刊出李寿的文章《中国科学思想的一部佳作》，推荐我主编的《中国科学技术史·科学思想卷》。

5月3日，朱伯崑逝世，享年84岁。

5月30日，为促进天体物理学、纳米科学和神经科学的发展，美国卡佛里基金会联合挪威科学院、中国科学院、美国科学院、英国皇家学会、德国马普学会设立3项奖，每项奖金100万美元，每两年评一次。2007年8月启动，2008年1月公布第一届得奖名单。

5月31日，到中国社会科学院出席“科学技术与社会丛书出版发行”座谈会。

6月9日，80大寿，步入耄耋之年，收到路甬祥院长的长篇贺信和王绶琯的贺词《鹊桥仙》。

6月12日，龚育之逝世，享年78岁。

6月21日，上海《社会科学报》发表厦门大学谢清果的《贯通科学文化与人文文化的院士——祝贺席泽宗院士80周岁生日》。

7月5日，姚发奎逝世，享年71岁。

7月16日，收到中国科学院国家天文台于4月2日发出的“小行星命名证书（复印件）”：“中国科学院国家天文台施密特CCD小行星项目组于1997年6月9日发现的小行星1997LF4获得国际永久编号第85472号，经国际天文学联合会小天体命名委员会批准，由国际天文学联合会《小行星通报》第59277号通知国际社会，正式命名为席泽宗星。”

7月25日，《南方都市报》发表该报记者李怀宇的专访：《中国科学不发达，不能都怨老祖宗》。

8月17日（星期五），科学史所建所50周年庆祝大会暨“席泽宗星”命名仪式在北京华侨大厦隆重举行，到会350余人。会议由汪前进主持，在廖育群做了《回顾与展望》的主题报告后，即由国家天文台副台长兼党委书记刘晓群宣布命名的公告和决定，由中国科学院党组副书记方新和副秘书长曹效业向我颁发证书和席泽宗星的运行轨道图，由江晓原介绍我的学术成就，由我致谢辞。集体合影之后，发言的有任继愈、吴文俊、柯俊、林甘泉、徐苹芳、李元、真柳诚（日本茨诚大学教授）、胡化凯、吴国盛、潘吉星、邢润川和王渝生。晚中央电视台新闻联播节目播出此消息后，打电话和写信来祝贺者甚多，截至 9 月 10 日华文媒体已有 165 000 多条报道。

8 月 20 日，《科学时报》从头版起，发表该报记者杨虚杰的长文《透过 50 年看今天：席泽宗的科学史》。

8 月 20～25 日，由罗兴波陪同，到广西民族大学参加第 11 届国际中国科技史研讨会，并到北海银滩旅游两日。此会 25 年前，1982 年在比利时鲁汶大学召开第一次时，不到 20 人，这次有近 130 人，壮大了 6 倍，足证中国科技史的研究是有生命力的。

8 月 24 日，《科学时报》在 B3 版“科学・文化”专栏刊登了李元的文章《从超新星到小行星——祝贺席泽宗院士 80 华诞和小行星命名》。

9 月 3 日，上海《报刊文摘》以《席泽宗为何要‘等一等’》为题，用 200 字选摘了陈祖甲 8 月 30 日发表在《人民日报》上的文章《写在席泽宗星命名之际》。姜生认为这篇文摘确是抓住了科学精神的实质，说到要害之处。

9 月 13 日，《中国科技史杂志》28 卷 3 期刊出钮卫星的长文《出入中外，往来古今——〈古新星星表与科学史探索——席泽宗院士自选集〉评述》（第 265～276 页）。同期，还有王玉民的一篇短文《功垂科史，名比列星——记席泽宗院士与他的“席泽宗星”》。

9 月 21 至 10 月 7 日，韩连祥和席红到新疆旅游。

9 月 26 日，应班大为（D. W. Pankenier）之邀，徐凤先到美国里海大学做 10 个月的访问。

9 月 27 日，《中国社会科学院院报》以第 5 版半版篇幅，刊登了邢东田对我的专访，通栏大标题为《中国传统文化与科学的关系》。在此之前，该文已用《领导参阅》2007 年第 26 期形式上报中央。

9 月 28 日，出席北京天文馆开馆 50 周年庆祝会。欧阳自远院士在会上朗诵了温家宝总理5月14日在同济大学写的一首诗《仰望星空》（载9月14日《人民日报》文艺副刊）。该诗对天文学评价很高，在序中说："一个民族有一些关注天空的人，他们才有希望；一个民族只是关注脚下的事情，那是没有未来的。"

9月29日，马忠庚的博士论文《佛教与科学》出版。

10月7～13日，应北京建工学院之邀，云平回国讲学。

10月10～14日，接待法国学者戴明德夫妇，安排他于10月13日在考古所为夏商周断代工程同仁讲《试探周初月相名称的来源及其对西周年代的意义》。他认为"哉生霸"即月食，并由此定出武王克商在公元前1142年，比任何人定得都早。

10月16日，徐泽林开始协助王荣彬参加《清史·天文历法志》工作。

10月24日，探月卫星"嫦娥一号"发射成功。

11月6～10日，由罗兴波陪同，到上海参加徐汇区人民政府等6单位召开的纪念徐光启暨《几何原本》翻译出版400周年国际学术研讨会，在会上报告了《〈几何原本〉的中译及其意义》，并到上海交通大学科学史系（闵行校区）做公开演讲《我和小行星——小行星发现的历史和命名》。

11月12日，《中国科技术语》9卷5期刊登了叶艳玲和温昌斌对我的专访《科技不断发展，名词工作无止境》（第22～24页）。

11月16日，堂兄席东珍逝世，享年84岁。

11月21日，接受《光明日报》记者王国平采访。

12月5日，中国科学院又实行研究人员分级聘任制。我所评委会评出研究员一级1人（院士）、二级1人（刘钝）、三级3人（罗桂环、王扬宗、张柏春）。

12月6日，《中国国家天文》第6期刊出江晓原的长文《让冷门学问名垂宇宙——写在"席泽宗星"命名之际》（第88～97页），并配有大幅照片14张。

12月7日，到北京科技大学参加科学技术与文明研究中心理事会，欣悉该中心已获教育部全国科学技术史重点学科称号，为该校四大重点学科之一。

12月10日，马星垣逝世。

12月19日，到翠宫饭店出席国际欧亚科学院中国院士第11次全体会议。

12 月 24 日，《中国科学技术史·科学思想卷》荣获第三届郭沫若中国历史学奖二等奖，颁奖仪式在中国社会科学院学术报告厅举行，由陈奎元院长向我颁奖，本书责任编辑姚平录等出席了仪式。

12 月 28 日，荣获山西广播电视台主办的第三届（2007 年）“记忆山西”十大新闻人物奖，名列第一。

人名索引

D

T

W

X

下篇

杂　著

序　言

本卷下篇收集了席泽宗院士一生为人所写的序或前言（个别为自序）、书评、纪念文章、对科研事业和决策的建言，以及对青年后学的寄语和希望等文章共50篇。

席泽宗院士为各种出版物所作的序言（前言）共42篇（包括自序3篇），时间纵跨20余年，涵盖天文学史、科学史、科学研究、人物传记、辞书、文化、科普等内容。

天文学史、科学史的专著、论文集、人物传记的序言是席院士序中的重头戏。这些序中，有的是对研究成果及作者治学的高度肯定（如《〈陈久金集〉序》《〈中国古历通解〉序》《〈薄树人天文学史文集〉序》等），有的是对填补学术空白的赞赏（如《〈天文学名著选译〉序》《〈当代国外天文学哲学〉序》），也有的是对中青年学者的推介和鼓励（如《〈科学的历程〉（第二版）序》《〈月龄历谱与夏商周年代〉序》《〈李约瑟传〉代序》等）。他作序不是就事论事，直接写这部书的意义，而总是站在世界同一领域的最前沿、学术的最高点，紧扣时代脉搏，高屋建瓴地点出此项工作的意义，并从历史的高度概括前人的成就或今人的研究成果。如《〈张衡研究〉序》中，将张衡与托勒密并提，比较他们相似的贡献和时代局限，比较他们的哲学观点，认为张衡高出一筹，短短的一篇序文，用最精练的语言、最独到的视角将张衡介绍给了世界。《〈科学家大辞典〉序》，则站在历史最高点回顾和展望，从“科学家”的概念出现说起，列举了评述多部西方权威的科学家传记辞典、科学史著作、科学名人录等，也列举评述了国内出版的多部同类著作，指出它们的优劣，对国内这第一部全面收入世界科学家的传记性工具书表示了高度赞许。

席院士特别推崇实事求是、不拔高古人的治学精神，如《〈中国科学史论集〉序》中，对刘广定经过周密论证否定李约瑟认为宋代已能提取性激素的论断，就非常欣赏。而《〈黄钟大吕——中国古代和十六世纪声学成就〉序》，对作者推翻了不少近代以来对中国古代声学成就的错误见解（如“中国的十二律中根本没有八度”说法）也大加赞赏，并顺便对作者关于科学成就评价的标准的见解，做了高度评价。席院士也很重视少数民族科学技术史的研究，认为各民族对科学技术都有贡献，是全人类共同的财富，这种民族性工作有世界性（《〈中国少数民族科学技术史〉丛书序》和《〈贵州少数民族天文学史研究〉序》）。

读席院士作的序，给人的感觉是娓娓道来，曲径通幽。他常用一段貌似无关的故事作为引线，比如为王应伟《中国古历通解》作的序中，开头就写一位天文系毕业的学生要去学医，而系主任欣然同意，原来系主任就是当年阅读《观象丛报》而弃医学改走天文道路的，而《观象丛报》的编辑即王应伟，由此引出王应伟的贡献。再如为《祖冲之科学著作校释》作的序，以达尔文、华莱士的故事为引子，通过类比强调了作者严敦杰写此书“勤、谨、和、缓”的治学精神。而《〈王锡阐研究文集〉序》中，也从当时的世界大环境着眼介绍王锡阐，从英国皇家学会、民主政治到牛顿完成其巨著说起，再转而介绍东方一隅的王锡阐经历亡国、隐居自学，也成为一代大家，更显出其难能可贵。他为中国科学院自然科学史研究所五十年所庆论文集写序时，开场白后宕开一笔，详细分析德国两位相隔 200 多年的物理大师席勒、巴斯廷在物理学领域得出的真理的普遍性问题，并认为科学史的发展也是如此，主张百家争鸣、彼此尊重，这正是这部文集要表现的主题。

虽是研究历史，但席院士经常强调其现实意义，如《〈天文学名著选译〉

序》中，他指出这些著作可以给人以方法论的启示，让我们不要将前人的成果看成教条，而是当作继续前进的起点。他还特别关注一些边缘研究，保持开放的视角，对一些有创见的新提法予以鼓励，有作者写出了这方面的著作时，哪怕只是初步甚至有偏差，他都充分肯定，对突破传统看法的，都予以鼓励或宽容，绝不以“标新立异”或“与×××无关”而抹杀或忽视（《〈中国古代科学与文化〉序》）。汉代天文学家落下闳的历史记载极少，但也有人为他写出了传记，席院士为之作的序中说“科学史可以通过理性重构而发掘对象中潜在的知识结构，从而使内容丰富起来。查有梁的这本《世界杰出天文学家落下闳》就是理性重构的一个典范”，而且席院士对书中一些生动的设想，以及“决定论和几率论在一定条件下是可以互相变换的”的提法大为赞赏，专门写进序中。

在《〈塔里窥天——王绶琯院士诗文自选集〉序》中，以王绶琯在文、理方面的造诣是“兼具两种文化的学者”为例，席院士对英国学者斯诺的“两种文化”观点提出自己的看法，他极为欣赏王绶琯“人重才品节，学贵安钻迷”的诗句，认为是用最精练的语言道出了为人、处世、做学问的态度和方法。

科普一直是席泽宗院士非常看重的领域，因为他自己就是从阅读科普书籍最后走上学者道路的。他经常为青少年做科普讲座，也主编过科普著作，如《人类认识物质世界的五个里程碑》，并为多部科普著作、译著作序。就天文来说，席院士一直关注天文与人文的结合，因此欣然为《谈天说地话美景》作序，称这本书将旅游和天文、地理、气象知识等都结合起来，很有意义。序中席院士还特别谈到已故著名天文学家戴文赛曾经打算把我国古典文学作品中有关日月星辰的篇章辑录成书，题名“星月文学”出版，但他生前没有能完成这项夙愿。席院士把谢秉松赠给他的《谈天说地话美景》转赠给了笔者，受这篇序言的启发，笔者作为席院士的弟子，因受过古典诗词的专业训练，很有意完成戴文赛先生的这一夙愿，但后来操作起来，觉得这不是一人一时能完成的庞大工程，比如，就诗词来说，若要求宽泛一些，恐怕所有古典诗词的 1/5 都得收入。目前，笔者在对有关古典诗词进行极度精选后，已写出了 48 万字的以知识、趣味、可读为主的《天文诗话——从诗词歌赋走进中国古天文》。

书评《三月的桃花》，是对《科学的历程》一书所发的感想，认为这部书有理论分析、有激情描绘，将科学精神、科学方法结合，雅俗共赏。正值科教兴国的时代，这部书如三月桃花，开得及时。《全新的思维 全方位的探讨——谈“科学技术与社会”丛书》是评“科学技术与社会”丛书，他认为这套书将人文社会科学的研究融入对自然科学和技术的探讨中，正确认识到了科学技术社会效应的两重性，涉及经济、教育、审美等多方面视角，对科学技术与社会协调发展和社会主义现代化进程都有指导意义。书评《科技创新的摇篮》则是强调科技管理创造创新的氛围和环境的问题，以书中贝尔实验室为例，说明尊重个人兴趣、创造宽松的研究环境，以及团队精神对科技创新的重要性，认为该书对中国当前科技界创新工作有着重要指导意义。本卷中收集的席院士书评不多，只有上述 3 篇，但其实他的绝大多数序言都可以被看作书评。

席泽宗院士对科研事业和决策的建言文章也是本卷中非常重要的一部分，从其现实意义和对当代后世的影响来看，尤其有价值。这些文章还包括一些纪念文章、对学科建设的回顾前瞻等。作于 1983 年的《从原中央观象台的历史谈增加科研经费的重要性》一文，从原中央观象台的状况写起，辛亥革命后原中央观象台在高鲁领导下召集了一批有素质、有干劲的学者，从事天文气象的研究工作，但因没有经费，30 余年只做了很少一点事。文章又将当时中国与美国在天文学领域的投入产出进行对比，以这些事例为鉴，建言国家要增加科学事业的投资，30 年后看这些观点，证明这是远远超前而高瞻远瞩的。其他如自然科学史研究所周年庆典的文章、对科技史研究回顾和前瞻的文章，都从科学史的基础学科、交叉学科的特点，寻找科学技术的产生、发展规律，获得成功启示和失败教益，并由此对科技工作提出建设性意见。

本卷还有若干篇讨论治学的文章，多是对学者特别是青年后学的治学寄语。如《传统文化中的科学因素》，将近代科学精神与传统文化联系起来，对传统文化中的“博学之，审问之，慎思之，笃行之”“学而不思则罔，思而不学则殆”予以高度肯定，认为这是延续两千年的坚持真理的精神，是中华民族的优良传统。还有的文章讲青年人要有恒心和决心，并以自己的亲身经历说明，要自己立志，中学时多读课外书，开阔眼界，寻找兴趣，安贫乐道，献身科学。

总之，席院士能站在科学研究的最高层次，观察科学技术界和科技史界的发展，并对之提出自己的见解和建议。这从某一个侧面推动了科学的进步，具有重大的意义。

王玉民

2020 年 3 月 31 日

揭开火星的秘密

火星是最有趣的一颗行星，因为它和地球有相似的地方，而且在它的表面和大气层里容易观测到许多变化。它不仅吸引着天文学家们的注意，还吸引广大劳动人民的注意。

现在我们知道，在火星的大气里有水蒸气和二氧化碳气。有些天文学家们认为火星的大气中应当有氮。最新的光谱分析说明：火星大气中水的含量约为地球大气中水的含量的千分之一，氧的含量不超过千分之一，二氧化碳气的含量也相同。根据测定，火星表面的温度并没有过去人们所设想的那样低。1933 年当火星经过“远日点”时，它的向日点的温度为 0℃。1924 年当它在“近日点”时，该点的温度为 27℃，因此，火星轨道的偏心率对它表面温度的影响相当显著。测量表明，火星东边缘（那儿太阳刚出来）的温度约为−53℃。极冠的温度达−85℃，甚至到−100℃。在中夏时，极区的温度可以升到 0℃以上。

可以确信，火星“海”中某些区域的温度能高达 30℃，黄昏时降到 6℃，夜半则降到 0℃以下。火星的平均温度约为−27℃，而大气压力约 6 厘米。根据这些情况我们推测：火星上在温度约 30℃时，水就可以沸腾；极冠是水结了冰的覆盖层，它的厚度不超过几厘米。我们的观测证明：极冠是由两层组成的。一层是由雪、冰或霜所形成的表层，并不连续地遮盖着极区；另一层是漂浮在表层之上的云状物。

用目视和照相来观察火星，看到火星的大气中常常有蒙影。也看到在早上和晚间出现在它的边缘的蒙影，这是那儿的云雾形成的。还可以看到亮云被风移动着。大陆各个区域有时出现临时性的蒙影——这是降雨，我们看来仿佛是光斑，它出现后，随即又消失了。经常看到出现在它的边缘的白斑，这是很高的卷云，或是伴随着降霜的早雾或晚雾。

作者在 1952 年进行了 48 个晚上的观测，每晚都注意火星面上所有可见的这种东西，共计有 67 个。更密的类似积云的云，在这个观测时期内记录了 18 个。代表着“海”的边缘降雨的白色区域特别少，只发现了 14 次。不过云状物出现的次数年年不同，它似乎和火星距离太阳的远近有关，也和行星的这半球或那半球的季节有关。

在 1952 年和 1954 年，火星上的云状物就很少，这些云很少发光，所以常常难以辨别。

有时可以看到奇特的、延伸得很长的光带，十分光亮，但存在的时间不长，总共只有 5～10 分钟就消失了。这种东西的性质还不了解。火星的大气尽管很稀薄，但其中还是混杂着一些质点、尘埃、水分子或冰晶体。有时观测到巨大的黄色云在火星的大气中漂浮几小时甚至几天，遮盖了火星表面的一大块区域。火星大气对红光和红外光最为透明，对紫光和紫外光的透明度则很小。这些资料是利用各种光谱线研究火星表面亮度的分布而得到的。这个由现有的一切观测所得到的结果，也被卡莎列夫在克里米亚天文台中 50 英寸反射望远镜进行的光谱观测所证实。

对火星大气透明度的研究，引导这样一个结论：大气中大概有某一层强烈地吸收紫光和紫外光，并且由于这一层不是经常一样的浓密，所以在其中可以观测到亮光。

火星陆地的表面平坦而光滑。火星表面的反光，如许多天文学家的观测所证明的，它服从朗伯定律。这定律对光滑的和微尘覆盖的表面都正确。

绥金斯卡娅认为火星表面的亮度分布，依据朗伯定律而略向发光的方面偏离。这也同样得到结论：火星表面是非常平坦而光滑的。火星的陆地表面很像橘红色的黏土和砂地，而且似乎被类似黄土的微尘所遮盖。

应该指出，在火星的南极附近有类似山峰的高地，可能还不止一个，当南极雪冠融化的时候它就显露出来，随着极冠的缩小，它可以被辨别一小部分。它有时被看成为自身发光的物体，随后又消失了。有时可以看到几个类似的东西。作者曾经看到这样一个斑点，已记录在1924年火星的照片上。很难说明这光斑是在山巅上，还是在它的南坡上，但是可以确定在火星的南极有一些高地，虽然它的性质还不明了。

暗斑“海”的性质、表面的构造及其中发生的变化，都是极为重要的问题。

火星上的“海”大概不是深水池，而是潮湿的地区，按照许多天文学家（包括齐霍夫在内）的意见，那里可能生长着植物。火星“海”内的某些暗区是火星大陆被湿润了的地方，但是观测不到其中的颜色随着太阳在正午的不同高度和春夏到来时所起的变化。

火星“海”的另外一些较小的区域呈现淡绿、浅蓝、微红、淡红等颜色。火星“海”中有少数地方的颜色，随着太阳在正午的不同高度有显著变化：当正午太阳的高度减小时，它显得殷红；当太阳的高度增大时，它变得深蓝。

绝大多数的“海”经常呈现浅蓝色。火星“海”中颜色的变化，可以说明稀有植物的存在。这些植物在春夏变绿，在秋冬枯黄而凋谢。

有些人，其中包括费森科夫、沙罗诺夫和绥金斯卡娅，都认为火星“海”的表面也和它的陆地表面一样光滑而平坦。这个结论只是根据绥金斯卡娅所完成的一次测量而作的，不能使人信服。绥金斯卡娅发现，“海”的反光和陆地反光一样，也服从朗伯定律，而且对于它的表面和对于光滑平面是一样的，光滑因子等于1。

在这个没有充分根据的结论的基础上，有些人认为火星的“海”中不可能有任何植物。因为植物掩盖的表面是不平滑的，或多或少有点不平，朗伯定律不能适用于这种平面，光滑因子也小于1。

1955年，柯瓦里在哈尔科夫天文台用红、黄、蓝、绿四种光线拍取了大量的火星照片。柯瓦里还利用1939年、1952年和1954年所拍的许多照片，得出以下两点结论。

（1）火星陆地表面的反光，依据朗伯定律，光滑因子等于 1，这和以前的观测结果完全一致。

（2）火星“海”的光滑因子等于0.5，它不同于陆地的光滑因子。这说明

“海”的表面不是平滑的，却有参差不齐的掩盖物。这些参差不齐的东西是什么，不均匀到什么程度，都还不了解。在各种情况下所得到的结果一致说明：费森科夫所提出的火星“海”中没有植物存在的见解失去了意义。

观测表明：火星“海”的温度，系统地比陆地高 10～15℃。费森科夫认为，这和火星“海”中有植物存在的假说矛盾；因为按照他的意见，植物覆盖区要比周围的陆地冷。

但是这一论点也是经不起批评的。因为由辐射测量所得的温度是基于这样一个假设：表面辐射和绝对黑体一样，所以由辐射测量所得的温度值不能相应于表面的真正温度，如果它的辐射不服从绝对黑体辐射定律的话。火星“海”可能在光谱的远红外区具有荧光的性质，因而用辐射计的方法所得的温度值较高。这样就又驳斥了反对火星上有植物存在的第二个理由。对火星的进一步研究，当然会更明确这个重要问题。

李欧的偏振观测表明火星大陆的偏振是极其显著的，虽然由于在它的大气中经常出现蒙影和云，使得观测它比观测月面陆地的偏振要难得多。当云和蒙影在望远镜中看不到时，偏振的存在容易由偏振曲线的不规则性和圆面中心与边缘偏振的显著差别看出来。没有云时，火星的偏振极其类似月亮的偏振。

暗“海”的偏振和陆地的偏振，两者的差别很难确定，因为暗“海”区域的角直径很小。至于亮“海”的偏振和陆地的偏振，两者差别不大。

极冠比白斑和陆地有着较大的偏振。边缘的白圈给出类似冰晶体的偏振。卡依伯发现，在极冠光谱的红外区有相当于冰所给的光谱。

在大陆的淡白色区域，李欧有时也观测到了类似冰和霜的偏振。

几次正当倾斜照射的时候，在“计时海”内观测到了类似植物覆盖的偏振。不过要下最后结论，现有的偏振观测资料还是嫌少。

为了解决关于火星上运河性质的争论，1941～1944 年比克裘米奇天文台（在法国比里涅，海拔 2870 米）进行了目视和照相观测。李欧、科米舍尔和攘吉里所得到的总图和安东尼的相似，不过更为详细。

在科米舍尔所拍的照片上，运河好像是暗带或是由精细结构组成的小链子。

在有些暗的区域发现精细的结构。远在 1909 年，齐霍夫就拍到了火星运河的照相。据道尔弗斯于 1945 年、1946 年和 1948 年在比克裘米奇用 600 毫米望远镜观测得到，火星的运河好像雾状的有规则的带子，有些是两条。也发现了另一类型的运河——不定形的和呈几何规则的，它们较短并且常成双出现。

当地球的大气很透明而且非常平静，在这极其良好的条件下观测时，发现火星的暗区是由许多弥漫的小斑点组成的。

在 1948 年 2 月 12 日用放大 900 倍的望远镜观测，发现过去是带状物的地方，都变成直线地排列着许多小斑点。

道尔弗斯根据比较巴黎天文台和比克裘米奇天文台的观测结果，他得出结论：在火星表面上存在着许多半规则的斑点，它们呈不同形状聚集在一起，有些呈直线状。至于了解它们的性质，将是今后的事。

1956 年 9 月 10 日火星大冲，届时火星在宝瓶座，离地球近到只有 5650 万公里。

苏联各天文台的最大望远镜都参加苏联科学院行星物理研究委员会所制订的观测火星计划，进行照相、分光和偏振等各种观测。

〔《光明日报》1956 年 9 月 10 日，第 2612 号（第三版“科学”专刊），作者：巴拉巴舍夫，席泽宗摘译自 1956 年天文简历〕

从原中央观象台的历史谈增加科研经费的重要性

今年 4 月 1 日，位于北京火车站东、建国门立交桥西南侧的北京古观象台，经过修葺之后，重新开放。这个台建于明正统七年（1442 年），在明清两代，是钦天监外署，为皇家天文台。1911 年辛亥革命以后，北洋政府将这里接管，改为中央观象台，隶属于教育部。至 1929 年改为天文陈列馆为止，中央观象台共有 18 年的历史，当时的台长是高鲁。

高鲁（1877～1947），字曙青，福建长乐人。在福建马尾船政学堂毕业以后，他于 1905 年到比利时布鲁塞尔大学学习飞机制造，获工科博士学位。1909 年孙中山在巴黎组织同盟会，他参预机要，并在留比学生中间组织分会。他准备回国参加黄花岗起义，临时因事未能成行，终身引以为憾。1911 年武昌首义后，他随孙中山回国，担任南京临时政府秘书；未几，临时政府迁往北京，教育总长蔡元培聘他为中央观象台台长。他和蔡元培在法国时即为好朋友。

1900 年八国联军将北京古观象台的仪器抢走以后，清政府的钦天监摇摇欲坠，业务衰落，这里仅仅进行一项颁布民用历书的工作。高鲁到职以后励精图治，锐意革新，首先是在颁布的民用历法中，取消了过去“皇历”中所有迷信的成分，依照公历，按月排比，每日下面，只载昼夜长短、朔望和节气。其次是建立天文、历数、地磁、气象四科，聘严复的得意门生常福元担任天文、历数两科科长；聘在比利时得农学博士学位的蒋丙然担任气象科科长；聘在日本东京物理学校毕业的王应伟担任地磁科科长。这些人干劲十足，他们从外国人手中夺回了公布全国气象观测资料的权利；他们通告全国，愿意替人换算阳历生日，来者不拒；他们先是出《气象月刊》，然后是出《观象丛报》，在不接受外稿的情况下，由七八个人编译写稿，每月维持一期，系统地介绍近代天文、气象、物理等方面的知识，而且速度快得惊人。例如，用2919个字阐明了爱因斯坦相对论的英国博尔顿（L. Bolton）的科普文章（获奖5000美元），在《科学美国人》1921年2月号上刊出，而杨铨的译文在《科学》3月号上就刊出来了，《观象丛报》4月号上就转载了。他们也很有抱负：准备在柳阴亭观音庵旧址建立地磁台；准备在西山建立现代化的大型天文台，已进行了初步设计，并勘察了台址；准备在全国建立气象观测网；几次准备派人出国观测日食。但是，这些设想都落空了。

这些学者大多是既重视基础、理论研究，又重视实验工作的。高鲁是学飞机制造的，常福元是学轮船驾驶的，他们都抛弃了所学专业而把终身献身给了发展中国的天文事业，蒋丙然也是由农业转为气象。高鲁发明的天璇式中文打字机曾送巴拿马国际博览会展出，并在那里获奖；常福元等四人为了测定中央观象台的经度，夜以继日，煞费苦心。王应伟的《欧几里得几何学方面之四元宇宙观》，高鲁的《超然空间对角线消灭论》等文章，今天读起来也还高深得很，不能说不善于逻辑推理。这些人除高鲁以外，都是兢兢业业搞了一辈子科学。但是，他们并没有能够发展科学。他们所设想的一切都因为没有必要的研究经费而未能实现。

1922年他们费了九牛二虎之力，向一个私人募捐了500元做路费，派一个人到英国剑桥参加国际天文协会第二届大会，到那里会没有开完，钱就用光了，差一点回不来。在会上既无成绩可以报告，又无力量承担任务，去的人十分尴尬，如坐针毡。他们创建了中国天文学会，因为没有经费，会长高鲁用骈体文写了一篇《募捐启》，要个个评议员（即理事）广为散发，结果是一分钱也未募到，只有他自己掏腰包。中国天文学会收入最少的一年（即成立后的第七年），全年收入只有 37 元！俗话说，“巧妇难为无米之炊”，没有钱，再能干的科学家也办不了事。

我通读《观象丛报》（1915 年 7 月至 1921 年 10 月，共出了 75 期）、《观象汇刊》（1923 年 7 月至 9 月，只出了 3 期）、《中国天文学会会报》（1924 年至 1933 年，共出了 9 期）和《宇宙》（1930 年至 1949 年共出了 19 卷，名义上是月刊，实际上到后来一年出一本还很困难），越读越憋气，觉得中国科学不发达，原因就是一个字：“穷”。

要治穷，就得革命，就得变革生产关系，就得制定有利于发展生产的政策。“只有社会主义才能救中国”，道理也就在这里。在中国共产党的领导下，中国人民终于取得了新民主主义革命的胜利，并完成了向社会主义革命和社会主义建设的转变。新中国成立以后，科学事业的面貌焕然一新。单就天文学方面来说，国家的投资增加了几十倍、上百倍，现在已有 5 个具有一定规模的天文台，3 个人造卫星观测站，1 个时辰站，1 个天文仪器厂，1 个大型天文馆。各天文台出版有自己的“台刊”，还有全国性的《天文学报》、《天体物理学报》和《天文爱好者》3 种杂志。这些刊物发表的文章水平之高、印刷之精美、发行量之多，都是新中国成立前的老一辈天文学家所想象不到的。在中央观象台工作过的陈展云先生，1964 年看见《天文爱好者》的发行量是 19 000 份，怀疑自己看错了，后来仔细辨认“19 000”清晰无误，不禁热泪盈眶！（新中国成立前天文刊物的发行量最多只到 60 份！）

但是，我们没有任何可以值得骄傲和自满的地方。美国现在有大型望远镜 25 台，发射过一系列天文卫星，即将把口径 2.4 米的望远镜送到天空。我们只有口径一米以下的小型地面设备。美国仅《天体物理杂志》一个刊物，每年即发表论文 1000 篇左右，我国发表的论文不过 150 篇左右；美国在天文方面得过博士学位的在 1000 人以上，我们的中、高级人员不过 100 人左右；美国在天文方面的投资约 2.5 亿美元，我国只 2000 万元人民币。可见，我们用于天文学科方面的投资是相当少的。然而，经费的状况，却关系到观测手段的先进程度和数量多少，关系到若干试验研究工作进行的可能性，关系到研究工作所必需的情报资料的丰富程度，关系到国内外学术交流活动的多少，关系到科研人员是否具有适宜的工作和生活条件。这些因素，都从一定的侧面直接关系到出成果、出人才这一根本问题。因此，若不尽可能地增加投资，要加快我国天文学发展的速度，要赶上美国，可以说是很难办到的。请注意，我绝不是说，大家不要在现有的条件下发挥主观能动性，精打细算，扬长避短，努力做出最好的成绩。我只是说，比赛要尽可能在相同的条件下进行。

当然，天文学是大科学，而且很难收到经济效益。只有在国民经济得到充分发展以后，才能把它提到日程上。在最近一二十年内希望在这方面大量投资，是不现实的，我们不能抱不切实际的幻想。但是，在这里我想谈一个具有普遍意义的问题，即在科研经费方面，我们不能在绝对数字上与超级大国及那些经济发达的国家相比，但在国民经济总支出中所占的比例应该有更多的提高。

我们很感谢党和政府，这几年在国家财政还很困难的情况下，对文教卫生科学事业的投资年年有所增加。1977～1981 年的 5 年中，国家财政收入每年递增 5.3%，而对文教卫生科学事业的投资每年递增 15%，1983 年的预算为 204 亿元，占总支出的 16.2%。与以前相比，这个百分数已经很高，但比起其他国家来，却还很低。苏联从 1960 年以来，这项费用每年占总支出的 34%～36%，日本单教育费每年即占总支出的 20%左右。我国不但比第一世界的国家和第二世界的国家低，就是比一些第三世界的国家（如南斯拉夫、印度和埃及）也低。而我们现在 12 岁以上的文盲就有 23 580 多万人，科学水平又还很低，如果不尽可能多地增加这方面的开支，那么，表面上来看似乎可以用更多的钱进行物质建设，于“四化”的早日实现有利，但从长远和实际效果来看，却减少了智力投资和阻碍了科学技术发展的速度，而于“四化”的实现起着延缓的作用。大家都知道，四个现代化，科学技术现代化是关键，而教育又是关键的关键。根据这种辩证关系，必须权衡近期与远期，此处与彼处等多种因素，注意历史的经验，考虑现实的条件，精心处理，以求最佳地发挥科研队伍的聪明才智，最快速度地推动“四化”前进。

〔《自然辩证法通讯》，1983 年第 5 卷第 4 期〕

《谈天说地话美景》序言

清秀的月光、闪烁的繁星、光芒万丈的太阳，这些是天文学研究的对象，也颇受文学艺术创作者的偏爱。《唐诗三百首》里收录的李白作品中，有一半以上提到月亮。“床前明月光，疑是地上霜。举头望明月，低头思故乡。”“明月出天山，苍茫云海间。长风几万里，吹渡玉门关。”这些脍炙人口的诗篇，成了我国人民的一份宝贵的精神财富。已故著名天文学家戴文赛曾经打算把我国古典文学作品中有关日月星辰的篇章辑录成书，题名“星月文学”出版，可惜他生前没有能完成这项夙愿。如今，我看到谢秉松同志的《谈天说地话美景》，虽然与戴先生想编的书不是一回事，但它们有异曲同工之妙，愿意写几句话，推荐给读者。

古人云：“读万卷书，交万人友，行万里路。”今天交通方便，行万里路，轻而易举，从上海到旧金山，横跨太平洋，距离一万零五百公里，波音 747 飞机只要 11 个小时就可到达。不过这样的赶路，并不能算作旅游。要欣赏自然界的风光，借以增进知识，陶冶性情，还得和古人一样迈开双脚，去跋山涉水。这样要走一万里路，也还不是一件容易的事，而每到一风景区，都能欣赏到那里最美丽的景色，又更不容易；有些天文景色，又受时间和天气条件的限制，更要选择好时机去看才行。浙江杭州中山公园双照亭上的“西山落日红光照，湖东明月平地升”只有望月的傍晚才有；河南登封的“嵩门待月”只有中秋才有。本书将我国各地能见到的一些天文美景，按性质分类叙述，使读者能利用畅游祖国名山大川之际，得到一些天文、地理、气象知识，这对精神文明的建设是很有益的。我相信，随着人们物质生活水平的提高、旅游事业的发展，这本书将会有越来越多的读者。

〔谢秉松：《谈天说地话美景》，北京：地质出版社，1986年，写作日期：1985年12月14日〕

《徐光启研究论文集》前言

1983 年 11 月 8 日是明末爱国科学家徐光启（1562～1633）逝世 350 周年。中华全国科学技术协会和下属中国科学技术史学会、中国天文学会、中国农学会、上海市科学技术协会，于 11 月 7～11 日在上海宝山宾馆联合召开了“纪念明代科学家徐光启逝世 350 周年学术讨论会”。

出席会议的有来自北京、上海、天津、河北、陕西、甘肃、河南、安徽、江苏、浙江、福建等地的 121 名学者，其中有中国科学院学部委员苏步青、钱临照、张钰哲、李国豪、叶叔华，著名学者陈遵妫、蔡尚思、胡道静、程俊英，上海市文化局副局长方行，上海图书馆馆长顾廷龙。日本京都大学人文科学研究所中国科学史研究室主任山田庆儿教授也出席了会议，并作了长篇报告《近代科学的形成和东渐》（《科学史译丛》，1984 年第 2 期）。

在中国科学院学部委员、上海市科协主席、同济大学名誉校长、会议组织委员会主席李国豪同志主持下，会议于 11 月 7 日上午开幕。当天下午全体代表参加了上海市文物保管委员会在徐光启故居前举行的勒石纪念揭幕仪式，参观了上海博物馆和上海图书馆联合举办的徐光启文献展览；11 月 8 日又参加了光启公园新建徐氏手迹碑廊落成典礼和上海各界人士举行的座谈会。在座谈会上听取了中共上海市委书记、上海市市长汪道涵，中共上海市委宣传部部长王元化和著名历史学家周谷城等的发言。接着，用三天时间交流了学术论文 38 篇。

根据组织委员会的决议，由我和吴德铎等 11 位同志组成编委会，对这 38 篇论文以及 1983 年 12 月 31 日以前继续交来的论文进行审查、定稿工作。编委会共用了 5 个月时间，先分数学天文、农学和综合 3 组，分别在北京、杭州和上海进行了审稿，然后全体编委于 1984 年 4 月 12～14 日，齐集上海，并特邀胡道静同志参加，对已收到的 52 篇论文，按以下 3 项原则编选。

（1）有新材料、新观点，持之有故，言之成理的文章全文收录。

（2）符合上述原则，但已在刊物上发表了的，摘要发表。

（3）非专题性纪念文章，或与其他文章重复过多的，不予发表。

经过认真细致地逐一讨论，结果选出 34 篇，再由高建同志将全部引用资料核对以后，交由学林出版社编排出版。论文的编选，难免有不周全和错误之处，请作者和读者指正。

徐光启逝世以来，这 350 年间许多学者对他推崇备至，例如梁启超在《中国近三百年学术史》中说："明末有一场大公案，为中国学术史上应该大笔特书者，曰欧洲历算学之输入。"在这场输入的过程中，徐光启起了中流砥柱的作用。他与利玛窦合译的《几何原本》，"字字精金美玉，为千古不朽之作"。他主持编译的《崇祯历书》"是我国历算学界很丰富的遗产"。他的《农政全书》60 卷，以及与熊三拔合译的《泰西水法》6 卷，"实农学界的空前巨著"。"中国知识界和外国知识界相接触，晋唐间的佛学为第一次，明末的历算学便是第二次。在这种新环境之下，学界空气为之一变，后此清朝一代学者对于历算学都有兴味，而且最喜欢谈经世致用之学，大概受到徐光启等人影响不小。"（8～9 页）

梁任公的这段论述基本上概括了徐光启的成就和贡献，但还不够具体和全面。列宁说："在分析任何一个社会问题时，马克思主义理论的绝对要求，就是要把问题提到一定的历史范围之内。"（《列宁选集》，第 2 卷，512 页）评价一个人，也是如此。徐光启生活的时代，正是明王朝急剧崩溃的前夕，外有西方殖民主义者和倭寇骚扰沿海地区，内则民族矛盾和阶级矛盾十分尖锐，水、旱、虫等自然灾害不断发生。面对这危机四伏的形势，徐光启从忠君爱国的立场出发，以“富国强兵”为己任，上了不少的奏疏，写了不少的著作，并且亲身躬行，奋斗终生，在中国历史上留下了光辉的一页。

徐光启继承了我国古代的农本思想，认为金钱不是财富，只是“财之权”，供人吃的粮食和供人穿的布匹才是“财”，因而农业是“生民率育之源，国家富强之本”。要发展农业，既有政策上的问题，也有技术上的问题。他从1384～1594年的210年间食宗禄的人数统计中得出，人口“大抵三十年而加一倍”，这比马尔萨斯于1798年发表的《人口论》早近200年。到他那时全国税收已不能供养宗室禄米的一半，粮食问题非常严重。为了改变这种局面，他大胆提出，就是皇帝子孙也不能游手好闲，必须自己种田。

在粮食问题上，当时还有一个全国性的矛盾，那就是南方的粮食向北和西北运，以致西北田地荒芜不垦，而东南赋税越来越重。为了解决这一矛盾，徐光启建议在西北兴修水利和进行屯垦，并四次到天津亲自进行种植水稻的实验，以实际行动突破“风土论”的束缚。“风土论”者认为“九州之内，田各有等，土各有差，山川阻隔，风气不同。凡物之种，各有所宜。故宜于冀、兖者不可以青、徐论，宜于荆、扬者不可以雍、豫拟”（王祯《农书·地利篇》）。徐光启则以安石榴、海棠、蒜这些外来的东西都能在中国生长为例，批驳这种风土说，提倡在北方种植水稻和推广刚传到福建的高产作物甘薯。

对于水、旱、蝗三项自然灾害，徐光启认为蝗虫为灾最惨，但只要朝廷重视，充分发动群众，便一定能够根除。他统计了我国记载的111次蝗灾发生的时间和地点，得出蝗灾“最盛于夏秋之间”，分布地区在“幽、涿以南，长、淮以北，青、兖以西，梁、宋以东”。他在《除蝗疏》中提出的一整套捕灭蝗虫的方法，今天看来也还是有积极意义的。

徐光启给我们留下了一份最丰富的遗产，即《农政全书》60卷。这部书比以前的农书有更广泛的内容，它不仅讲农业技术，还讨论开垦、水利、荒政等方面的问题，而且占了相当大的篇幅，形成了这部书的一个特色。当然，在我们这样说的时候，并没有忘记它在农业技术方面的贡献。例如，它把棉花丰产的经验总结为“精拣核，早下种，深根短干，稀科肥壅”（最后一句的意思为株距要稀，肥料要足）。这短短的只有14个字的口诀，很容易被农民记住。

在徐光启的思想中，富国强兵是并重的两个政策，而这两个政策又是统一的。他说：“臣志报国，于富强二策，考求谘度，盖亦有年。”因而，当杨镐率兵 13 万出关到辽西抵抗清军，大败而归时，他能立刻上疏指出，这次失败的原因，除了“与敌众寡相等的兵力”“而分为四路，彼常以四攻一，我常以一抵四”，犯了战略上的错误以外，更重要的是：军官骄而无能，士兵素质低劣，武器钝朽；要想战胜敌人，必须选练精兵，制造新式火器。由他亲自在通县和昌平选练的 4600 多名士兵和他督造的火器，后来在首都北京的保卫战中发挥了作用，延长了明王朝的寿命。这里特别值得指出的是，在这次练兵过程中，给我们留下了两部军事著作：《徐氏庖言》和《选练条格》。《选练条格》以前以为遗失了，这次上海市文管会编《徐光启著译集》，莫文骅将军献出了他的珍藏，使我们有机会学习、研究这部军事著作，可以说是我们这次纪念徐光启活动中一件很有意义的事。

除农业科学和军事科学以外，徐光启对于天文、气象、水利、建筑、机械制造、测量、制图、音乐、医学和会计等各种学科也都很重视，认为它们与国计民生都有关系，而要发展这些学科，就得首先发展“不用为用，众用所基”的数学，于是他和利玛窦合作翻译了欧几里得的《几何原本》。虽然只译了前六卷，但其意义是非常巨大的：第一，它开辟了与历来传统大不相同的演绎推理的思维方式，与后来严复所介绍的归纳法相结合，成为马克思主义辩证法未到中国以前的两种主要科学方法；第二，它是我国第一次翻译过来的希腊科学名著，使中国学者耳目一新，影响了有清一代从梅文鼎到李善兰的数学发展；第三，它破天荒地定出的许多数学名词，一直应用到今天，如垂线、锐角、多边形、对角线、相似、外切等。

在译了《几何原本》以后，徐光启又与利玛窦合译了《测量法义》，与熊三拔合译了《泰西水法》，把西方测量学和水利学方面的知识引进到我国来。

徐光启的另一重大贡献，就是主持编译《崇祯历书》，进行历法改革。在这项工作中，他不但是一位一丝不苟的科学家，而且还是科学事业的宣传者和组织者。在改历过程中，他和守旧派魏文魁、冷守中进行了激烈的论战。他一方面尖锐地指出他们的无知和错误；一方面又与人为善，希望他们能够深入学习，如有疑问，欢迎共同讨论。他认为，只有“深理论，明著数，精择人，审造器，随时测验”（见《崇祯历书·恒星历指》），才能制定出符合于天体运行规律的历法，而在他主持历局工作时就是这样做的。一面聘请传教士翻译书籍，介绍西方天文理论和计算方法，一面制造仪器，昼夜进行观测，同时又延揽人才，培养后进。由于这些人员的共同努力，工作进展很快，在短短的五年时间，就编译书籍137卷。后来他的接班人李天经把其中的重要部分选刻出版，命名为《崇祯历书》；清初又有汤若望增译，删改出版，称为《西洋新法历书》，是清代用了200多年的时宪历的基础。

《崇祯历书》在宇宙理论方面采用了第谷的折中体系，即行星围绕着太阳运动，而太阳又和月亮、恒星围绕着地球运动；在计算方法方面，用的是托勒密的本轮、均轮系统。这些在当时欧洲来说，都是落后的；在今天来看，也都是错误的。但是，“判断历史的功绩，不是根据历史活动家没有提供现代所要求的东西，而是根据他们比他们前辈提供了新的东西”（《列宁全集》，第2卷，150页）。根据列宁的这一教导，我们认为《崇祯历书》在我国天文学史上具有划时代的意义：第一，它明确了大地是球形的概念，并以经纬度划分球面；第二，它有了包括南天星座在内的全天星图；第三，它引进了望远镜和钟表；第四，它引进了三角学和有五位小数的三角函数表；第五，它采用了蒙气差、地半径差等改正值；第六，它采用了分圆周为360°，分一日为96刻（即24小时）的度量单位，并采用了小数以下的60进位制；第七，它使中国天文学和世界天文学相会合，从此以后我国天文学不再是一个孤立的体系。

尤其值得称道的是，在对待西方科学的引进上，徐光启并不是简单移植，而是要求超胜。他说：“欲求超胜，必须会通；会通之前，必须翻译。”不过，他翻译的书籍太多了，在没有来得及消化（“会通”）之前他就去世了，许多的工作留待后人来做。

徐光启学习西方科学于利玛窦、熊三拔等人，但其造诣和贡献远比这些人突出，其思想境界之高更是这些人所不能比拟。利玛窦等人来华的目的是传教，科学在他们手里只是敲门砖；徐光启虽然也信天主教，但科学热情远高于宗教热情。在译书原则上，利玛窦等从传教的功利角度出发，主张先译天文书籍，以便打入宫廷；徐光启则从科学本身的逻辑要求出发，主张先译数学书籍。50年前，纪念徐光启逝世300周年的时候，吾师竺可桢先生在《申报月刊》1934年3卷3期上发表《近代科学先驱徐光启》一文，其中曾把徐光启与他同时代的英国唯物主义的真正始祖、近代实验科学的倡导者弗朗西斯·培根（1561～1626）进行了一番对比，他以为徐光启比培根伟大得多。第一，培根著《新工具》一书，强调一切知识必须以经验为依据，实验是认识自然的重要手段，但仅限于书本上的提倡，未尝亲身操作实践；光启则对天文观测、水利测量、农业开垦都富有实践经验，科学造诣远胜于培根。第二，培根过分强调归纳法的重要性，忽视了演绎法的作用；光启从事科学工作，则由翻译欧几里得几何入手，而这本书最富有演绎性，培根之所短，正是光启之所长。第三，培根著《新大陆》一书，主张设立理想的研究院，纯为一种空想；光启则主张数学是各门科学的基础，应大力发展，同时还应培养人才，研究与数学有关的十门学科，即所谓“度数旁通十事”，既具体又实用。第四，培根身为勋爵，曾任枢密大臣，但对于国事毫无建树；光启任宰相，对于发展农业和手工业做出了重要贡献，并且高瞻远瞩，预见到日本将来可能假道朝鲜侵略中国，建议在多煤多铁的山西设立兵工厂，铸造洋铳火炮。第五，论人品，培根曾因营私舞弊，被法院问罪，关进监狱；光启则廉洁奉公，临终之日，身边存款不到10两银子。

竺老称光启是近代科学的先驱，这不太确切，因为光启所接受的还不是西方近代科学，而且在徐光启以后近代科学也没有在中国诞生。在肯定徐光启的同时，也要看到他思想方法上的局限性；他没有像欧洲文艺复兴时期的一些巨人那样对时代有自觉的认识；他从事科学实验都是从生产需要出发，没有像伽利略做斜面实验那样是一种纯粹理想的追求，也就是说对基础理论注意不够；他没有像培根、笛卡儿那样从哲学的高度来阐述科学方法论。不过，我们不能苛求于前人，正如马克思所说：“人们自己创造自己的历史，但是他们并不是随心所欲地创造，并不是在他们自己选定的条件下创造，而是在直接碰到的、既定的、从过去承继下来的条件下创造。”（《马克思恩格斯选集》，第1卷，603页）近代科学没有能在中国产生，这是一个社会条件问题，不能由科学家本人负责。

今天，中国人民在中国共产党的领导下，终于推翻了压在自己头上的三座大山，为科学发展开辟了广阔的道路。我们相信，在历史上产生过张衡、祖冲之、郭守敬、徐光启的中华民族，在建设社会主义物质文明和精神文明的伟大实践中，一定能够涌现出更多的更杰出的科学家，为人类做出更大的贡献。

〔席泽宗、吴德铎:《徐光启研究论文集》，上海：学林出版社，1986年，写作日期：1984年4月19日〕

《科学创造的艺术》序

马克思在为法文版《资本论》写的序言里说："在科学上没有平坦的大道，只有不畏劳苦沿着陡峭山路攀登的人，才有希望达到光辉的顶点。"这里说的"有希望"，不等于必然达到。这句话意味着刻苦努力是科学家成功的必要条件，但还不是充分条件。要在科学上取得成功，除了不畏劳苦勤奋工作，还要有一个善于思考的头脑，能够掌握科学的世界观和方法论。当然，除此而外，还得有起码的物质条件。因此，我们要造就具有创造能力的科技人才、提高科学工作的水平，就应该重视对历史经验的研究，以及科学世界观和科学方法的普及。

在古代，科学技术的传播受到落后的生产关系和保守思想的阻碍，往往是父子秘传，行会师授，所谓"鸳鸯绣出从君看，不把金针度与人"就是一些人的信条。因此，许多发明、发现失传，科学发展缓慢。到了近代和现代，情况有了很大变化，许多科学工作者冲破保守思想的禁锢，不仅是"绣出鸳鸯从君看"，而且是"愿将金针度与人"。天津人民广播电台编辑的这本书，就可以说是一束探索自然奥秘、启迪思想智慧的"金针"。这本书，不仅包含丰富的科学史知识，而且介绍了近百位著名科学家作出科学发明、发现的宝贵经验。

天津人民广播电台的《科学普及节目》，自 1982 年以来开办“他们是怎样发现自然奥秘的”专题，播出了 100 多篇稿件，向广大听众介绍科学家们怎样发现有希望的苗头，怎样抓问题的关键，怎样把观测、实验与理论思维结合起来，怎样突破传统观念的束缚，大胆地提出划时代的科学创见等，文章写得深入浅出，通俗易懂，使人听了深受启发，受到广大听众的欢迎和好评。

但是，广播工具有个局限性，这就是一听而过，听众对广播的内容无法反复揣摩。为弥补这个不足，满足广大听众的要求，天津人民广播电台编辑并由中国广播电视出版社出版此书，确实是一件很有意义的事情。应该说，这是一本很有特色的科普读物。目前，以科学史为线索，以普及科学方法为主要目的的科普读物尚不多见。它不仅对广大科技工作者、科学爱好者很有价值，而且值得青年学生、教师、干部们一读。我想，这对提高人们的思想水平，借鉴成功者的经验，少走弯路，鼓舞人们在科学探索的道路上百折不挠地奋进，都是有所裨益的。

〔天津人民广播电台科技组:《科学创造的艺术》，北京：中国广播电视出版社，1987 年，写作日期：1985 年 9 月 14 日〕

《自然观的演变》译序

1981 年 4 月我到日本大阪的关西大学讲《战国时期关于行星和卫星的知识》，听讲者有 400 余人。我问接待的桥本敬造教授："怎么有这么多人？"他说："这只是一个班。我们关西大学同一年内有 9 个班上科学史，每班都是 400 人左右，共 3000 多人。关西大学有 2 万多名学生，几乎每个人都要修科学史的课程。"因为有这么多人要上课，该大学就有四位科学史教授。除桥本外，另三名是友松芳郎、宫下三郎和市川米太。友松芳郎于 1982 年 3 月退休，桥本等三人就在他们多年讲课实践的基础上，编写出版了这本《自然观的演变》作为纪念。

自然观是人们对自然界总的看法，是世界观的重要组成部分。所谓自然界，从广义上讲，是指在意识以外，不依赖于意识而存在的客观实在；从狭义上讲，是指自然科学所研究的无机界和有机界。本书所讨论的是狭义的自然界。

从无机界到有机界，各种事物扑朔迷离，气象万千，但归根结底，最本质的问题只有三个，即天体演化、物质结构和生命起源。这三大问题既是当代科学的前沿，又是自古以来就为人们所关注的。把人类对这三大问题的认识过程，做一简洁的历史概括，无疑比泛泛地写一本科学史还有意义，而这本书正好完成了这一任务。所以当我接到这本书的时候，感到非常喜悦。细读之后，觉得虽然篇幅不长，但资料丰富，材料一直用到 20 世纪 60 年代，所收近代科学家比 W. C. 丹皮尔的《科学史（及其与哲学和宗教的关系）》还多。于是就产生一个念头，觉得这本书如果能译成中文出版，则不但能给大学生提供一本很好的读物，也能给科学工作者和管理干部提供一本有益的参考书。

现在，这本书终于由天津南开大学郑毓德和王真译出，由北京大学出版社出版。我由衷地感到高兴，特写数语，以表祝贺。

〔桥本敬造、市川米太、宫下三郎：《自然观的演变》，郑毓德、王真译，席泽宗校，北京：北京大学出版社，1988 年，写作日期：1985 年 9 月 7 日〕

《天文学名著选译》序

奉献在读者面前的这 86 篇著作，好像一颗颗珍珠，串成为天文学发展史上一条光彩夺目的链条。

天文学是最古老的一门学科，在几千年的发展过程中积累起来的文献资料，真可以说是汗牛充栋，浩如烟海，单美国《天体物理学杂志》这一份刊物，每年发表的文章就约 1000 篇。在这样众多的文献中，选其精华，汇集出版，这是非常有意义的工作，但又是极其难做的事。首先，是在有关天文学的很多书籍中挑选哪些著作；其次，有的著作挑选上了，是一本厚书，选其中哪几段，也颇费周折；最后，有的著作用数学语言表达太多，技术性又很强，为了使较多的读者能看懂，就得不厌其烦地从中挑选合适的材料。幸而美国著名天文学家沙普利（H. Shapley）等人编选此类丛书为我们编著本书提供了方便。1927 年，纽约卡内基有限公司提供 1 万美元资助编辑“科学名著选编丛书”（Sources Books in the History of the Sciences），沙普利是这套丛书的组织者之一，并且和豪沃思（H.E．Howarth）合作编了从哥白尼《天体运行论》（1543 年）到小达尔文《月球演化理论》（1897 年）为止的《天文学名著选编》。1960 年，他又编了 20 世纪前 50 年的《天文学名著选编》。1979 年，沙普利的学生、哈佛大学的金格里奇（O.Gingerich）同另一位天文学家兰（R.R.Lang）又合编了 20 世纪前 75 年的《天文学和天体物理学名著选编》，约 200 万字。本书就是在以上三本书的基础上，经过再一次筛选而译出来的，但又不局限于这三本书。例如，本书补充和节选了希腊天文学家阿利斯塔克和托勒密的著作、哥白尼早年的著作（《关于天体运动假设的要释》）、无限宇宙论早期宣传者布鲁诺的著作和 W.S.亚当斯发现引力红移的著名论文，等等。本书力求历史和逻辑的统一，按内容兼顾发表年代，把 86 篇名著分为 16 部分，并在每一部分之前各加 1000 字左右的背景说明。每一部分的说明既可以为单独的篇章，又可以全部连接在一起而为整个一篇“天文学小史”。

新中国成立以来，在中国天文学史的研究方面，我们做了很多工作，卓有成效；然而在世界天文学史的研究方面几乎还是空白，现在只能算是开始探索。本书的出版，无疑为这项工作铺了一块奠基石。

本书不但给我们提供了天文学知识，而且也给我们提供了许多方法上的启示，例如，爱丁顿在《恒星内部结构》一文（本书第 51 篇）里，引《莎士比亚全集》第二卷中的“孜孜矻矻的腐儒白首穷年，还不是从前人书本里掇拾些片爪寸鳞？”来讥笑那些在科学上墨守成规的人。科学工作是创造性的劳动，前人的成果只能作为继续前进的起点，而不应成为套在头上的枷锁。对于本书中收集的这些辉煌成果，我们也应这样看待。

在本书编和译的过程中，46 位同志齐心协力，相互配合，做得很好。尤其宣焕灿同志，更是呕心沥血，全力以赴。值此本书即将出版之际，写此数语，表示祝贺。

〔宣焕灿：《天文学名著选译》，北京：知识出版社，1989 年，
写作日期：1985 年 7 月〕

《中国古代天文学史略》序

最近10年来，国内出版了不少关于中国天文学史的书：①《中国天文学简史》，天津科学技术出版社，1979年版；②《中国天文学史》，科学出版社，1981年版；③《天文史话》，上海科学技术出版社，1981年版。以上三书均为中国天文学史整理研究小组编写。④陈遵妫《中国天文学史》第一、二、三册，上海人民出版社，1980年、1982年、1984年版。⑤刘昭民《中华天文学发展史》，台北商务印书馆，1985年版。⑥北京天文馆《中国古代天文学成就》，北京科学技术出版社，1987年版。

出版了这么多书之后，再出版一本题材类同的《中国古代天文学史略》，有没有必要？会不会炒冷饭？

我是带着这样的疑问来读这部书稿的。读毕，感到并非炒冷饭，而且很有必要。因为本书凝聚了作者20多年来研究中国天文学史的心血，且深入浅出地把许多深奥的问题写得引人入胜，真可谓曲尽其妙、雅俗共赏。本书共十章，其中第七章“古代天象纪录的应用研究”和第八章“古代天文学对外域的影响”的内容是以前各书均未涉及的。其余各章也很有特色，如第四章

“古历解读”对中国历法史的分期，就独具慧眼，别开生面。纵观全书，既充满着作者研究的心得，又不囿于一己之见，而是博采众议，将各位学者的最新研究成果一并介绍给读者，同时指出哪些问题目前还无人研究，哪些问题还值得探讨，使人读后既学得知识，又受到启迪。

作者刘金沂同志于 1964 年在南京大学天文系毕业后，到北京中国科学院自然科学史研究所工作，1987 年 1 月底不幸英年早逝，享年仅 45 岁。在这 45 年中，我和他一起共事 23 个春秋。他比我年轻，也比我聪明，风里雨里，他都给过我赤诚的帮助。他极端热忱，乐于助人，即使对素不相识的来访者，他也会放下手边的工作，去认真解答他们的问题。他曾给长春市一个集体所有制小厂的工人写了几十封信，辅导这位工人读完天文专业的主要课程，使这个人写出 30 多篇文章。后来经有关部门批准，该同志调到中国科学院长春人造卫星观测站工作，被吉林省评为自学成才的标兵。而刘金沂和这个人从未见过面，也没收过任何报酬。这个人从《天文爱好者》杂志上得到刘金沂去世的消息后，写了封信给我，我才知道此事。为了科学事业，不计名利，扶植后人，其精神可敬、可叹。

一个对同志极端热忱的人，对工作也会极端负责，刘金沂正是如此。他热爱自己的专业，发表过许多有创见性的论文，得到国内外同人的好评；他做过大量的科普工作，受到中国历史学会、中国出版工作者协会、北京市科学技术协会、北京市教育局等许多单位的奖励。就在得了肝癌，身患不治之症以后，仍孜孜不倦地工作，探讨天文学史上的各种问题。本书就是他在最后一息写成的，后经他爱人赵澄秋同志整理，由河北科学技术出版社出版面世。我认为这是中国天文学史界的一件好事，为此写几句话，将其人其书推荐给广大读者。是为序。

〔刘金沂，赵澄秋：《中国古代天文学史略》，石家庄：河北科学技术出版社，1990 年，写作日期：1987 年 4 月 18 日〕

《当代国外天文学哲学》序

自然辩证法的奠基者恩格斯曾经建议德国人“最好是首先了解一下国外所获得的成就”，编选那些“对德国尚属新鲜的具有宝贵内容的著作”，因为“只有他们在知道了他们之前已经做了一些什么以后，他们才能表明他们自己能够做些什么”(《〈傅立叶论商业的片断〉的前言和结束语》)。

于光远同志为了编好中国的《自然辩证法百科全书》，鼓励编写人员首先了解一下各国哲学百科中各有关条目的写法以及当今国外自然科学哲学问题的新进展，这一做法是完全符合恩格斯的上述教导的。奉献在读者面前的这本《当代国外天文学哲学》，就是天文学哲学编写组在完成这项任务的时候所积累的部分材料。我们觉得这些材料，不但作者可以参考，广大读者也可以从中汲取丰富的营养，因而决意把它公开出版。

这本书不仅包括外国几种百科全书中有关天文学的一些条目，还有二十几篇译文，诸如《自然科学中的美以及对美的追求》《基本无量纲数和生命存在的可能性》《黑洞佯谬》《世界有限-无限的二律背反和现代科学认识》《爆胀宇宙理论及其哲学意义》等文章，都反映了国外的最新研究成果，一定能引起读者们的兴趣。

当然，书中的观点不一定都正确，译文质量也参差不齐。但是，我们相信，这本书的读者都具有较高的文化水平，会有清醒的头脑和分析的能力，能够去其糟粕，取其精华，用来开阔自己的眼界，充实、提高自己的研究内容，使天文学哲学的研究在我国能更上一层楼。

〔殷登祥、卞毓麟:《当代国外天文学哲学》，北京：知识出版社，1991 年，写作日期：1988 年 3 月 18 日〕

《中国古代科学与文化》序

经过李约瑟博士和中国广大科技史工作者的努力，中国古代科学技术的光辉成就已举世公认。然而关于中国古代科学技术的独特形态、盛衰起伏及其与中国传统思想文化的关系，却仍是中国文化史研究上的一个薄弱环节；中国古代科学技术发展变化的基本规律，仍是科技史研究者的重要课题。而要揭示这些规律，则有赖于从“内史”与“外史”两方面做深入的研究工作。为此，必须将以考证为主的史学传统和以义理为主的哲学传统相结合，将专业的科技史工作者与哲学、社会学、文化学工作者相结合。

朱亚宗与王新荣合作撰写的这部著作，在一定程度上做到了以上两个方面的结合。书中的许多见解，发前人之所未发。例如，作者将中国古代科学技术系统划分为经验事实、唯象理论、深层理论、自然哲学四个层次，逐层与西方科学技术相比较，并在此基础上做出自己的独特结论，分析深刻入理，使人耳目一新。又如，为了全面、客观地评价科学家的贡献，作者提出了科技发明权的评判标准，并以这一套评判标准，为持续千年之久的造纸起源争鸣做出了自己的总结，对世所公认的首测子午线贡献提出了质疑，对丁文江与谭其骧关于长江正源发现者的分歧做出新评判。其他再如，对王充超前觉醒的近代科学精神的阐发，沈括兼容理性主义与神秘主义的发现，朱熹思想中主智主义一面与科学相互关系的见解，徐光启是科学的创造者与文化的迷失者的观点，王船山哲学思想与近代科学精神冲突的分析，康熙是“中体西用”先驱的论断，等等，都突破了学术界的传统看法。

不管这些见解是否成熟，它们的提出，并能出版，本身就是一件幸事。愿此书的出版能为我国科技史与思想文化史的研究起到积极的推进作用。祝年轻一代的学者在科学史和科学思想文化史的研究中取得进一步的成果。

〔朱亚宗、王新荣：《中国古代科学与文化》，长沙：国防科技大学出版社，1992年，写作日期：1992年1月20日〕

我与福建籍天文学家

《天文之星——福建籍著名天文学家》代序

福建省政协文史资料委员会来函，约我为《天文之星——福建籍著名天文学家》一书写篇序言。对我来说，这是一件非常光荣的事，也是一件义不容辞的事。因为书中的人物都是近现代中国天文学界卓有成就、颇有影响的人物，他们的事迹令我钦仰；而且，他们之中，有的还是我的引路人。

抗日战争期间，我在西北师院附中（兰州）念书的时候，一个偶然的机会，读到了福建人张钰哲著的《宇宙丛谈》，这本书使我对天文学产生了浓厚的兴趣。我进而找别的天文书籍来读，当时所找到的《宇宙壮观》《星体图说》和《天象漫谈》《星空巡礼》这几本书，它们的作者陈遵妫和戴文赛也都是福建人。从那时起，我即把福建看成是中国近代天文学家的故乡。

1947 年夏天，我高中毕业以后，在走什么路的问题上，和我的一位长辈发生了严重的争执。这位长辈坚持要我当一名税务员，他认为读书无用，学天文更是好高骛远，“绝无出路”，并声明如我念天文，他就不提供经济援助。而那时，在我的心目中，张钰哲、陈遵妫、戴文赛这些人已成了学习的榜样；我把他们所从事的事业，看作自己应当追求的目标。因此，在当年 10 月我考上中山大学天文系路经南京去广州时，便以一个穷学生的身份，贸然闯进南京陈遵妫先生家中，向他求教。陈先生欣然接待，约我第二天到紫金山天文台参观，把我领进了中国天文界的大门，并叮嘱我到中大以后，虽然读的是天文系，但要多选读数学系和物理系的课程，“没有这两门做基础，天文是学不好的”，同时还说，“为人做事要有雄心、信心、决心、耐心和恒心”。这些都是经验之谈，对我很有帮助。

1951 年，我大学毕业被分配到北京工作后，和戴文赛先生有了接触。我至今记忆犹新的是：他主持恒星天文学讨论班时，尽管该班实际上只有他和我等 4 个人，但他认真负责，每星期按时进行，事前个个要认真读书，在会上要报告，并相互质询；他和我合译《理论天体物理学》一书时，对书稿逐字逐句校改，一丝不苟。后来，他从大局出发，为了能充分发挥自己的专长，为祖国多培养些天文人才，他说服了夫人刘圣梅（北京人），于 1954 年夏天举家迁到南京，此后历任南大天文系副主任、主任等职。他虽身在南京，但仍一直关心着北京天文界的工作，仅和我的来往信件就有几十封，讨论了许多学术问题。那时还没有复印设备，有的文献材料，他就亲手抄下来寄给我。现在回想起来，仍令我感动得落泪。

1954 年，我的人生道路发生了第二次转折：那年 3 月 1 日，中国科学院副院长竺可桢找我谈话，要我做中国天文学史的研究工作。这是一次小的改行，许多朋友都反对，我也动摇不定，因为我倾向于搞天体物理。这时，戴文赛和张钰哲都支持我转向。尤其是张钰哲一次来北京时的谈话，使我至今不忘。他说：“人生精力有限，而科学研究的方向无穷，学科的重点也是不断变化的，因此不能赶时髦。只要选定一个专业，勤勤恳恳去做，日后终会有成就。天体物理固然重要，但天文学界不可能人人都干天体物理。中国作为一个大国，天文学的各个分支都应有人去占领，而且都要做出成绩来。”张先生不仅是我学术道路上的带路人，而且他经常提倡的荀子的名言——“勿说人之短，勿道己之长；施人慎勿念，受施慎勿忘”——也被我引为处理人际关系的座右铭。

书中两位健在的人物——王绶琯和陈彪，虽然我和他们没有一起共过事，但 40 年来接触很多。他们为新中国的天文事业所做的贡献，书中已有叙述，我只从他们的为人治学方面谈点感受。子曰：“三人行，必有我师焉。”我觉得他们两位也都是我的老师，王先生博学广识，运筹帷幄，善于辩证地分析和处理问题；陈先生治学严谨，写文章少而精，对青年人要求严格。这都是值得我学习的。

书中我没有见过面的两位人物——高鲁和余青松，则是中国近代天文事业的奠基者。辛亥革命以后，高鲁曾任中央观象台第一任台长、中央研究院天文研究所第一任所长，并创建了中国天文学会，从第一届起曾先后 11 次被选为会长或副会长。余青松是天文研究所第二任所长，他主持并亲自勘察设计，创建了南京紫金山天文台和昆明凤凰山天文台，功勋卓著；他在恒星光谱研究方面的工作，更赢得了国际声誉。因此，1978 年组织编写《中国大百科全书・天文学》卷时，高、余两位先生是首先被排名为要列传的中国近代天文学家。

以上 7 位天文学家的业绩，闪现着如北斗七星一般的光华，为中华大地增色添辉。1928 年，张钰哲发现了一颗小行星，这颗小行星在星表中被编为 1125 号之后，便带上了一个响亮的命名——“中华”（*China*），载着中华民族的骄傲遨游在太空。由张钰哲主持的紫金山天文台行星研究室，近 20 多年来，陆续观测到数百颗原在星表上未见记载的小行星。其中经过计算，确定轨道并获得国际正式编号确认的，多用我国人名、地名命名，于是，“张衡”“一行”“郭守敬”和“江苏”“台湾”“福建”“北京”“上海”“延安”“苏州”等名称都一一上了天。而 2051 号和 3797 号小行星，也因张钰哲和余青松成就卓著，被分别以他们的名字命名。

福建籍的天文学家，当然不止这 7 位。除他们外，我首先想到的是蒋丙然。他是福建闽侯人，生于 1883 年，卒于 1966 年。他生前是高鲁的得力助手，曾任中央观象台代理台长，是中国天文学会的发起人之一，曾 5 次被选为该会副会长。1924 年，他代表中国政府接管日本人办的青岛测候所，并将该机构改组为青岛观象台，自任台长直至 1937 年青岛再度沦陷为止。在主持青岛观象台期间，他积极增加设备，开展业务，参加了 1926 年和 1936 年的两次国际经度联测以及 1931 年有 14 个国家参加的对 433 号小行星（“爱神”星）的联测，并于 1936 年派观象台人员随中国观测队到苏联伯力观测日全食，使青岛成为当时我国天文活动的一个中心。1937 年 7 月 9～11 日，在抗日战争的炮火声中，中国天文学会在青岛举行第 14 届年会，极一时之盛。

我还想到了后起之秀——1991 年新当选为中国科学院学部委员的陈建生。陈在类星体吸收线、宇宙原始氢云、高红移星系研究和类星体巡天观测等方面，取得了一系列在国际上有影响的成果。他的论文在国内外学术刊物上被引用了上百次。他和他的同事合作发现的类星体数，占 1989 年版世界类星体总表所载的 1/10。他现在是共青团中央等单位联合举办的“中国青年科学家奖”天文学科评审组组长。

除上述，我还可以举出好些福建籍天文学家的名字来，如丘宏义，龙海人，高能天体物理学家；林元章，莆田人，太阳物理学家；尤峻汉，福州人，天体物理学家；黄坤仪，云霄人，紫金山天文台人造卫星研究室主任，等等。

“春风杨柳万千条，六亿神州尽舜尧。”武夷山下，闽江之滨，以东南一隅之地而在 20 世纪涌现出这样多的天文人才（可谓“群星灿烂，独领风骚”），这不能不说是一个奇迹。出现这个奇迹的原因，作为一个文化地理学上的问题，是值得深入探讨的。这里，我想引用王绶琯先生 1989 年在中国天文学会第六次代表大会上所做《祝辞》中的一段话，作为这篇文章的结束——

> 我们中国的天文工作者，远溯张衡、祖冲之，近及张钰哲、戴文赛，虽然时代不同，成就不等，但始终贯穿着一股“富贵不能淫，贫贱不能移”的献身、求实精神。今天，让我们继承我们民族的优良传统，在社会主义建设的号角声中，团结，奋斗，前进吧！

〔福建省政协文史资料委员会：《天文之星——福建籍著名天文学家》，福州：福建科学技术出版社，1992 年，写作日期：1992 年 7 月 27 日〕

《陈久金集》序

中国是一个多民族的国家，但以往中国天文学史的研究多偏重在汉字文化范围内，把注意力集中于经史子集中，很少投眼于少数民族的天文历法知识。1976 年以来，久金同志突破了这一局限。他与许多民族学家结合，走出书斋，不辞辛苦地跋山涉水，到云南、西藏、新疆等少数民族地区，深入民间进行采访，到处探寻文物古迹，向喇嘛、阿訇等宗教职业者请教，与专家合作翻译有关文献，在过去 15 年中，调查了傣族、彝族等 19 个民族，以及古代匈奴、契丹、西夏、女真等的天文历法知识，写出了许多调查报告、论文和书籍，为中国天文学史的研究开辟了一个崭新的领域，在世界新兴的民族天文学（Ethnoastronomy）这门新学科中做出了重要贡献。

久金同志还善于联想，大胆创新，由对彝族十月历的发现，进而联系《周易》、《诗经》、《管子》、《夏小正》和《山海经》等许多文化典籍来研究，对中国上古文化史上若干重大问题（如阴阳、五行、八卦、干支等）的起源提出了自己系统的全新的看法。这些看法既是创新，在学术界当然会引起争论。争论是一种好事。有不同意见的争论，学术才能进步。明末清初的天文学家王锡阐在他的《晓庵新法·序》中曾说："以吾法为标而弹射，则吾学明矣。"不把自己的创见当作真理的终结，只当作寻求真理的尝试而请大家讨论，这种科学态度是值得我们学习的。久金同志在"前言"中所持的态度也正是如此。

"开放丛书"愿把久金同志的论文集出版，这是一件很值得庆贺的事。愿该书的出版能为我国天文学史和早期文化史的研究起到积极的推动作用。祝中青年一代学者茁壮成长，不断取得新的成果。

〔陈久金：《陈久金集》，哈尔滨：黑龙江教育出版社，1993 年〕

让祖国天文遗产重放光芒

我从 1954 年以来，成天和古书打交道，重点是研究中国天文学史。1955 年和 1965 年在《天文学报》上发表的《古新星新表》和《中、朝、日三国古代的新星纪录及其在射电天文学中的意义》（与薄树人合作）被译成英文、俄文等多种译本，在世界上被大量引用。1977 年 10 月，美国《天空与望远镜》杂志载文评论新中国的天文工作时说："对西方科学家来说，在中国《天文学报》上发表的论文中，最为熟知的可能是席泽宗在 1955 年和 1965 年关于中国超新星记录的两篇。"它们为当代天文学的一系列新发现（射电源、脉冲体、中子星、X 射线源等）的研究提供了丰富的历史资料，正如苏联科学院通讯院士什克洛夫斯基在他的《射电天文学》一书中所说："建筑在无线电物理学、电子学、理论物理学和高能天体物理学的'超时代'成就的最新科学发现，和伟大中国的古代天文学的观测纪录联系起来了。这些人们的劳动经过几千年后，正如宝贵的财富一样，把它放入了 20 世纪的科学宝库。我们贪婪地吸取史书里一行行的每一个字，这些字的深刻和重要的含义使我们满意。"（王绶琯等 1958 年中译本第 172～173 页）

1609 年伽利略用望远镜观天，发现了太阳上有黑子，木星周围有四个卫星，成为划时代的大事。许多人注意到在伽利略以前中国已有 100 多次黑子记录，但没有人想到在伽利略之前中国也有人观察到木星的卫星。1981 年我在《天体物理学报》上发表“伽利略前二千年甘德对木卫的发现”，提出在公元前 364 年甘德就观察到木卫三，并组织青少年到河北兴隆进行观测验证。此文虽仅 2000 字，但国内外报刊进行报道和翻译的不下数十种，日本学士院院士薮内清还写了专门文章介绍。10 年来国内外有许多人提供线索、组织观测和进行论证，认为是可能的。1991 年 7 月美国《太平洋天文学会会刊》(PASP）上还有谢弗（B.E.Schaefer）一篇长达 15 页的文章，论证木星的四个伽利略卫星，目力好的人都能看到。台湾清华大学教授黄一农仿制中国古代窥管，用以观星，竟然看到八等星，证明甘德能看到木卫，更不成问题。

我的注意力不仅放在图书馆保存的古书上，还随时留心考古发现的新材料。1973 年从长沙马王堆墓中出土了帛书，我对其中有关行星的材料予以考释和研究，在《文物》上公布以后，立即受到各方面的重视，至今已被用不同的版本和文本重印过多次。尤其是形象逼真的 29 幅彗星图，可以说是望远镜发明以前关于彗星形态的唯一珍品，几乎成了撰写有关彗星书籍必引文献，1986 年在澳大利亚召开的第四届国际中国科学史讨论会就用它作会标，其时哈雷彗星正闪耀在头顶上。哈雷彗星每 76 年来到地球附近一次，从秦始皇七年（公元前 240 年）到 1986 年出现 30 次，每次我国都有详细记录，为研究它的轨道演变提供了丰富的资料。

中国古代丰富的观测记录，使现代所得的一些天文现象的研究得以大幅度“向后”延伸。这种“古为今用”的方法在太阳活动、地球自转变慢、超新星遗迹探索等领域都取得了引人瞩目的成就。而且，中国古代天文学家和哲学家在宇宙理论方面的探讨，虽然具有原始的、朴素的思辨性质，不能与现代科学比匹，但一些天才的猜想仍有参考意义。1982 年我写的《古代中国和现代西方宇宙学的比较研究》就很受一些研究现代宇宙学的人的重视；在此之前，郑文光和我合写的《中国历史上的宇宙理论》，出版后也很快就被译成意大利文。

〔《中国科学院院刊》，1993 年第 8 卷第 3 期〕

《科学史八讲》自序

今年春天我以“大陆杰出人士”身份应邀来台访问，带来八篇讲稿，先后在“中央研究院”、台湾清华大学和台北圆山天文台做了五次演讲，其余三篇因时间关系未来得及安排。台湾清华大学人文社会科学院院长李亦园先生和历史研究所所长张永堂先生一致建议我，将这些讲稿，无论讲过的或未讲过的，都整理成文，作为“‘清华’文史讲座”丛刊之一，请联经出版公司出版，以便能有更多的读者阅读。

这八篇讲稿可以分为上、下两篇。上篇是科学史总论。第一讲讨论科学史的学科性质、研究方法以及它和一般历史科学的互补关系。第二讲回顾20世纪以来国人研究科学史的情况，着重介绍40年来大陆（特别是中国科学院）的工作，并对未来应该开展的工作提出设想。第三讲概要介绍先秦科学思想。春秋战国是中国学术史上的黄金时代，影响2000多年来中国科学发展的一些基本哲学理论，如阴阳、五行、气等，此一时期均已形成，因此这一讲所讨论的虽然只是一个时期的问题，但这些问题对中国古代科学的发展有全局影响。第四讲以《论语》中所引孔子的言论为根据，通过对孔子思想的系统分析，认为孔子的言行对科学的发展并无妨碍作用，近代科学未能在中国产生和中国近代科学落后的原因要从当时的政治、经济等方面找原因，不能归罪于2000多年前的孔子。

下篇集中讲天文学史。第五讲介绍天文学在中国传统文化中所处的特殊地位以及它和其他领域的相互影响。第六讲概要介绍古代中国的天文成就。第七讲展望未来，对今后的研究工作提出设想。第八讲从《庄子·天运》《楚辞·天问》一直讲到今日的大爆炸宇宙学，跳出中国范围，从思想史的角度对世界天文学的发展给予概括，并得出几点发人深思的结论。

书中的资料和观点，不全有把握，欢迎读者批评和指正。

这八篇讲稿大部分起草于美国加利福尼亚大学圣迭戈分校，讲演于台湾清华大学等处，修改定稿于澳洲墨尔本大学。没有这些大学的鼓励和资助，我是难以完成这一任务的。这使我想起科学史这门学科的奠基者萨顿（G. Sarton，1884～1956）关于科学史研究的“四项基本思想”（four fundamental ideas）的论述。①四项基本思想的第一条是统一性（unity）。他认为自然界是统一的，知识是统一的，人类是统一的。不同种族、不同国籍、不同信仰、不同语言的人，在研究自然现象时所得到的认识的一致性，说明自然界是统一的、知识是统一的。这些人的研究虽然没有组织、没有计划、没有协调，他们在不同的地点或先或后地进行，但总目标的一致性，说明人类的统一性具有根本的实在性，是任何战争所不能消除的。

由于战争关系，海峡两岸人民断绝往来30多年。1981年，当我在日本访问时，忽然间看到了中国台湾出版的许多科学史书刊，而其论点和我们有惊人的一致性。我遂以十分兴奋的心情，写了一篇《台湾省的我国科技史研究》②，并于文末表示希望海峡两岸的科学史工作者能够互相访问，进行直接交流。而今不到十年，这一愿望已经实现。祖国的统一、人类的统一，是大势所趋，人心所向，势不可挡。

最后，我想借此机会对何丙郁先生在百忙中欣然为本书作序表示衷心的

---

① D.Stimson ed.*Sarton on the History of Science*. Harvard University Press，1962. 15～22；刘兵等中译：《科学的历史研究》，第1～9页，北京：科学出版社，1990。

② 原文刊于北京《中国科技史料》1982年第2期，第98～101页。

感谢。台湾清华大学黄一农教授在本书的编写过程中给我的帮助特大，好几个演讲的题目都是他出的，脱稿后他又花费很多时间进行修改和润色，在此也一并对他表示感谢。

〔席泽宗:《科学史八讲》，台北：联经出版事业公司，1994年，
写作日期：1990年9月14日〕

传统文化中的科学因素

科学技术是第一生产力。科学技术工作可以分为三个层次：基础研究、应用研究与开发研究。按照联合国教科文组织所下的定义，基础研究是以系统地增进人类对自然和社会的知识为目的；应用研究是围绕着某些特定的实践目的进行实验或理论的探索；开发研究是对即将有经济效益的新产品、新设计和新工艺的开拓。按照这个定义，基础研究不但包括数理化天地生等自然科学，也包括社会科学。自然科学和社会科学虽然研究对象不同，所用方法也有差别，但为扩大认识领域、寻找真理、追求真正的精神是一致的，它们都要求公正、客观、实事求是，不允许伪造证据和做任何艺术性的夸张，这种共性应该说就是科学精神。

早在 1941 年，我国著名科学家竺可桢就发表了《科学之方法与精神》（见该年《思想与时代》创刊号，其后又收入《科学概论新篇》一书）一文。竺可桢认为“科学方法可以随时随地来改换，但科学精神是永远不能改变的”。他从近代科学的先驱哥白尼、布鲁诺、伽利略、开普勒、牛顿、波义耳等六人身上，总结出了三个特点，认为这就是文艺复兴以后的欧洲近代科学精神。

这三个特点是：①不盲从，不附和，依理智为依归；如遇横逆之境遇，则不屈不挠，只问是非，不计利害，不畏强暴。②虚怀若谷，不武断，不蛮横。③专心一致，实事求是。他在浙江大学一次演讲中，又把这三点归纳成为两个字："求是。"他认为求是精神就是追求真理、忠于真理。真理是客观世界及其规律在人们头脑中的正确反映，它往往是通过人们千辛万苦的努力才能得到，例如，开普勒一生潦倒，一直穷到死，死在偏僻的地方，才发现行星运动三定律。有时真理已经发现了，但还得不到多数人的承认，还得斗争，布鲁诺和伽利略为宣传哥白尼学说视死如归的精神，使竺可桢在讲演结束时高呼："壮哉求是精神！此固非有血气毅力大勇者不足与言，深冀诸位效法之！不畏艰险勤习之！"

在同一讲演中，竺可桢又指出，关于求是的途径，儒家经典《中庸》中已有明白昭示，曰："博学之，审问之，慎思之，明辨之，笃行之。"即单靠读书和做实验是不够的，必须多提疑问，多审查研究，深思熟虑，明辨是非；把是非弄清楚了，认为对的就尽力实行，不计个人得失，不达目的不罢休。

在这里，竺可桢已把近代科学精神和传统文化联系起来了。事实上，科学精神属于精神文明的范畴，它和人文精神是一致的，在我国传统文化中有着丰富的遗产可供借鉴，他说的科学精神的三个特点，在《论语》中就可发现其端倪。《论语·子罕》篇有："子绝四：毋意，毋必，毋固，毋我。"这就是说，孔子在讨论问题的时候，不主观，不武断，不固执，不自私。这种精神不就是竺可桢所说的"虚怀若谷"吗？孔子一向反对盲从、附和，他说："学而不思则罔，思而不学则殆。"（《论语·为政》）就是说，光读书，光向别人学习，自己不独立思考，就罔然无所解；光苦思冥想，不向别人学习，就殆然无所得。颜回虽然是他的得意门生，但对"吾与回言终日，不违如愚"是不满意的，他说："回也，非助我者也，于吾言无所不悦。"（《论语·先进》）相反，他却提倡"当仁不让于师。"（《论语·卫灵公》）对孔子来说，"仁"是人区别于动物的那些道德本质，即人道的最高真理，为了掌握这个真理，学生不应该谦让，而应该与先生竞争，看谁掌握得快。孔子又提出："志士仁人，无求生以害仁，有杀身以成仁。"（《论语·卫灵公》）这就是说，在真理与生命之间进行比较，真理更重要！

孔子这种坚持真理的精神为中国历代的优秀知识分子所继承。孟子高扬"富贵不能淫，贫贱不能移，威武不能屈"（《孟子·滕文公下》）；陶渊明"不为五斗米折腰”；文天祥大义凛然，宁死不屈，写下了气壮山河的《正气歌》。这些动人的事迹，不但鼓舞了中国人民100多年的反帝反封建的英勇斗争，而且也成为中国科学家塑造自己精神气质的思想源泉。正如王绶琯先生于1989年4月在中国天文学会第六次代表大会的《祝辞》中所说：“我们中国的天文工作者，远溯张衡、祖冲之，近及张钰哲、戴文赛，虽然时代不同，成就不等，但始终贯串着一股‘富贵不能淫，贫贱不能移’的献身、求实精神。今天，让我们继承我们民族的优良传统，在社会主义的建设号角中，团结、奋斗、前进吧！”

杨振宁最近发表的一篇文章《近代科学进入中国的回顾与前瞻》（全文见《中国科学基金》1994年第2期），文末关于传统文化的两段话中说：“注重忠诚，注重家庭人伦关系，注重个人勤奋和忍耐，重视子女教育，这些文化特征曾经而且将继续培养出一代又一代勤奋而有纪律的青年（与此相反，西方文化，尤其是当代美国文化，不幸太不看重纪律，影响了青年教育，产生了严重的社会与经济问题）。”“传统文化的保守性是中国三个世纪中抗拒吸取西方科学思想的最大原因。但是这种抗拒在今天已完全消失了。取而代之的是对科技重要性的全民共识。”他认为，干科学并不难，只需要四个条件，即才干、纪律、决心与经济支援。中国在这个世纪已经具备了前三项条件，到了下一个世纪将四者齐备。因此，他的结论是：“到了21世纪中叶，中国极可能成为一个世界级的科技强国。”

传统暗含着保持和延续，但也是在不断变化的。任何传统都有精华和糟粕两个方面。近百年来我们已经剔除了传统文化中的许多糟粕。这种剔除的工作今后也还要继续做。在“去其糟粕”的同时，也要“取其精华”，并赋以新的内容和形式，使之为当前的经济建设和文化建设服务。这样，才能发挥我们的优势，加快我们的发展速度，使具有中国特色的世界级科技强国早日实现。

〔《光明日报》，1994年8月22日〕

《南阳汉代天文画像石研究》序

汉代是我国天文学发展史上的一个重要时期，张衡是这一时期的代表人物。他和希腊的托勒密差不多同一时间。托勒密的《天文学大成》统治了西方天文学 1400 多年；张衡的《灵宪》《浑天仪图注》等也成为东方天文学的经典，长期受人瞩目。

对于张衡这样一位“万祀千龄，令人景仰”的巨人，我们当然可以从当时的社会背景、家庭教育和个人的治学态度等多方面来分析，但天文知识的普及对他的成长所起的作用，却一直被人们所忽视。美国著名科普作家阿西莫夫（1920～1992）逝世时，英国《自然》杂志刊登的《讣告》中说：

> 我们永远也无法知晓，究竟有多少第一线的科学家由于读了阿西莫夫的某一本书、某一篇文章或某一个故事而触发了灵感；也无法知晓有多少普通的公民因为同样的原因而对科学事业寄予同情。人工智能的先驱者之一明斯基最初就是为阿西莫夫的机器人的故事所触动而深入其道的。

张衡诞生于东汉章帝建初三年（公元78年）山明水秀、农工商业都很发达的今河南南阳地区。南阳是我国出土汉代画像石的四个主要地区之一。而天文图像之多又为南阳汉画像的一大特点，至今发现的有50多幅。这些图像刻成的时间，有许多是在张衡出生以前。汉代的画像石或画像砖是一种民间工艺品。作为墓葬的建筑材料和艺术品，它是汉代丧葬风俗的物化系统，既反映当时的天文学水平，也反映当时人们对许多天象的解释。这种解释与当时的意识形态有密切关系，具有国家的、民族的或地区的特色。这些艺术品，出自普通匠人之手，并且普遍地被装饰在墓葬之中，它表明当时天文学知识的普及。幼年的张衡生活在这样的环境中，一定会受到影响。单就这一点而论，南阳地区的天文画像就很有意义，它向人们显示了艺术普及与提高的关系：普及有利于提高，提高以后又需要新的普及。

天文学史的研究现在已不仅仅是讨论历史上谁先做了什么和谁是正确的，而且还要研究这些发现和发明的知识结构以及它和当时的物质条件、意识形态等的关系。南阳汉画像在这两方面都为我们提供了丰富的资料。近20年来，虽然有人做了不少的研究，发表了许多有价值的论文，但对一些图像的解释还未取得一致的意见。现值南阳汉画馆建馆60周年之际，他们愿意把所收藏的有关资料，汇为一册，奉献出来，供更多的人做更深入的研究，这是一件很值得欢迎的大好事，特此为序，以表祝贺。

〔韩玉祥：《南阳汉代画像石研究》，北京：民族出版社，1995年，
写作日期：1994年9月18日〕

三月的桃花

中国科学史只是世界科学史的一角，中华人民共和国成立以来有关中国科学史的著作出版很多，但关于世界科学史的著作在80年代以前只有丹皮尔的《科学史》和梅森的《自然科学史》两种译本，实在太贫乏。为了教学的需要，80年代以来，国人也陆续编写过一些世界科技史的综合著作，如关士续《科学技术史简编》（1984年）、杨直民《科学技术史简明教程》（1989年）和陈文化《科学技术发展概论》（1989年）等，但都是发明、发现的流水账式陈述，没有将科学精神、科学方法等结合进来，只见树木、不见森林，而且全无插图，读起来枯燥乏味。

现在摆在我面前的这部《科学的历程》（湖南科学技术出版社出版），上下两巨册，洋洋77万言，页页有插图，可谓图文并茂，是我国科技史书籍出版史上的创举，可喜可贺。本书的作者吴国盛同志年轻有为，风华正茂，在编写此书之前，编译出版了《科学思想史指南》，对国外的科学史理论和科学史方法做了详尽的研究，对这些理论和方法，作者在本书中运用自如，因而使本书写得有声有色，既有深刻的理论分析，又有激情的描绘，雅俗共赏，畅晓易懂，可读性极强。正如麦克斯·H. 费许所说“科学史是文明史的主线，是知识综合的枢纽，是科学与哲学的中介，是教育的基石。”正当我们提倡“科教兴国”，轰轰烈烈地展开科学（包括科学知识、科学精神和科学方法）大普及的时候，这本书好像三月桃花一样，开得正是时候，肯定会受到广大读者的欢迎。

〔《书屋》，1996 年第 5 期〕

“中国少数民族科学技术史”丛书序

1980 年 5 月在成都召开的一次天文学史会议期间，李迪先生问我，有哪些题目可做？我说：“老兄身居内蒙古，地处少数民族区域，少数民族科学技术史就是一个很好的题目，大有文章可做。”我当时只是随便说说，不料李先生当真干起来，而且做得很出色。在短短的 14 年中，他做出了如此巨大的成绩，令我非常敬佩。他就如何开展少数民族技术史研究提出了许多纲领性的见解；他组建了中国少数民族科学技术史研究会，这个研究会主持召开了三次全国性的学术讨论会和两次国际会议；他主编的《中国少数民族科学技术史研究》已出版了 7 辑，而今又组织研究会成员编写这套“中国少数民族科学技术史”丛书，更是集其大成，蔚为壮观，可喜可贺。

中国是一个多民族的国家，每个民族在科学技术方面都有自己的贡献。正本清源，研究清楚这些成就和贡献，不仅对民族史研究是一个重要贡献，而且会丰富中国科学技术史的内容，甚至对世界科学技术史做出贡献。科学技术是全人类的共同财富，物质的属性和自然界的规律等待着人们去发现、去利用，但不同的国家、地区或民族，因所处的地理环境、社会状态和文化背景的不同，对它们的发现有先后，对它们的解释和利用有差别，因而就形成了科学技术发展的国家特色、地区特色和民族特色。越是在古代，越是在交通不便的地方，这种特色也越显著。就世界范围来说，观察的都是日月星，希腊天文学、玛雅天文学和中国天文学就迥然不同；都是治病教人，西医和中医却是显然有别的两大体系。以中国境内而论，汉医、蒙医、藏医也有不同；汉历、藏历、傣历、彝族“十月历”也各具特色；建筑技术的民族风格更是百花齐放，各有千秋。

矛盾的普遍性寓于矛盾的特殊性之中。对矛盾的特殊性研究得越彻底，对矛盾的普遍性就了解得越深刻。对各民族、各地区、各国家的科学技术史研究得越透彻，对它们之间的异同、传播、交流和影响也就摸得越清楚，对科学技术发展的普遍规律也就容易找出来。我是从这样一个高度来看待少数民族科学技术史的研究工作的：就研究对象来说具有开创性，就工作意义来说具有世界性。所以我认为这套丛书的出版，是我国科学技术史界的一件大事。值此出版之际，愿意为它摇旗呐喊，希望有更多的人来关心这项工作，有更多的人来从事这项工作，把中华民族的各个组成部分对人类所做的贡献都发掘出来，使已经开始受世人瞩目的中国科学技术史更加丰富多彩。

〔李迪：“中国少数民族科学技术史丛书”，南宁：广西科学技术出版社，1996 年，写作日期：1994 年 9 月 14 日〕

《中国古星图》序

曹婉如等教授合作编辑的《中国古代地图集》出版以后，受到学术界的高度好评，被谭其骧院士誉为弘扬民族文化的传世之作，具有承先启后的历史意义。天与地相对，有《中国古代地图集》出版，也就应该有《中国古星图》出版。英国皇家学会会员、中国科学院外籍院士李约瑟（J.Needham）在他的不朽巨著《中国科学技术史》第三卷中说：

> 了解到世界其他各地绘制星图的情况以后，我们就可以明白，绝不能轻视中国星图从汉到元、明这一完整的传统。蒂勒（G. Thiele）、布朗（B. Brown）和《科学史导论》的作者萨顿（G. Sarton）都认为，从中世纪直到 14 世纪末，除中国的星图以外，再也举不出别的星图了。在这时期之前，只有粗糙的埃及示意图和主要具有美术性质的形象示意图，而不是星座本身。我们曾经听说，大约在公元 850 年的时候，查理曼大帝有一个按原位刻着星辰的银盘。但是，这个银盘在科学上有多大价值，则不得而知。看来，结论应当是这样：欧洲在文艺复兴以前可以和中国传统星图相提并论的东西，可以说没有，甚至简

直就没有。

而今，令我们庆幸的是，试图总括中国星图传统的这本书，能通过一个偶然的机会得以出现。这也许就是辩证法所说的必然性往往通过偶然性来实现吧！

1992年，福建省泉州市发现了一份明代星图，收藏者想出让，中国科学院自然科学史研究所，还有其他单位，都想收藏，但自然科学史研究所因经费拮据，无力解决。1994年金秋鹏教授将此事与泉州市海滨城市信用社主任黄孙奎联系以后，黄先生毅然决定，搜集此图，把它捐赠给自然科学史研究所，并提供经费，进行研究。自然科学史研究所同人们闻讯之后，非常感动，觉得黄先生作为一个企业家，如此热爱祖国文化，如此支持科学事业，我们专业人员就不能不立即行动起来，做好这项研究工作，于是成立了以陈美东教授为首的研究小组。这个小组分工合作，并得到所外潘鼐先生和伊世同先生的支持，在半年多的时间内完成了这本论文集，其速度之快可以说是惊人的。而更快的是，辽宁教育出版社在收到稿子以后，三个月内就可以出版，并且不要分文补贴，在今天学术著作出版困难的情况下，该社如此爽快办事，也很令我佩服。

近几年来，辽宁教育出版社推出了许多水平高的科学史著作，在国内外赢得了很大的声誉。这本书的出版，也不会例外。全书收录论文18篇，彩色图版18幅，黑白图版111幅，随文图数十幅，可谓图文并茂。有此一书，中国古代星图就尽入视野之中，很是方便。在论文编排上主要以明代星图为主，但有薄树人教授《中国古代星图概要》一篇居首，读者便可从中一窥中国古代星图演变的脉络和概貌。前此，对于明代星图所知约有10种，做过认真研究者仅6种，其余只在有关著作中提及而未见其图。本次研究以泉州新发现的《天文节候躔次全图》为契机，对明代星图做了较全面的调查，共发现了7种新图，并一一做了研究。《天文节候躔次全图》是这次研究的重点，共有3篇文章，这3篇文章是由3位青年同志写的，读他们的文章，倍感亲切，觉得天文学史研究后继有人，不胜欣慰。

作为泉州星图这件事情的始终关心者，对这项研究成果的问世，自有无比的喜悦，我愿借此机会向泉州市海滨城市信用社、辽宁教育出版社和参与这项研究工作的所有人员表示衷心的感谢，并乐意向广大读者推荐此书。当然，我也不敢说这本书就是尽善尽美。如有不妥之处，仍请读者批评，我想作者们是欢迎的。

〔陈美东：《中国古星图》，沈阳：辽宁教育出版社，1996年，写作日期：1996年7月21日〕

《中国近现代科学技术史》序

50年前毛泽东主席在《改造我们的学习》一文中，号召我们要对鸦片战争以来的中国历史，做经济的、政治的、军事的、文化的分析研究。50年过去了，作为第一生产力并与经济、政治、军事、文化发展有密切关系的近代科学技术史却没有得到很好的重视。

在1989～1990年出版的300多种科学技术史著作中，关于古代科学技术史的著作比比皆是，关于外国近现代的也不少，唯独关于中国近现代的少得可怜，只占不到5%。

造成这种状况的原因很多，其中有一个是：研究中国科学史的老一辈科学家，他们本来有一定的国学基础，在学习了近代科学以后，发觉有些东西在中国古代的文献中能找到类似的或原始的形式，于是他们就用考证的方法，以编年史的形式，寻找中国古代的科学发现和发明。

这种做法对振奋民族自尊心和宣传爱国主义很有作用，对科学史这门学科的发展也起了促进作用，但也有它的局限性。他们对先人的发现、发明的社会背景及与其他文化分支的关系所做的分析很少。

同时，出于宣扬爱国主义这样一个目的，对于明末传教士东来以后的科技史注意不够。例如，竺可桢《中国古代在天文学上的伟大成就》一文就只到明末为止，刘仙洲《中国机械工程发明史》一书也做了同样的处理。这样就把明末以来400年的历史给忽略了。

由吴大猷题写书名、湖南教育出版社出版的董光璧同志主编的三卷本《中国近现代科学技术史》，是从1582年意大利传教士利玛窦来到中国开始写起，一直写到当今为止，正好补足了以前研究的空白。全书按时间顺序分为三个时期（从传统科学到近代科学的转变、从欧美模式到苏联模式的转变、从国防动力到经济动力的转变），每一时期一卷。对许多重大理论问题（如起点与分期、科学与社会、传统与近代、中国与世界、技术与经济、科学与技术、自然科学与社会科学、历史与未来），作者在“导言”和“结语”中集中地阐述了自己的观点，并对中国科学的未来做了预测。这部书的确是别开生面，与众不同，引人入胜。它的出版一定能给中国科技史的研究带来新的生机。

〔董光璧:《中国近现代科学技术史》，长沙：湖南教育出版社，
写作日期：1992年9月3日〕

全新的思维　全方位的探讨

——谈“科学技术与社会”丛书

在我国政府制定的远景目标纲要中，提出了科教兴国和可持续发展战略，这是我国21世纪实现社会主义现代化的两大国策。由此把科学技术与社会发展的关系作为一个突出的问题摆在了我们的面前。这套“科学技术与社会”丛书，正是适应我国现代化建设的这一需要，以一种新的思维模式和价值观念，对科学技术与社会发展的互动关系作出了全方位的探讨。它借鉴国外这一新兴综合性交叉学科的研究成果，将人文社会科学的研究融入对自然科学和技术的探讨中，从我国社会主义现代化进程的实际出发，提出了正确认识科学技术社会效应的两重性，以促进科学技术与社会协调发展的问题。

这套丛书立意新颖，选题周密严谨。它不仅包括总体性理论框架的导论，而且进一步探讨了科技进步与经济发展的关系、教育与科技发展的关系、人文及审美文化与科技发展的关系、东西部发展的均衡关系等，还具体介绍了欧、美、日及亚洲新兴工业国在依靠科技促进社会发展方面取得的经验和教训，它体现了多学科综合的理论优势和开阔的学术视野。

在翻阅中可以看出，这套丛书的作者们既有独到的理论见解和深厚的学术底蕴，又有驾驭素材、善于表达的文字功夫，使丛书具有很高的学术价值和可读性。

〔《中国图书评论》，1998 年第 7 期〕

《中国古历通解》序

1949 年中华人民共和国成立前后，我在中山大学念书的时候，一位女同学在天文系毕业以后，要求转入医学院从头学起，系主任赵郃民欣然同意。我们大为不解，群起而质问之。赵先生莞尔，答曰：“我是学医的来教天文，现在有一位学天文的去从医，这就是化学上的‘可逆反应’，有什么不好？”赵先生毕业于长沙湘雅医学院，因为阅读《观象丛报》（月刊）而对天文学发生了兴趣，跑到济南，向齐鲁大学教授王锡恩学习天文，后来又留学英国专攻天文，回国后成为天文学教授，长期在中山大学和南京大学教书，培养了不少天文人才，其中包括当今中国十大女杰之一、曾两次担任国际天文学联合会副主席的叶叔华院士。以书为媒，引导赵先生走上这条道路的《观象丛报》，是我国第一份天文（包括气象）刊物，创于 1915 年 7 月，它的编辑就是这部《中国古历通解》的作者王应伟先生。

王老于 1877 年 9 月 29 日（旧历八月二十三日）出生于苏州，曾在日本留学和工作 9 年。1915 年回国后到北京中央观象台工作，除负责编辑《观象丛报》，撰写了不少文章外，还先后负责天文、气象、地磁等方面的观测工作，招收了10名练习生，我知道的有陈遵妫、陈展云和刘世楷（北京师范大学天文系的创办人）。1922年中国天文学会成立，王老是发起人之一。1928年国民政府定都南京，北京的中央观象台撤销，王老于次年转赴青岛观象台任职。卢沟桥事变发生，1938年1月日寇占领青岛，王老激于义愤，辞去公职，回到北京家中，钻研中国古代天文。1958年，中国科学院自然科学史研究室计划编写一部《中国天文学史》，在“大跃进”的形势下，要求一年完成。主编叶企孙先生跟我说，咱们把全书分成12章，每章请一个人来写，这样就可以快。王老是叶先生准备邀请的人之一，当时他已年逾八旬，能否工作，大家都没有把握。但当我持介绍信到外交部街协和胡同3号拜访王老时，一见面就疑虑尽释。王老身体健康、思维敏捷、和蔼可亲，在听完我介绍情况以后，当即决定，过两三天以后就来上班。从此王老和我们三四个人在同一房间内工作了5年多，直至他1964年2月26日去世，成了我们终生难忘的良师益友。

王老对待计划很认真，他是首先完成《中国天文学史》中所承担章节的作者之一，虽然这本书由于种种原因，经过多人反复修改，直到1981年才以中国天文学史整理研究小组名义出版。在完成《中国天文学史》中所承担章节以后，1959年他又主动提出要完成清代乾嘉学者钱大昕（1728～1804）和李锐（1768～1817）的未竟之业，继《三统历衍》、《四分历注》和《乾象历注》之后，从魏景初历开始，到明大统历为止，对各家历法或用注解体裁，逐句诠释，或用说明方式，随之解释，成《中国古历通解》一书。为此研究室聘他为特约研究员，但只是荣誉性质，没有物质报酬。在一无工资待遇，二无课题经费的情况下，一位80多岁的老人，奋战4年，完成3卷6编（第2卷分2编，第3卷分4编）凡50余万字的巨著，没有长期的积累是做不到的。没有高度的奉献精神也是做不到的。研究室当时全体同人送王老锦旗一面：

在总路线的光辉照耀下，为科学史研究工作奋勇当先，光荣地贡献了自己的全部知识和力量，堪称社会主义的模范老人。

王老也赋诗一首，放在自己的案头以自励：

遵循总路线康庄，
忽庆更生喜若狂。
事业刷新周复始，
譬诸日月焕重光。

王老每日工作半天，早晨四五点钟起床，先在家里工作一段时间，吃过早饭后到办公室来，接着工作到中午。有时，我们都吃完午饭了，他却还在那儿手执毛笔，聚精会神地写作。他说，做学问要有积累的功夫，积之弥厚，则发之弥光；用功一定要有恒，不能以为有鸿鹄将至，坐不下来。他常把自己写的东西拿给我们看，请提意见，欢迎修改。我们向他请教时，他总是抱着“尽其所有”的态度给我们讲解。我们请他为黑板报写稿，他也欣然承诺。

1962年8月中国天文学会在北京举行新中国成立后的第二次代表大会，王老作为特邀代表，在会上报告了他的《中国古历通解》，受到了大家的敬佩。但当时王老自己也感到，他的书如果直接出版，和现在通用的语言和风格还有一定的距离，于是我们共同商量，请他的高足陈展云予以修改润色，达到出版水平。陈当场答应，并立即着手进行。但一年多以后，王老病逝，接着“文化大革命”开始，再加上1972年云南天文台成立以前，昆明观测站只陈展云一人坚守阵地，工作很忙，也无暇顾及此事。一拖30年过去了。1992年6月20日开会庆祝北京天文学会成立40周年时，王大珩先生又提出出版《中国古历通解》的设想，但陈展云已于1985年去世。这样专门的学术著作销路很小，许多出版社也不愿意出版，我听了以后觉得很困难。而今辽宁教育出版社自告奋勇，愿意出版此书，并且还要出版数学史家李俨和钱宝琮的全集，此举令科学史界大为振奋，也深为感谢。

这次参加此书校订工作的陈美东先生，是王老去世的当年秋天到我们所来的，和王老没有见过面，但他在历法研究方面，后来居上，成绩卓著，已有《古历新探》一书出版。由他负责《中国古历通解》的校订工作，是再合适不过的人选了。薄树人先生和我一起，与王老共事四年多，是王老很欣赏的同行和同乡。王老为《中国天文学史》写的那一章就是由薄树人改写的，王老在世时当面认可。现在陈美东、薄树人两人珠联璧合，将《中国古历通解》校订一遍，由辽宁教育出版社出版，这对中国天文学史的研究是一大贡献；今年又逢王老诞辰 120 周年，也是一个具有实际意义的纪念。王老为中国天文、气象、地磁等学科所做的开创工作是我们永远不能忘记的。

〔王应伟：《中国古历通解》，沈阳：辽宁教育出版社，1998 年，写作日期：1997 年 2 月 14 日〕

决心与恒心

我出生于 1927 年，10 岁时发生了卢沟桥事变，日本侵略军的铁蹄于次年春天践踏到我的故乡（山西垣曲），从此开始了动荡不安的生活。自 1938 年 2 月到 1941 年 5 月，日本侵略者五犯垣曲，每次我们全家逃难，狼狈不堪。即使是在侵犯垣曲间隙期间，日军也常用飞机狂轰滥炸。短短的三年中，在我身旁死去的父老兄弟姐妹有近百人，我也好多次差一点丧命。血肉横飞，惨不忍睹。惊心动魄的情景，在我幼小的心灵上，打下了很深的烙印：亡国之民不如丧家之犬。只有祖国的强大，才是个人和家庭幸福的保障。今天，中国的国际地位空前提高，社会安定，一切都能有序地进行，青年们所处的环境，跟我青年时代完全不一样，是很幸福的，大家应该利用这样好的条件，干出一番事业来。

为人与做事都要有雄心、信心、决心、耐心和恒心，而最重要的是决心和恒心。所谓雄心，就是要有志向。一个人在青年时期，要想想将来干什么。这个方向的选择，不能靠别人来安排，要由自己来决定。现在有些家长望子成龙，一心一意按照自己的理想来塑造孩子，要孩子干这干那，实际上孩子没有兴趣，活受罪，将来也是事倍功半。青少年自己要立志，有志者事竟成。

中学阶段很重要，除了学好功课外，要多读一些课外读物，看看你对哪方面有兴趣。1941 年 5 月我从家乡逃难出来以后，在兰州念中学，受益于两个条件。一是著名化学家袁翰青担任甘肃科学教育馆馆长，他经常邀请到兰州来的各种名人做公开演讲，使我们的眼界大为开阔。二是校内读书氛围浓厚，同学们争读各种课外书籍，并且互相交流。在这种情况下，我读过马寅初的《经济学》、霭理斯的《性心理学》（潘光旦译）、丹皮尔的《科学和科学思想史》（李珩、吴学周等译）等书，而最让我感兴趣的则是张钰哲的《宇宙丛谈》，在它的启发下，我找来更多的天文书籍阅读，并打算高中毕业后学天文学。

在人生的道路上，一帆风顺的人当然有，但大多数都会遇到一些困难和挫折。在这个时候就要下定决心，克服困难，满怀信心地实现自己的理想。1947 年我在高中毕业的时候把想要学天文的打算写信告诉住在西安的在经济上支持我的一位长辈，征求他的意见。他回信坚决反对。他认为星星月亮摸不着，人也上不去，学天文是好高骛远，绝无出路，奉劝我要脚踏实地到税务局找个练习税务员干干。国民党统治的末期，贪污腐败，受贿成风，搞税收工作是发财的好机会，可是我就不愿意干。那时，在我的心目中，张钰哲、陈遵妫、戴文赛这些了不起的天文学家，已成为我学习的榜样；我把他们所从事的事业，看作自己应当追求的目标。因为不听劝告，这位有钱的长辈竟然断绝对我的经济支持，并在我路过西安时，把我的行李扣押在那里，以迫使我就范。幸亏一些老师和同学慷慨解囊，协助我到南京、上海一带考学，终于如愿以偿，于 1947 年 10 月考上了当时中国唯一的天文系——中山大学天文系。

在中山大学四年期间，除了上课和参加政治运动，还为哲学家朱谦之抄了一部书稿，为广州和香港的一些报纸写了 20 多篇天文方面的文章，为商务印书馆写了《恒星》一书，还在学生公社豆浆站打工。生活清贫，语言不通，但各方面相处得都很愉快。

1951 年大学毕业以后，被分配到中国科学院工作，我没有进实验室，也没有到天文台去观测，我没有体验到这些在第一线工作的人的辛苦，从严格意义上来说，算不上一位科学家；然而就我从事的天文学史工作来说，也体会到没有耐心和恒心是不行的。查资料犹如大海捞针，有时看完一部书不一定有你需要的一句话；对资料的辨别和分析，更决定于你的科学修养和史学修养，而这是无止境的；任何一个问题，初看很简单，越研究越复杂，有多少时间都可以投入进去。正如法国小说家莫泊桑所说："一个人以学术许身，便再没有权利同普通人一样生活。"别人每天晚上看电视，你就要少看；别人在院子里消夏乘凉，你得坐在屋子里看书；别人收入很多，你也不要去羡慕。爱迪生说过："我做事总是专心致志，要把所做的事尽量做好，决不想到借此赚什么钱。我们如果把营利的观念夹入实验室里去，则真正创造的实验便不可能。据我的经验，倘若一个人只为着发财而做事，别的好处固然很少获得，就是钱财也未见得可以到手。"只有安贫乐道，把全部生命献给科学，专心致志，精益求精，不畏劳苦，努力攀登，才有可能比前人更上一层楼。愿与有志于科学事业的青年朋友们共勉之。

〔韩存志：《新世纪的嘱托——院士寄语青年》，上海：上海教育出版社，1999 年〕

#《敦煌天文历法文献辑校》序

我从60年代开始研究敦煌文献中的天文资料，由于种种原因，收效甚微，其中之一就是资料难以收集。1984年听邓文宽同志讲，由国家文物局古文献研究室牵头，成立了敦煌古文献编辑委员会，决定将敦煌文献分类整理出版，天文历法部分由他负责。我听了以后极为高兴，觉得这是有益于后人的一件大好事，希望能早日完成，并愿为此尽绵薄之力。此后，他即不时把搜集、整理的材料拿给我看，并合作写了一篇《敦煌残历定年》。此文于1985年由我在美国伯克利召开的第十七届国际科学史大会上宣读以后，曾引起许多学者的兴趣。这几年他单独写的几篇有关文章，也受到国内外的好评。去年7月29日台湾清华大学黄一农教授在给我的信中曾说："不知能否告知邓先生的联络地址，连续见到其几篇谈论古历的力作，很希望能直接向其请益。"

文宽同志和我相识已近17年，平时相处深知其为人诚实，说话真实，做学问踏实，今逢其《敦煌天文历法文献辑校》完成付印之际，愿为序。此书约30万字，将现今已知的有关材料全部予以汇总刊出，除了整理录文以外，还加了校勘记和题解，书末并附有供研究使用的13种表格。不但"鸳鸯绣了从教看”，而且把针线和原料全部托出给读者用，应该说是一部比较成功的、很有学术价值的著作。但是任何一部这样大的著作，不可能没有不妥和引起争议的地方，因此也希望读者批评，我想文宽同志一定是欢迎的。

〔邓文宽：《敦煌天文历法文献辑校》，南京：江苏古籍出版社，1996年，写作日期：1992年3月23日〕

《贵州少数民族天文学史研究》序

以其特有的大面积喀斯特洼地优势，很可能成为21世纪全球最大射电天文基地的贵州，已经受到世人的瞩目。由中、美、英、德、法、日、澳、加、荷等国组成的国际大射电望远镜工作委员会已在工作，我国20家科研院所也正在独立设计直径500米的主动球反射面射电望远镜。如果国际合作计划成功，接受面积可达1平方公里，由30多面直径均为300～500米球反射面射电望远镜组成的天线阵，将落户贵州，为探测宇宙的奥秘和搜索地外文明做出不可估量的贡献。

展望未来，贵州将成为天文学界一颗耀眼的明珠。回顾过去，它对天文学做过哪些贡献呢？三位友人陈久金、杜升云、徐用武合写的这本《贵州少数民族天文学史研究》，正好回答了这个问题。贵州地处祖国西南边陲，少数民族很多，过去一些学者对他们做过调查研究，但往往是从民族学、民俗学和人类学角度研究的，对他们的天文知识注意不够。陈久金先生自1976年以来，与许多民族学专家合作，到云南、西藏、新疆等少数民族地区进行采访，写出了许多调查报告、论文和书籍，为中国天文学史的研究开辟了一个崭新的领域，在世界新兴的民族天文学（Ethnoustronomy）这门学科中做出了重要贡献。现在他又联合北京师范大学天文学教授杜升云和贵州省原科委副主任徐用武，深入贵州苗族、瑶族、彝族、仡佬族、布依族、侗族、水族等少数民族聚居的地区，做细致的调查研究，写出了这部内容很生动的专著，使我们对这些民族的天文历法知识有一清晰的了解。还要指出的是，这本书不仅仅是调查报告，而是有研究、有观点的论著，其中与汉文古籍和出土文献相联系的讨论，尤其有趣，值得一读，故为序，并祝贵州兄弟民族在 21 世纪以其聪明才智和地利条件对天文学做出更大的贡献。

〔陈久金、杜升云、徐用武:《贵州少数民族天文学史研究》，贵阳：贵州科技出版社，1999 年，写作日期：1998 年 5 月 4 日〕

《张衡研究》序

公元 2 世纪世界上出了两位伟大的科学家：一位是希腊文化的压轴人物托勒密（Ptolemy），一位是中国多才多艺的张衡。两位伟人颇有类似之处：托勒密的《天文学大成》（*Almagest*）是地球中心说的代表作，统治了西方世界近 1400 年；张衡的浑天说是东方宇宙理论重要角色，在历史上主导了很长的时间。托勒密的《地理学》是西方世界的经典，哥伦布曾经认真地学习了它，如果不是它把亚洲的位置错画得比实际位置靠近，他就没有勇气去远洋航行，也就发现不了新大陆；张衡发明候风地动仪，能测到数千里之外的地震，在解决至今仍是难题的这一方面，领先世界 1800 年。托勒密用水做实验，编出了光线以各种入射角从光疏媒质进入水的折射表；张衡用火做实验，发现同样的一团火，白天看就小，夜里看就大，从而得出结论，太阳在中午和早晚一样大，看起来不同是一种光学错觉。

由于时代的局限，两人又都搞迷信活动。张衡信九宫、风角，但没有留下什么著作；托勒密则写了星占学专著《四书》（*Tefraiblos*），一直到今天，西方的星占学家还在阅读此书，从中寻取灵感并寻找理论根据。

从哲学观点看，张衡则比托勒密高出一筹。托勒密认为世界是有限的；张衡则认为，人们看到的世界是有限的，在这个范围之外，就“未之或知也。未之或知者，宇宙之谓也。宇之表无极，宙之端无穷”。宇宙在空间和时间上都是无限的，而这和当代辩证唯物主义的时空观是一致的。张衡在《灵宪》一开头，即有一段关于天地起源和演化的论述，这与以托勒密为代表的西方古代认为宇宙结构万古不变的思想大异其趣，却与 20 世纪的宇宙演化学说相通。我曾写过一篇《古代中国与现代西方宇宙学的比较研究》(刊《大自然探索》[成都] 1982 年创刊号)，读者可以参考。

这样一位有突出贡献的科学家却没有得到应有的肯定。英国剑桥大学教授鲍尔（R. S. Ball）写的《伟大的天文学家》一书中，托勒密名列第一，张衡却无立锥之地。美国普林斯顿大学吉利斯皮（G. G. Gillispie）教授主编的 16 卷本《科学家传记辞典》对托勒密有 20 页叙述（第 11 卷，186～206 页），而张衡则未列传。有鉴于此，中国南阳张衡研究会编辑这本《张衡研究》文集就十分必要，很有意义。它把各方面的研究成果，汇聚在一起，使人们能对这位“科圣”有一全面了解，并鼓舞跨入 21 世纪的炎黄子孙奋发图强，勇攀高峰，为人类做出更大的贡献。

〔刘永平：《张衡研究》，北京：学苑出版社，1999 年，
写作日期：1999 年 10 月 8 日〕

《祖冲之科学著作校释》序

一

达尔文在1837年就形成了他的进化论，1842年用铅笔写成一个35页的提纲，1844年又将它扩充到230页，但放在身边迟迟不肯发表。到1858年收到华莱士（A. R. Wallace）寄给他的一篇论文手稿，发现华莱士得到了和他同样的结论。达尔文立即把这份手稿转给地质学家赖尔（C. Lyell），建议予以发表，并声明自己把发现权的荣誉让给华莱士。后经赖尔和植物学家约瑟夫·胡克（Joseph Hooker）的妥善处理，将华莱士的论文和达尔文于1857年写给美国植物学家阿萨·格雷（Asa Gray）能反映其理论的一封信同时发表。后来华莱士对达尔文非常钦佩，他说：

> 我自己只是一个匆忙急躁的少年，达尔文则是一个耐心的、下苦功夫的研究者，勤勤恳恳地搜集证据，来证明他发现的真理，不肯为争名而发表他的理论。（转引自张秉伦、郑土生著《达尔文》，197页，中国青年出版社，1982年）

达尔文和华莱士之间这段谦虚互让的美德，一直被当做科学史上的佳话流传，我国学者胡适则从方法论的角度论述了达尔文的这一行为。

胡适认为："做学问有成绩没有，并不在于读了逻辑学没有，而在于有没有养成'勤、谨、和、缓'的良好习惯。"（姚鹏、范桥编《胡适讲演》，第23页，中国广播电视出版社1992年版）。这四个字本来是宋朝的一位参政（副宰相）讲的"做官四字诀"，胡适认为拿来做学问也是一个良好的方法："勤"就是勤勤恳恳下苦功夫；"谨"就是严谨，不苟且，不潦草；"和"就是虚心，不固执，不武断，不动火气；"缓"就是不急于求成，不轻易下结论，不轻易发表。达尔文的进化论搁了20年才发表，就是"缓"的一个典型；而这四个字中，"缓"又是关键，如果不能"缓"，也就不肯"勤"，不肯"谨"，不肯"和"了。

现在奉献在读者面前的这部《祖冲之科学著作校释》也是"缓"的一个典型。严敦杰先生于1957年就完成了，直到1988年他去世之前还没有拿出来发表，其搁置时间之长比达尔文的进化论还多10年。虽然二者的成就不同，贡献不等，但其治学精神和治学方法是一样的，值得我们永远学习。

二

这本书在严敦杰逝世之后12年得以出版，又该归功于郭书春先生。郭继承了严先生的"勤、谨、和、缓"治学方法，他自己的《九章算术汇校》（1990年）就是一个典型。他在此书中给自己提出的原则是："深刻理解古文及其数字内容，是校勘《九章算术》的基础。遇到不懂的字句，首先，不要怀疑原有的舛误，而应考虑自己是否真正弄懂了，且不强古人以就我。"（第147页），充分体现了他的严谨态度，而他在书中写的1720多条校勘记，又处处贯彻了这一精神。

郭在完成了《九章算术》的研究之后，近年来又主编《中国古代科技典籍通汇》中的《数学卷》（5册）和10卷本的《李俨钱宝琮科学史全集》，这些都是工程浩大、颇费时间，而又舍己为人的工作，没有高度的公益精神，没有勤谨和缓的良好习惯，是不愿意做的。他现在又把严先生早就完成的这部作品，加以整理，付诸出版，使大家都能看到，这又做了一件好事。我祝愿郭先生以后继续为此类工作做出贡献，同时也希望能有年轻的同志参加到整理前贤著作的行列中来。

三

今年是祖冲之逝世1500周年，能够把他有关科学的著作汇集起来，予以校释或翻译出版，既有纪念意义，也有现实意义。现在“中国古代无科学”的论调甚嚣尘上，而严先生在18岁时写的第一篇文章《中国算学家祖冲之及其圆周率之研究》就是对这种论调的反驳。他说：

> 近来一般人，尤其是一般高等学生，读过西洋算学后，同清朝畴人见了杜氏九术后一样惊奇起来，都似乎同声地说道：“外国人多聪明啊！西洋人怎样会想出这种奥僻的学问来呢！”且慢！且勿长他人的志气，灭自己的威风。我们的中国，有五千年文明的中国，难道没有人懂算学，没有人有这种奥僻思想吗？有的，非但仅是一个“有”罢了，并且有些算学上的定理和方法，还是我国畴人所发现的哩！……祖冲之的发现圆周率，不独在中算史上有莫大的光荣，就是在世界算学史上也占到了地位。π（=3.1416）的值，心中还以为外人所创，不料此值倒的的确确是本国货，不沾丝毫洋气。写到这里，口中禁不住地说：“中国人好聪明啊！”……为的是这样，所以有了动机来写这篇文章。（上海《学艺》，1936，15（5））

现在有人说，这样的动机是错误的，从爱国主义出发来研究科学史，会导致对历史的歪曲。

持这样观点的同志犯了一个错误：把爱国主义和求真精神绝对地对立起来了。爱国主义首先得服从历史的真实。如果祖冲之没有算出π=3.1416，严敦杰为了宣传爱国主义，故意说有，那当然不对。但是古书上白纸黑字记载的有（见《隋书·律历志》，本书中有专门一节阐述），我们把它找出来，予以宣传，怎么能说是歪曲历史呢？

祖冲之定出圆周率密值为$\frac{355}{113}$，已被日本数学史家三上义夫称为“祖率”，领先世界1000多年。为此，莫斯科大学为祖冲之塑了铜像，美国科学史家吉利斯皮主编的《科学家大辞典》为他立了传，国际天文学联合会将第1888号小行星和月面上的一个环形山用祖冲之命了名，全世界公认祖冲之是一位科学家。可是我们国内竟然有人说：中国古代没有科学！没有科学，当然也就没有科学家，祖冲之的名字应该从全世界人民的心目中抹掉。

说“无”亦可，但要论据充分。而说“中国古代无科学”的人，有的人其论据竟然是中国古代没有“科学”这个词汇。“科学”和“科学家”这两个词汇都是欧洲工业革命以后的产物，前者于1830年左右由法国实证主义哲学家孔德提出，后者于1840年由剑桥大学教授休厄尔（W.Whewell）提出。按照这些同志的论证，则在此之前，欧洲也没有科学，伽利略、开普勒、牛顿等人也都不是科学家，岂不成了笑话！研究问题贵在从分析事实出发，我奉劝主张中国古代没有科学的同志，认真读一读这本《祖冲之科学著作校释》。读完以后，如果能写出批判文章，证明这里讲的都不是科学，而是技术或其他什么的，那才算是脚踏实地，做了一点科学工作，但也只能算是你们论证工作的一小步。

我同意李伯聪先生于1999年1月26日在《科学时报·海外版》上发表的《言有易，言无难——关于中国古代有无科学问题的方法论分析》所说的，主张中国古代无科学的人，“必须遍查所有研究中国科学史的文献，驳倒其中的全部（一个也不能少）涉及‘证实’中国古代存在过某一种‘自然科学’的论据和论点”，只有这样做了，才能下结论。最后还是归结到一个“缓”字上来，希望主张中国古代无科学的人，不要轻易下结论。

话题扯得太远了，再说回来：严先生和我共事30多年，是我最崇敬的一位师与友，他的为人、处世和做学问，都是我学习的榜样。数学家关肇直生前曾说“文章不发表是自己的，发表了才成为全社会的财富”。而今，看到花了大量的心血的这部严先生手稿即将成为社会财富，感到很欣慰，特此为序。

〔严敦杰：《祖冲之科学著作校释》，沈阳：辽宁教育出版社，2000年，写作日期：2000年2月29日〕

《科学家大辞典》序

江苏科学技术出版社用了十多年时间编出这部三百六十多万字的《科学家大辞典》，要我说几句话，写篇序言，我认为这是个光荣的任务，还是有些话可以说的。

先说说什么是科学家？“科学家”（scientist）一词是1840年才由英国剑桥大学的休厄尔（W.Whewell，1794～1866）教授在《归纳科学哲学》一书中提出，但不能说在此以前世界上就没有科学家，正如“人”的概念没有出现以前就有人一样。按照马克思主义的观点，科学家的出现是一种历史现象，在脑力劳动和体力劳动与分工以后，就有一小部分人从事科学活动，例如古希腊的阿基米德，就可以称为科学家。不过，古代科学家和近现代科学家有很大的不同，古时是个体劳动，而且许多人是业余爱好。今天的科学家几乎完全和普通的公务员或企业行政人员一样是拿工资的人员，接受社会各方面的委托在做科研工作。休厄尔正是体会到产业革命（1770～1830年）以后科学地位的变化和科学家职业的变化，才提出“科学家”这个名词的。的确，从那时以来，科学发展越来越迅速，科学家的队伍越来越大，今天，单我们国家的科技大军就在千万人以上。

对于这样浩浩荡荡的大军，要编《科学家大辞典》，自然不可能把人名一一列上，而得采取一些限制条件。比如说，按职称或得到的各种奖励和荣誉来取舍。但是这样做也不一定完全恰当。吉利斯皮（C.G.Gillispe）主编的16卷本《科学家传记词典》（*Dictionary of Scientific Biography*，1970～1980年）可以说是对所有时期、所有国家已故科学家工作的权威性解释。但是，它也有不足之处。第一，它是一部研究性著作，作为工具书，则部头太大，内容太专。第二，人物取舍上也有不全面处，例如，关于中国科学家只有九人。他们是刘徽、祖冲之、沈括、李冶、秦九韶、杨辉、朱世杰、李时珍和王锡阐，失之太少，而在萨顿（G.Sarton）的《科学史导论》（*Introduction to the History of Science*，1948年）中，对于公元1400年以前的中国古代科学家，列出标题单独叙述的就有二百多人。

收录科学家人数最多的是德布斯（A.G.Debus）主编的《科学界名人录》（*World Who's Who in Science*，1968年），提供了3万名科学家的简介，其中大多数人健在。

以上所说都是在美国出版的英文书。1992年由刘劲生、张益龙等翻译成中文的《科学家传记百科全书》（四川辞书出版社出版），原书也出版于美国，它收入了科学家1970人，时间跨度从古希腊到20世纪70年代，其中有美籍华裔学者5人：杨振宁、李政道、吴健雄、丁肇中和张明慎（口服避孕药的发明人），中国古代科学家7人：周公、张衡、葛洪、张遂（僧一行）、苏颂、沈括和朱世杰，太不全面，连祖冲之都没有。

中国人写自己的科学家，改革开放以来出了不少的书，科学出版社2卷本的《中国古代科学家传记》（1992年，1993年）和6卷本的《中国现代科学家传记》（1991～1994 年）都是上乘之作。但是，由中国人自己动手编写一部像样的具有世界规模的科学家传记工具书，据我所知，科学出版社和上海辞书出版社都曾做过努力，但至今尚未成功。现在，奉献给读者的这部《科学家大辞典》，可以说是第一次尝试，值得庆贺。

这部书词条多，篇幅大。此书共收科学家六千多人，是《科学家传记百科全书》的三倍，16卷本《科学家传记记辞典》和3卷本《近科学家和工程师》（*Modern Scientists and Engineers*）中的所有人物几乎全收了，而且还增加了中国科学家300～400人，具有鲜明的中国特色。

这部书的另一特色是对于在科学史、科学哲学、科学社会学和科普工作方面有突出贡献人物，诸如库恩（T. S. Kuhn，1922～1996）、波普尔（K. R. Popper，1902～1994）和阿西莫夫（I. Asimov，1920～1992）等，使人读这本书不但能得到科学知识和历史知识，还能对科学精神、科学思想和科学方法等有所了解。

第三，本书分九大学科，在每一学科中按科学家的出生年月排序。如果读者按顺序浏览某一学科的词条，特别是其中著名科学家词条，在某种意义上，也就相当于该学科的发展史。但工具书毕竟不是简史，还要便于检索，本书又有三种检索系统（汉字笔画、拉丁字母、学科分类）可供利用，实属方便。

当然，再好再全的一本书也不能解决所有问题。例如，本书在字数安排上已经不是平均使用力量，对一般科学家只用几百字勾画出其简历和学术贡献，对于大科学家，诸如牛顿、爱因斯坦，则可以多到4000～5000字。但是，就是这样，许多人读了也许还不能满足其欲望。如果能对每位科学家提供一本或一篇可供进一步阅读的传记文献，也许更有意义些。对于许多科学家的名著，如哥白尼的《天体运行论》和牛顿的《自然哲学的数学原理》，如能一一注出其中文译本，也会给读者提供很大的方便。在同样空间内，提供更多的信息，是对一本工具书的起码要求，希望本书在再版时能有所改进。

万事开头难。总的来说，这本书在国内是一个创举，编著者们花了大量的劳动，使我们有了用中文了解世界科学家的一个窗口，故愿意推荐给广大读者利用，并希望提出改进意见。

〔本书未出版，写作日期：2000年1月14日〕

《王锡阐研究文集》序

王锡阐（1628～1682）去世后五年，牛顿（1642～1727）的巨著《自然哲学的数学原理》（1687）出版，奠定了近代科学的基础。法国的拉格朗日（J. L. Lagrange，1763～1813 年）认为牛顿生逢其时，不但是历史上最伟大的天才，也是最幸运的一位天才。在牛顿以前，17 世纪的欧洲已经涌现了一大批杰出的科学家，伽利略、开普勒、笛卡儿……这些人的光辉名字和业绩尽人皆知，牛顿的成就正是建立在这些巨人的肩膀之上。

牛顿生活在英国，英国克伦威尔（O. Cromwell，1591～1658）率领的铁骑军于 1644 年在马斯顿打败了封建王朝的军队，于 1649 年 1 月 30 日将提倡君权神授的查理一世送上断头台，民主政治开始逐渐形成。1662 年英国伦敦皇家学会成立，科学研究进入了有组织的活动时期。牛顿的成就与这些历史事件不无关系。

反观我国，1644 年则是落后的游牧民族打进山海关，建立了清王朝。正如恩格斯在《反杜林论》里所指出的那样：“每一次由比较野蛮的民族所进行的征服，不言而喻地都阻碍了经济的发展，摧毁了大批的生产力。”（《马克思恩格斯选集》，第 3 卷，第 222 页，人民出版社 1972 年版）王锡阐所在的江南地区又是这次被破坏得最严重的地方，明末产生的一点点资本主义萌芽被摧毁殆尽。

1644 年王锡阐才 17 岁就遭到“亡国”的痛苦，他先是投河未遂，接着绝食 7 天未死，终身以明朝遗民自居，拒绝科举考试以求仕进，通过自学成了一位民间天文学家。他所能接触到的天文学只有明代的大统历和徐光启领导的几位耶稣会士编译的《崇祯历书》。关于他的天文观测活动留下的唯一记载是“每遇天色晴霁，辄登屋鸱吻间，仰观星象，竟夕不寐”，即在旧式瓦房的人字形屋顶上整夜做目视观察。他一生贫困，不可能有大型仪器和精密时计，既无子女，也无助手。

然而就是这样一位在穷乡僻壤孤军奋战的人士，在讨论观测误差时竟然意识到了仪器的系统误差（“工巧不齐”）和观测中的人差（personal error）（“心目不一”），在《晓庵新法》中首次给出了金星凌日的计算方法，在《五星行度解》中对第谷的太阳系模型做了修正，并对行星运动的物理机制进行了讨论。如果说《晓庵新法》是中国传统天文学最后一部有创新内容的历法，《五星行度解》则是中国人接受了西方天文学以后进行独立发展研究的第一部著作。王锡阐在中国天文学史上有承前启后的作用，是一位值得纪念的人物。

王锡阐生活的时代，正是康熙（1662～1722 年在位）统治中国的时候，这位自认为精通天文的英明君主，竟然不知道他的国土之内有这样一位天文学家，从来没有提过、问过。但是，当王锡阐活着的时候，民间已有“南王北薛”之称。“北薛”是山东的薛凤祚（1600～1680），而梅文鼎认为“近世历学以吴江（王锡阐）为最，识解在青州（薛凤祚）之上”。这是最准确的评价。

20 世纪美国科学史家吉利斯皮（G. G. Gillispie）对科学家的标准要求极严，他认为 1663 年英国皇家学会公布的 115 名会员，其中有相当一批人不但算不上是科学家，甚至连从事科学研究的能力都没有。但是在他主编的 16 卷本《科学家传记词典》中，还是把王锡阐列入了，而且请席文（N. Sivin）写了很长的篇幅。现在我们把这篇文章也收入这本文集中，大家可以借此了解国际上是怎样看待王锡阐的。

1998 年是王锡阐诞辰 370 周年，他的家乡江苏省吴江市联合有关学术单位在该年 11 月 22～25 日举行了纪念活动和学术讨论会。讨论会内容分两部分：王锡阐研究和计时仪器研究。现将研究王锡阐的论文汇集成册，经陈美东先生和沈英法先生予以修改、定稿，由河北科学技术出版社出版。为了使这部论文集能够全面地反映20世纪国内外研究王锡阐的水平，他们又选收了一些过去已经发表过的文章。这样做已经得到了美国席文的首肯，他认为“这部书一定是后来学者的宝贝”。

从弘扬科学精神、科学思想和科学方法的角度来看，王锡阐研究更具有现实意义。他说：“人明于理而不习于测，犹未之明也。器精于制而不善于用，犹未之精也。”这把理论、仪器和观测三者之间的关系说得多么深刻。他在《晓庵新法·序》里说：“以吾法为标的而弹射，则吾学明矣。”不把自己的创见当做真理的终结，只当做寻求真理的开始而欢迎大家批评，这种科学态度，是永远值得我们学习的。因此本文集中的文章，我相信每位作者都是欢迎批评讨论的，故乐为序，推荐给读者，同时也表示对先贤王锡阐的景仰。

〔陈美东，沈荣法：《王锡阐研究文集》，石家庄：河北科学技术出版社，2000年，写作日期：1999年8月7日〕

科技创新的摇篮

科技管理与创新正在成为科技界普遍关心的热门话题，江泽民同志提出“创新是一个民族发展的灵魂”之后，创新之风席卷中华大地。它关系到我国科技的战略决策，也关系到民族精神、科技现代化和人才培养，自然引起举国上下的极大关注。但是，科技怎样创新？科技管理怎样才能为科技创新提供适宜的环境和氛围？却是大家迫切希望了解的。我想，闭门论道固然需要，了解国内外科技创新成功的先进事例或许会更具体、贴切和实在些。

贝尔实验室自 1925 年成立以来，一直是世界上规模最大、通信科技和控制方面最先进、优秀人才最集中和科技成果最突出的工业研究实验室和研发机构。75 年来，贝尔实验室共获得了 3 万余项专科，11 次诺贝尔奖、4 次图灵奖、9 次美国国家科学奖章，12 次日本计算机和通信奖及来自世界各地的各门学科的多种荣誉。这些杰出的成绩使得它在通信原理与通信设备领域一直独领风骚。迄今为止，贝尔实验室已在包括中国在内的多个国家建立了 20 多个分室，人们不禁要问：一个单位保持一时领先容易，贝尔实验室何以做到不断创新、始终领先呢？

贝尔实验室总裁 A.Netravaly 博士的话似乎能一语道破天机。首先，要尊重个人的兴趣。贝尔实验室鼓励并尊重个人的特长、兴趣和研究方向，不强求他们一定去做某一个项目，科学家可以提出自己的研究课题，只要他的课题有研究价值就可以。其次，要创造一个宽松的研究环境，贝尔实验室并不要求科学家们所做的研究一定能在市场价值上得到体现。最后，要有团队精神。创新是团队活动，要每个队员通力协作，并把各自的功能发挥到极致。贝尔实验室鼓励有相同研究兴趣的科学家合作，取长补短，同时也鼓励基础研究人员与应用研究人员之间经常交流和沟通，以利于双方了解彼此的科研状况和进展。这里面蕴含着先进的管理模式、研究开发手段、人才训练计划和良好的环境氛围等多种条件和因素，同时也离不开充足的科研经费。1999 年朗讯科技公司以 45 亿美元投入贝尔实验室作为研发经费。

当历史的长河流入新世纪之时，世界经济发展的一个明显趋势，就是科学技术发展日新月异，科学技术在经济发展中的作用越来越大，以信息技术为主要标志的高新技术革命异常迅猛，高科技向现实生产力的转化越来越快，高新技术产业在整个经济中的比重不断增加。经济发展和科技的结合日益紧密，国际科技、经济的交流合作不断扩大，产业技术升级加快，科技、经济越来越趋于全球化。科技革命创造了新的技术经济体系，产生了新的管理和组织形式，推动了世界经济的增长，世界各国更加重视科技人才，教育的基础作用愈来愈重要。

我国如何能在 21 世纪迎头赶上，实现科技与经济的全面振兴？这已成为科技界、产业界广大人士普遍关心的问题。如何创新，从而有效地推动科技进步，并使之尽快转化为现实生产力，则是广大科技工作者和决策者需潜心研究的，那么，对于贝尔实验室这样一个依托企业而不断成功的经典范例进行剖析，不失为一种有效的途径。

阎康年教授的《贝尔实验室——现代高科技的摇篮》和《卡文迪什实验室——现代科学革命的圣地》这两本书，切中了我国当前的需要，系统地介绍和说明了这两个分别在世界基础科学和应用科学上具有代表性的研究实验室，对它们长期发展，管理、科技知识创新的经过和经验，各时期的管理思想、思路的成功做法，科技人员如何选题和做出一系列创造性的成果，如何将科研成果转化为生产力并在激烈竞争中取得优势，以及如何造就大量优秀人才，都做了如实的介绍和说明。在百年诺贝尔奖颁发的历史中，卡文迪什实验室获得了 25 个，贝尔实验室获得了 11 个，分别是世界基础研究机构和应用研究机构之冠。深入了解和研究他们获得国际大奖的经验，对于在我国国土上进行诺贝尔科学奖的零点突破，将有重要的借鉴意义。为了在科技创新中取得与我国的国际地位相称的成就，中国科学院及相关单位都在新千年来临之际进行筹划和决策，这两本书对此无疑将有所裨益。

这两本书装帧设计典雅，印刷精良，已被评选为“改革开放 20 年百部最佳科普佳作”之一，得到读者和科技界的好评，有兴趣的读者不妨阅读一下。

〔《中国图书评论》，2000 年第 9 期〕

《何丙郁中国科技史论集》序

胡维佳同志说，他要为何丙郁先生编辑一本文集，并要我为这本文集写个序言。我听了以后感到非常高兴，但当拿到目录以后，看到收集的文章只限于用中文发表的28篇，又觉得有点遗憾。何先生用英文发表的许多重要论文，也应该有中文译本。这本书只能算是我们向国内广大读者介绍何先生学术成就的第一步。

何先生比我大一岁，大学毕业比我早一年，参加科学史工作也比我早一年。20世纪50年代末至60年代初，我拜读他的《中国古代关于日晕和幻日的观测》（与李约瑟合作）和《公元1048年至1070年中国关于极光的观测》（与J. Schove合作）等文章，尤其是他于1962年发表在《天文学前景》（*Vistas in Astronomy*）第5卷中的《古代和中世纪中国对彗星和新星的观测》一文，长达99页，收集有581条记录，是我和薄树人于1964年撰写《中、朝、日三国古代的新星纪录及其在射电天文学中的意义》的基础性参考文献，有几个月时间里，几乎每天必翻，获益匪浅。当时我很想写封信，与何先生取得联系，后经友人劝告，说此事不能做。按照当时国际国内形势，做了对双方都不利。“文化大革命”开始以后，这件事当然就不再想了。不料到 1973 年的 11 月初，突然接到何先生亲笔写的一封非常客气的信，说他在澳大利亚格里菲斯大学担任了现代亚洲学院院长，马上要陪他的校长夫妇来华访问，我们很快就可以见面了。我战战兢兢地把这封信呈送给驻在自然科学史所的军宣队，得到的回答是：“不能见！现在是停止一切业务工作，停止一切外事活动。”信也被没收了。

又过了五年，才迎来了科学的春天，迎来了改革开放的新纪元。1978 年何先生再度来华访问，于 11 月 29 日上午在北京中苏友好馆向首都科学史界同人介绍了国外研究中国科学史的情况，第二天下午在北京饭店四楼和少数人座谈，我们一见如故，谈得非常融洽。就在这次会上，我们勾画出了召开国际中国科学史讨论会的蓝图，并决定联系美国席文、日本中山茂等人共同努力，促成此事。四年以后，第一次会议于 1982 年 8 月在比利时鲁汶大学胜利召开。第一次会议虽然不是何先生操办，但这个会议成为系列会议，一直坚持下来，何先生则居首功。

何先生不仅为系列性的国际会议立下了汗马功劳，而且为剑桥李约瑟研究所的扩建和发展做出了不可缺少的贡献。他在该所不拿薪金，却东奔西跑，到处为其寻找资助，创造发展机会。1992 年担任所长以后，又联系纽约李氏基金会，自 1994 年起，每年资助一位大陆青年学者前往该所进修一年，这对我国科学史青年人才的培养起到了春风化雨的作用，效果非常明显。

何先生一身兼任了科学史工作的筹资者、组织者、宣传者和研究者，以他特有的才能，穿梭于欧亚澳美四洲，在这一领域起了承先启后的作用；而且他的研究工作富有特色，除了精通数学史、天文学史、化学史和医学史外，还开拓了一个从来不为人们所注意的领域。1995 年 6 月 10 日他在李约瑟研究所举行的追思李约瑟的会上说：

> 李约瑟的《中国科学技术史》是在一种非常浓厚的撰写科学史的实证方法的思想氛围中构想出来的……当我们谈论科学技术时我们想到的是那些能使我们理解或解释自然界，然后去加以利用的东西。当我们谈论中国科学时，我们应该问问自己：我们谈论的是否是那些传统中国人所想到的使他们理解和解释自然界，也许以利用它为目的的东西呢？
>
> 答案也许是：“啊！对！那么，宋代理学家怎样呢？他们在《中国科

学技术史》第 2 卷《科学思想史》中已有一定的位置。”不！至少只是部分正确。我们至多将宋代理学家，如朱熹、张载和邵雍，看作科学哲学家，而不是科学家，即使我们觉得在中国宋朝时能够使用这两个术语中的任何一个。宋代理学家从来都不是因为他们利用自然的知识而为人所知。然而，中国人却熟知与宋代理学家相关的三种神秘的技艺的名称，并使人能预测自然界的行为，比如，预测雨、雪和冰雹，等等，甚至也许能利用它们。这三种法术，也就是太乙、遁甲和六壬，在沈括的《梦溪笔谈》中都作为例子提到过，它曾被列为太史局天文生考试科目的内容。还有，明代罗贯中编写的《三国演义》中，据说诸葛亮曾用这种法术之一，改变了风的方向。当然，在现代知识的背景下，这些法术即使不被认为是伪科学，也被归于魔术的范畴。因此，他们一直被现代学者当作诸如此类的东西而被忽视了。但是，过去，在中国人的观念中，这些法术是关于自然的知识，而且是利用自然的方法。肯定的，它们理应受到对东亚科学史感兴趣的人们的注意。(《东亚科学史研究的前景》，中译见《自然辩证法通讯》，1995 年第 5 期，第 38～41 页）

何先生的这一论点非常正确。马克思在写《资本论》的时候说：“研究必须充分地占有材料，分析它的各种发展形式，探寻这些形式的内在联系。只有这项工作完成以后，现实的运动才能恰当地叙述出来。”（1975 年中文版，第 1 卷第 23 页）“伪科学”（pseudo-science）一词，本无褒贬之意，与此类似的词汇有“笔名”（pseudonym）、“拟古主义”（pseudo-classicism）等，只是说它的想法与做法与现代科学知识不相容。现在已经有许多人意识到，在“科学”与“正确”之间不能画等号。托勒密的地心说、施塔尔的燃素说，都是错误的，但都是他们那个时代的科学，如果不承认这些是科学，那科学史就很少有东西可写了。科学是发展着的人们对自然界的认识，这个认识过程是曲折的，分析历史上科学发展的各种形式（有正确的、错误的，伪科学也是一种），探寻它们之间的内在联系，只有这样才能全面了解和评价中国传统科学，也只有这样，才能找出科学发展的规律。本文集中收集了与这方面有关的 9 篇论文，我认为这对开拓中国科学史研究的视野，很有好处。事实上，近年来已有些年轻的学者在何先生的影响下，从这个角度来研究中国和东亚科学史。

何先生学识渊博，著作等身，这里收集的只是极小的一部分，但我们希望读者肯能从这里开始发生兴趣，寻找何先生更多作品去看。同时，我们也祝愿何先生健康长寿，写出更多更好的作品，为中国和东亚科学史继续做出更大的贡献。

〔何丙郁：《何丙郁中国科学史论集》，沈阳：辽宁教育出版社，2001 年，写作日期：2000 年 2 月 9 日〕

《世界杰出天文学家落下闳》序

著名历史学家班固在编著《汉书》的时候说："汉之得人……历数则唐都、落下闳……兴造功业，制度遗文，后世莫及。"唐都是司马谈的天文学老师。司马谈是汉武帝的太史令，负责掌管天文工作。司马谈死后，其子司马迁继父职，续任太史令。当时的太史令，不仅管天文历法，也管文物典籍、编写史书和为皇家的征伐、刑赦、祭祀等选择日期和提供天象根据。司马迁用了 20 多年的时间，总括从上古到汉武帝的历史，写成《史记》130 卷，其中天文学内容除散见于各卷外，设有 3 卷专门叙述，即《天官书》、《历书》和《律书》。自此以后，凡是历史著作，几乎都仿照此例，对天文学设有专门篇章。2000 多年来我国天文史料得以大量保存，司马迁首创之功是不可磨灭的。

在司马迁担任太史令的时候，从秦朝继承下来的颛顼历，已经用了 100 多年，显得十分落后，非改不可。为了改革历法，司马迁采取开放政策，从民间招聘天文学家，破格用人。据记载，先后从全国各地招来 20 多人，落下闳是其中之一。

落下闳，复姓落下，名闳，字长公，今四川阆中人，于汉武帝元封年间（公元前110～前105年）经同乡谯隆推荐，由四川到首都长安之后，与唐都、邓平等密切合作，制成太初历。太初历优于同时提出的其他17种历法，经过淳于陵渠组织鉴定，为汉武帝所采纳，于元封七年（公元前104年）五月公布实行，并改此年为太初元年。太初历实行以后，汉武帝想请落下闳担任侍中（顾问），他辞而未受。

太初历在《汉书·律历志》中以“三统历”的名义有详细的记载，但它是一项集体工作，而且经西汉末年的刘歆（?～23）改订过，当年谁在其中做了哪些具体工作，很难分清。根据史书中的记载，落下闳只有“运算转历”、造浑天仪、测定星度等笼统的几句话。要根据这些片言只语来为落下闳写本传记，是件非常困难的事。

但是，科学史可以通过理性重构而发掘研究对象中潜在的知识结构，从而使内容丰富起来。查有梁的这本《世界杰出天文学家落下闳》就是理性重构的一个典范。

首先，他在四川大学已故教授吕子方研究的基础上，发现落下闳的运算方法是利用辗转相除法，从而得到一种近似分数，其计算程序与近代的连分数是一致的。其次，在对观测数据（回归年周期、置闰周期、交食周期、五星会合周期）进行处理时，落下闳用了系统反馈谐和法和系统周期逼近法，这两种方法至今仍是建立科学理论体系的重要方法。

此书虽为落下闳传，但内容涉及面很广，牵连到数学、物理、天文三大学科，时间也不仅仅限于古代。篇幅虽然不长，但精彩之论颇多。例如，作者设想一个“宇观人”，其大可与100亿光年相比，其寿命可与100亿年相比，他观测太阳系的时间要比太阳系天体运动的周期长很多很多。在这种情况下，宇观人观测太阳系内各行星的运动一定是模糊的粒子云图系，他或许用波函数来描写，使用几率论的语言，轨道概念对他是没有意义的、不可测的，从而得出结论说：

> 决定论总是一定条件下的决定论，几率论也总是一定条件下的几率论。既没有绝对的决定论，也没有绝对的几率论。决定论和几率论在一定条件下是可以互相变换的。这些条件主要取决于时间空间和物质层次。

钱学森先生很同意这个论点，我也觉得确有创见，故愿为本书写序，乐为推荐。当然，一本书中的缺点和不足之处也是难免的，我相信查有梁同志会虚怀若谷，接受批评和建议。

〔查有梁：《世界杰出天文学家落下闳》，成都：四川辞书出版社，2001 年，写作日期：2001 年 3 月 12 日〕

《中国科学史论集》序

台湾大学刘广定教授，1968 年在美国普渡大学获博士学位，是一位化学家，至今在有机化学方面已发表论文 100 多篇，很有成就，关于有机制备和溶质反应机理的研究于 1988 年获得在中国台湾荣誉最高的理科学术奖。他还是一位教育家，1970 年以来一直在台大化学系任教，其间并于 1993～1996 年兼任“中央大学”化学研究所所长和该校化学系主任。

科学史只是他的业余爱好，自己经常谦虚地说“未入史学门墙”，但是他在科学史方面的成就远高于有些专门从事科学史工作的人。而今，他愿把近 20 年（1980～1999 年）来在科学史方面发表的论文予以挑选，汇集成册，重新公布于世，我认为这是一件好事，对于推动我国科学史事业的发展大有裨益，故愿为序，推荐给读者。

我和刘教授第一次见面是在南半球的澳大利亚。76 年才回归一次的哈雷彗星正好闪耀在我们的头顶上，那是 1986 年 5 月在悉尼大学召开第四届国际中国科学史会议。我们一见如故，谈得非常融洽，因为在此之前我们早有文字之交了。1981 年我在日本访问 3 个月，看到了在中国大陆看不到的许多台湾同行们的作品，后来在《中国科技史料》1982 年第 2 期上写了一篇《台湾省的我国科技史研究》，文中多次谈到刘的工作。我对他 1980 年在《科学月刊》上发表的《谈中国科技史的研究方向》非常赞赏。他说：

> 我们研究中国科技史，不要随意附和他人，也不要颠倒黑白，甚或无中生有；陈说过去固然重要，但找出近代衰落的根本原因，能作为当前发展科技工作改进的借鉴，则更为重要。

他不但是这样说的，而且是这样做的。1963 年鲁桂珍和李约瑟在世界最权威的英国《自然》杂志上发表文章《中世纪固醇类性激素的制备》（*Medieval Preparations of Urinary Steroid Hormones*），宣称德国化学家温道斯（A. Windaus）于 1909 年所完成的合成性激素结晶的工作（彼因此获得 1928 年诺贝尔化学奖），中国人至迟在 11 世纪就已经做到。此说一出，广为世界各国科学家所信。美国芝加哥大学生殖内分泌学专家阿什曼（W. Ashman）和雷迪（A.H. Reddi）著文说：李约瑟和鲁桂珍揭开了内分泌学史上激动人心的新篇章……向我们显示了中国人在好几百年前就已经勾画出 20 世纪杰出的甾体化学家在二三十年代所取得成就的轮廓。（文载 *Physiological Review*，1971，p.71～72）日本关西大学生物学史教授宫下三郎在 1965～1969 年连续发表三篇论文，论证李约瑟的推断是正确的。在国内，当然更是一片欢呼声，认为这是我国宋代“在提取和应用性激素的辉煌成就”。

就在这样一面倒的肯定形势下，刘广定则特立独行，独树一帜，经过对有关资料的仔细研究，发生了怀疑，持否定态度。他于 1981 年连续发表了四篇文章，其中最重要的一篇《从北宋人提炼性激素说谈科学对科技史研究的重要性》已收在本文集中。李约瑟的根据是宋代叶梦得《水云录》中的阳炼法，即用皂荚汁沉淀大量人尿所得的“秋石”。否定秋石为性激素，刘所持的理由有三：①中国所用的尿是童男童女的尿，他们尿中的性激素肯定很少；②不是所有的皂甙都能与胆固醇或其他固醇类化合物形成沉淀；③秋石在常温下潮解，与甾体性激素稳定性不合。

我在《中国科技史料》上介绍了刘的这项工作以后，中国科学技术大学的张秉伦和孙毅霖立即行动起来。他们为了判定是非，经过长期酝酿，选择了宋代沈括当年提炼秋石的所在地——安徽宣城作为模拟实验场所，对秋石方三种典型提炼法做了模拟实验，并进行了理化检测和分析，最后的结论是：刘的观点是正确的，李约瑟和鲁桂珍错了！（张和孙的论文载《自然科学史研究》1988 年第 2 期。孙现已到上海交通大学担任科学史系副主任）

其后，虽有美国学者黄兴宗等人宣称能从人尿取得性激素，但所用方法与中国古代不同，尚不足以动摇刘的结论。（黄文《对中世纪中国药物“秋石”特性的试验》见《中国图书文史论集——钱存训先生 80 生日纪念》，1991 年在北京和台北分别出版）

除了上述这一重大成就，刘在科学史领域还有一系列持之有故、言之成理的独到见解。

（1）从出土的殷商至战国时期青铜器的化学组成和尺寸，以及这一时期的车马坑中出土的车轮的轮径、牙围的尺寸和辐数，它们与《考工记》内容大不相同，从而断定此书并无实用价值；又从器物种类断定此书为秦汉时期所编，而非战国时期作品。（《从钟鼎到鉴燧——六齐与〈考工记〉有关问题试探》，1991 年；《从车轮看〈考工记〉的成书时代》，1999 年）

（2）1965～1971 年，在湖南长沙出土的汉代长信宫灯被李约瑟误认为升华器，刘纠正了这一错误。他还认为李约瑟等修正的那些《道藏》中的反应图是否属实，洵属可疑。（《中国古代炼制金丹器具的一些问题》，1986 年）

（3）从文献资料的可信性和合理性考虑，检讨炼制金丹方法和中国人明确认识硝石的时期等，得出火药起源不会太早，只能在公元 9 世纪初，即唐宪宗时代。（《火药源起时期的问题》，1986 年）

（4）认为中国人很晚才懂得蒸馏，元代以前不会有蒸馏酒。（《元代以前中国蒸馏酒的问题》，1995 年）

（5）发现“化学”一词于咸丰五年（1855 年）以前已在上海墨海书局的出版物中使用，并非从日本或韩国传入。（《中文“化学”源起再考》，1992 年）

以上这些见解不一定所有的人都能同意，也不一定是最后的结论。但他仔细认真和独立思考的精神是值得肯定的，而他所提出的研究中国化学史必须注意的几点（见《民国以来的中国化学史研究》第四部分“一些检讨”）尤为重要，具有普遍意义，大家如能遵照去做，则我国的科学史研究必能做得更好些。愿与大家共勉之。

〔刘广定：《中国科学史论集》，台北：台湾大学出版中心，2002 年，写作日期：2001 年 4 月 3 日〕

《中国道教科学技术史》序

什么是宗教？什么是科学？要下个确切的定义，很难。简单地说，它们都是一种社会现象，都是人类文明的构成部分。宗教具有长期性、群众性、民族性、国际性和复杂性，要把它和科学的关系弄清楚，更难。历来研究者，基本上有三种不同的看法：一种认为宗教与科学是对立的；一种认为是和谐的；一种认为不可一概而论，它们之间既有对立和冲突，也有相互交叉和相互渗透，还有既不对立也不融洽，二者互不相干之时，一切皆以时空条件和涉及的问题为转移。

关于中国土生土长的道教与中国古代科学的关系，也不外乎以上几种看法。疑古派学者钱玄同（1887～1939）把道教视为科学的死敌。他说："欲祛除妖精鬼怪、炼丹画符的野蛮思想，当然以剿灭道教为唯一的办法。"（《中国今后之文字问题》）不过，他是把道家和道教区别开的：他反对道教，并不反对以老、庄为代表的道家。

1956年英国科学史家李约瑟在他的巨著《中国科学技术史》第二卷《科学思想史》中则把道家和道教统称为"Taoism"（中文均译为"道家"），并给予很高的评价。他说：“Taoism 哲学虽然含有政治集体主义、宗教神秘主义及个人修炼成仙的各种因素，但它却发展了科学态度的许多最重要的特点，因而对中国科学史是有头等重要性的。此外，Taoism 又根据他们的原理而行动，由此之故，东亚的化学、矿物学、植物学、动物学和药物学都起源于 Taoism……Taoism 深刻地意识到变化和转化的普遍性，这是他们最深刻的科学洞见之一。”（科学出版社，1990 年中译本，第 175～176 页）李约瑟甚至认为“道家思想乃是中国的科学和技术的根本”（第 145 页），“中国如果没有道家思想，就会像一棵某些深根已经烂掉了的大树”（第 178 页）。

日本学者中山茂在李约瑟 70 岁寿辰的时候写了一篇文章，题为《李约瑟——有机论哲学家》，指出：“诚然，道教的资料的确提供了一块未开垦的肥沃土地。但是，把科学发展的这个简单公式 $\frac{道家}{儒家}=\frac{促进}{阻碍}$ 一概强加于最终结果的做法，无论多么有助于得出一些工作假设，这种做法都会使人误入歧途。”（中译见《科学史译丛》，1982 年第 3 期，第 23～33 页）中山茂认为：“从本质上讲，宗教与科学无关，因此要对它们之间的关系建立严格的法则，在实践上是不可能的。”

美国学者席文（N. Sivin）则进一步认为：“没有证据表明在 Taoism 和科学之间存在任何普遍的和必然的联系。至少要给出某个人与这种或那种 Taoism 的从属关系，才能让我们设想，我们或许会发现 Taoism 对科学探索的态度；或者，哪怕给出某个涉及了科学、技术或医学的人，让我们发现其 Taoism 的动机。然而，这些例证都是找不到的。无论我们考虑道的哲学还是宗教，这一点都是成立的。”（Taoism and Science，in：N. Sivin：*Medicine，Philosophy and Religion in Ancient China：Researches and Reflections*，p.1-72）按照席文的分析，作为道教茅山宗的集大成者的陶弘景（456～536）所从事的炼丹和医药学实践也不能算是道教科学，“就像我们不会因为道士吃大米而宣称大米是道教的”（同上书，第 319 页）。

针对席文关于道教与科学之间无任何关系的结论，沃尔科夫（A. Volkov）举出元代科学家赵友钦为例，予以反驳。赵友钦为元代全真道重要人物陈致虚的老师，著有《仙佛同源》、《金丹正理》和《金丹问难》等书，但他的《革象新书》具有很高的天文学和物理学水平，他的光学实验走在当时世界的最前列。沃尔科夫认为，赵友钦宇宙学的认识论结构，乃是以内丹学说为基础，而他所探讨的数学和天文学问题，同全真道的修道理想和证道模式之间则存在着内在的理论联系。他说：“科学同它更为普遍的社会和知识背景之间的关系，要比李约瑟和席文所设想的更为微妙而复杂得多。不幸的是，在那些罕见的现存资料中比我们所愿看到的更为晦涩。”［Science and Taoism，An Introduction，in：*Journal for History and Philosophy of Science*，1996，vol.5，no.1，p.30］

沃尔科夫例证的办法很好，但还不是全面占有资料的系统研究。近年来，国内也出了一些具有概括性的研究，如金正耀的《道教与科学》（中国社会科学出版社，1991）和祝亚平的《道家文化与科学》（中国科学技术大学出版社，1995），但还不够详尽。现在，作为国家“九五”规划重点项目的大型多卷本《中国道教科学技术史》，在姜生博士的主持下，近于完成。该书对《道藏》内外的道教典籍和相关文献进行全面系统研究，建立在中外已有研究的基础上，在学术理论和观点上取得了创新性的突破，材料丰富，立论新颖，新见迭出，可读性强，对研究道教科技，对研究宗教与科学的关系，对研究中国科技史、宗教史、思想史、文化史、社会史和哲学理论都有裨益。我们希望通过该书的出版，拓展对中国科学技术史的研究，增进对中国传统文化尤其是道教文化的理解。

道教以修道成仙为理想，其科学思想结构的特殊性，加重了理解和把握它与科学的内在关系的难度。以复归于道为基本思维方式的道教科学思想，最重要特征之一，就是天人合一。理解中国的天人关系思想，是认识和理解中国宗教、中国科学的重要起点。正是在天人关系问题上，中西走向了不同的方向，最终发展出了各自的科学思想和宗教思想。钱穆晚年说自己“彻悟”天人合一观“实是整个中国传统文化思想之归宿处”，并“深信中国文化对世界人类未来求生存之贡献，主要亦即在此”，认为“此下世界文化之归结，恐必将以中国传统文化为宗主”，说这“是中国文化对人类最大的贡献”。（钱穆：《中国文化对人类未来可有的贡献》，《中国文化》1991 年第 4 期）李约瑟说：“人类在向更高级的组织和联合形式进展的过程中，在当前我们所面临的许多统一的任务之中，我想最重要的任务就莫过于欧美文化和中国文化之汇合了。”（《四海之内——东方与西方的对话》，三联书店 1987 年版，第 94 页）剔除其宗教神秘主义成分，道教科学及其思想的合理成分可为人类科学的未来提供重要的思想资源。

科学出版社在出版李约瑟的《中国科学技术史》和卢嘉锡主编的《中国科学技术史》的同时，又出版姜生、汤伟侠主编的《中国道教科学技术史》，三箭齐发，成果辉煌，亦可贺也，故乐为序焉。

〔姜生、汤伟侠：《中国道教科学技术史·汉魏两晋卷》，北京：科学出版社，2002年，写作日期：2001年12月20日〕

《科学的历程（第二版）》序

我和吴国盛同志是在 1988 年张家界开的天文学哲学会议上认识的，当时就给我留下了深刻的印象。我觉得（当时与会的许多老一辈科学家也都这么看）他思想敏锐，是一位非常有才华的青年学者。这些年，他的研究成果一本接一本地出版，而且水平都很高，印证了我的第一印象。

吴国盛同志涉及科学史和科学哲学两大研究领域，均出版过专著。他关于希腊空间概念、时间观念史、西方宇宙论思想史、西方自然观念史的专门研究和专题著作，在国内属开创性工作；他主编的《科学思想史指南》的出版，对国内科学史的学科建设起到了积极的推动作用，因为此前国内对西方科学编史学非常不了解，有些标榜“科学思想史”的书，实际上并不是科学思想史。

吴国盛同志的《科学的历程》自 1995 年年底出版以来，深受读者欢迎，也获得了不少学术上的荣誉。在荣誉面前他不自满，现在又把这部好书进一步修订，在保持原来定位和框架的情况下，新增文字约 10 万字、图片 200 多幅，补充了参考文献，编制了人名索引，可以说是更趋完善、更趋精美。并且，他还在努力工作，准备在不久的将来，推出一本学术性更强的、水平更高的科学通史教材，以满足高等学校教学的需要。

关于科学史的重要性，周光召先生在第一版序中已经说得非常清楚。关于这部书的评论已经很多，1996 年我也写过一篇短文，在那篇文章里我曾经称赞这本书“写得有声有色，既有深刻的理论分析，又有激情的描绘，雅俗共赏，晓畅易懂，可读性极强”，这里不再多说。这部书写作时，作者是在中国社会科学院工作，而现在是在北京大学任教；这部书第一版是由湖南科学技术出版社出版的，而现在第二版转到了北京大学出版社出版。在人和书的转移过程中，我尽了一点引线作用。现在我愿意再次向广大读者引荐这个新的版本。是为序。

〔吴国盛：《科学的历程（第二版）》，北京：北京大学出版社，2002 年，写作日期：2002 年 4 月 5 日〕

《人类认识物质世界的五个里程碑》自序

1981 年 4 月我到日本大阪的关西大学演讲，听讲者 400 多人，我感到很惊讶。我问接待我的桥本敬造教授：“怎么有这么多人听？”他说：“这只是一个班。我们关西大学同一年内有 9 个班上科学史课，每班都是 400 人左右，共 3000 多人。关西大学有 2 万多名学生，几乎每人都要修科学史的课程。”

关西大学有这么多人选修科学史，原因之一就是他们教学方法很特别。他们不是按照年代顺序，不管三七二十一，把科学发展史一揽子讲下来，而是把自然界分为宇宙、物质、生命三大部分，由三个教授分头从古至今讲下来，并做出适当的结论。这样做，所包含科学史上的知识量未必丰富，但是抓住了重点。

天体演化、物质结构和生命起源，这三大问题既是当代科学的前沿，又是自古以来就为人们所关心的。把人类对这三大问题的认识过程，做一简洁的历史概括，无疑比泛泛地讲一般科学史更能引人入胜。所以回国以后，我就将他们在讲课实践基础上编写成的《自然观的演变》推荐给南开大学郑毓德女士，由她翻译成中文，并由北京大学出版社于1988年出版。

时间过得很快，《自然观的演变》原版的问世（1981年）至今快20年了，而科学的发展日新月异，6种夸克的发现、带分数电荷的准粒子的确认，等等，都在激动着人心。现在再回头来看看《自然观的演变》，就觉得该书的内容短缺得太多，宇宙学的大爆炸理论在该书中只有几句话，化学元素周期律也仅占5页篇幅，而关于地学的理论则完全没有提及。先秦时代的经典《易·系辞》即说："仰以观于天文，俯以察于地理，是故知幽明之故。"可见地和天同等重要，一本关于自然观的书缺了地学内容，应该说是个遗憾。

现在，这本《人类认识物质世界的五个里程碑》，也是一本关于自然观的书，但更加重点突出。我们只从五门学科中各选一个具有革命意义的学说，进行历史的回溯和未来的展望。"院士科普书系"的策划者列出这个选题，我认为颇具慧眼，但是要我一个人来承担，实在不可能胜任。现在已不是两千年前的"自然哲学"时代，各门学科深入发展，内容丰富，一个人不可能面面俱到。我想，还是走群众路线，发挥集体力量为好。于是，邀请了几位朋友，各自写他们熟悉的领域。

第一章原子的物理模型，由物理学史家阎康年教授负责；第二章化学元素周期律，由化学史家周嘉华教授负责：第四章大陆漂移理论发展的曲折历程，由地理学史家宋正海教授负责。他们三位是我在中国科学院自然科学史研究所的同事。第三章天文学的大爆炸理论，由中国科技大学天体物理中心前主任张家铝教授和该校科技史与科技考古系副主任胡化凯教授合作担任；第五章生物进化论由中国科技大学研究生院（北京）田洺副教授担任。他们都欣然接受邀请，并认真负责地按期完成了写作任务。

稿子到了清华大学出版社以后，责任编辑刘颖同志提出了中肯的意见，各位作者又做了一次修改，对个别章节动了大的"手术"。现在呈现在读者面前的，可以说是策划者、作者和编者的集体成果。

这些题目以往不止一个人写过，但本书的写法确有特色，它不仅给人以科学知识，而且具有历史感和哲学感，使人觉得在气象万千、变化无穷的物质世界面前，人类不是无能为力的。人类认识世界的能力是受历史条件限制的，但客观真理的存在是无条件的，我们向它的逐步接近也是无条件的。同样，本书作者和编者的能力，也是受历史条件制约的，错谬之处在所难免，欢迎读者指正。

〔席泽宗:《人类认识物质世界的五个里程碑》，北京：清华大学出版社、广州：暨南大学出版社，2000 年，写作日期：2000 年 5 月 28 日〕

《古新星新表与科学史探索》自序

2000年1月，陕西师范大学出版社高经纬社长约我编一本自选集，这对我来说是一件喜出望外的事。一个科学工作者能有机会把自己的文章汇集起来，奉献给读者，这是不可多得的机会。吾师叶企孙（1898～1977）生前曾说："写文章要经得起时间的考验，一篇文章30年以后还站得住，才算过得硬。"我从1948年大学一年级开始写文章，到现在50多年了。现在能由陕西师大出版社出选集，这当然是莫大的荣幸。

在高社长的鼓励下，我翻箱倒柜，把自己过去的文章筛选了一遍，觉得约1/3可以入选。编选的原则是：

（1）"文如其人"。希望这个选集能反映出我的成长过程。我的兴趣起先是天体物理，后来是天文学史，后来又扩充到科学思想史和综合科学史，这个选集就取名为《古新星新表与科学史探索》，文章以发表时间先后排序。

（2）我从小喜爱科普工作，写过不少科普文章。我认为科普文章也应该选，但一般性的科学知识介绍的文章不收，只收具有前瞻性和思想性的科普文章。例如，1949年我写过一篇《到月球去——科学的梦话》，分上、下两篇，讨论到月球去的交通工具（火箭）、在旅途中可能遇到的问题、在月球上可以做些什么，以及怎样归来等问题，这篇文章就收入文集。

（3）翻译文章一律不收，因为它不代表我的原创思想。

（4）我国在 1956 年制订“十二年科学发展规划”时，我是负责起草科学史部分的三个人之一，另外两个人（叶企孙和谭其骧）均已去世。我见证了科学史这门学科在国内的发展过程及其与国外的联系，写了许多与这方面有关的文章，现在只择要收入，会议报道一律不收，介绍境外科学史情况的只收具有全局性的文章。

（5）自 1983 年担任中国科学院自然科学史研究所所长以来，应邀为别人的书写了不少的序言。这些虽不能算是正式作品，但也反映了我的社会关系和学术思想，最近为严敦杰（1917～1988）先生遗著《祖冲之科学著作校释》写的《序》就被《中华读书报》（2000 年 6 月 14 日）和《科技文摘报》（2000 年 6 月 30 日）摘录，作为“中国古代有无科学问题”的重要论据，并被《天文爱好者》2000 年第 4 期全文转载。因此，我想把这些书序有选择性地收入。

（6）不属于天文学和科学史的文章不收，但在书末有一附录，将我发表过的著译全部列出。

根据以上六条标准，我列出了一个目录送请主管过我们国家科学技术工作 14 年的两院院士宋健审阅，并请求他写一个序。他欣然同意，说：“我赞成此事，愿促成此事，但你还得给我提供一些素材，你的简历和代表作，以及别人为你写的传记和评论。”我将这些补充材料送去后，他就很快亲自动笔，写出了登在前面的这篇“序”。这篇序言对我的评价过高，只能当做对我的一种鼓励和鞭策，促使我更兢兢业业地工作。

宋健不仅是一位杰出的控制论专家，同时，他对历史及天文学亦有很深的造诣。他的《超越疑古，走出迷茫——呼唤夏商周断代工程》一文震撼了史学界，中国史学会前会长周谷城和美国哈佛大学赫孙考古学讲座教授、美国国家科学院院士张光直异口同声地说好。1994 年元旦他在读完了中国天文学会名誉会长、北京天文台名誉台长王绶琯院士长达 25 000 字的《现代自然科学中的天文学》一文后，连夜写信给《科技日报》推荐发表，并复信给王绶琯，说：

天文学是现代自然科学的先驱，是当代唯物论哲学的最主要支柱。中国重视天文，凡数千年。本世纪天文学的成就，每每激励着科学界，更不要说天文学对当代宇航科学的奠基作用。

我崇爱天文，不断跟踪她的进展，为每一新成就而欢欣鼓舞。但我不是行家，今后的运筹，仍要靠您和天文学界的智慧和胆略。

这封信使天文学界深受鼓舞。王绶琯先生更是宝刀不老、纵览全局为我国天文事业日夜操劳。1997 年 11 月他在去南京的火车上听到我手术成功，欣喜之余，赋诗一首，并在回到北京后亲自送到我病房里，很使我感动。现在把这首诗作为第二篇序言，列在宋“序”之后。王诗首句“天赐华佗诛二竖”，这里的“华佗”指中国医学科学院北京阜外心血管病医院副院长吴清玉教授。1997 年我冠脉三支堵塞了 95%以上，危在旦夕，幸赖他的搭桥手术，使我能活到今天，否则这本自选集也就编不成了。我对他特别感谢，并为近年来他的一系列技术突破感到高兴。今年 6 月间，他为一名出生仅 66 小时、体重仅 2.7 千克的初生婴儿施行大动脉调转手术成功，破世界纪录，称之为今日“华佗”当之无愧。

除了感谢以上所提到的诸位先生，还要特别感谢我的妻子施榴云女士。施榴云和我同甘共苦 40 余年，我的每一份成就都凝聚着她的辛勤劳动。

1941 年，我 14 岁，离乡背井，来到西安，受一位亲戚的鼓励和资助，到汉中考初中，其后又到兰州念高中。六年过去后，在投考大学问题上，这位亲戚和我发生严重分歧。1947 年 6 月我来西安和他谈判，争论了一星期，最终不欢而散。他认为：“人不能上天，学天文毫无用处，不如到税务局里找个练习税务员干干。”我没有听他的，独自离开西安，历尽千辛万苦，经南京、上海、香港最后到广州，念了中山大学天文系，总算如愿以偿。

而今，50 多年过去了，这本总结性的自选集又到西安来出版，有何感想？

自觉背叛了这位亲戚，走的道路还是对的。人确实能上天，但我个人成就不大。我虽为中国科学院数理学部院士，但在彭桓武、王淦昌这些大师面前，一直认为自己是个小学生。我所出的产品，不仅不是钢筋、水泥，恐怕连螺丝钉都够不上，只能算是竹头、木屑、砖头、瓦块，在建造科学大厦的工程中只能起些填补隙缝的作用。但是“集腋成裘，聚沙成塔”，我还是愿把这一点点微小的贡献聚集起来，让世人利用，让世人评说。

书中错误的地方一定不少，希望读者提出宝贵意见，批评指正。

〔席泽宗：《古新星新表与科学史探索》，西安：陕西师范大学出版社，2002 年，写作日期：2000 年 7 月 20 日〕

《技术史研究》序

中国科学技术史学会技术史专业委员会于 2001 年 8 月 14～16 日，在哈尔滨工业大学召开了第七届全国技术史学术研讨会，并决定将这次会议的论文编辑成册，由哈尔滨工业大学出版社出版。承办这次会议和主编这次会议论文集的哈尔滨工业大学人文与社会科学学院院长姜振寰教授约我为这本论文集写篇序言，盛情难却。我的专业是天文学史，要我谈技术史的理论、历史、现状、方向、任务等，实在是无能为力。好在 1998 年姜教授送给我一本他写的《技术社会史引论》，我曾粗略地看过一遍，觉得这些问题他说得都比较全面，值得学习，我推荐给大家就行了。这里我只谈一件小事，作为对这本论文集的一点贡献，也算略尽绵薄之力。

我国技术史研究的先驱刘仙洲（1890～1975）先生，于 1962 年在科学出版社出版的《中国机械工程发明史》（第一册）的“序”中说：“初稿写成以后，曾经严敦杰及席泽宗等同志校阅一遍，并提出十多处应当改正之点，我已尽量加以改正。”

我提过什么意见，现在一点也记不得了。幸而我给刘老的信，后来“流落”到上海同济大学陆敬严先生手中，几年前他复印了一份给我。现在我想发表在这里，也算保存文件。全文如下：

敬爱的刘校长：

我已把《中国机械工程发明史》粗略地拜读了一遍，觉得内容丰富，是一本很好的书，希望能早日出版。提不出什么意见，只是有以下几点，供参考：

（1）把传说时代的一些发明，说得过于肯定，如第16页“黄帝使伶伦取竹于昆仑之峰谷，为黄钟之律，而权衡度量”，第17页“伊尹作桔槔”，等等。

（2）第32页说“关于张衡地动仪的研究，以王振铎为最早”，是不正确的，远在80年以前日本人和英国人即有研究。

（3）第42页认为祖冲之的千里船，即“车船”之始，似嫌证据不足。

又，我上次谈《淮南子·主术训》中李约瑟找出的一段力学资料是：“得势之利者，所持甚小，其存甚大；所守甚约，所制甚广。是故十围之木，持千钧之屋；五寸之键，持开阖之门。岂其材之巨小足哉，所居要也。

此致

敬礼

席泽宗

2.23晚

这封信的落款日期是2月23日，是哪一年我当时疏忽了，没有写，现在也记不得了，大概是1960年或1961年。当时刘老已70岁，德高望重，担任清华大学副校长；而我只有33岁，是一名助理研究员。可是刘老对我的意见很重视，在我的三条意见上都打了钩。现在查他的正式出版物，在相应的地方也都做了修改。

《荀子·劝学》篇说：“不积小流，无以成江海。”今天，我国技术史研究的深度和广度，比刘老在世时已经大大向前推进，技术史专业委员会也做出了很大成绩，但刘老这种虚怀若谷、认真听取各种意见的治学精神，是值得我们学习的，愿与大家共勉之。

〔姜振寰：《技术史研究》，哈尔滨：哈尔滨工业大学出版社，2002年，写作日期：2001年12月10日〕

《薄树人天文学史文集》序

1984 年 7 月 30 日我给中国科学院博士生导师评委会写过一封推荐信，全文是：

> 薄树人同志 1957 年南京大学天文系毕业来到自然科学史研究所工作，1959 年写的《中国古代恒星观测》在《科学史集刊》发表后，即得到各方面的好评，并受到竺可桢副院长的接见。其后，1960 年写的《论徐光启的天文工作》被上海天文台台长李珩认为是研究徐光启的必读文件，至今尚未有超出其水平者。1964 年和我合写的《中、朝、日三国古代的新星纪录及其在射电天文学中的意义》，在《天文学报》发表后，立即被美国航空航天局（NASA）和《科学》(*Science*）杂志分别翻译出版，至今仍被广泛应用，而且有个代号“XB”(席薄)。1980 年由他修改定稿的《中国天文学史》是这方面唯一系统的著作，日本学士院院士、京都大学荣休教授薮内清读后来信给我说：“读了此书，我觉得对中国天文学史有重新认识的必要。”这几年，他主编的《中国天文学史文集》(科学

出版社出版）和《科技史文集》（上海科学技术出版社出版）中的“天文学史专辑”共五册，影响很大。他给《中国古代天文学家》写的司马迁、郗萌和札马鲁丁三人，今年 7 月上旬在大连召开的审稿会上，审稿人一致认为是高水平的。

他曾受东道主的邀请和全部费用招待，到比利时和中国香港参加第一、第二届国际中国科学史讨论会，并应《历史超新星》（*Historical Supemovae*）的作者、英国科学家斯蒂芬森（F.R.Stephenson）的邀请，将于今年秋天到杜兰姆（Durham）大学物理系进行合作研究。

他 1981 年在北京师范大学天文系讲授“中国天文学史”，其后该班即有一人考取我所研究生，一人来我所工作。1983 年给我所天文学史研究生开“古典文献阅读”和“天文史料学”两门课，准备充分，讲课认真，效果良好。

今年 6 月 29 日北京天文馆名誉馆长陈遵妫在给我的信中说：“20 多年来，你所的确出了不少天文史人才，如树人发表了不少中国古代天文史论文，现任副所长，是你的得力助手，谅已晋升为研究员了吧！”

根据以上情况，不难看出，树人已是中外知名学者，这门学科的学术带头人，早已具备培养博士生的条件。我建议授予他带博士生的权利，以充实我所天文学史培养博士生的力量。

这封信扼要地反映了他在 1984 年以前的学术成就。1984～1997 年 9 月 22 日这 13 年中，他又更上一层楼，做了三件大事。

一是组织编写《中国天文学史大系》。这套书本来准备组织全国同行编写 16 卷，后来因为有的作者逝世（如刘金沂），有的年老多病（如王立兴、郑文光和我），只完成了 11 卷，但已多达 600 万字，是迄今为止卷数最多、篇幅最大的中国天文学史系列专著。它既是中国学者在世纪之交对 20 世纪天文学史研究的总结，也是 21 世纪天文学史研究的起点，具有承前启后的作用。这 11 卷的名称和作者是：

天文学家卷——陈久金等

历法卷——张培瑜等

天文学思想卷——陈美东、徐凤先

星占术卷——卢央

天体测量与天文仪器卷——吴守贤、全和钧等

天文机构与天文教育卷——陈晓中

少数民族天文学卷——陈久金

古代天文与西学东渐卷——崔振华、杜昇云

近现代天文学卷——苗永宽、肖耐园

古代天象纪录的现代应用卷——庄威凤等

中国古代天文学史词典——徐振韬等

今天，当这11本书由河北科学技术出版社正式奉献在读者面前时，为它历尽心血的策划者和组织者则没有能亲眼看到，不能使所有的作者和读者对他表示敬意和怀念，不能说不是一件憾事。

二是主编了《中国科学技术典籍通汇》中的《天文卷》。《中国科学技术典籍通汇》共分数学、天文、物理、化学、生物、地理、医学、农学、技术和综合10卷。其中《天文卷》占的篇幅最多，在51个分册中，它拥有8个分册，其规模远远超过了清代《四库全书》中的"天文算法类"。更为重要的是，对其中所收的多部文献，他都组织有关专家写了500～5000字的内容提要，其准确性也远高于《四库全书总目提要》，而由他本人在卷首写的长篇叙文，则是画龙点睛的一篇精彩论文，尤其值得一读。这部书的出版，大大便利了国内外学者对中国天文学史的研究，是一项铺路奠基的工作，功德无量。

三是与韩国学者罗逸星等人发起组织国际东方天文学史讨论会（International Conference on Oriental Astronomy）。从1993年以来，此会已在韩国汉城（1993年）、中国鹰潭（1995年）和日本福冈（1998年）开了三次，第四次将于2001年在中国南阳举行。在日本福冈召开的第三次会议上，与会者全体起立为他默哀一分钟，表示了深切的哀悼。这个系列性的国际会议有广阔的前景。所谓"东方"，可以东起日本，西到西班牙，因为在中世纪，它曾属于阿拉伯文化圈。在这两极之间，有世界上的四大文明古国（巴比伦、埃及、中国和印度），还有希伯来、波斯和东罗马帝国。这些国家都对人类文明做出了重大贡献。研究它们的天文学史，将是一个长期而艰巨的任务，既可以分别研究各个国家各个民族的天文学发展史，也可以研究它们之间的相互关系史，领域辽阔，足以天马行空。

如果把树人比作“千里马”，那么发现这匹“千里马”的“伯乐”就是南京大学天文系主任戴文赛先生。戴先生学识渊博，思路开阔，因人施教，循循善诱，具有很大的凝聚力，为中国天文学界的各个专业培养了一批又一批出色的人才。1955 年 4 月我去南京参加苏联天体演化学研讨会，到他家里做客，他很兴奋地告诉我，他已看中薄树人是研究天文学史的人才，准备作定向培养，将来能和我一起工作。1957 年薄从南大毕业后，分配来北京，是那么自然，专业思想非常稳定。来后在中关村工地劳动一年，回到所里后，立即安排他参加《中国天文学史》的编写工作，而他承担的《中国古代的恒星观测》一章第一份交卷，一炮打响，充分体现了他的学术素质和适应能力。他脚勤手快，学风严谨，思路周到，给全体同人以良好的印象。

树人和我共事 40 年，可以分为四个阶段。头十年（1957～1966 年）每天坐在一个屋子里，朝夕相处。这个屋子里还坐着两位老先生：王应伟和叶企孙。王老当时已年过 80 岁，仍然破晓举灯精研，早饭后来工作半天，有时我们都吃完午饭了，他还在那儿手执毛笔，聚精会神地写作。他常把自己写的东西拿给我们看，虚心听取意见。我们向他请教，他总是抱着“尽其所有”的态度给我们讲解。叶企孙每星期来两个半天，虽然时间不多，但细致深入，给我们开过《墨经》《考工记》，“世界天文学史”等课；他一再强调，在研究所做工作，要侧重提高，研究论文要有新见解，不能人云亦云，经不起时间的考验。这两位老人，尤其后一位大师（1999 年 9 月 18 日国家隆重表彰的为“两弹一星”做出突出贡献的 23 位功勋科学家中有 11 位出自他的门下）的言传身教，对我和树人的成长给予了深刻的良好影响。这一时期，我俩无话不谈，亲密无间，每写出一篇文章，都先互相看过、改过，再送出去发表。

1978 年迎来了科学的春天，我和他又都走上了领导工作岗位，在分别担任所长、副所长期间（1983～1987 年），团结得很好。他负责行政工作，也确实难为了他。这一时期，所址连续三迁（从贡院西街一号到雍和宫小学，再到东黄城根），在很艰苦的条件下，他还是出色地完成了任务，而且在集体领导过程中，他善于思索，采取了许多有益的举措，对所的建设做出了一定贡献。他在担任过副所长以后，又去专做数学天文学史研究室主任，而且是认真负责地去做，这种能上能下的风格实属难能可贵。

1988 年以后，我搬居北郊，他住中关村，两人联系很少。此时我的兴趣转入科学思想史，而他在天文学史领域则大干快上，做出了上述三大贡献，并培养了七位博士生和硕士生，使人觉得“风景这边独好”。

树人同志在科学史领域勤勤恳恳工作了 40 年，成绩斐然。他在病重期间还为别人查材料，为别人修改稿子，而使他自己在《中国天文学史大系》中承担的《中国古代天文学文献》卷未能完成，这种先人后己的精神更值得我们学习。

1997 年 9 月 22 日树人在地坛医院去世之日，正是我患急性心肌梗死住进阜外医院准备动手术之时，我没能去看望他，也没有向他的遗体告别，一直引以为憾。而今，他的学生华同旭、胡铁珠、孙小淳等把他生前写的论文汇集在一起，准备出版，约我写一篇“序”。这是一件大好事，对我来说，也是弥补遗憾的一个机会，故欣然动笔，说了上面的这些话，以告树人同志在天之灵。

树人同志，你安息吧！我虽已“视茫茫，发苍苍”“毛血日益衰，志气日益微”，但在我们开垦的园地上，后继有人，事业蒸蒸日上，工作会做得越来越好。

〔薄树人：《薄树人文集》，合肥：中国科学技术大学出版社，2003 年，写作日期：1999 年 12 月 15 日〕

《月龄历谱与夏商周年代》序

李勇的《月龄历谱与夏商周年代》，作为“夏商周断代工程丛书”之一，即将出版。夏商周断代工程项目办公室请我为之作序。这本书是他的博士后研究工作报告，我是他的导师之一，便欣然答应。

首先，想到的就是 2001 年 7 月他在博士后流动站研究工作结束出站时我写的评审意见。评审意见全文如下。

“在同一历法条件下，月龄相同的历日，其干支差与它们之间的可能年代间隔存在一定的关系，这是件显而易见的事，但从来未被人注意，更没有人用它来研究年代学的问题。李勇同志接受过系统的天文学教育和训练，有深厚的天体力学和天体测量学基础，文史知识也颇为丰富，计算机应用得很熟练，进站前曾对元代的授时历进行过深入的研究。因为有这样的背景，所以他进站后，接触到甲骨文和金文中的材料，能很快地有这一项重要发现。他所建立的月龄历谱的数理结构为解决商周时期的绝对年代问题开辟了一条全新的途径。并且他把这种新的工具和方法用来解决一些具体问题，例如，从十三版已知月首干支的甲骨材料定出其绝对年代，并得出殷历建丑、月首为初三（朏）的结论。这个结论以后可能会因方法的改进或材料的增加而有所改变。但方法是全新的，而且这方法会有广泛的应用，应该给以充分的肯定。”

他的出站鉴定会于 2001 年 7 月 12 日举行，到会的专家有张培瑜（主席）、陈美东、陈久金、罗琨和常玉芝。按照中国社会科学院的规定，两位导师（李学勤和我）只做情况介绍，主要是听取五位专家的意见。历史所所长陈祖武说，这次鉴定会是历史所有史以来开得最长的一次，大家讨论得非常细致认真，一致认为这是一项很有意义的开创性工作。

此后，本书的不同章节及相关内容，分别发表在《中国科学》A 辑（中、英文版）、《天文学报》、《自然科学史研究》和《殷都学刊》上，受到了学术界的肯定。特别值得一提的是发表在《自然科学史研究》2001 年第 4 期上的《试论月龄历谱的数理结构及编排规则》，也就是本书的核心部分，即第二章，竟意外地得到了台湾清华大学负责组织评审的第四届（2001 年度）“立青中国科学史青年学者杰出论文奖”。该奖为台湾立青文教基金会所设，面向全球，不分国籍，不分地区，奖励 40 岁以下的青年学者“将科技史的研究与中国历史结合，以扩展此门学科在史学界和汉学界的影响力”。自 1998 年以来每年评奖一次，每次评出 1～2 人，如无合适人选，亦得从缺。1999 年底我曾推荐他的论文“Chinese Models of Solar and Lunar Motions in the 13th Century”给该评委会，此文发表在国际天文学界核心期刊——欧洲的 *Astronomy and Astrophysics* 上，是他对《授时历》研究的一篇概括性文章，言简意赅。本希望能够得奖，但是没有得奖；第二年在没有申报的情况下，评委会却主动把奖颁给了《试论月龄历谱的数理结构及编排规则》，足见这项工作的重要性。

作为本书附录的《〈授时历〉在夏商周年代学上的应用》，其意义当然没有“月龄历谱”重要，“立青中国科学史青年学者杰出论文奖”评委会的判断是对的。但这也是一项有意义的工作，在工程内部获得好评，并获得 2000 年中国博士后学术大会优秀论文二等奖。此次大会由人事部和中国科协联合召开，经以李政道为首的专家委员会评审，从 1214 篇论文中，评出 106 篇优秀论文，其中一等奖 17 篇，二等奖 38 篇，三等奖 51 篇，得到二等奖也是不容易的。此外，这项成果还作为“西周及夏代天文年代学研究”的一部分，由刘次沅向陕西省科学院申报科技进步奖，结果获一等奖，李勇名列第四。

得奖是评价科研成果的一个标准，但不是唯一标准。吾师叶企孙生前曾说：“写文章要经得起时间的考验，一篇文章 30 年以后还站得住，才算过得硬。”诺贝尔奖也有给错的时候；“冷聚变”被几百篇文章引用，轰动一时，最终成了笑话；弗里德曼解被爱因斯坦否定，长期无人理睬，今日却成了当代宇宙学的基础。实践是检验真理的唯一标准。我相信李勇关于月龄历谱的工作是会随着时间的推移而不断进步的。

〔李勇:《月龄历谱与夏商周年代》，北京：世界图书出版公司，2004年，写作日期：2003年4月26日〕

《星象解码——引领进入神秘的星座世界》序

当人们仰望星空时，会看到什么呢？对这个问题的回答可以是科学的，也可以是文化的，并且可以是文化的不同层面的，如宗教的、神话的、哲学的、文学的等。时代越古老，属于科学层面的就会越少。

星空的含义不是星空自给的，而是人类社会的产物。正如苏东坡所说的那样："南箕与北斗，乃是家人器；天亦岂有之，无乃隧自谓。"来自不同社会背景和文化的人，对同样的天空现象的解答可能是截然不同的，比如同样是北斗七星，中国人说它是天帝的马车，古希腊人说成是美女卡利斯托（Callisto）变的大熊，北美印第安人则称之为七兄弟。

关于夜空中星座命名的来源、意义及其中包含的故事，人们熟悉的大多都是古希腊的系统，这主要是因为现代天文学所用的88个星座系统就是从古希腊传统发展起来的，也因为古希腊充满浪漫色彩的星空故事系列书在国内已经有了很多种。但是，中国古代也有自己一套独具特色的星座体系，而且这个体系是把中国古代社会和文化搬到了天上而建立起来的。可惜的是，对于这个体系极其丰富的文化底蕴知者甚少，系统介绍它的书到目前还没有一本。不过这也并非偶然，因为写这样一本书，是需要苛刻条件的，要求作者对天文学、中国古代的天文星占学、古代史、民族学等众多领域都要具备较深的造诣，所以长期以来没有合适的人选来完成这个任务。

陈久金同志早在1976年就开始和民族学家合作，跑遍了祖国的西南、西北和南方等地区，深入民间采访调查了十几个民族，并收集了古代匈奴、契丹等的天文知识，开辟了中国天文史研究的一个新领域。正因为久金同志有了这样的研究积累，才会有今天这样一本书呈现给广大读者。

久金同志在本书的前言中指出：“阅读这本书，同时可以起到认识中国星座，学习中国历史，以及通过与星名有关的历史故事，加深对星座的认识、理解和记忆的三重目的。”依我看，这本书带给读者的还有更厚重的中国传统文化的一个独特层面，这种集天文学和传统历史文化知识普及于一书的作品，对于读者来说，自然是十分难得的一份宝贵精神财富，对祖国传统文化和传统天文学的弘扬也是一项可喜可贺的工作。

久金同志和责任编辑王荣彬同志与我谈起本书的出版过程，以及群言出版社对这本书的科学文化价值的认识和特别重视，令我十分高兴。作为一个天文学史研究者，久金同志的同事、同行，我欣然提笔写几句话，是为序。

〔陈久金：《星象解码》，北京：群言出版社，2004年，
写作日期：2004年2月〕

《彩图本中国古天文仪器史》序

2000 年三联书店翻译出版了一本书：《太阳、基因组与互联网：科学革命的工具》（*The Sun，the Genome and the Internet：Tools of Scientific Revolution*）。原书作者戴森（Freeman J.Dyson）是美国国家科学院院士、英国皇家学会会员、量子电动力学的创始人之一，对天文学也有贡献。在这本书中，他提出了两种性质不同的科学革命：一种系由观念所驱动，如库恩（Thomas S.Kuhn）所研究的“哥白尼—伽利略—牛顿”革命；另一种则由工具所驱动，库恩及其后继者们几乎都没有给予充分的注意。

戴森认为，科学来源于两种古老传统的结合：一是古希腊的哲学思索，二是比它更早的而在中世纪的欧洲繁荣起来的工艺技术的传统。由这两种不同的传统出发，就可以有两种不同的科学革命，而“大多数新近的科学革命都是工具驱动的”。例如，通过 X 射线衍射测定大分子结构，从而有 DNA 双螺旋结构图的发现，以致引起一场生命科学的革命。又如，没有仪器测定河外星系的红移和对微波背景辐射的发现，又怎么能有大爆炸宇宙学。戴森预言，“由工具驱动的科学革命会越来越多，下一波将发生在信息科学领域”。

中国是有着工艺技术传统的国家。孔子早就说过：“工欲善其事，必先利其器。”（《论语·卫灵公》）我们的祖先在天文学上能有辉煌成就，是和他们不断地发明仪器、改进仪器分不开的。在李约瑟的《中国科学技术史》第三卷天文学部分中，关于天文仪器的叙述就占了近 1/3 的篇幅，足见其重视程度。然而令人遗憾的是，全面、系统地研究中国古代天文仪器的专著，至今尚付阙如。潘鼐先生以年近八旬的高龄，在双目近于失明的情况下，主持编写此书，将他一生中搜集的一百多幅彩色图片都贡献出来，实属难能可贵。此书不仅包括观测仪器，还包括演示仪器、测时计时仪器、大地测量仪器等。内容相当全面，各位作者都尽了很大的努力。我们希望读者能通过此书对中国古代在天文仪器方面的成就有一个比较清楚而全面的了解。不仅如此，在戴森所说的由工具驱动的科学革命越来越多、越来越受注意的情形下，“温故而知新”，也许应该反思一下，我们这个有着制造仪器传统的民族，应该怎么办？能否抓住机遇，做出新的贡献呢？

〔潘鼐：《彩图本中国古天文仪器史》，太原：山西教育出版社，2005 年，写作日期：2000 年 8 月〕

《李鉴澄先生百岁华诞志庆集》序

今年 1 月 20 日是李鉴澄先生百岁华诞，中国邮政发行了一枚纪念邮票，《天文爱好者》1 月号上出了一个专辑，《科学时报》1 月 28 日发了该报记者麻晓东的一篇长文《李鉴澄：天文界百岁第一人》，占了一整版篇幅，北京天文馆还准备出版《李鉴澄先生百岁华诞志庆集》，受到各界重视，很是隆重。在此期间，我收到了李先生亲笔题写的“同登寿域”的贺年卡，并有他的五位子女（李倜、李侻、李骥、李曙、李践行）联名写的一封信，令我兴奋不已。回忆往事，心潮澎湃，夜不能眠。

李先生是我尊敬的一位师与友。在我十岁（1937 年）时，他就随余青松、高平子和董作宾，到河南登封告成镇对周公测景台进行调查研究，测得观星台的地理位置为东经 113°8′.1，北纬 34°24′，石圭（长 128 尺，俗称量天尺）的方位角为 0°，确指正南北。这一结果既证明了郭守敬测量的可靠性，也证明了古代建筑上的南北方向为天文南北，而非磁南北。据《元史》记载，郭守敬测定的当地北极出地高度为“三十四度太弱”，合今 34°10′）。这一点对当前讨论的北京中轴线偏离问题很有参考价值。北京中轴线沿逆时针方向偏离 2°多，以通过永定门桥的子午线为准，钟楼就向西偏离这条子午线 300 多米。以元代的测量水平，这个偏差绝非测量引起，而是具有意识形态上的意义。我在和中国测绘科学研究院夔中羽教授的谈话中即已谈到此点，详细报道见今年 3 月 1 日《科学时报》头版头条的报道：《探秘北京中轴线》，3 月 11 日和 3 月 12 日，中央电视台也作了报道。

1944 年，在我初中毕业的那一年，他在《宇宙》上发表《论周髀算经》一文，正确地指出“我国医学、天文等学科，大率以五行为枢纽，天文尤囿于星卜、占验、祥瑞灾异之说，每流于荒诞迷信，惟此书则否。其与他书判若鸿沟，尤为本书特色。”更为难能可贵的是，他在本文一开头引述德国《天体物理学全书》（*Handbuch der Astrophysik*）第六卷第三章，说：“新星之发现系属国人，实测纪录载诸典籍，斑斑可靠。”这几句话就为 10 年后（1954 年）我做《古新星新表》的研究奠定了信心。

1947～1951 年，我在中山大学天文系念书的时候，系主任赵却民曾和我谈过，想请李先生到广州中大任教，但解放后李先生立即响应党和政府的号召，去了东北工作，我们未能请到。直到 1957 年北京天文馆开馆，应馆长陈遵妫之邀，他来担任科学顾问，我们才初次见面，但一见如故，毫无陌生之感。

1958 年，为了完成“我国科学发展十二年远景规划”中的项目，中国科学院中国自然科学史研究室（即中国科学院自然科学史研究所的前身），决定由叶企孙任主编，由我协助工作，组织全国力量编写《中国天文学史》。李先生是被邀请的学者之一，叶企孙对他很信任。经过酝酿协商，决定由他担任其中的“天文仪器和天文台”一章。目前这本文集中收录的有关仪器史的 12 篇文章，都是由这次分工演变出来的。

在“大跃进”形势的逼迫下，叶企孙主编的《中国天文学史》初稿于 1959 年国庆节前即已完成，但随着政治风云的不断变幻而不断修改，到 1981 年才以“中国天文学史整理研究小组”的名义编著，由科学出版社出版，然而面目已经全非。由叶企孙写的第一章“天文学的起源和先秦天文学”，由刘世楷写的第八章“印度与阿拉伯天文学在中国的传播”，由戴文赛写的第十一章“十年来（1949～1959 年）的中国天文事业”，均弃而未用，原稿也已遗失。李先生关于“天文仪器和天文台”的这一章，虽然保存了下来，但有些观点则与李先生完全相反。例如，李先生在《晷仪——我国现存最古的天文仪器》一文中说，它“是秦汉时期人们用以测定方向的仪器”“晷仪与日晷是两种不同用途的仪器，故名称绝不能混淆，”而 1981 年出版的《中国天文学史》（第 181 页）却说“这个仪器究竟是用来定时刻的还是定方向的，在这个关键问题上却是众说纷纭，并无公认的结论”“在我们看来，它应该是测定时刻用的”。这样，李先生的辛苦研究，就被全然抹杀，只是留了一个脚注。

虽然自己的意见被压制，李先生并不在意。他与中国天文学史整理研究小组同仁们的关系都很好。我们相处几十年，他从来不以长者自居，做事认真负责，写文章一丝不苟，淡泊名利，平易近人，对待学术争论，心平气和，与人相处总是乐呵呵的。李先生得以健康长寿与他这种为人处世的态度很有关系。王绶琯先生的题词“仁者寿”，大概也是这个意思。

李先生对中国天文学史的研究不局限于仪器方面，他在 90 岁左右还写出了《古历十九年七闰“闰周”的由来》（1992 年）、《中国古代日月交食周期的研究》（1994 年）和《岁差在我国的发现、测定和冬至日所在的考证》（1997 年）等高水平的关于历法方面的论文，真是“老骥伏枥，志在千里”，令人钦佩。

对中国古代天文学的研究，只占李先生全部工作的一小部分，事实上他是中国近代天文事业的草创者之一。20 世纪 30 年代他参加了南京紫金山天文台和昆明凤凰山天文台建台的全部过程，50 年代创办了《天文爱好者》杂志，主持了我国对苏联第一批人造地球卫星的光学观测工作，成绩斐然。1982 年 3 月中国天文学会在陕西临潼召开第四次全国会员代表大会，庆祝学会成立 60 周年。在这次大会上表彰了从事天文工作 50 年以上、对我国天文事业做出突出贡献的九位老人，李先生是其中之一。20 多年来，这“九老”中其他八位均已先后去世，他们是张钰哲（1902～1986）、李珩（1898～1989）、陈遵妫（1901～1991）、赵却民（1899～1982）、陈展云（1902～1985）、邹仪新（1911～1997）、叶述武（1911～1996）和龚惠人（1904～1995），而今健在的只有李先生一人。李先生不仅是中国天文界的第一位百岁老人，在世界天文界也属罕见，可喜可贺。我衷心祝愿他安享晚福，健康地再活 20 年，完成两个甲子周期，在人类生命史上创个最高纪录，特此祝福。

〔北京天文馆：《李鉴澄先生百岁华诞志庆集》，北京：中国水利水电出版社，2005 年，写作日期：2005 年 3 月 5 日〕

敬贺[illegible]澄先生百岁华诞

寿而康、德益彰

席泽宗

2004.11.09

席泽宗院士题词

《塔里窥天——王绶琯院士诗文自选集》序

1988 年 4 月 6 日我曾应何兆武先生之邀，到清华大学思想文化研究所讲过一次“科学、文化、科学史”，主要是介绍英国学者斯诺（C. P. Snow，1905～1980 年）的两种文化论和科学史在沟通两种文化之间可能起的作用。最近拜读了王绶绾先生的诗文选以后，我觉得斯诺的高论有点夸大其词，危言耸听；想说几句话，作为本书的序言，供大家讨论。

斯诺有点像中国的丁燮（西）林。关于丁西林，在 2005 年 1 月 10 日的《科学时报》上有段煦和丁娜的一篇文章《物理学家的戏剧情结——记丁西林先生在自然科学研究和文艺创作中的突出成就》可以参考。斯诺 25 岁获英国剑桥大学的理学博士学位并留校任教；27 岁发表第一部小说，开始文学生涯，一生共出版了 20 多部长篇小说和 5 个剧本；第二次世界大战期间又担任英国政府的科学顾问，负责人才选拔和组织工作。此人于 1959 年 5 月 7 日在剑桥大学发表了一篇演讲，题为“两种文化与科学革命”，第二年又在美国哈佛大学作了一次演讲，题为“科学与政府”。这两篇报告出版以后，在全世界引起了热烈的讨论，不过在我国到 1982 年才有所反映。斯年复旦大学出版的《中国文化》第一辑对第一篇报告作了详细摘译，并配有纪树立的一篇评论。1987

年陈恒六和刘兵把两篇报告合成一本书，译名为《对科学的傲慢与偏见》，作为“走向未来”丛书之一，由四川人民出版社出版。迄今为止，《两种文化》已有三种译本，经常被人引用，影响很大。

斯诺认为，当今社会存在着两种文化：传统的人文文化（the traditional literary culture）和新兴的科学文化（the new scientific culture）；文艺复兴时期那种多才多艺、学识渊博的巨人不可能再出现，多数受过高等教育的人只能精通一种文化。两种文化人（人文学者和科学家）之间相互不了解并且彼此有反感，已不可能在同一水平上就任何重大的社会问题进行对话，这就可能造成对过去进行不适当的描述，对现状作出错误的理解，对未来作出绝望的判断。在斯诺看来，两种文化的对立已经到了危险的地步。

斯诺认为这种文化对立现象，在英国尤其严重，在年轻人中间更为严重。可是就在斯诺说这话之前不久，一位年轻人，也就是王绶琯先生（1923 年生），1950 年就读于英国皇家海军学院造船班，毕业论文是设计一艘军舰，并因此获得了上尉军衔，可是此后干的工作与制造军舰毫无关系，而是到伦敦大学天文台去做纯科学研究。这位新的天文学家，每于夜晚操作了几小时望远镜以后，作为休息，又和音乐、诗歌打起交道来，贝多芬的《月光奏鸣曲》和勒•玛•里尔克写夜的诗使他感悟到“科学追求认知，艺术捕捉感受，两者是人生多面体中两个最光彩的面”，苏东坡的“庭院无声，时见疏星渡河汉。试问夜如何？夜已三更，金波淡，玉绳低转，但屈指西风几时来，又不道流年暗中偷换”，又牵起了他的一缕乡愁，因而决心离开英伦而奔回已经解放了的祖国（见卷三《小记伦敦郊区的一个夜晚》和集外集之二《英伦组诗一束》）。在这里，两种文化巧妙地体现在一个人的身上。

王先生于 1953 年回国后，在人生的道路上可以说是奇迹般的跨越式发展。先在南京紫金山天文台修复 60 厘米反射望远镜和组建天体物理专业。1955 年到上海参与授时工作的现代化、精确化，不到两年就把我国的授时精度提高到百分之一秒，满足当时的任务要求。1958 年来北京参加北京天文台的创建，把我国的射电天文学从无到有地建立了起来。“文化大革命”以后，在运筹帷幄、统领我国天文事业的全局之余，又从战略眼光出发，先后倡议建造直径 4 米的 LAMOST（大天区面积多目标光纤光谱天文望远镜，见卷一《LAMOST 之旅》）和专为脉冲星研究用的 50 米射电望远镜（见卷二《天文学发展中的小设备战略》）。在以上两项设计正在付诸实施之际，今年（2005

年）又倡议国际合作，在2020年以前建造10米级的LAMOST，进行更深、更广、更精、更微的“多样本、巨信息”的巡天观测（见卷二《论天文“大设备”战略及LAMOST型大望远镜在21世纪天文“大设备”中的地位》），正是“老骥伏枥，志在千里”。

天文学研究本身属于自然科学，但建造天文仪器则属于技术科学，按照王先生的说法这两者都属于“赛”先生，另外还有“特”先生（技术）和“劳”先生（法治）。王先生不仅站在“赛”先生的两只肩膀上左右起舞，两面开弓，运用自如，在中国天文学舞台上演出了一幕幕精彩的戏剧，就是对于“劳”先生、“德”先生也有深刻的认识，他说：“没有法治保证的民主（‘德’先生）是脆弱的，而法治本身，长期以来曾经是非民主的。烧死布鲁诺的也是一种‘法’。所以需要的是为保证民主而设的法治，并运用由此体现的民主以保证法治的实施。”（见卷三《再晤“德”“赛”先生》）王先生把民主和法治这些属于社会科学的东西讲得如此透彻，这也是“文化大革命”中饱受摧残（见集外集之一《“牛棚”吟》）和“文化大革命”后连续担任四届全国人大代表参加立法工作的经验总结。

1989年王先生又和数学家孙克定一道，在中国的科学城创建中关村诗社并任社长多年，提出“以诗明志，以诗寄情，以诗匡世”，至1994年已刊有《社友诗抄》15本（见卷三《〈中关村诗社社友诗抄〉代序》）。这些社友们多是科学家，如许国志、曾庆存等，他们一岁数聚，吟哦切磋，创作甚丰，佳句颇多。然如宋代胡仔（元任）在点评唐宋诗词名家时所说：“古今诗人，以诗名世者，或只一句，或只一联，或只一篇，虽其余别有好诗，不专在此，然播传于后世，脍炙于人口者，终不出此意”（《苕溪渔隐丛话后集》）。按此严格要求我觉得王先生《临江仙》中的一语“人重才品节，学贵安钻迷”够此标准，它用最精练的语言道出了为人、处世、做学问的态度和方法。

王先生不只是在中关村诗社里和一些老朋友们谈论家事、国事、天下事，还把手伸向中学里的年轻朋友们，将有志于科学的优秀高中学生组织到科研第一线的优秀团队中进行“科研实践”活动，为他们创造成才的机遇。王先生的这项科普创新，五年来在北京市已取得明显成效，到2004年参加活动的中学已增加到12所，接纳学生的科研团队已增加到31个。未来是属于青年的，但“造就一个人才，禀赋、勤奋和机遇三者缺一不可，而纵观古今，机遇之难使可造之才遭到埋没的概率大到惊人……因此我们必须有意识地创造更加多得多的‘大手拉小手’的机遇”（卷一《引导有志于科学的优秀青少年“走进科学”》）。我们相信，王先生的这项“大手拉小手”活动会给我国科技人才的培养起大大的促进作用。

郭沫若称赞东汉时代的天文学家张衡（78～139）说：“如此全面发展之人物，在世界史中亦所罕见。万祀千龄，令人景仰。”王先生正是继承了张衡的操守和风格，才能对祖国、对人民如此之热爱，对专业如此之精勤。他说：“一个时代的一些代表人物常常荟萃了这个时代的精华。我们今天仰望张衡，他的业绩有如一千九百年前升悬华夏天空中的灿烂明星，代表一代的精华，令人景仰。而他作为一个学者的操守与风格，则有如汇入祖国文化长河的一派清流，灌溉着我们今天的文化土壤。”（卷二《〈科圣张衡〉前言》）。2002年10月30日他在中国天文学会成立80周年庆祝大会上的致辞，更是博得了热烈掌声。他说“在历史的大图卷中，一个民族的生存与发展，可以在一代代人的文化定位上找到对应。这种定位，横向是同代潮流，纵向是民族传统。往往是传统文化的‘精华’，撑起了一个民族的脊梁，而文化潮流的冲击，则往往导致传统的革新。这种定位是‘动态’的。潮流：可以包纳交融，也可以溃堤决坝；传统：可以发扬进取，也可以守残固陋。‘精华’与‘糟粕’总是在经过时间的过滤之后才最终在历史中归位。”经过八十年的大浪淘沙，我们已经能够认识到中国传统的人文文化，在新兴科学文化的大背景中所处的地位，二者是动态的平衡，并非相互对立。这一结论与斯诺的看法有相当的距离。

王先生是一位卓越的兼具两种文化素养的学者，但不是唯一的。我很想搜集材料，写一本《中国科学家的人文情怀》，但已力不从心，希望能有年轻人来从事这项工作；同时希望出版界能多出一些科学的论述，来沟通两种文化人之间的相互认识与了解。

〔王绶琯：《塔里窥天——王绶琯院士诗文自选集》，西安：陕西人民出版社，2006年，写作日期：2005年4月1日〕

《李约瑟传》代序

李约瑟（Joseph Needham，1900～1995）这个名字，在中国知识分子中间大概无人不知，用不着我在这篇短短的序文中再费笔墨，读者如有兴趣，我有三篇文章，可供参阅。

（1）《睿智而勤奋　博大而精深——祝世界著名科学家、中国人民的老朋友李约瑟博士八十大寿》，刊于 1980 年 12 月 8 日《人民日报》。文章发表的当天，胡道静先生从上海发来贺电："深情丽藻，凝练透辟，敬贺八十寿词写得精彩。"李约瑟认为，在众多的祝寿文章中这是最好的一篇，命他的助手萨特（M. Salt）译成了英文。原稿存李约瑟研究所图书馆。

（2）《杰出科学史家李约瑟》（1994 年 6 月 7 日在中国科学院第七次院士大会上的发言），刊于《中国科技史料》第 15 卷（1994 年）第 3 期。此文介绍了王国忠的《李约瑟与中国》。

（3）《在剑桥圣玛丽大教堂李约瑟博士追思会上的讲话》（1995 年 6 月 10 日），刊于《自然辩证法通讯》1995 年第 5 期，英文版见《李约瑟研究所通讯》（*Needham Research Institute Newsletter*）第 15 期（1996 年）。

1950年我在中山大学天文系毕业的前夕，我的老师邹仪新教授写了一封推荐信给紫金山天文台台长张钰哲，其中有言："大作《宇宙丛谈》的一位读者，经过种种艰苦，越过万水千山，将要求教于作者门下，您当有自傲之感。"张钰哲的一本《宇宙丛谈》确定了我一生的道路，与此相仿，李约瑟的一篇文章确定了王国忠（即王钱国忠）的道路。1974年4月，他在《参考消息》上看了连载两天的李约瑟在香港中文大学的演讲《古代中国科学对世界的影响》，深受感动，从此与李约瑟和中国科学史结下了不解之缘。30年来，他以火一般的热情，孜孜不倦地日益深入这一领域，做出了令人瞩目的成绩。就李约瑟研究来说，他做的工作之多，大概是世界上首屈一指的。

1992年，王国忠的《李约瑟与中国》一书出版，该书有46万字，详细论述了李约瑟的一生和他对中国的深情厚谊。该书得到了李约瑟的首肯，被列为黄华同志主编的《国际友人丛书》之一。该年11月12日，正当在北京举行第四届国际科学与和平周之际，中国人民对外友好协会等单位联合主办了《李约瑟与中国》首发式暨李约瑟博士事迹座谈会，到会发言的有黄华、卢嘉锡、朱光亚、爱泼斯坦等国内外知名人士。中共中央总书记江泽民写来了"明窗数编在，长与物华新"的条幅，他用宋代诗人陆游称赞唐代诗人李白、杜甫的这两句话来赞美李约瑟对中国科学的贡献，充分表达了中国人民的心声。

继《李约瑟与中国》之后，王国忠于1998年在上海浦东创建了李约瑟文献中心，并组织了全国性的李约瑟博士与中国科学文化研讨会，于1999年推出《李约瑟研究著译书系》四种五册，洋洋大观。其中《李约瑟文献五十年（1942～1992）》上、下册，近100万字，收入了不少海外及中国港台地区的重要论文与书评，为后人研究提供了许多宝贵资料。另一本《李约瑟游记》是20世纪40年代李约瑟在华期间写的《科学前哨》与《中国科学》两本书的合集，首次以较完整的中译本形式面世。钱临照先生认为，这两本书虽然篇幅不多，但价值极高，可与同一作者的辉煌巨著《中国科学技术史》等量齐观，它向全世界展示了中国老一辈科学家抗战时期艰苦奋斗的历程和取得的优异成果，至今为人们所珍视。《科学前哨》已于1986年被译成日文出版。

2000年，王国忠又创刊了《李约瑟研究》（集刊），至今已出2期；于2004年编译出版了《李约瑟文录》，收集李约瑟文章23篇。另外，他还编有一内部刊物：《李学通报》，每年出4期，内容生动活泼，信息量大，每期我都要看，正如上海交通大学科学史教授关增建所说，它“对关注中国科技史进展的学者而言，无疑是极其重要的”。

特别值得一提的是，王国忠并未读过大学，只有野战医院 14 年麻醉医生的经历，转业以后完全凭着一股热情，本着李约瑟的名言“愿作铺路小石，默默无闻，让人践踏，将人类引向光明，引向幸福”的精神来研究李约瑟，组建了民间机构“李约瑟文献中心”，一身肩负着筹资者、组织者、宣传者和研究者四种职责，在短期内取得如此丰硕成果，实在令人钦佩。我祝愿他再接再厉，更上一层楼，并希望全国能有更多的青年人，工作不讲条件，劳动不计报酬，在本职岗位上为社会做出应有的贡献。

〔王钱国忠：《李约瑟传》，上海：上海科学普及出版社，2007 年，
写作日期：2004 年 11 月 7 日〕

《上海科技六十年》代序

上海是中国近代科学的策源地，在中国近代科学发展史上占据着龙头的地位，很需要一本上海科技史。欣悉上海理工大学李约瑟文献中心的王国忠先生有志于此，我觉得可以支持他做这项工作。近年来，他孤军奋战，从事李约瑟研究，出版了《李约瑟研究著译书系》、《李约瑟研究》（集刊）、《李学通报》（季刊），搞得有声有色，国内外影响很大。他的敬业精神，令人十分钦佩。他过去曾搞过几年上海史研究，也是徐寿研究会的成员，对上海科技史有一定积累，如能给他经费支持，相信他必能完成任务，故不揣冒昧，特写此信，予以推荐。

〔王钱国忠等：《上海科技六十年》，上海：上海科学技术文献出版社，2005 年〕

多看课外书，不死考课本

1981 年 11 月 2 日钱学森先生在北京师范大学附属中学建校 80 周年的庆祝会上说：“我是 1923 年至 1929 年在师大附中学习的，离开现在 50 多年了，但是想起当时的学习情景，我是很有感触的。当时附中实施了一套以提高学生智力为目标的教学方法，提倡多看课外书，不能死考课本。当时我们临考都不开夜车，不死读书，能考 80 多分就是好成绩。”

钱老讲的是 20 世纪 20 年代的事。我入师大附中比钱老晚 20 多年，而且因抗战关系北师大附中已内迁兰州，改名西北师院附中，可以说时间、空间都相差很远了，但钱老说的优良学风则仍保存着。我是 1944 年秋进入西北师大附中读高中的，一入学，就觉得这里的同学不怕考试，读书空气特别浓厚，大家除了做好功课外，竞读各种课外书籍，把追求知识当作一种享受，而不是困难。晚间休息，有人谈收音机如何安装，有人介绍煤焦油工业，有人谈法布尔的《昆虫记》，许多人都像小专家似的。我很羡慕，于是也寻找了一些课外书来读。起初读得很杂，据现在所忆有：马寅初的《经济学》、汪奠基的《逻辑学》、霭理斯的《性心理学》（潘光旦译）、丹皮尔的《科学与科学思想发展史》(任鸿隽、李珩、吴学周译）等。最使我发生兴趣的则是张钰哲的《宇宙丛谈》，32 开本，不厚的一本小书，竟决定了我一生的道路。在它的影响下，我找来更多的天文学书籍来读，并夜观天象，打算高中毕业后学习天文学。

1947 年春，我把想要学习天文学的打算写信告诉我在西安的一位长辈亲戚（相当于我的监护人），征求他的意见，他回信坚决反对。他认为星星月亮摸不着，人也上不去，学天文学是好高骛远，绝无出路，奉劝我要脚踏实地，到税务局找个练习税务员干干，既经济，又实惠。1947 年 6 月，我到西安就“两条道路”问题，和我这位亲戚进行了一星期的激烈辩论，最终不欢而散。为了迫使我就范，这位亲戚不但分文不给，而且把我的行李扣押在他的家里，可谓做绝了。但是天无绝人之路，幸赖一些师友和同学们的支持，协助我到南京和上海考学，终于如愿以偿，考上了远在广州、当时中国唯一的天文学系——中山大学天文学系。

1950 年冬我在中大天文学系毕业前夕，邹仪新教授写了一封推荐信给紫金山天文台台长张钰哲，其中有言：“大作《宇宙丛谈》的一位读者，经过种种艰苦，越过万水千山，将要求教于作者门下，您当有自傲之感。”其后，我虽没有到紫金山天文台工作，但和张先生的接触很多，尤其是 1954 年他的一番话使我坚定地走上了天文学史研究的道路，使我终生难忘。他说：“人生精力有限，而科学研究的领域无穷，学科的重点也是不断变化的，因此不能赶时髦，只要选定一个专业，锲而不舍、勤勤恳恳去做，日后终会有成就。天体物理固然重要，但天文学界不可能人人都干天体物理。中国作为一个大国，天文学的各个分支都应有人去占领，而且都要做出成绩来。

〔《世界中学生文摘》，2006 年第 12 期〕

《科学技术史研究五十年（1957—2007）——中国科学院自然科学史研究所五十年论文选》序

2007 年是中国科学院自然科学史研究所成立 50 周年，所领导委托所学术委员会编一本文集，以示庆祝。征稿原则是，在花名册上有过编制的研究员、副研究员，无论在世不在世，现时在所不在所，每人自选一篇文章（不在世的由家属或同行选），文长可在一万字左右。

文章收集起来以后，王扬宗同志要我写一序言。为此我查阅了一些书，其中有一本《新世纪物理学》[①]，是世界上最老的、欧洲最大的德国物理学会为迎接 21 世纪和德国物理年（2000 年）而编的。此书被 2000 年 8 月 24 日出版的英国《自然》杂志评为："德国的研究员们在增强人们对物理学的接受性方面取得了成功，大家应从他们的范例中受益。"

德国物理学会理事长巴斯丁（Dirk Basting）为该书写的前言是《什么是物理学，研究物理学的目的何在》，文章说：

---

① 中国物理学会译，山东教育出版社，2005 年。

> 早在 1789 年 5 月 26 日，德国耶拿大学的历史学教授席勒（Frieeerich Schiller，1759～1805）在他的就职典礼演讲中就已经针对世界历史提出并探讨了这个相同的问题。今天读他的讲演稿时会发现这两门全然不同的科学在基本问题上却惊人地相似。物理学是基础性的、富有成果且包罗万象的学科。物理学家运用实验方法和数学方法，尽可能严格地揭示自然规律，这些实验方法和数学方法是永恒和普适的，就像物理学本身的规律一样。人们鼓励发现这些规律，如同文明本身一样古老。

巴斯丁接着引用了席勒的两句名言，一是“我们不知道 20 世纪会怎样或者它会有什么成就，但它之前的每个时代都致力于造就 20 世纪”，二是“学者们的研究计划是大相径庭的，他们期待从不同的哲学倾向中获得未来的收成”。巴斯丁最后说“本书的主题是席勒提问的当代版”。

两位德国大师，相隔 211 年，讨论性质很不相同的两个学科，所得结论惊人地相似，足见真理的普遍性。这里我仅就席勒的两段名言谈点感想。

第一，席勒生活在 18 世纪下半叶，他当然不会知道 20 世纪会有什么成就，但他充分肯定前人对当代文明的贡献，历史研究是必要的，因而，巴斯丁把《新世纪物理学》第五章用来讨论物理学的历史、文化和哲学方面的问题。巴斯丁对这句名言的诠释是：“20 世纪是物理学的世纪，20 世纪纯粹物理学研究的成就的确增进了对自然界基本规律的了解，其深度和广度哪怕是在 50 年前都是无法想象的。”

科学史是很小的一门边缘学科，与占有自然科学主导地位的物理学的蓬勃发展无法相比，但 50 年来也有很大进步。从 1951 年 1 月 10 日到 25 日的《竺可桢日记》可以知道，中国科学院当初想成立一个科学史研究室的目的很简单，就是应人民日报社宣传爱国主义的约稿需求和给李约瑟《中国科学技术史》书稿提意见，到 1956 年才有建立这门学科的意图。50 年来，从无到有，从小到大，不但中国科学院有了科学史研究所，有些大学也有了科学史系，研究范围从中国扩大到国外，时间范围从古到今，有史实考证，有理论探讨，成了一门独立的学科。

第二，科学史发展到今天，正如丹麦科学家赫尔奇•克拉夫（Helge Kragh）所说：“这门学科最近 30 年发展的特点在于各种方法和观点的激增，而不是出现了某种统一。折中主义以及这门学科包括了各种独立的、部分冲突的势力这一事实，使得谈论科学史的目标成了问题。”[1]在这种情况下，席勒的第二句名言显得尤其重要。“学者们的研究计划是大相径庭的，他们期待从不同的哲学倾向中获得未来的收成”，这也就是说，我们要宽宏大量，不强求统一，在学术领域要鼓励“百花齐放，百家争鸣”，根据不同的社会需求和哲学观点，各走各的路，彼此尊重，希望都有收成。

根据这一原则，所学术委员会编的这本文集，我觉得是有意义的。它部分地反映了我所50年来所走过的道路。学术思路、研究内容和研究方法，各篇文章有所不同，水平高低也不尽一致，但都是作者们的尽心竭力之作，在建筑人类科学大厦的过程中，都有添砖加瓦的作用，故集结成册出版，就教于读者。

〔中国科学院自然科学史研究所：《科学技术史研究五十年（1957—2007）——中国科学院自然科学史研究所五十年论文选》，2007年，写作日期：2007年6月20日〕

① 赫尔奇·克拉夫：《科学史学导论》，任定成译，北京大学出版社，2005年，第35页。

《黄钟大吕——中国古代和十六世纪声学成就》序

奉献在读者面前的这部译作来自美国加利福尼亚大学圣迭戈分校（UCSD）物理系教授程贞一（Joseph C.Y.Chen）在声学史方面的两篇英文著作，它们分别介绍中国古代和16世纪声学的成就：其中第一编“中国古代声学成就”译自《中华早期自然科学之再研讨》一书的第二部分；第二编“中国16世纪声学成就”则译自《再论朱载堉的声学著作》（*A Re-visit of the Work of Zhu Zaiyu in Acoustics*）一文，原文发表于1999年由汉城大学出版社出版的《东亚科学史新近概观》（*Current Perspectives in the History of Science in East Asia*）一书。后者是作者程贞一先生研究朱载堉等比律和律管声学成就的一篇力作，其中深入地分析了朱载堉推导等比律的思路和成就。

“中国古代声学成就”的雏形原是程先生于1988年在香港东亚科学史基金会第六次讲演会上的一个报告。该报告和作者同年在香港大学所作的其他演讲经整理后合编成书，于1996年由香港大学出版社用英文出版，书名为“Early Chinese Work in Natural Science：A Re-examination of the Physics of Motion，Acoustics，Astronomy and Scientific Thoughts”。原书分四个部分：

第一部分为“中国早期关于运动物理学的工作”，第二部分为“中国早期关于声学的工作”，第三部分为“中国早期关于天文学的工作”，第四部分为“中国早期的科学观念和自然思想”。这里所谓“早期”，主要指先秦。

第一部分所讨论的内容，在中国古代的知识分类中没有形成独立的体系，因而常被人们忽略，但在近代科学兴起的过程中这些知识很重要。例如，《尚书纬·考灵曜》说：“地恒动不止，而人不知，譬如人在大舟中，闭牖而坐，舟行而人不觉也。”明确指出大地在运动，而且解释了人不知的原因。伽利略在他的名著《关于托勒密和哥白尼两大世界体系的对话》（1632 年）中论述人为什么感觉不到地球在运动时，以“表明用来反对地球运动的那些实验全然无效的一个实验”为题，详细地叙述了封闭的船舱内发生的现象，从而对运动的相对性原理作了生动的阐述。《考灵曜》早于《对话》1500 年以上，将这样一些原始材料收集起来加以研究，当然是很有意义的。所以该书的第一部分早在 1988 年即被王锦光和徐华焜译出，刊登在《科学史译丛》该年第 2 期上，国人早已知晓。现在译出的第二部分，更是作者进行深入、独到研究的领域，相信也会受到读者的欢迎。

在中国传统文化中，声学和天文学是最早发展的、与数学相联系的两门自然科学，而且自司马迁的《史记》开始，历代的正史中多有专门篇章记述；但是近代对声学的研究却没有达到与早期天文学相应的水平。一些没有理由的主张、不正确的时代断定和错误的理解比比皆是，诸如中国音乐单调无味，只有五声（pentatonic），缺乏半音（semitones），缺乏八度（octave），等等。对于这些错误论点，程先生在此书中均作了有力的批驳。例如，他发现《吕氏春秋·音律》在用三分损益法计算十二律时，由应钟上生蕤宾之后，本该接着下生大吕，但一反常态，仍用上生法求大吕，在大吕之后再恢复常态。他认为，这一反常行为正好说明了《吕氏春秋》时已有八度（1∶2）的概念。因为，由“黄钟一宫”律调产生的其他十一律必须在 1 与 $\frac{1}{2}$（即 0.5）之间（设黄钟之数为 1），不然就超出了八度音域的范围。如按常规大吕是由蕤宾下生，其律为 0.4682（$=\frac{2^{10}}{3^7}$）就超出了八度音域，所以才改为上生，$\frac{2^{11}}{3^7}=0.9364$，就避免了这个问题。他利用这一事实，改正了李约瑟的说法——“中国十二律只需要最简单的算术计算，没有八度为其出发点，在中国十二律中就根本没有八度”（Joseph Needham，*Science and Civilisation in China*，vol.4，sec 26（h），p.172. Cambridge University Press，1962）。

李约瑟《中国科学技术史》第 4 卷中的声学部分出版于 1962 年，此后的许多考古发现大大地改变了中国声学史的面貌。1978 年湖北随县曾侯乙墓双音编钟及其铭辞的发现和 1987 年河南舞阳贾湖七孔骨笛的发现，都轰动了全世界。贾湖 16 支骨笛为公元前 6000 年新石器时代的产物，对其中一个保存完整的七孔骨笛测音的结果表明：骨笛能发出 8 个音，第一音和第七音之间近似八度，连同管音在内的八个音构成七声音阶。这一发现，表明中国音乐声学在人类文明的早期远远走在世界的前列。

曾侯乙安葬于约公元前 433 年，仅在毕达哥拉斯（约公元前 570～前 497）逝世后约 64 年，而所留下来的音乐遗产之丰富令人十分折服。该墓中出土乐器 8 种，计 125 件。最难能可贵的是，这套乐器除了一部分仍保存着其原有的音乐功能，许多乐器与其配件还刻着有关音名和乐理方面的铭文，给我们留下来了大量能看、能听、能直接测量的乐器，特别是那套威武雄壮的双音编钟，要保持两音互不干扰的振模，所能允许的误差甚为有限。因此，用一钟两音来辨别半音阶不但需要有精密的铸造技术，还需要有极为先进的声学水平。曾侯乙编钟明确地显示，当时已有十二声音阶，音乐家们已可用旋宫原理在五个半八度音域之间进行创作和演奏；而在欧洲，直到 18 世纪初期的钢琴上才达到同一水平。程先生于 1985 年根据曾侯乙编钟中钮钟的音名铭文和音程结构，复原了公元前 5 世纪推导十二半音纯律体系的角—曾法。说明中国在纯律推导上也走在世界的前列。

1988 年在曾侯乙编钟发现十周年之际，湖北省博物馆在武汉召开了一次国际专题讨论会，程先生是这次会议的积极参与者，并且负责主编和翻译了会议的论文集《曾侯乙编钟研究》（*Two-tone Set-bells of Marquis Yi*）。该论文集用中文、英文两种形式于 1992 年和 1994 年在武汉和新加坡分别出版。该文集中所收录他本人的三篇论文，可作为阅读本书的参考。一是《曾侯乙编钟在声学史中的意义》，二是《从公元前五世纪青铜编钟看中国半音阶的形成》，三是《曾侯乙编钟时代及其以前中国与巴比伦音律和天文学的比较研究》（与我和饶宗颐合作）。

我曾作为高级访问学者在加利福尼亚大学圣迭戈分校和程先生合作研究过一年半（1989 年 1 月至 1990 年 6 月），对他的为人与治学都很敬佩，对他在本书的“引言”中就科学史的一般问题所表示的一些观点也很赞赏。例如，他认为，将“近代科学方法”的发展及其综合纳入自然科学，对近代科学的形成当然是至关重要的，但“近代科学方法”只不过是人们为探索自然而建立的一种行之有效的逻辑程序系统，是近代科学的组成部分而不是全部，更不是人类认识自然的唯一通道。对科学成就的评价，不能以此作为唯一的标准。再如，他认为，科学的发展是一个动态过程（dynamic process），包含许多矛盾因素的相互影响，不考虑这些因素的动态复合（dynamic compositions），单纯去罗列一些有利因素或抑制因素，是无益于探讨内在原因的。他的这些见解，对于国内科学史界争论的一些问题，都是有重要参考意义的。

由于本书内容比较专门，为了使更多的读者能够顺利地阅读，译者花了很多工夫，在必要的地方增加了一些乐理知识介绍，并把所有术语与《中国大百科全书·音乐舞蹈卷》中的相关内容进行了比照。译者这种认真负责的态度，也是值得称道的。在此我谨向作者和译者表示谢意，他们奉献了这么一本好书。当然，任何一本好书也不可能十全十美，读者如能指出错误或不足之处，我相信他们是欢迎的。

〔程贞一：《黄钟大吕——中国古代和十六世纪声学成就》，王翼勋译，上海：上海科技教育出版社，2007年，写作日期：2004年6月15日〕

《中国恒星观测史》序

中国天文学的发展源远流长，其史料浩如烟海，内涵丰富多彩，在恒星观测方面具有悠久的传统，以及很高的成就。其内容包括对新星、超新星、变星等的观测记录，对恒星位置的测量，对作为天象坐标系统的二十八宿体系的研究，以及对星图、星表的研究整理工作等。其中对于二十八宿的起源，早在 19 世纪上半叶，就有西方学者对此进行了讨论。随后又有不少学者在此领域做出工作。1962 年薄树人先生发表《中国古代的恒星观测》一文，对这一论题做了简要的归纳。而潘鼐先生在 1989 年出版的本书第一版中，对这一问题做了更为全面而深入的分析，提出对二十八宿距度的测量不晚于公元前 6 世纪。

对于恒星观测领域的其他一些重要论题，潘先生在本书第一版中也做了详尽的分析，并提出了自己的看法。例如，争论已久的《石氏星经》年代问题，本书第一版中就提出《石氏星经》中的一部分恒星测量于公元前 450 年前后，另一部分恒星则测量于公元 170 年左右。此外，他还对宋代《杨惟德星表》、元代《郭守敬星表》，以及东吴陈卓星官、隋唐《步天歌》、敦煌星图、宋代苏颂星图、苏州石刻天文图和明代《赤道南北两总星图》等做了详细的考析。

难能可贵的是，本书中系统总结了中国天文学史上的星表数据，其数据引证翔实，出处可靠。潘先生为完成这项工作，走访各个图书馆，查阅不同版本，付出了很大的努力。这些工作为后续的天文学史研究奠定了基础。

对于中国古代恒星观测而言，过去还没有这方面的专著，潘先生的工作可以说是超越前人的工作。本书的材料是非常丰富的，考证详尽，这是一部很好的巨著。可惜的是，由于本书第一版印量很小，在最近一些年里，此书只在少数图书馆中可见，在书店甚至旧书网上都难以寻觅。很多对中国天文学史感兴趣的年轻人，却很难看到这样一部恒星观测方面的重要专著，这不能不说是一个遗憾。因此，当我听说出版社即将再版此书，并请我为之作序时，便欣然应允，这是非常好的一件事情。

翻阅书稿，发现本书第二版比第一版篇幅多了不少。其中不仅对明清时期西方天文学的传入专辟章节讨论，对第一版原有的内容也做了大量的修订和补充，尤其是加入了很多新的图片和资料。例如，对二十八宿起源问题的讨论中，第二版中就加入了新的章节，通过介绍一些新近出土的文物，并与西方文物进行对比，来证明二十八宿是华夏文明土生土长的星象体系。

潘先生作为一位业余从事天文学史研究的学者，在本职工作以外完成了很多天文学史研究的工作。他花了一生的功夫来做这方面的研究，对中国古代天文仪器、恒星观测与《崇祯历书》等都做了系统的考证，实属难得。如今《中国恒星观测史》得以增补内容再版之时，潘先生已年高八十八岁，这种对学术孜孜以求的态度实在值得敬佩。

作为恒星观测研究中的开山之作，这本书在史料的整理搜集方面具有不可替代的作用。不过对于中国古代丰富的天象记录而言，它只是个开始，而并不是结束。我希望随着本书第二版的付梓，将吸引更多的年轻人投入天文学史研究中来，继往开来，为中国古代恒星观测的研究做出贡献。

〔潘鼐：《中国恒星观测史》，上海：学林出版社，2009年，
写作日期：2008年11月10日〕